KB213639

공업화학 단기완성

고경미 편저

수험생들에게 드리는 메시지!

공무원 시험 준비를 시작할 때 누구나 합격을 목표로 합니다.

그러나 처음부터 합격만을 바라보면, 중간에 지쳐 포기하게 될 수 있습니다.

합격은 너무 멀게 느껴지고, 당장 눈앞에는 "내가 합격할 수 있을까?" 라는 불안감이 더 크게 다가오기 때문입니다. 이런 막막함과 두려움에 사로잡히다 보면 공부시간이 줄어들고, 슬럼프에 빠지기 쉽습니다.

오늘 하루를 충실히 보내며, 한 걸음 한 걸음 묵묵히 나아가다 보면 어느 순간 합격이라는 정거장에 도착하게 됩니다.

너무 멀게 느껴지면 갈 수 없습니다. 너무 어렵게 느껴지면 갈 수 없습니다. 합격의 비결은 바로 지금 이 순간, 오늘 하루를 충실히 보내는 것입니다.

합격이라는 먼 목표에 집중하지 말고, 오늘 하루를 충실히 보내는 것에 집중하세요.

한 걸음 한 걸음에 집중하면서 여러분의 그 하루하루가 조금 덜 힘들고, 때로는 재미있어질 수 있도록 제가 러닝메이트가 되겠습니다. 때로는 응원을, 때로는 함께 뛰며, 먼저 가서 철저한 분석으로 여러분의 완주를 돕겠습니다.

여러분의 오늘을 응원합니다.

저자 고경미

공업화학 이 책의 구성과 특징!

이론편

개념 이해와 내용 암기가 필요한 부분을 알기 쉽게 정리하였습니다.

1. 효율적인 정리가 가능하도록 표와 그림으로 구성하여 이해하기 쉽도록 만들었습니다.

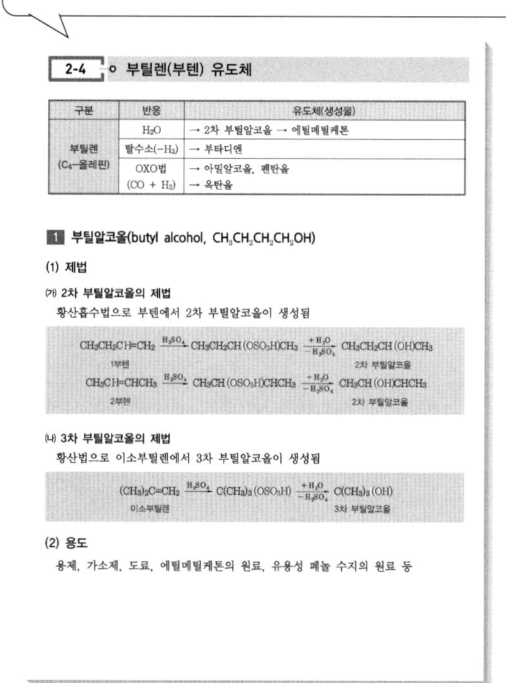

2-4 ∘ 부틸렌(부텐) 유도체

구분	반응	유도체(생성물)
부틸렌 (C_4-올레핀)	H_2O	→ 2차 부틸알코올 → 에틸메틸케톤
	탈수소($-H_2$)	→ 부타디엔
	OXO법 ($CO + H_2$)	→ 아밀알코올, 펜탄올 → 옥탄올

1 부틸알코올(butyl alcohol, $CH_3CH_2CH_2CH_2OH$)

(1) 제법

㈎ 2차 부틸알코올의 제법

황산흡수법으로 부텐에서 2차 부틸알코올이 생성됨

$$CH_3CH_2CH{=}CH_2 \xrightarrow{H_2SO_4} CH_3CH_2CH(OSO_3H)CH_3 \xrightarrow[-H_2SO_4]{+H_2O} CH_3CH_2CH(OH)CH_3$$

1부텐 　 2차 부틸알코올

$$CH_3CH{=}CHCH_3 \xrightarrow{H_2SO_4} CH_3CH(OSO_3H)CHCH_3 \xrightarrow[-H_2SO_4]{+H_2O} CH_3CH(OH)CHCH_3$$

2부텐 　 2차 부틸알코올

㈏ 3차 부틸알코올의 제법

황산법으로 이소부틸렌에서 3차 부틸알코올이 생성됨

$$(CH_3)_2C{=}CH_2 \xrightarrow{H_2SO_4} C(CH_3)_3(OSO_3H) \xrightarrow[-H_2SO_4]{+H_2O} C(CH_3)_3(OH)$$

이소부틸렌 　 3차 부틸알코올

(2) 용도

용제, 가소제, 도료, 에틸메틸케톤의 원료, 유용성 페놀 수지의 원료 등

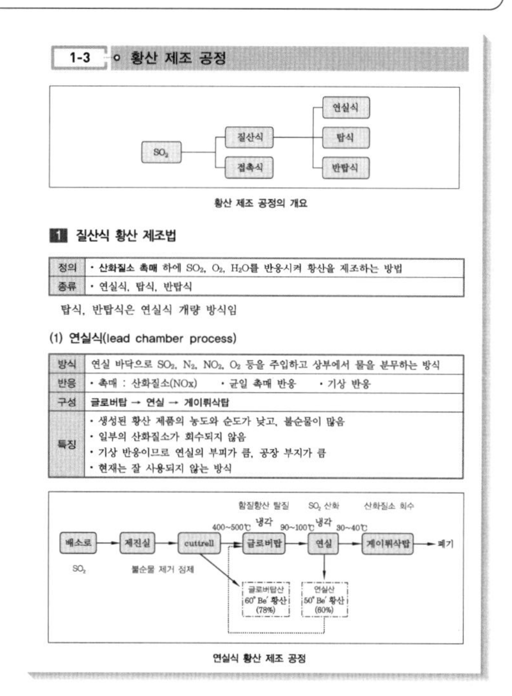

1-3 ∘ 황산 제조 공정

황산 제조 공정의 개요

1 질산식 황산 제조법

정의	• **산화질소 촉매** 하에 SO_2, O_2, H_2O를 반응시켜 황산을 제조하는 방법
종류	• 연실식, 탑식, 반탑식

탑식, 반탑식은 연실식 개량 방식임

(1) 연실식(lead chamber process)

방식	연실 바닥으로 SO_2, N_2, NO_2, O_2 등을 주입하고 상부에서 물을 분무하는 방식
반응	• 촉매 : 산화질소(NOx) 　 • 균일 촉매 반응 　 • 기상 반응
구성	**글로버탑 → 연실 → 게이뤼삭탑**
특징	• 생성된 황산 제품의 농도와 순도가 낮고, 불순물이 많음 • 일부의 산화질소가 회수되지 않음 • 기상 반응이므로 연실의 부피가 큼, 공장 부지가 큼 • 현재는 잘 사용되지 않는 방식

연실식 황산 제조 공정

2. 중요 핵심 키워드와 기출문제에 출제되었던 부분을 볼드체로 표시하여 중요한 부분을 쉽게 알 수 있도록 하였습니다.

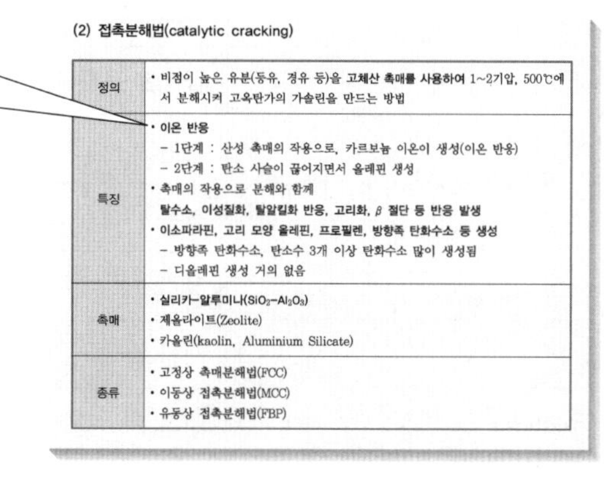

(2) 접촉분해법(catalytic cracking)

정의	• 비점이 높은 유분(등유, 경유 등)을 **고체산 촉매를 사용하여** 1~2기압, 500℃에서 분해시켜 고옥탄가의 가솔린을 만드는 방법
특징	• **이온 반응** – 1단계 : 산성 촉매의 작용으로, 카르보늄 이온이 생성(이온 반응) – 2단계 : 탄소 사슬이 끊어지면서 올레핀 생성 • 촉매의 작용으로 분해와 함께 **탈수소, 이성질화, 탈알킬화 반응, 고리화, β 절단 등 반응 발생** • **이소파라핀, 고리 모양 올레핀, 프로필렌, 방향족 탄화수소 등 생성** – 방향족 탄화수소, 탄소수 3개 이상 탄화수소 많이 생성됨 – 디올레핀 생성 거의 없음
촉매	• **실리카-알루미나(SiO_2-Al_2O_3)** • 제올라이트(Zeolite) • 카올린(kaolin, Aluminium Silicate)
종류	• 고정상 촉매분해법(FCC) • 이동상 접촉분해법(MCC) • 유동상 접촉분해법(FBP)

3. "화학물질 명명 및 분류에 관한 규정 개정"에 따라 변경된 용어를 적용하였습니다.
이전 기출문제에는 개정 전후 명칭이 혼용되기 때문에, 개정 전후 명칭을 아래 표로 정리하였습니다.

화학물질 명명 및 분류에 관한 규정 개정명

화학물 또는 화학식	개정 전	개정 후
acetaldehyde	아세트알데히드	아세트알데하이드
aldehyde	알데히드	알데하이드
alkane	알칸	알케인
alkyne	알킨	알카인
amide	아미드	아마이드
Bi	비스무스	비스무트
Br_2	브롬	브로민
butadiol	부탄디올	부탄다이올
butane	부탄, 부테인	뷰테인
butanediol	부탄디올	부탄다이올
butanol	부탄올	뷰탄올
butene	부텐	뷰텐
butyl	부틸	뷰틸
butyne	부타인, 부틴	뷰타인
cellulose	셀룰로오스	셀룰로스
CFC	염화불화탄소	염화플루오린화탄소
chloroform	클로로포름	클로로폼
CN	시안	사이안
Cr	크롬	크로뮴
craft	크라프트	크래프트
cyclo	시클로	사이클로
cytosine	시토신	사이토신

화학물 또는 화학식	개정 전	개정 후
di	디	다이
diamine	디아민	다이아민
diazo	디아조	다이아조
diene	디엔	다이엔
diisocyanate	디이소시아네이트	다이아이소시아네이트
diol	디올	다이올
epichlorohydrin	에피클로로히드린	에피클로로하이드린
ester	에스테르	에스터
ethane	에탄	에테인
ether	에테르	에터
F	불소	플루오린
formaldehyde	포름알데히드	폼알데하이드
galgctose	갈락토오스	갈락토스
glyceride	글리세리드	글리세라이드
glycogen	글리코겐	글리코젠
groft	그라프트	그래프트
halon	염화브롬화탄소	염화브로민화탄소
HCFC	수소화염화불화탄소	수소염화플루오린화탄소
HCN	시안화수소	사이안화수소
HF	불화수소	플루오린화수소
HFC	수소화불화탄소	수소플루오린화탄소
hydrin	히드린	하이드린
hydro	히드로	하이드로
hydroxyl	히드록시기	하이드록시기
I	요오드	아이오딘
iodoform	요오드포름	아이오도폼
iso	이소	아이소
isobutane	이소부탄	아이소부탄
isobutylene	이소부틸렌	아이소뷰텐

화학물 또는 화학식	개정 전	개정 후
isocyanate	이소시아네이트	아이소시아네이트
isophthalic acid	이소프탈산	아이소프탈산
isoprene	이소프렌	아이소프렌
K	칼륨	포타슘
K2Cr2O7	중크롬산칼륨	다이크로뮴산포타슘
KMnO4	과망간산칼륨	과망가니즈산포타슘
lactase	락타아제	락테이스
maltase	말타아제	말테이스
methane	메탄	메테인
Na	나트륨	소듐
nitro	니트로	나이트로
nitrosyl	니트로실	나이트로실
nitryl	니트릴	나이트릴
pentane	펜탄	펜테인
peptide	펩티드	펩타이드
peroxide	퍼록시드	페록사이드(과산화물)
PFC	과불화탄소	과플루오린화탄소
polyester	폴리에스테르	폴리에스터
propane	프로판	프로페인
stylene	스티렌	스타이렌
styroform	스티로폼	스타이로폼
sucrase	수크라아제	수크레이스
sulfolane	술포란	설포란
sulfonation	술폰화	설폰화
sulfonic acid	술폰산	설폰산
thio	티오	싸이오
tri	트리	트라이
vinyl	비닐	바이닐
xylene	크실렌	자일렌

연습문제편

| 기출문제 완벽 분석 |

2015~2024년 국가직·지방직·서울시 기출문제를 과목별로 구분하여 **연습문제**로 수록하였습니다.

| 기출문제 출처 표시 |

연습문제마다 문제 출처(기출문제 출처)를 표시하였습니다.

| 친절한 해설 |

장답형 문제의 경우, 정답뿐만 아니라 각 문제 문항 지문 분석에 필요한 상세한 설명을 해설 에 넣었습니다.

| 단계별 연습문제 구성 |

기출문제를 유형별, 내용별로 분류하여 효율적인 학습이 되도록 구성하였습니다.

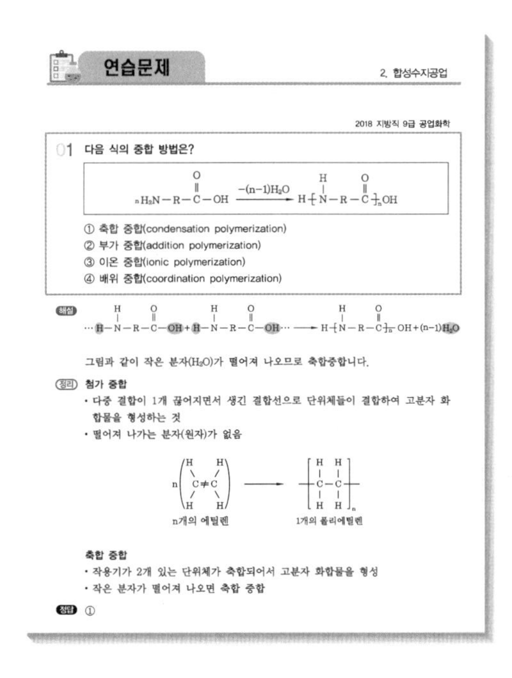

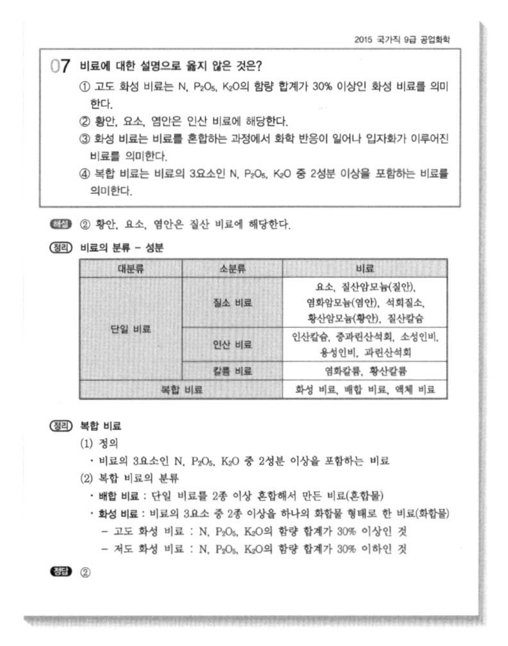

공업화학 **출제경향과 학습전략 !**

출제경향의 일관성

공업화학은 출제경향이 대체로 일정하게 출제되고 있습니다.

| 유형별 |

보통 내용형(장답형＋단답형)이 18~20문제 출제되고, 계산형이 0~2문제 출제됩니다.

내용형 문제가 대부분이고, 출제 범위가 매우 넓기 때문에, 암기해야 할 부분이 많습니다.

| 과목별 |

출제 비중은 유기공업화학 문제가 가장 높고, 일반화학 문제도 유기공업화학과 관련하여 출제됩니다. 상대적으로 무기공업화학 문제는 출제 비중이 낮습니다.

기출문제 분석-공업화학(지방직 9급)

과목별	2021년	2022년	2023년	2024년
일반화학	4	4	6	0
유기공업화학	13	13	9	12
무기공업화학	3	3	5	7
기타	0	0	0	1
총계	20	20	20	20

합격 학습전략

- 공업화학은 내용형 문제가 대부분이고, 출제 범위가 매우 넓기 때문에 암기해야 할 부분이 많습니다.
- 출제 내용을 보면, 각 **반응의 원리**, **반응식**, **공법의 특징** 등이 출제되고 있습니다.
- 기출문제를 분석하여 많은 범위를 쉽게 정리하고 암기할 수 있도록 **그림과 표**로 정리하여 많은 내용을 효율적으로 학습하도록 구성하였습니다.
- 많은 내용 중에서, 빈출 부분을 골라서 효율적으로 우선 공부할 수 있도록 정리하였습니다.

공업화학 9급 최신 출제경향

파트별

기출 회차 파트	2020년 국가직	2020년 지방직	2021년 국가직	2021년 지방직	2022년 국가직	2022년 지방직	2023년 국가직	2023년 지방직	2024년 국가직	2024년 지방직
1-1. 유기합성공업	3	4	3	5	2	4	2	1	3	4
1-2. 석유화학공업	2	1	2	2	3	2	4	2	3	3
1-3. 고분자화학공업	6	5	4	4	5	6	5	5	5	3
1-4. 유기정밀화학공업	1	3	1	2	2	1	2	1	3	2
2-1. 산, 알칼리 공업	0	1	0	0	2	0	1	0	1	0
2-2. 암모니아 및 비료 공업	0	1	2	1	0	1	2	2	2	3
2-3. 전기화학공업	2	1	1	1	2	1	1	1	1	0
2-4. 반도체 공업 및 촉매	1	1	2	1	0	1	1	2	1	4
2-5. 무기정밀화학공업	0	0	1	0	0	0	0	0	0	0
2-6. 환경 관련 공업	1	1	3	0	0	0	0	0	0	0
3. 기타-화학	4	2	1	4	3	4	2	6	1	0
4. 기타	0	0	0	0	1	0	0	0	0	1
총계	20	20	20	20	20	20	20	20	20	20

유형별

기출 회차 유형	2020년 국가직	2020년 지방직	2021년 국가직	2021년 지방직	2022년 국가직	2022년 지방직	2023년 국가직	2023년 지방직	2024년 국가직	2024년 지방직
단답형	5	5	10	5	10	7	7	4	10	10
장답형	15	14	10	15	10	12	11	13	10	9
계산형	0	1	0	0	0	1	2	3	0	1
총계	20	20	20	20	20	20	20	20	20	20

차 례

1 과목 유기공업화학

PART 1 유기합성공업

PART 2 석유화학공업

❷ 과목 무기공업화학

PART 1 산·알칼리 공업

PART 2 암모니아 및 비료 공업

PART 3 전기화학공업

PART 4 반도체 공업 및 촉매

PART 6 환경 관련 공업

1 과목

유기공업화학

PART 1. 유기합성공업

PART 2. 석유화학공업

PART 3. 고분자화학공업

PART 4. 유기정밀화학공업

PART 1

유기합성공업

Chapter 1 유기화학

§ 1. 유기화합물의 개요

1-1 탄소화합물의 특성 및 분류

1 탄소화합물의 정의

탄소를 기본 골격으로 하여 수소(H), 산소(O), 질소(N), 황(S), 인(P), 할로겐 등이 결합된 공유결합 화합물

2 탄소화합물의 특성

① 주성분은 C, H, O
② P, S, N, Cl 등을 포함한 화합물도 존재
③ 원자 사이의 **공유 결합**으로 인하여 안정
④ 반응성이 작고, 반응속도가 느림
⑤ 대부분 무극성 분자
⑥ 분자 사이의 인력이 작아 끓는점 · 녹는점이 낮음(분자량이 증가하면 높아짐)
⑦ 유기용매(벤젠, 에터, 알코올 등)에 잘 녹음
⑧ 대부분 비전해질, 전기전도성이 없음
⑨ 화합물 종류 이성질체 종류가 많음
⑩ **연소하면 CO_2와 H_2O가 생성**

3 탄소화합물의 연소 반응

$$CH_4 + 2O_2 \rightarrow CO_2 + 2H_2O$$
$$C_3H_8 + 5O_2 \rightarrow 3CO_2 + 4H_2O$$

① 연소생성물의 CO_2 계수 : C 계수와 같음
② 연소생성물의 H_2O 계수 : H 계수의 1/2

4 탄소화합물의 이용

① 화석연료로 주로 이용(석유, 석탄, 천연가스 등)
② 원유의 분별 증류(가스, 휘발유(나프타), 등유, 경유, 중유 등)
③ 석유화학공업의 원료
④ 액화석유가스(LPG)
㉠ 원유의 분별 증류 과정에서 생긴 가스를 액화시킨 물질(혼합 기체)
㉡ 주성분 : 프로페인(프로판, C_3H_4), 뷰테인(부탄, C_4H_{10})
⑤ 액화천연가스(LNG)
㉠ 유전 지대에서 산출되는 천연가스를 냉각하여 액화시킨 물질
㉡ 주성분 : 메테인(메탄, CH_4)

1-2 탄화수소(C_mH_n)

1 탄화수소 정의

탄소와 수소로만 구성된 화합물

2 탄화수소의 분류

① 지방족 탄화수소 : 벤젠 고리가 없는 탄화수소
② 방향족 탄화수소 : 벤젠 고리를 가지는 탄화수소
③ 포화 탄화수소 : 탄소-수소의 결합이 모두 단일 결합인 탄화수소
④ 불포화 탄화수소 : 탄소-수소의 결합 중 하나라도 다중 결합을 가지는 탄화수소
⑤ 사슬형 탄화수소 : 탄소-탄소 간 결합이 사슬처럼 이어져 있는 탄화수소
⑥ 고리형 탄화수소 : 탄소-탄소 간 결합이 고리를 이루고 있는 탄화수소

<table>
<tr><th>구분 1
(고리 모양)</th><th>구분 2
(분자 내 수소 포화도)</th><th>구분 3
(결합 형태)</th><th>동족체</th><th>우세 반응</th></tr>
<tr><td rowspan="5">지방족</td><td rowspan="2">포화
탄화수소</td><td>사슬형</td><td>알케인(−ane)
C_nH_{2n+2}, $(n \geq 1)$</td><td>치환</td></tr>
<tr><td>고리형</td><td>사이클로알케인
(Cyclo −ane)
C_nH_{2n}, $(n \geq 3)$</td><td>C_3~C_4 : 첨가 우세
C_5 이상 : 치환 우세</td></tr>
<tr><td rowspan="4">불포화
탄화수소</td><td rowspan="2">사슬형</td><td>알켄(−ene)
C_nH_{2n}, $(n \geq 2)$</td><td>첨가</td></tr>
<tr><td>알카인(−yne)
C_nH_{2n-2}, $(n \geq 2)$</td><td>첨가</td></tr>
<tr><td rowspan="2">고리형</td><td>사이클로알켄
(Cyclo −ene)
C_nH_{2n-2}, $(n \geq 3)$</td><td>첨가</td></tr>
<tr><td>방향족</td><td>방향족
−벤젠 고리</td><td>치환</td></tr>
</table>

3 탄화수소의 명명법

(1) 탄소 수와 치환기 수에 따른 접두사

탄소 수	접두사	치환기 수	접두사
1	metha	1	mono
2	etha	2	di
3	propa	3	tri
4	buta	4	tetra
5	penta	5	penta
6	hexa	6	hexa
7	hepta	7	hepta
8	octa	8	octa
9	nona	9	nona
10	deca	10	deca

(2) 알케인(alkane, C_nH_{2n+2})의 동족체

탄소 수	접두사	분자식	명칭
1	metha	CH_4	methane
2	etha	C_2H_6	ethane
3	propa	C_3H_8	propane
4	buta	C_4H_{10}	butane
5	penta	C_5H_{12}	pentane

① 뷰테인(부탄, butane, C_4H_{10}) 구조 이성질체의 명칭

```
C—C—C—C          C—C—C
                   |
                   C
n-butane         iso-butane
                 2,methyl-propane
```

② 펜테인(펜탄, pentane, C_5H_{12}) 구조 이성질체의 명칭

```
                                         C
                                         |
C—C—C—C—C        C—C—C—C              C—C—C
                   |                     |
                   C                     C
n-pentane        iso-pentane          neo-pentane
                 2, methyl-butane     2,2 dimethyl-pantane
```

(3) 알켄(alkene, C_nH_{2n})의 동족체

① 에텐(에틸렌, ethene, ethylene, C_2H_4)

C=C

② 프로펜(프로필렌, propene, propylone, C_3H_6)

C=C—C

③ 뷰텐(부틸렌, butene, butylene, C_4H_8)

C=C−C−C	C−C=C−C	C=C−C (C 가지)
C_4H_8 1, n−butene	C_4H_8 2, n−butene	C_4H_8 iso−butene 2, methyl−propene

(4) 알카인(alkyne, C_nH_{2n-2})의 동족체

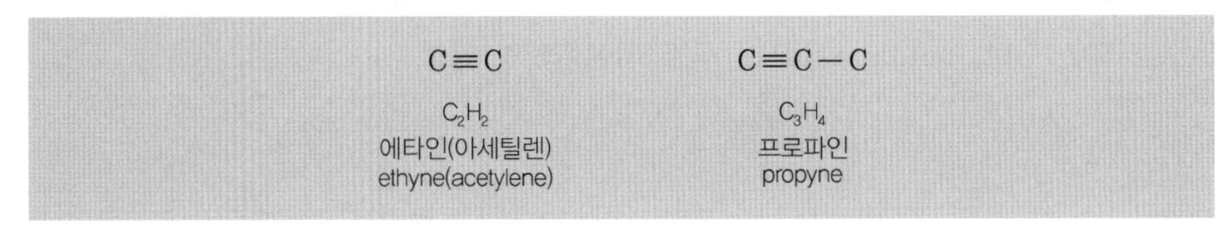

C_2H_2
에타인(아세틸렌)
ethyne(acetylene)

C_3H_4
프로파인
propyne

(5) 치환기가 붙었을 때 명명법

① CHBr=CHBr(1,2 dibromo ethene)

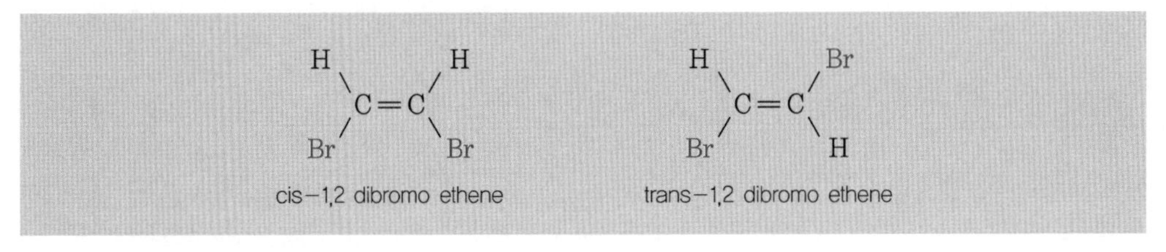

cis−1,2 dibromo ethene

trans−1,2 dibromo ethene

② 1,1 dibromo ethene($CBr_2=CH_2$)

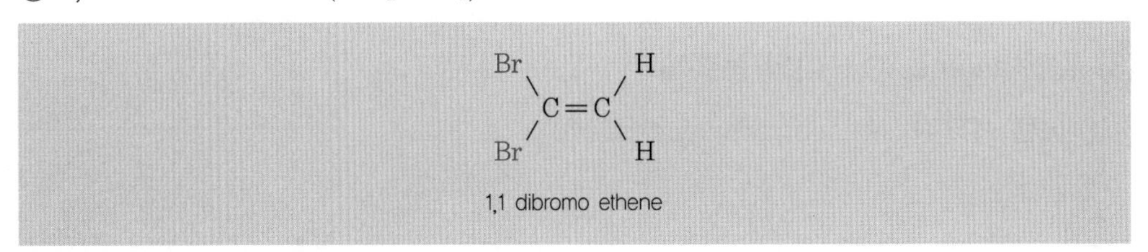

1,1 dibromo ethene

§ 2. 지방족 탄소화합물과 유도체

2-1 포화 탄화수소

1 알케인(alkane)

(1) 일반적 성질

일반식	C_nH_{2n+2} $(n \geq 1)$
명명법	−에인(−ane)
분류	• 포화 탄화수소 • 사슬형 탄화수소 • 지방족 탄화수소
녹는점 · 끓는점	• 분자량이 증가할수록, • 탄소 수가 증가할수록, → 분자 간 인력 증가 → 녹는점 · 끓는점 증가
C−C 결합	• 모두 **단일 결합**
결합각	• 109.5°(sp^3)
분자의 구조	• 입체 구조
분자의 극성	• 동족체 모두 **무극성** 분자 • 유기용매(벤젠, 알코올 등)에 잘 녹음
반응성	• 탄소화합물 중 가장 안정(반응성이 낮음) • 햇빛 존재 하에서 할로겐과 치환 반응(라디칼 반응) $CH_4 \xrightarrow{Cl_2} CH_3Cl \xrightarrow{Cl_2} CH_2Cl_2 \xrightarrow{Cl_2} CHCl_3 \xrightarrow{Cl_2} CHCl_4$ 메테인 염화메틸 염화메틸렌 클로로폼 사염화탄소
우세 반응	• **치환 반응** 수소 원자가 할로겐 원소와 자리바꿈(치환 반응)을 함
상온에서의 상태	탄소 수에 따라 달라짐 • 기체 : C_1~C_4 • 액체 : C_5~C_{17} • 고체 : C_{17} 이상

(2) 종류

분자식	이름	이성질체 수	녹는점(℃)
CH_4	메테인(메탄) methane	1	−183
C_2H_6	에테인(에탄) ethane	1	−184
C_3H_8	프로페인(프로판) propane	1	−188
C_4H_{10}	뷰테인(부탄) butane	2	−138
C_5H_{12}	펜테인(펜탄) pentane	3	−130
C_6H_{14}	헥세인(헥산) hexane	5	−95
C_7H_{16}	헵테인(헵탄) heptane	9	−91
C_8H_{18}	옥테인(옥탄) octane	18	−57
$C_{16}H_{34}$	헥사데케인(헥산데칸) hexadecane	10359	18
$C_{18}H_{38}$	옥타데케인(옥탄데칸) octadecane	60523	28

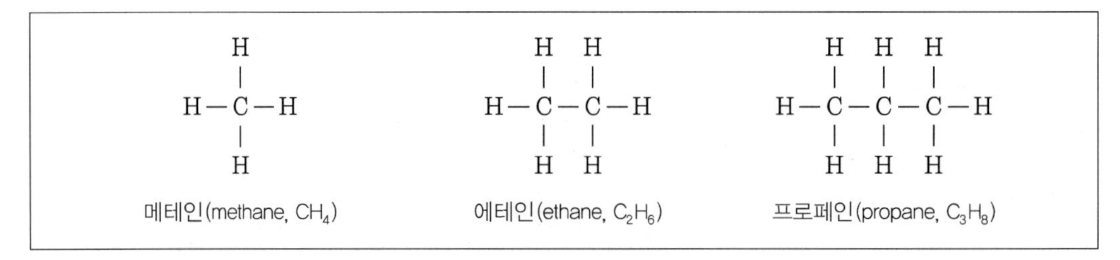

알케인의 구조식

(3) 이용

㉠ 메테인은 천연가스의 주성분으로 연소되면서 물과 이산화탄소만 생성하고 오염물질의 발생은 없음

㉡ 에테인은 무색의 달콤한 냄새가 나는 탄화수소로 천연가스 및 석유가스에 존재

㉢ 프로페인은 공기보다 무겁고, 뷰테인과 혼합하여 가정용 연료로 다량 소비

(4) 이성질체

㉠ 구조 이성질체 : 구조가 달라 물리적 성질 및 화학적 성질이 다른 화합물

㉡ 구조 이성질체의 수 : 뷰테인(2개), 펜테인(3개), 헥세인(5개)

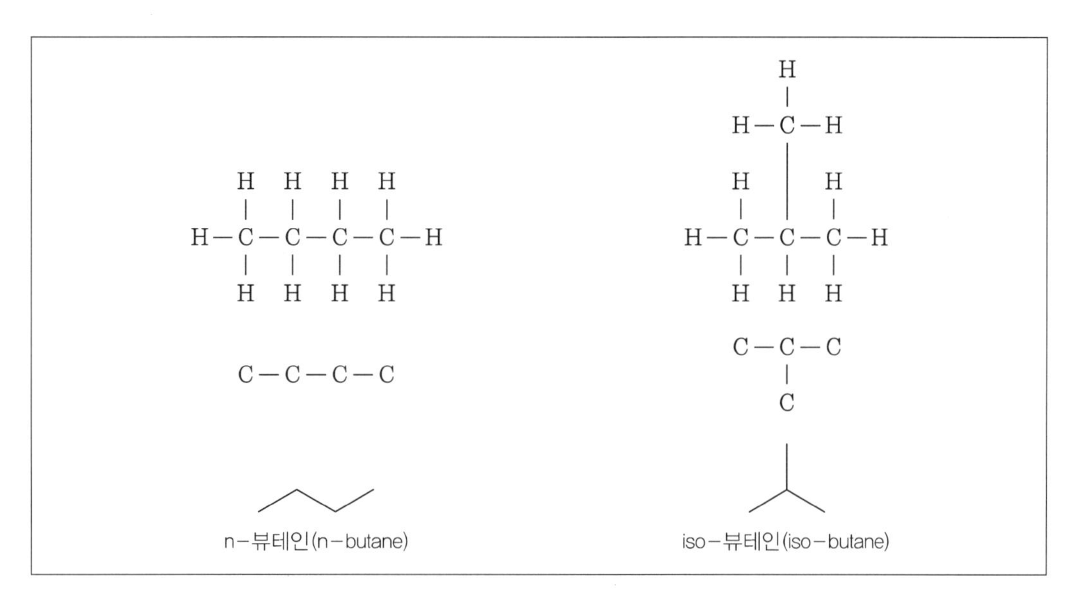

뷰테인(butane, C_4H_{10})의 구조 이성질체

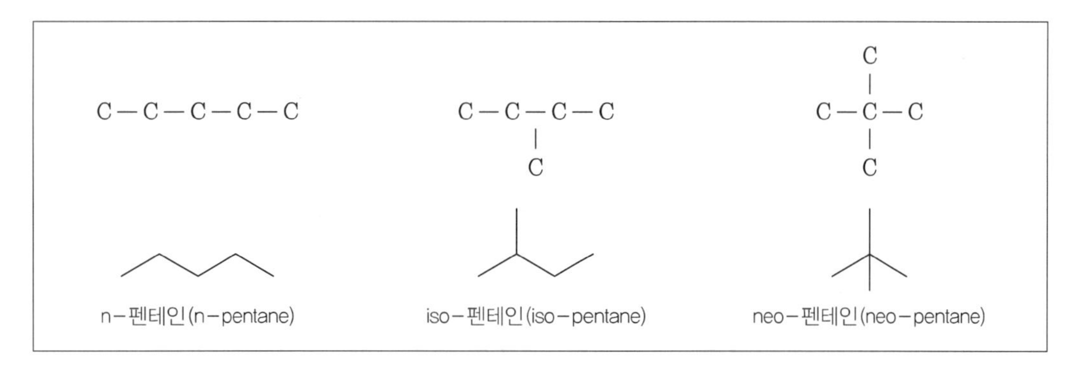

펜테인(pentane, C_5H_{12})의 구조 이성질체

2 사이클로 알케인(cyclo alkane)

(1) 일반적 성질

일반식	C_nH_{2n} (n≥3)
명명법	사이클로-에인(cyclo-ane)
분류	• 포화 탄화수소 • 고리형 탄화수소 • 지방족 탄화수소
녹는점 · 끓는점	• 분자량이 증가할수록, • 탄소 수가 증가할수록, → 분자 간 인력 증가 → 녹는점 · 끓는점 증가
C-C 결합	• 모두 단일 결합
결합각	• H-C-H 결합각 109.5°
분자의 구조	• 입체 구조
분자의 극성	• 동족체 모두 무극성 분자
우세 반응	• C_3, C_4 : 첨가 반응 우세 • C_5 이상 : 치환 반응 우세

(2) 종류

구분	사이클로 프로페인 cyclo propane	사이클로 뷰테인 cyclo butane	사이클로 펜테인 cyclo pentane	사이클로 헥세인 cyclo hexane
분자식	C_3H_6	C_4H_8	C_5H_{10}	C_6H_{12}
구조식	H H \ / C / \ H-C-C-H / \ H H	H H | | H-C-C-H | | H-C-C-H | | H H	H H \ / H C H \ / \ / C C / \ / \ H C-C H /\ /\ H H H H	H H H C H H-C C-H | | H-C C-H H C H H H
결합각(∠HCH)	109.5°	109.5°	109.5°	109.5°
결합각(∠CCC)	60°	90°	108°	120°
우세 반응	첨가	첨가	치환	치환

(3) 사이클로 헥세인(C_6H_{12})의 기하 이성질체

기하 이성질체	배형(cis형)	의자형(trans형)
분자식	C_6H_{12}	C_6H_{12}
구조식	cis-cyclohexane	trans-cyclohexane
극성	cis형 > trans형	
녹는점 · 끓는점	cis형 > trans형	

2-2 불포화 탄화수소

1 불포화 탄화수소

정의	• 탄소 원자 사이에 2중 결합 또는 3중 결합을 가진 탄화수소
종류	• 알켄(alkene, C_nH_{2n}) : 탄소 원자 사이에 2중 결합을 1개 가진 것 • 알카인(alkyne, C_nH_{2n-2}) : 탄소 원자 사이에 3중 결합을 1개 가진 것

2 알켄(alkene)

(1) 일반적 성질

일반식	C_nH_{2n} ($n \geq 2$)
명명법	-엔(-ene)
분류	• 불포화 탄화수소 • 사슬형 탄화수소 • 지방족 탄화수소
녹는점 · 끓는점	• 분자량이 증가할수록, • 탄소 수가 증가할수록, → 분자 간 인력 증가 → 녹는점 · 끓는점 증가
C-C 결합	이중 결합 1개이고, 나머지는 단일 결합
분자의 구조	• 평면 구조 – 2중 결합을 하는 탄소 원자 주위의 모든 원자는 동일 평면 상에 존재
우세 반응	• **첨가 반응** – 2중 결합 중 π 결합이 끊어져 첨가 반응이 우세함
검출	• **브로민 탈색 반응(브로민 첨가 반응)** – 불포화 탄화수소 검출 반응 – 브로민(Br_2)을 반응시키면 브로민의 적갈색이 사라짐

(2) 종류

n	분자식	시성식	이름	녹는점(℃)	끓는점(℃)
2	C_2H_4	$CH_2=CH_2$	에텐(에틸렌) ethene(ethylene)	-169	-14.0
3	C_3H_6	$CH_2=CHCH_3$	프로펜(프로필렌) propene(propylene)	-185.2	-47.0
4	C_4H_8	$CH_2=CHCH_2CH_3$	뷰텐(부틸렌) butene(butylene)	-	-6.3
5	C_5H_{10}	$CH_2=CHCH_2CH_2CH_3$	펜텐(펜틸렌) pentene(pentylene)	-	3.0

① 에틸렌(ethene, ethylene, C_2H_4)

구조식	H\ /H C=C H/ \H
분자의 구조	• 평면 구조 – 이중 결합(C=C) 축의 주위를 회전하기 어려워 평면 구조를 이룸
분자의 극성	• 무극성 분자
성질	• 무색의 달콤한 냄새가 나는 마취성 기체 • 물에 녹지 않음
제법	에탄올(CH_3CH_2OH)에 진한 황산을 첨가시켜 160~170℃로 가열하여 생성
반응	**• 첨가 반응** – 첨가 반응 잘 일어남(Br_2, H_2O, HCl 첨가) – 2중 결합 중 π 결합이 끊어져 첨가 반응이 잘 일어남 • 중합 반응(첨가 중합)

$$H-CH_2-CH_2-OH \xrightarrow[160\sim170℃]{\text{진한 황산}} H_2C=CH_2 + H_2O$$

에틸렌(에텐)의 제법

$$C_2H_4 + \underset{(\text{적갈색})}{Br_2} \longrightarrow \underset{(\text{무색})}{CH_2Br-CH_2Br}$$

dibromo ethane

$$H_2C=CH_2 + Br_2 \longrightarrow Br-CH_2-CH_2-Br$$

C_2H_4의 브로민 첨가 반응

3 알카인(alkyne)

(1) 일반적 성질

일반식	C_nH_{2n-2} (n≥2)
명명법	아세틸렌계 탄화수소, -카인(-yne)
분류	• 불포화 탄화수소 • 사슬형 탄화수소 • 지방족 탄화수소
녹는점·끓는점	• 분자량이 증가할수록, • 탄소 수가 증가할수록, → 분자 간 인력 증가 → 녹는점·끓는점 증가
C-C 결합	• **삼중 결합** 1개이고, 나머지는 단일 결합
분자의 구조	• 평면 구조 - 2중 결합을 하는 탄소 원자 주위의 모든 원자는 동일 평면상에 존재
우세 반응	• 첨가 반응 - 3중 결합 중 1개 또는 2개의 π 결합이 끊어져 첨가 반응이 잘 일어남
다중 결합 검출	• **브로민 탈색 반응(브로민 첨가 반응)** - 불포화 탄화수소 검출 반응 - 브로민(Br_2)을 반응시키면 브로민의 적갈색이 사라짐

(2) 종류

n	분자식	시성식	이름	녹는점(℃)	끓는점(℃)
2	C_2H_2	CH≡CH	에타인(아세틸렌) ethyne(acetylene)	-81.8	-83.6
3	C_3H_4	$CH\equiv C-CH_3$	프로파인(메틸 아세틸렌) propyne(methyl acetylene)	-	-23
4	C_4H_6	$CH\equiv C-CH_2CH_3$	뷰타인(에틸 아세틸렌) butyne(ethyl acetylene)	-	-18

① 에타인(아세틸렌, ethyne, acetylene, C_2H_2)

구조식	H−C≡C−H
분자의 구조	• 직선형
분자의 극성	• 무극성 분자
성질	• 무색, 무취의 기체 • 물에 잘 녹지 않음
제법	• 칼슘카바이드(CaC_2)와 물을 결합시켜 얻음 $CaC_2 + 2H_2O \longrightarrow Ca(OH)_2 + C_2H_2$
반응	• 첨가 반응 − 2중 결합보다 첨가 반응을 하기 쉬움 − HCl, H_2O, Cl_2 첨가 C_2H_2 (아세틸렌) $\xrightarrow{+H_2O}$ C_2H_4 (에틸렌) $\xrightarrow{+H_2}$ C_2H_6 (에테인) C_2H_2 (아세틸렌) $\xrightarrow{+H_2O}$ $CH_2C(OH)H$ (바이닐알코올) $\longrightarrow$ CH_3COH_2 (아세트 알데하이드) • 중합 반응 − 아세틸렌은 3분자가 첨가 중합하여 벤젠을 형성함

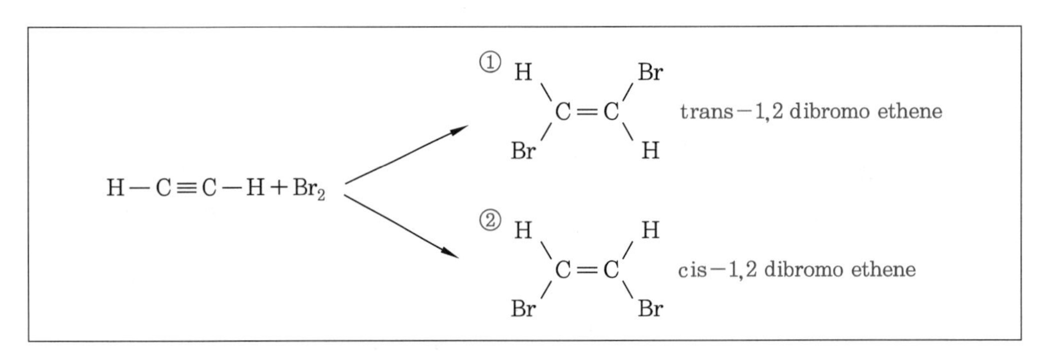

C_2H_2의 브로민 첨가 반응

4 사이클로 알켄(cyclo alkene)

(1) 일반적 성질

일반식	C_nH_{2n-2} (n≥3)
명명법	사이클로-엔(cyclo-ene)
분류	• 불포화 탄화수소 • 고리형 탄화수소 • 지방족 탄화수소
녹는점 · 끓는점	• 분자량이 증가할수록, • 탄소 수가 증가할수록, → 분자 간 인력 증가 → 녹는점 · 끓는점 증가
C-C 결합	• 이중 결합 1개, 나머지는 단일 결합
결합각	• 이중 결합 120°, 단일 결합 109.5°
분자의 구조	• 평면 구조
우세 반응	• 첨가 반응 우세

(2) 종류

구분	사이클로 프로펜 cyclo propene	사이클로 뷰텐 cyclo butene	사이클로 펜텐 cyclo pentene	사이클로 헥센 cyclo hexene
분자식	C_3H_4	C_4H_6	C_5H_8	C_6H_{10}
구조식				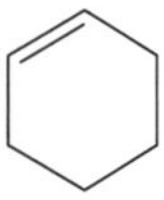

2-3 지방족 탄화수소의 유도체

1 개요

(1) 작용기(치환기)

유기화합물의 화학적 성질을 나타내는 원자단

(2) 지방족 탄화수소의 유도체

① 지방족 탄화수소의 수소 원자가 다른 원자나 원자단으로 치환된 화합물

② 유도체 화합물의 성질은 치환된 원자나 원자단(작용기)에 따라 결정됨

작용기의 종류와 특성

화학식	작용기	작용기명	유도체명	시성식	예
$C_nH_{2n+2}O$	$-OH$	하이드록시기	알코올	$R-OH$	C_2H_5OH(에탄올)
	$-O-$	에터기	에터	$R-O-R'$	CH_3OCH_3 (다이메틸에터)
$C_nH_{2n}O$	$-CHO$	포밀기	알데하이드	$R-CHO$	C_2H_5CHO(프로페인알)
	$-CO-$	카보닐기	케톤	$R-CO-R'$	CH_3COCH_3(아세톤)
$C_nH_{2n}O_2$	$-COOH$	카복실기	카복실산	$R-COOH$	C_2H_5COOH (프로피온산)
	$-COO-$	에스터기	에스터	$R-COO-R'$	CH_3COOCH_3 (다이메틸에스터)
	$-NH_2$	아미노기	아민	$R-NH_2$	아미노산

알킬기(R−) : $C_nH_{2n+1}-$

2 지방족 탄화수소 유도체의 이성질체

(1) 지방족 탄화수소 유도체의 이성질체 1 ($C_nH_{2n+2}O$)

화학식	유도체명	시성식	예	특징
$C_nH_{2n+2}O$	알코올	$R-OH$	C_2H_5OH (에탄올)	• 수소 결합 −극성, 용해도, 녹는점 끓는점 높음
	에터	$R-O-R'$	CH_3OCH_3 (다이메틸에터)	• 수소 결합 없음 • 휘발성, 마취성, 인화성

(2) 지방족 탄화수소 유도체의 이성질체 2 ($C_nH_{2n}O$)

화학식	유도체명	시성식	예	특징
$C_nH_{2n}O$	알데하이드	$R-CHO$	C_2H_5CHO (프로페인알)	• 환원성 −은거울 반응 −펠링용액 환원 반응
	케톤	$R-CO-R'$	CH_3COCH_3 (아세톤)	• 휘발성 • 극성 무극성 모두 녹이는 용매 • 매니큐어 리무버로 사용

(3) 지방족 탄화수소 유도체의 이성질체 3 ($C_nH_{2n}O_2$)

화학식	유도체명	시성식	예
$C_nH_{2n}O_2$	카복실산	R−COOH	C_2H_5COOH(프로피온산)
	에스터	R−COO−R′	CH_3COOCH_3(다이메틸에스터)

3 지방족 탄화수소 유도체의 종류

(1) 알코올(alcohol, R−OH)

(가) 정의

사슬모양 탄화수소의 수소 원자가 하이드록시기(−OH)로 치환된 화합물

(나) 일반식

R−OH

(다) 명명법

알케인의 이름 끝에 '올(−ol)'을 붙여 명명

예 CH_3OH 메탄올

(라) 분류

구분	분자식	끓는점(℃)	녹는점(℃)	특징
메탄올 (메틸알코올) methanol (methyl alcohol)	CH_3OH	64.7	−97.8	• 용도 : 워셔액, 공업용 알코올 • 마시면 실명, 사망
에탄올 (에틸알코올) ethanol (ethyl alcohol)	C_2H_5OH	78	−114.3	• 술 원료, 연료
n−프로페인올 (n−프로판올) n−propanol	$CH_3CH_2CH_2OH$	97.15	−126.5	
iso−프로페인올 (iso−프로판올) iso−propanol	$CH_3CHOHCH_3$	82.4	−89.5	

① 분자량에 따른 분류

저급 알코올	• 분자량이 작은 알코올	• 상온에서 액체
고급 알코올	• 분자량이 큰 알코올	• 상온에서 고체

② −OH의 수에 따른 분류

구분	예	구조식과 시성식	성질 및 용도
1가 알코올	에탄올	C_2H_5OH $CH_3-CH(H)(OH)$	• 무색의 향기나는 액체 • 술의 주요 성분
2가 알코올	에틸렌글리콜	$C_2H_4(OH)_2$ $H-CH(OH)-CH(OH)-H$	• 점성이 있는 액체 • 자동차의 부동액
3가 알코올	글리세롤	$C_3H_5(OH)_3$ $H-CH(OH)-CH(OH)-CH(OH)-H$	• 유지의 성분 • 비누, 의약품, 화장품의 원료

③ −OH와 결합된 알킬기 수에 따른 분류

구분	−OH가 결합한 탄소 원자의 알킬기(R) 수	예		산화
1차 알코올	1	C_2H_5OH	$CH_3-C(H)(OH)-H$	**2번 산화**
2차 알코올	2	C_3H_7OH	$CH_3-C(CH_3)(OH)-H$	**1번 산화**
3차 알코올	3	C_4H_9OH	$CH_3-C(CH_3)(OH)-CH_3$	**산화 안 함**

(마) 성질

① 수소 결합 있음

㉠ 친수성(C_2~C_3)

㉡ 극성 분자

② 녹는점 및 끓는점

㉠ C_2~C_3 : 탄소 수가 커질수록, 녹는점(끓는점) 감소

㉡ C_4 이상 : 탄소 수가 커질수록, 녹는점(끓는점) 증가

㉢ 메탄올 64℃, 에탄올 78℃

③ 액성 : 중성

④ 이온화 안 됨(비전해질)

⑤ 용해성 : 물과 같이 −OH가 존재하여 물에 용해되지만, 탄소 수가 많은 알코올일수록 용해도는 작아짐

(바) 반응

① 알칼리금속과 반응하여 수소 기체 발생

$$2CH_3OH + 2Na(s) \longrightarrow 2CH_3ONa + H_2(g)$$

② 산화 반응

1차 알코올	2번 산화	$CH_3-CH(H)(OH)$ (1차 알코올) $\xrightarrow[\text{1차 산화}]{(-2H)}$ $CH_3-C(=O)-H$ (알데하이드) $\xrightarrow[\text{2차 산화}]{(+O)}$ $CH_3-C(=O)-OH$ (카복실산)
2차 알코올	1번 산화	$CH_3-C(CH_3)(H)(OH)$ (2차 알코올) $\xrightarrow[\text{1차 산화}]{(-2H)}$ $CH_3-C(=O)-CH_3$ (케톤)
3차 알코올	산화 되지 않음	$CH_3-C(CH_3)(CH_3)-OH$ (3차 알코올)

③ 에스터화 반응(탈수 반응)

진한 황산을 촉매로 하여 알코올과 카복실산을 반응시켰을 때, 이 알코올의 H와 카복실산의 OH가 물로 되는 축합 반응

$$R-OH + R'-COOH \underset{\text{가수분해}}{\overset{\text{에스터화, 탈수 반응 (진한 황산)}}{\rightleftharpoons}} R'-COO-R + H_2O$$

$$C_2H_5OH + CH_3COOH \underset{\text{가수분해}}{\overset{\text{에스터화, 탈수 반응 (진한 황산)}}{\rightleftharpoons}} CH_3COOC_2H_5 + H_2O$$

④ 탈수 반응

㉠ 분자 간 탈수

진한 황산과 함께 에탄올을 130~140℃ 가열하면 낮은 온도에서는 다이에틸에터가 생성

$$C_2H_5OH + C_2H_5OH \xrightarrow[\text{130~140℃}]{\text{진한 황산}} C_2H_5-O-C_2H_5 + H_2O$$

에탄올의 분자 간 탈수 반응

㉡ 분자 내 탈수

에탄올에 진한 황산을 넣어 160~170℃ 가열하면 높은 온도에서 에틸렌이 생성

$$H-CH_2-CH_2-OH \xrightarrow[\text{160~170℃}]{\text{진한 황산}} H_2C=CH_2 + H_2O$$

에탄올의 분자 내 탈수 반응

⑤ 아이오도폼(요오드포름) 반응

㉠ 에탄올에 아이오딘과 KOH 수용액의 혼합액을 가하면 아이오딘폼의 노란색 침전이 생기는 반응

㉡ 아세틸기(CH_3CO-), $CH_3CH(OH)-$ 검출

ⓒ 에탄올과 케톤의 검출에 이용

$$\left.\begin{array}{c} CH_3CHO \\ CH_3CO-R \\ CH_3CHOH-R \\ C_2H_5OH \end{array}\right. \xrightarrow{I_2 + KOH} \underset{\text{(노란색)}}{CHI_3}$$

(2) 에터(에테르, ether, R−O−R′)

(가) 정의

① 알코올 ROH의 H가 다른 알킬기(R′)로 치환된 화합물

② 동일한 탄소수의 알코올과 이성질체 관계

(나) 성질

① 인화성, 휘발성, 마취성

② 유기용매로 많이 쓰임

③ 물에 녹지 않음

④ 반응성 작음

⑤ 알칼리금속과 반응 안 함

(다) 제법

에탄올에 진한 황산을 첨가하여, 130~140℃ 가열하여 얻음

$$\underset{\text{에탄올}}{2C_2H_5OH} \xrightarrow[(130\sim140℃)]{\text{진한 황산}} \underset{\text{다이에틸에터}}{C_2H_5-O-C_2H_5} + H_2O$$

(3) 알데하이드(aldehyde, R−CHO)

(가) 성질

① 극성 물질
- 물에 잘 녹음

② 반응성 큼
- 갈색병에 보관

③ 산화하면 카복실산이 생성됨

④ 환원성
- 포밀기(−CHO)는 산화되어 카복실기(−COOH)로 되려는 성질이 크기 때문에 강한 환원성을 가짐

(나) 반응

환원성을 가지면 은거울 반응, 펠링 용액 환원 반응을 함

① 은거울 반응

암모니아성 질산은 용액에 알데하이드를 첨가하면 은(Ag)이 석출되는 반응

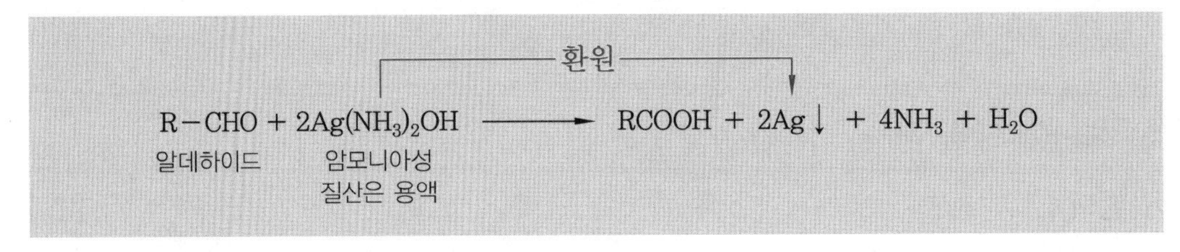

② 펠링 반응

펠링 용액(푸른색)에 알데하이드를 첨가하면 Cu_2O가 붉은색으로 침전되는 반응

$$RCHO + 2Cu^{2+} + 4OH^- \xrightarrow{\text{가열}} RCOOH + Cu_2O\downarrow + 2H_2O$$

(환원: Cu^{2+} → Cu_2O)

알데하이드, 펠링 용액(푸른색) → 카복실산, 산화구리(I)(붉은색)

(다) 제법

1차 알코올의 산화로 생성

$$C_2H_5OH \xrightarrow[\text{산화}]{-2H} CH_3-CHO$$

(라) 종류

① 폼알데하이드(HCHO)

성질	• 무색의 자극성 기체
용도	• 소독제, 살균제, 방부제(포르말린 : 30~40%의 수용액) 등으로 사용
제법	• 메탄올을 CuO로 산화시켜 얻음
반응	• 산화 반응 – 산화되면 폼산이 됨 HCHO(폼알데하이드) —산화(+O)→ HCOOH(폼산)

(4) 케톤(ketone, R-CO-R′)

알데하이드(RCHO)의 H가 알킬기 R′로 치환된 화합물

(가) 성질

① 향기가 나는 무색의 수용성 액체

② 극성 용매 및 무극성 용매에 잘 용해

③ 아세톤은 매니큐어 리무버로 이용

(나) 제법

2차 알코올을 산화로 얻음

(다) 반응

① 케톤이 환원하면 2차 알코올이 생성됨

② 아이오도폼 반응

(5) 카복실산(carboxylic acid, R-COOH)

탄화수소의 수소 원자가 카복실기(-COOH)로 치환된 화합물

(가) 명명법

① 카복실산의 이름은 알케인 뒤에 산을 붙여 부름

② 카복실산의 알킬기가 사슬모양 탄화수소일 경우에는 지방산이라고 함

(나) 성질

① 수소 결합으로 인한 성질

극성, 물에 잘 녹음(C_4 이하), 녹는점 끓는점 높음

② 약산성

(다) 제법

① 1차 알코올 2번 산화하여 카복실산 생성

② 알데하이드 1번 산화하여 카복실산 생성

(라) 반응

① 금속과 반응하여 수소기체 생성

② 염기와 중화 반응

$$CH_3COOH + NaOH \longrightarrow CH_3COONa + H_2O$$

③ 에스터화 반응

$$CH_3COOH + CH_3OH \xrightarrow{\text{진한 황산}} CH_3-\overset{\overset{\large O}{\|}}{C}-O-CH_3 + H_2O$$

(마) **종류**

종류	성질
폼산 (HCOOH)	• 개미산 • 자극성 냄새나는 액체 • 포밀기(-CHO)로 인한 성질 　- **환원성(은거울 반응과 펠링 반응)** • 카복실기(-COOH)로 인한 성질 　- **금속과 반응하여 수소기체 생성, 염기와 중화 반응, 에스터화 반응** • 제법 $CH_3OH \xrightarrow{\text{(산화)}} HCHO \xrightarrow{\text{(산화)}} HCOOH$
아세트산 (CH_3COOH)	• 식초의 주성분 • 무색, 자극성의 액체 • 녹는점 : 17℃ • 환원성 없음 • 겨울에는 얼게 되는데 얼어 있는 아세트산을 빙초산이라고 함 • 용도 : 의약품, 합성수지의 원료, 용매로 사용 • 제법 : 알코올의 초산 발효로 생성

(6) 에스터(에스테르, ester, R-COO-R′)

카복실산(RCOOH)에서 -COOH기의 수소 원자가 알킬기로 치환된 화합물

(가) **성질**

① 향기, 향료로 사용 : 저급 에스터는 과일 향기가 나는 액체, 고급 에스터는 고체

② 물에 잘 안 녹음

③ 분자량이 비슷한 카복실산이나 알코올보다 녹는점 · 끓는점이 낮음

(나) 카복실산과 작용기 이성질체의 관계

구분	카복실산	에스터
분자식	CH_3COOH	$HCOOCH_3$
구조식	$CH_3-C(=O)-OH$	$H-C(=O)-O-CH_3$
액성	산성	중성
환원성	환원성 없음	환원성 있음
반응	알코올과 에스터화 반응	알코올과 반응 안 함
수소 결합	수소 결합 있음 끓는점 높음	수소 결합 없음 끓는점 낮음

(다) 제법

① 산을 촉매로 하여 카복실산과 알코올을 축합 반응

② 에스터화 반응을 통해 생성됨

$$RCOO\underline{H} + R'\underline{OH} \xrightarrow{\text{에스터화}} RCOOR' + H_2O$$

(라) 반응

① 비누화 반응

에스터에 NaOH, KOH 등의 강한 염기를 첨가하여 가열하면 지방산의 염과 알코올로 나누어지는 반응

$$RCOOR' + NaOH \xrightarrow{H_2O,\ \text{가열}} RCOONa + R'OH$$

② 가수분해 반응

에스터는 가수분해되면 다시 카복실산과 알코올로 생성

$$RCOOR' + H_2O \xrightarrow{\text{가수분해}} RCOOH + R'OH$$

(7) 아민($R-NH_2$)

(가) 분류

분류	구조식	수소 결합
1차 아민	$R-\ddot{N}(H)-H$ (R—N: 에 H 두 개)	수소 결합 있음
2차 아민	$R-\ddot{N}(H)-R'$ (R—N: 에 H, R′)	수소 결합 있음
3차 아민	$R-N(R'')-R'$	수소 결합 없음

(나) 액성

염기성

(다) 반응

① 산과 중화 반응

$$\underbrace{R-NH_2}_{\text{염기}} + \underbrace{HCl}_{\text{산}} \longrightarrow \underbrace{[R-NH_3]^+Cl^-}_{\text{염}}$$

② 탈수 축합으로 아마이드 생성(펩타이드 결합)

$$R-C(=O)-OH + H_2NR' \longrightarrow R-C(=O)-N(H)-R' + H_2O$$

펩타이드 결합의 생성

§3. 방향족 탄소화합물과 유도체

3-1 벤젠

1 구조

① 6개의 탄소 원자가 육각형의 고리 모양을 이루고 2중 결합과 단일 결합이 하나씩 교대로 배치된 구조
② 1.5중 결합
③ 불포화 탄화수소
④ 결합각 120°
⑤ 결합길이(벤젠의 탄소 원자 간의 거리)
　㉠ 0.140nm (=1.4Å=140pm)
　㉡ 단일 결합과 2중 결합의 중간 길이
⑥ 정육각형 평면 구조
⑦ 공명 구조
벤젠의 실제 구조는 단일 결합과 2중 결합이 고정되어 있는 것이 아니라 1.5결합의 동등한 구조를 가짐

2 성질과 제법

(1) 성질

① 특이한 냄새가 나는 무색, 휘발성 액체
② 휘발성, 인화성, 불용성
③ 끓는점 80℃
④ 녹는점 5.5℃
⑤ 유기용매로 쓰임
　㉠ 유기물질을 잘 용해
　㉡ 알코올·에터·아세톤 등에는 잘 녹음
⑥ 연소 특성
수소에 비해 탄소가 많아 연소할 때 많은 산소가 필요하므로, 공기 중에서 연소 시 많은 그을음이 발생

⑦ 피해

유독성, 백혈병, 발암물질

(2) 제법

① 석유를 백금 촉매로 reforming

② 아세틸렌 3분자를 첨가 중합

3 반응

(1) 반응성

① π결합 전자의 비편재화로 안정

② 첨가 반응보다는 **치환 반응이 잘 일어남**

(2) 치환 반응

치환 반응	반응	생성물
알킬화	• 무수염화알루미늄($AlCl_3$) 촉매 하에서 할로겐화알킬(RX)을 작용시키면 알킬벤젠(C_6H_5R)을 얻을 수 있음 벤젠 + CH_3Cl $\xrightarrow[\text{알킬화}]{AlCl_3}$ 톨루엔($C_6H_5-CH_3$) + HCl • Friedel-Craft : $AlCl_3$ 촉매가 가장 많이 사용됨	$C_6H_5-CH_3$ 톨루엔
할로겐화	• 철을 촉매로 하여 염소와 반응 $C_6H_6 + Cl_2 \rightarrow C_6H_5-Cl + HCl$	C_6H_5-Cl 클로로벤젠
나이트로화	• 진한 황산과 함께 진한 질산을 작용시키면 나이트로벤젠을 얻을 수 있음 $C_6H_6 + HO-NO_2 \rightarrow C_6H_5-NO_2 + H_2O$	$C_6H_5-NO_2$ 나이트로벤젠
설폰화	• 진한 황산과 반응하면 벤젠설폰산이 됨 $C_6H_6 + HO-SO_3H \rightarrow C_6H_5-SO_3H + H_2O$	$C_6H_5-S(=O)_2-OH$ 벤젠설폰산

(3) 첨가 반응

첨가 반응은 발생하기 어렵기 때문에 특수촉매를 사용하여야 반응이 일어남

① 수소 첨가

$$C_6H_6 + 3H_2 \xrightarrow{\text{Ni, 150\sim250°C}} C_6H_{12}$$

사이클로헥세인

② 염소 첨가

$$C_6H_6 + 3Cl_2 \xrightarrow{\text{햇빛}} C_6H_6Cl_6$$

벤젠헥사클로라이드(BHC)

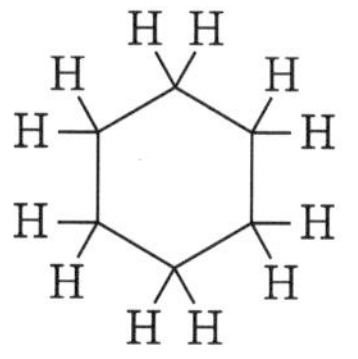

사이클로헥세인 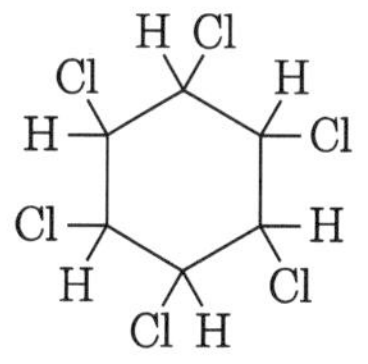 BHC

(4) 방향족 탄화수소

① 분자 내에 벤젠 고리를 포함한 화합물은 냄새가 나는 것이 많아 방향족 탄화수소라고 함

② 일반적으로 콜타르, 원유에 많이 함유

3-2 방향족 탄화수소(벤젠의 동족체)

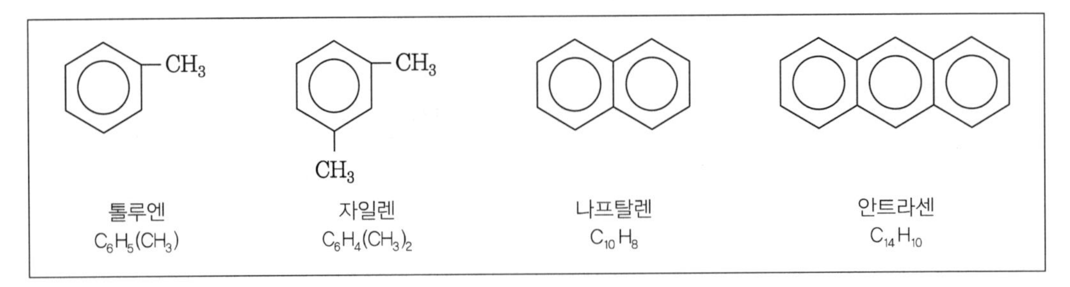

방향족 탄화수소

1 톨루엔(toluene, $C_6H_5CH_3$)

벤젠의 수소 원자 1개가 메틸기($-CH_3$)로 치환된 화합물을 의미

(가) 제법

벤젠의 알킬화 반응에 의해 생성

(나) 성질

특이한 냄새가 나는 무색 액체

(다) 반응

① 산화 반응

산화시키면 벤즈알데하이드를 거쳐 벤조산이 됨

톨루엔 $\xrightarrow{\text{산화}}$ 벤즈알데하이드 $\xrightarrow{\text{산화}}$ 벤조산

② 나이트로화 반응

진한 질산(HNO_3)과 진한 황산(H_2SO_4)의 혼합액을 사용하여 나이트로화시키면 TNT (trinitrotoluene)를 생성할 수 있음

$$\text{톨루엔} + 3HNO_3 \xrightarrow{\text{황산}} \text{TNT} + 3H_2O$$

TNT의 생성 반응

③ 치환 반응

- 측쇄 치환(라디칼 반응) : $C_6H_5CH_3 + Cl_2 \xrightarrow{h\upsilon} C_6H_5CH_2Cl$
- 핵 치환 : $C_6H_5CH_3 + Cl_2 \xrightarrow{+Fe} C_6H_5CH_3Cl$(o−, m−, p− 클로로톨루엔)

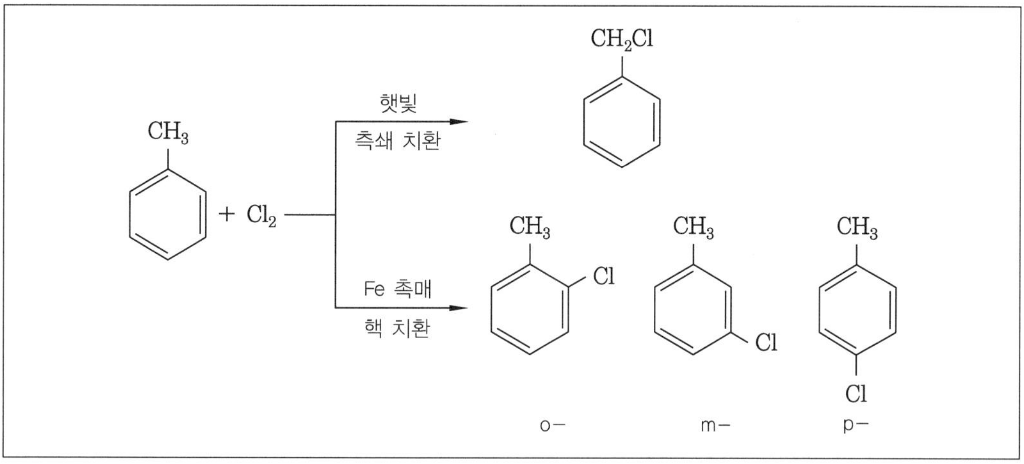

CH_3 (벤젠 고리) + Cl_2 → 햇빛 / 측쇄 치환 → CH_2Cl (벤젠 고리)

CH_3 (벤젠 고리) + Cl_2 → Fe 촉매 / 핵 치환 → CH_3, Cl (o−) / CH_3, Cl (m−) / CH_3, Cl (p−)

2 자일렌 [xylene, $C_6H_4(CH_3)_2$]

① 벤젠의 수소 2개가 메틸기로 치환된 물질

② 콜타르를 분류할 경우 얻을 수 있는 무색의 방향성 액체

③ 이용

연료, 살충제, 의약품 제조

④ 이성질체

구조 이성질체 3개 존재 (o−자일렌, m−자일렌, p−자일렌)

㉠ 극성 : o−자일렌 > m−자일렌 > p−자일렌

㉡ 녹는점 : o−자일렌 > m−자일렌 > p−자일렌

ortho−자일렌 (o−자일렌)　meta−자일렌 (m−자일렌)　para−자일렌 (p−자일렌)

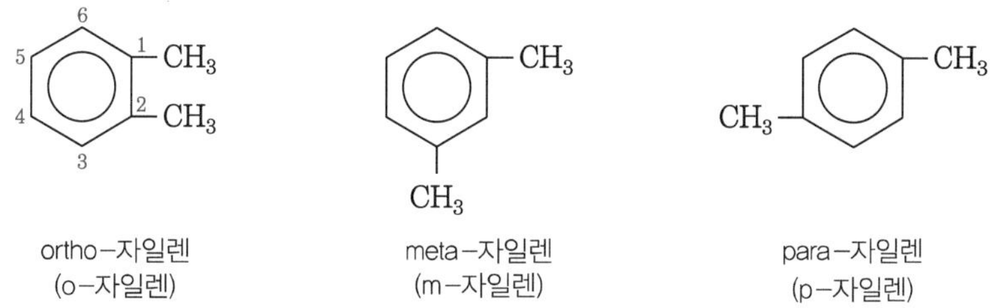

자일렌의 구조 이성질체

3 나프탈렌(naptalene, $C_{10}H_8$)

① 벤젠 고리가 2개 붙은 모양의 방향족 탄화수소
② 흰색의 승화성, 방충성이 있는 고체
③ 나프탈렌의 수소 원자 1개가 다른 원자나 원자단으로 치환되면 **2개의 이성질체**가 생김
④ 나프탈렌이 산화되면 프탈산이 됨

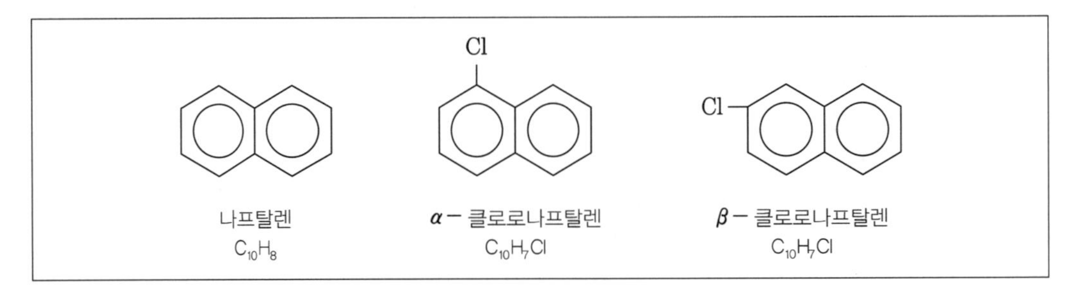

4 안트라센(anthracene, $C_{14}H_{10}$)

① 벤젠 고리가 3개 붙은 모양의 방향족 탄화수소
② 승화성이 있는 엷은 푸른색의 판상 결정
③ 녹는점 216.4°C
④ 안트라센의 1치환체에는 α, β, γ의 3개 이성질체가 존재

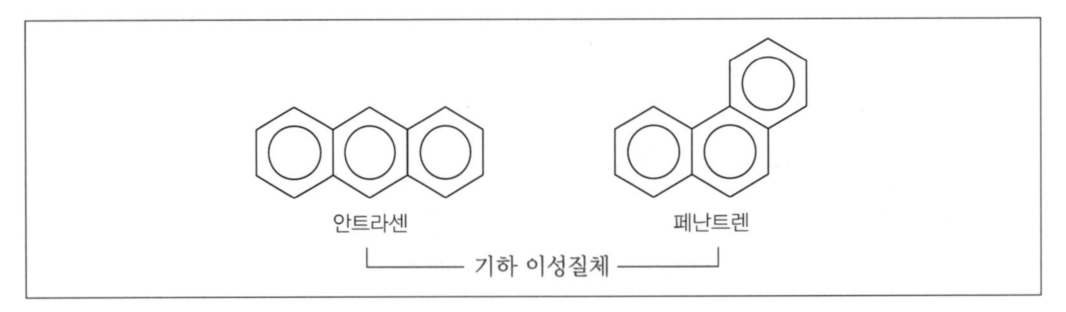

안트라센과 페난트렌

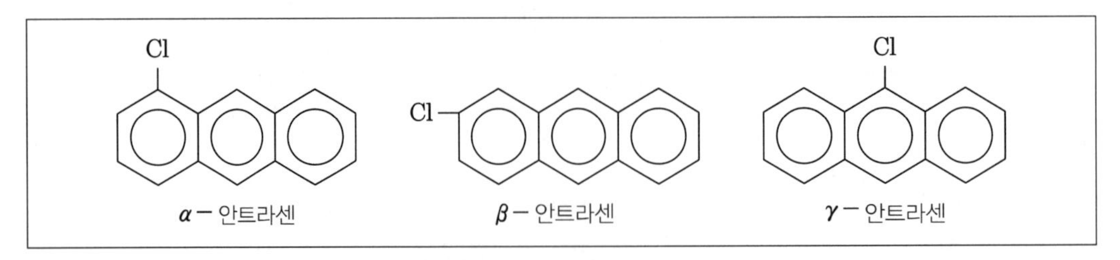

안트라센 1치환체의 이성질체

3-3 방향족 탄화수소 유도체

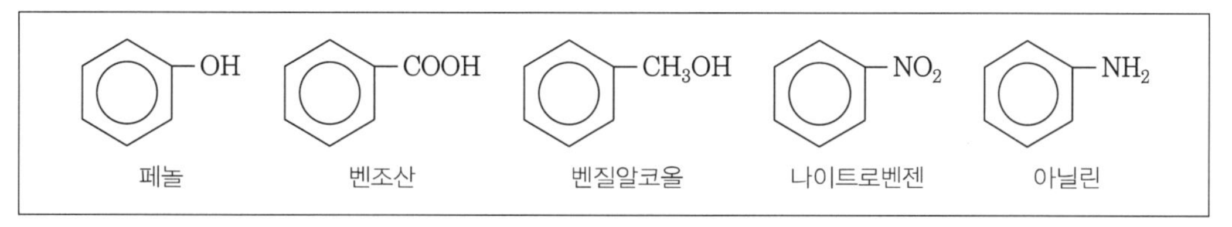

방향족 탄화수소 유도체

1 페놀류

(1) 페놀류의 개요

(가) 정의

① 벤젠 고리의 수소 원자가 하이드록시기(–OH)로 치환된 화합물

② 벤젠 고리에 붙은 –OH를 페놀성 하이드록시기라고 함

(나) 성질

① 페놀성 하이드록시기로 인하여 수용액은 **약한 산성**

② 염기와 중화 반응을 함

③ 소듐과 반응하여 수소기체 발생

④ **카복실산과 에스터화 반응** → 에스터 생성

(벤젠 고리)–OH + CH_3COOH ⟶ CH_3 COO–(벤젠 고리) + H_2O

(벤젠 고리)–OH + (벤젠 고리)–COOH ⟶ (벤젠 고리)–C(=O)–O–(벤젠 고리) + H_2O

페놀의 에스터화 반응

(다) 검출

$FeCl_3$ 수용액과 반응하면 적자색(보라색)의 정색 반응을 나타냄

(2) 페놀(phenol, C_6H_5OH)

(가) 성질

① 무색의 바늘 모양 결정 독성과 살균력을 가지고 있음

② 액성 : 물에 조금 녹아 **약한 산성**을 나타냄

③ 알코올에 잘 용해됨

(나) 제법

① 방향족 할로겐 화합물을 수산화알칼리 수용액과 함께 가압 가열

$$C_6H_5Cl + NaOH \longrightarrow C_6H_5OH + NaCl$$

② 설폰산염을 알칼리 용융함

$$ArSO_3Na + NaOH \longrightarrow ArOH + Na_2SO_3$$

③ 방향족 아민(아릴 아민)을 다이아조화시켜서 다이아조늄염 수용액을 황산과 함께 가열하여 가수분해

$$\underset{\text{아릴아민}}{ArNH_2} \xrightarrow[+NaNO_2]{+HCl} \underset{\text{다이아조늄염}}{ArN_2Cl} \xrightarrow{H_2O} \underset{\text{페놀}}{ArOH} + N_2 + HCl$$

④ 큐멘법

$$\text{벤젠} + \text{프로필렌} \longrightarrow \text{큐멘} \xrightarrow{\text{산화}(O_2)} \text{페놀} + \text{아세톤}$$

$$\underset{\text{벤젠}}{C_6H_6} + \underset{\text{프로필렌}}{CH_2{=}CH{-}CH_3} \xrightarrow[\text{알킬화}]{AlCl_3} \underset{\text{큐멘}}{C_6H_5CH(CH_3)_2} \xrightarrow[\text{산처리 pH8.5} \sim 10.5]{O_2(\text{산화})} \underset{\text{페놀}}{C_6H_5OH} + \underset{\text{아세톤}}{CH_3COCH_3}$$

$$C_6H_6 \xrightarrow{CH_2=CH-CH_3} C_6H_5-CH(CH_3)_2\ (CH_3-CH-CH_3) \longrightarrow C_6H_5OH + CH_3-\overset{\overset{\displaystyle O}{\|}}{C}-CH_3$$

페놀의 제법-큐멘법

(다) **반응**

① **에스터화 반응** : 카복실산과 반응하여 에스터 생성

② $FeCl_3$와 반응하여 **적자색의 정색 반응**

③ NaOH와 **중화**하여 염 생성

④ **알칼리금속과 반응**해 수소기체 발생

(라) **용도**

의약품, 염료의 원료, 페놀수지(베이클라이트)에 사용

(3) 크레졸 [crezol, $C_6H_4CH_3(OH)$]

① 벤젠 고리의 수소 원자 2개가 각각 $-OH$와 $-CH_3$로 치환된 화합물

② o-, m-, p- 세 가지 **이성질체**가 존재

㉠ 극성 : o-크레졸 > m-크레졸 > p-크레졸

㉡ 녹는점 : o-크레졸 > m-크레졸 > p-크레졸

CH_3 OH — o-크레졸 | CH_3 OH — m-크레졸 | CH_3 OH — p-크레졸

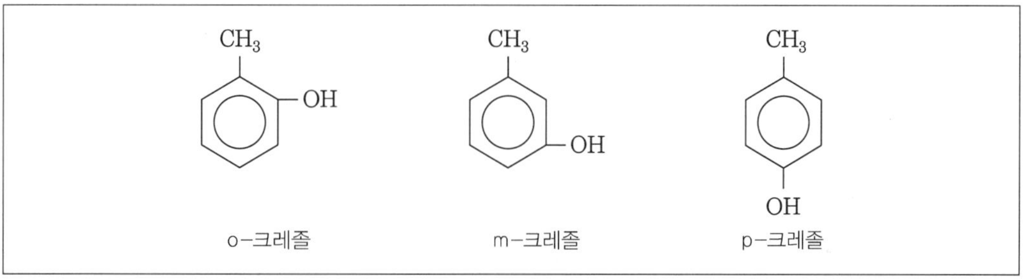

크레졸의 이성질체

③ 콜타르를 분류하여 얻음

④ 독성이 적고 살균력이 강함

⑤ 주로 소독약으로 사용

2 방향족 카복실산

(1) 벤조산(benzoic acid, C_6H_5COOH)

① 무색, 판상 결정

② 물에 약간 용해되면 H_2CO_3보다 강한 산성

③ 용도

살균작용, 염료, 의약품, 식품방부제 등

(2) 살리실산 [salicylic acid, $C_6H_4(OH)COOH$]

① 벤젠 핵에 -OH기와 -COOH기가 이웃하여 붙어 있는 구조

② **산성**

③ $FeCl_3$ 수용액과 적자색의 정색 반응

④ 알코올, 카복실산과 모두 에스터 반응

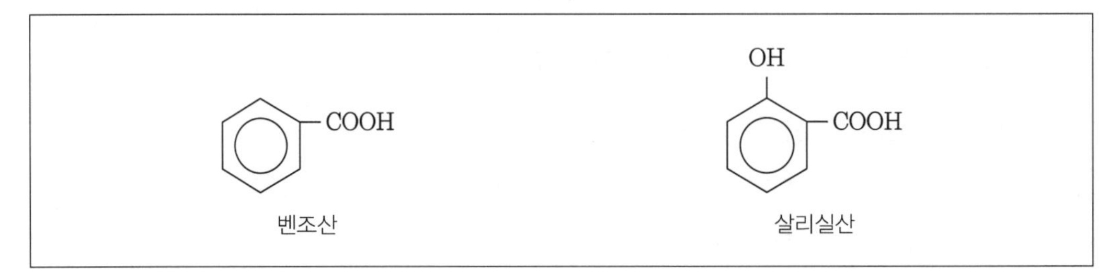

3 방향족 나이트로화합물

(1) 나이트로벤젠(nitrobenzene, $C_6H_5NO_2$)

① 연한 노란색 기름 모양의 액체

② 제법

벤젠에 진한 질산과 진한 황산을 첨가하여 반응시키면 생성

③ 용도

아닐린의 원료

(2) 트라이나이트로톨루엔 [TNT : 2, 4, 6 - trinitrotoluene, $C_6H_2(CH_3)(NO_2)_3$]

① 제법

톨루엔에 진한 질산과 황산을 반응시켜 생성

② 용도

노란색 결정으로 주로 폭약 제조에 사용

톨루엔 ($-CH_3$) $+ 3HNO_3 \xrightarrow{\text{황산}}$ TNT (NO_2, CH_3, NO_2, NO_2) $+ 3H_2O$

TNT의 생성 반응

4 방향족 아민

(1) 아민(amine)

암모니아의 수소 원자가 알킬기나 페닐기(C_6H_5-)로 치환된 화합물로 물에 용해되어 염기성을 나타냄

(2) 아닐린(aniline, $C_6H_5NH_2$)

(가) 성질

① 무색의 액체

② 물에 거의 용해되지 않음

③ **약염기**로 작용

(나) 제법

나이트로벤젠을 수소로 환원시켜 생성

(다) 반응

① 염산과 반응

㉠ 염산과 반응하여 염화아닐리늄 생성

㉡ 염화아닐리늄은 물에 잘 용해됨

$$C_6H_5NH_2 + HCl \longrightarrow C_6H_5NH_3Cl$$

아닐린 염화아닐리늄

② 아세트산과 반응

아세트산과 반응하여 아세트아닐라이드(해열제) 생성

$$C_6H_5NH_2 + CH_3COOH \longrightarrow C_6H_5NH-CO-CH_3 + H_2O$$

아닐린 아세트산 아세트아닐라이드

(라) 용도

의약품, 노란색 물감의 제조 원료로 사용

연습문제

1. 유기화학

2016 국가직 9급 공업화학

01 지방산과 암모니아를 160~200℃, 실리카겔 촉매 하에서 반응시킬 때 얻어지는 주생성물은?

① 지방족 아민(amine)
① 지방족 나이트릴(nitrile)
③ 지방산 에스터(ester)
④ 지방산 아마이드(amide)

해설 지방산 + 암모니아 → 지방산 아마이드 + H_2O
$RCOOH + NH_3 \rightarrow R\text{-}CONH + H_2O$

정답 ④

2015 서울시 9급 공업화학

02 다음 중 아세톤에 대한 설명으로 옳은 것을 모두 고른 것은?

㉠ 프로필렌과 벤젠으로부터 페놀을 합성하는 공정(Dow chemical process)의 부산물로 얻어진다.
㉡ 2차 알코올(아이소프로판올)을 산화시켜 제조한다.
㉢ 특유의 향기가 있는 무색 휘발성 액체로서 물, 알코올, 에터 등과 잘 혼합된다.
㉣ 휘발성, 마취성, 인화성이 큰 액체이다.

① ㉠, ㉡
② ㉢, ㉣
③ ㉠, ㉡, ㉢
④ ㉡, ㉢, ㉣

해설
㉠ 프로필렌 + 벤젠 → 큐멘 $\xrightarrow{\text{산화}(+O_2)}$ 페놀 + 아세톤
㉣ 아세톤은 휘발성, 인화성은 있지만, 마취성은 없다.

정리 **케톤(R-CO-R')**

성질	• 톡특한 냄새가 나는 액체 • **휘발성, 인화성** • 극성 용매 및 무극성 용매에 다 잘 섞임 : 아세톤-매니큐어 리무버
제법	• 2차 알코올의 산화로 얻음
반응	• 케톤 —(환원)→ 2차 알코올 • 아이오도폼 반응

정리 **알코올의 산화**

1차 알코올	2번 산화	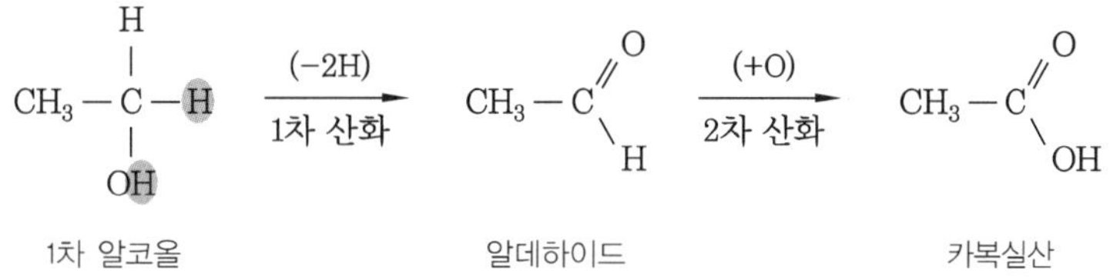 $CH_3-CH(OH)-H$ (1차 알코올) —(−2H), 1차 산화→ $CH_3-C(=O)H$ (알데하이드) —(+O), 2차 산화→ $CH_3-C(=O)OH$ (카복실산)
2차 알코올	1번 산화	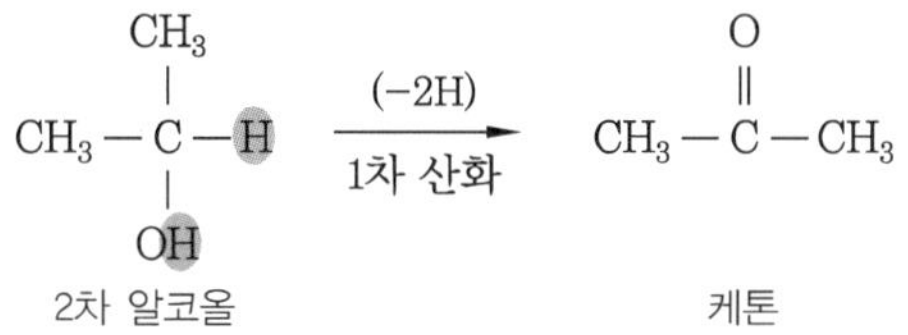 $CH_3-C(CH_3)(OH)-H$ (2차 알코올) —(−2H), 1차 산화→ $CH_3-C(=O)-CH_3$ (케톤)
3차 알코올	산화 되지 않음	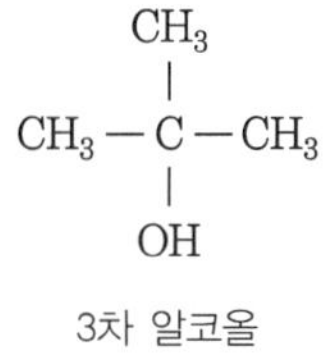 $CH_3-C(CH_3)(OH)-CH_3$ (3차 알코올)

정답 ③

2016 지방직 9급 공업화학

03 2차 알코올의 산화 반응으로 생성되는 작용기는?

① Ketone
② Amine
③ Aldehyde
④ Carboxylic acid

해설 2차 알코올은 산화되면 케톤(R-CO)이 됨

정답 ①

2016 지방직 9급 공업화학

04 탄소를 5개 갖는 다음의 알케인(alkane) 화합물 중 끓는점이 가장 높은 것과 가장 낮은 것을 바르게 연결한 것은?

ㄱ. n-Pentane
ㄴ. Cyclopentane
ㄷ. 2-Methylbutane
ㄹ. 2,2-Dimethylpropane

	가장 높은 것	가장 낮은 것
①	ㄱ	ㄷ
②	ㄱ	ㄹ
③	ㄴ	ㄷ
④	ㄴ	ㄹ

해설 **끓는점 순서(탄소 수가 같을 때)**

(1) n->iso->neo-

(2) cyclo->n-

∴ Cyclopentane > n-Pentane > 2-Methylbutane > 2,2-Dimethylpropane

정답 ④

2016 지방직 9급 공업화학

05 알켄(alkene) 화합물에 대한 설명으로 옳은 것만을 모두 고른 것은?

ㄱ. 1-Butene에는 쌍극자 모멘트가 존재한다.
ㄴ. 2-Chlorobutane과 KOH의 제거 반응에 의한 주생성물은 2-butene이다.
ㄷ. cis-2-Butene은 trans-2-butene보다 끓는점과 녹는점이 낮다.

① ㄱ, ㄴ
② ㄱ, ㄷ
③ ㄴ, ㄷ
④ ㄱ, ㄴ, ㄷ

해설 ㄷ. 극성, 끓는점은 cis- > trans이다.

정답 ①

2017 지방직 9급 공업화학

06 유기화합물 A와 Grignard 시약을 반응시켜 3차 알코올을 얻었다. 이때 유기화합물 A에 해당하는 것은?

① 폼알데하이드(formaldehyde)
② 아세트알데하이드(acetaldehyde)
③ 아세트산(acetic acid)
④ 아세톤(acetone)

해설 ① 폼알데하이드(formaldehyde) → 1차 알코올
② 아세트알데하이드(acetaldehyde) → 2차 알코올
③ 아세트산(acetic acid)은 산성이므로, 그리냐르 시약(염기성)과 중화 반응을 함
④ 아세톤(acetone) → 3차 알코올

정리 • 그리냐르 시약 : RMgX의 형태(R은 알킬 혹은 알릴, Mg는 마그네슘, X는 할로젠)
• 그리냐르 반응 : 탄소-수소 결합이 있는 유기물에 Grignard 시약을 가했을 때 **Grignard 시약의 알킬기가 중심 탄소에 결합**하는 반응

정답 ④

2017 지방직 9급 추가채용 공업화학

07 산무수물(acid anhydride)과 알코올(alcohol)을 반응시켰을 때의 생성물은?

① 에터(ether)와 에스터(ester)
② 에스터(ester)와 카복실산(carboxylic acid)
③ 알코올(alcohol)과 에터(ether)
④ 알코올(alcohol)과 카복실산(carboxylic acid)

해설 **에스터화 반응**

$$RCOOCR' + R''OH \longrightarrow R\text{-}COO\text{-}R'' + R'COOH$$

산무수물 + 알코올 → 에스터 + 카복실산

정답 ②

2017 지방직 9급 추가채용 공업화학

08 **아세트산(acetic acid)과 에탄올(ethanol)의 반응을 통해 에스터(ester)를 생성시키고자 한다. 이때 주어진 반응시간 동안 에스터의 수율(yield)을 높이기 위한 방법으로 옳지 않은 것은?**

① 생성되는 물을 계(system) 밖으로 제거한다.
② 에탄올을 과량 사용한다.
③ 수산화소듐(NaOH)을 소량 첨가한다.
④ 황산(H_2SO_4)을 촉매로 사용한다.

해설 ③ 수산화소듐(NaOH) 중 OH^-가 역반응을 촉진함

① 물(생성물) 농도 감소 → 정반응 진행
② 에탄올(반응물) 농도 증가 → 정반응 진행
④ 에스터화 반응에 산 촉매를 주입하면 정반응 속도 증가하여, 제한된 시간 동안 수득률이 증가함

정리 **르샤틀리에의 원리(화학 평형의 이동)**

변화의 구분	반응식의 지표	조건	진행 방향
온도	흡열 반응($Q<0$, $\Delta H>0$) 발열 반응($Q>0$, $\Delta H<0$)	온도 증가	온도 감소 방향 (흡열 반응 방향)
		온도 감소	온도 증가 방향 (발열 반응 방향)
압력	생성물 몰수 반응물 몰수	압력 증가	몰수 감소 방향
		압력 감소	몰수 증가 방향
농도	생성물 농도	생성물 농도 증가	역반응 (생성물 농도 감소 방향)
		생성물 농도 감소	정반응 (생성물 농도 증가 방향)
	반응물 농도	반응물 농도 증가	정반응 (반응물 농도 감소 방향)
		반응물 농도 감소	역반응 (반응물 농도 증가 방향)

정답 ③

2018 국가직 9급 공업화학

09 하이드로폼일화(hydroformylation) 반응에 대한 설명으로 옳은 것은?

① 알켄(alkene)에 H_2O와 CO를 반응시킨다.
② 반응을 통해 만들어지는 주생성물은 케톤이다.
③ 반응물의 탄소 간 이중 결합이 반응 후에 단일 결합으로 바뀐다.
④ 알켄 반응물과 주생성물에 존재하는 탄소 수는 같다.

해설 ① 하이드로폼일화 반응(oxo 공정)은 알켄(alkene)에 H_2와 CO를 반응시킨다.
② 반응을 통해 만들어지는 주생성물은 알데하이드(RCHO)이다.
④ 알켄 반응물보다 주생성물의 탄수 수가 1개 증가함

정리 **하이드로폼일화 반응(oxo 공정)**

- 프로필렌(올레핀), CO 및 H_2의 혼합가스를 촉매 하에 고압으로 반응시켜 카보닐 화합물(R-CHO)을 제조하는 반응
- 반응 : C=C-C + H_2 + CO → R-CHO
- 촉매 : $[Co(CO)_4]_2$
- 온도 100~160℃
- 압력 200~300atm

정답 ③

2018 국가직 9급 공업화학

10 톨루엔을 산화시켜 만들 수 있고, 큐멘법으로 제조할 수 있으며, 아닐린을 합성할 때 원료로 사용되는 화합물은?

① 페놀(phenol)
② 아세톤(acetone)
③ 아크릴산(acrylic acid)
④ 무수프탈산(phthalic anhydride)

해설
(1) 톨루엔 $\xrightarrow{\text{산화}}$ 벤조산 $\xrightarrow[\text{Cu}]{\text{산화}(O_2)}$ 페놀

(2) (큐멘법)벤젠 + 프로필렌 ⟶ 큐멘 $\xrightarrow{\text{산화}(O_2)}$ 페놀 + 아세톤

(3) 페놀 + NH_3 ⟶ 아닐린

정답 ①

Chapter 2 유기 단위 반응

§1. 유기 단위 반응

1-1 나이트로화 반응

1 개요

정의	• 유기화합물에 나이트로기($-NO_2$)를 도입하는 반응
특징	• 친전자성 치환 반응
나이트로화제	• 혼산(주로, HNO_3 + H_2SO_4) 사용 • 질산(HNO_3), N_2O_4, N_2O_5, KNO_3, $NaNO_3$
반응식	① $NO_2-OH + H-OSO_3H \longrightarrow {}^{\oplus}NO_2 + H_2O + {}^{\ominus}OSO_3H$ 질산 황산 ② 벤젠 + ${}^{\oplus}NO_2 \longrightarrow$ 나이트로벤젠(NO_2) + $H^{\oplus}$ 벤젠 나이트로벤젠
생성물	• 나이트로화합물(RNO_2), 나이트로벤젠 • 질산에스터($RONO_2$) • 나이트로아민($RNHNO_2$) • 아질산에스터($RONO$)

2 황산의 탈수값(DVS)

① 공식

$$DVS = \frac{\text{혼합산 중 황산의 양}}{\text{반응 후 혼합산 중 물의 양}}$$

② DVS↑ → 수율↑, 반응성↑

예제 ▸ 유기 단위 반응 화공기사 2007년 2회

황산 60%, 질산 32%, 물 8% 조성을 가진 혼합산 100kg을 벤젠으로 나이트로화할 때, 그 중 질산이 화학양론적으로 전부 벤젠과 반응하였다면, DVS값은?

해설 $C_6H_6 + HNO_3 \rightarrow C_6H_5NO_2 + H_2O$

(78) (63) (123) (18)

$32 : \frac{18}{63} \times 32 = 9.14$

$$DVS = \frac{\text{혼합산 중 황산의 양}}{\text{반응 후 혼합산 중 물의 양}} = \frac{60}{9.14+8} = 3.5$$

정답 3.5

3 지방족 화합물의 나이트로화

할로겐화 → 나이트로화 → 할로겐 제거

(1) 파라핀의 나이트로화 (기상 반응)

① 420℃ 고온 반응　　② 라디칼 반응

$$R^{\cdot} + {}^{\cdot}NO_2 \rightarrow RNO_2$$

(2) 올레핀의 나이트로화 (액상 반응)

$H_2C=CH_2 + N_2O_4$ (에틸렌) →

- 나이트로나이트리트: $-C(NO_2)-C(NO_2)-$
  - ROH → 나이트로알코올: $-C(NO_2)-C(OH)-$
  - [+O] → 나이트로나이트레이트: $-C(NO_2)-C(ONO_2)-$
- 나이트로알칸: $H_2C(NO_2)-CH_2(NO_2)$

(3) 아세틸렌의 나이트로화

$$HC \equiv CH \xrightarrow{HNO_3 + H_2SO_4} C(NO_2)_4$$

테트라나이트로메테인(TNM)

4 방향족 화합물의 나이트로화

(1) 특징

① 친전자성 치환 반응

② 비가역 반응

③ 나이트로기 도입 위치는 배향성을 따름

(2) 벤젠의 혼합산(황산+질산)에 의한 나이트로화

벤젠 $\xrightarrow[H_2SO_4]{HNO_3}$ 나이트로벤젠 (NO_2) + H_2O

(3) 톨루엔의 혼합산(황산+질산)에 의한 나이트로화(TNT의 합성)

톨루엔 (CH_3) $\xrightarrow[H_2SO_4]{HNO_3}$ (CH_3, NO_2)

(CH_3, NO_2) $\xrightarrow[H_2SO_4]{HNO_3}$ (CH_3, NO_2, NO_2) $\longrightarrow$ TNT (CH_3, O_2N, NO_2, NO_2)

(4) 클로로벤젠의 혼합산(황산+질산)에 의한 나이트로화

클로로벤젠 (Cl) $\xrightarrow[H_2SO_4]{HNO_3}$ 나이트로클로로벤젠 (Cl, NO_2)

(5) 아미노 화합물의 나이트로화 반응

아닐린 (NH_2) $\xrightarrow[-HCl]{CH_3COCl}$ (아실화) ($NHCOCH_3$) $\xrightarrow[-H_2O]{HNO_3,\ H_2SO_4}$ (나이트로화) ($NHCOCH_3$, NO_2) $\xrightarrow[-CH_3COOH]{H-OH}$ (가수분해) 나이트로아닐린 (NH_2, NO_2)

1-2 친전자성 방향족 치환 반응 (EAS, electrophilic aromatic substitution reaction)

1 반응의 종류

할로겐화, 설폰화, 나이트로화, 아실화, 알킬화, 과산화물 등

2 작용기 반응성 순서

$-NH_2$ > $-OH$ > $-OR$ > $-NHCOR$ > $-R$ > $-H$ > $-X$ > $-CHO$ > $-COR$ > $-COOR$ > $-CN$ > $-SO_3H$ > $-NO_2$ > $-N^+R_3$

3 작용기의 배향성

치환기가 들어갈 때 위치 선호 정도

① o-, p- 지향 작용기 : $-N$:($-NH_2$, $-NHR$, $-NR_2$), $-O$: 포함 작용기, $-X$

② m- 지향 작용기 : $-C=O$ 포함 작용기, $-CN$, $-SO_3H$, $-NO_2$, $-N^+R_3$

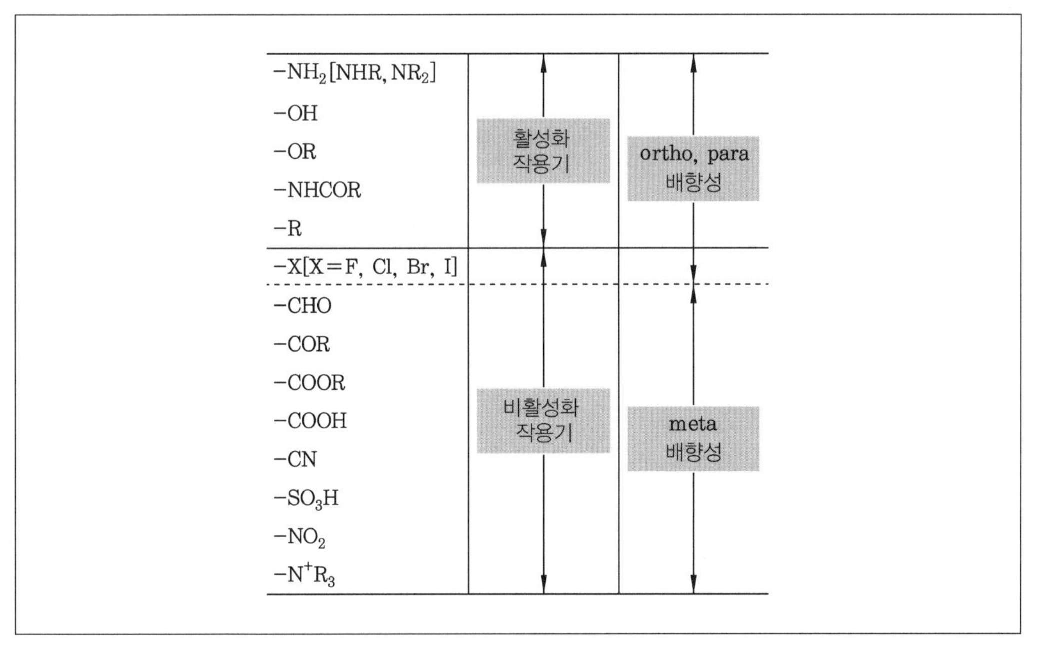

친전자성 방향족 치환 반응 - 작용기 반응성과 배향성

1-3 할로겐화 반응

1 개요

정의	• 유기화합물에 할로겐 원자(−X)를 도입하는 반응
특징	• 친전자성 치환 반응
반응성	• 할로겐족의 반응성 : F>Cl>Br>I • 할로겐화 수소의 반응성 : HF<HCl<HBr<HI (반응성↑→ 산의 세기↑, 결합력↓)

2 할로겐화 반응 형태

(1) 첨가 반응

① 아세틸렌의 염소화 첨가 반응

$$HC \equiv CH + 2Cl_2 \xrightarrow{FeCl_3} Cl_2HC - CHCl_2$$

$$HC \equiv CH + HCl \xrightarrow{HgCl_2} H_2C = CHCl$$

② 에틸렌의 염소화 첨가 반응

$$H_2C = CH_2 + Cl_2 \xrightarrow{FeCl_3} ClH_2C - CH_2Cl$$

$$H_2C = CH_2 + HCl \xrightarrow{AlCl_3} H_3C - CH_2Cl$$

③ 벤젠의 염소화 첨가 반응

라디칼 반응, BHC(bezene hexa chloride 또는 hexa chloro cyclo hexane) 생성

$$C_6H_6 + 3Cl_2 \xrightarrow{hv} C_6H_6Cl_6$$

벤젠 BHC

(2) 수소 원자 치환 반응

① 메테인의 염소화 반응(라디칼 반응)

$$CH_4 + Cl_2 \longrightarrow CH_3Cl + HCl$$

(3) 벤젠의 염소화 치환 반응

① 직접 치환

$$C_6H_6 + Cl_2 \xrightarrow[25℃]{FeCl_3} C_6H_5Cl + HCl$$

클로로벤젠

② 측쇄 치환(곁사슬 치환)

$$C_6H_5CH_3 + 3Cl_2 \xrightarrow[\text{측쇄 치환}]{hv} C_6H_5CH_2Cl + HCl$$

벤질클로라이드

③ 핵 치환

$$C_6H_5CH_3 + 3Cl_2 \xrightarrow[\text{핵 치환}]{FeCl_3} \text{ClO} \text{ or } \text{ClP}$$

o-클로로톨루엔 p-클로로톨루엔

(4) 작용기 치환 반응

① 에탄올의 염소화 반응

$$C_2H_5OH + HCl \longrightarrow C_2H_5Cl + H_2O$$

② 아세트산 치환 반응

$$3RCOOH + PCl_3 \xrightarrow{ZnCl_2} 3RCOCl + H_3PO_3$$

염화아실

3 할로겐화 반응의 종류

(1) 플루오르화

① 반응성이 가장 좋음

② 반응이 격렬하여 잘 사용하지 않음

③ 방향족 다이아조 화합물과 HF를 반응시키면, 염화수소산과 질소(N_2)로 분해되며, 방향족 플루오린 화합물을 얻을 수 있음

$$Ar-N\equiv N-Cl + HF \rightarrow Ar-F + HCl + N_2\uparrow$$

(2) 염소화

(가) 특징

① 반응성이 매우 좋음

② Cl_2, HCl로 직접 염소화

(나) 종류

① 샌드메이어(Sandmeyer) 반응

반응	$R-N_2^+Cl^- \xrightarrow{+CuCl_2} R-Cl+N_2\uparrow$
특징	• 염화알킬 생성 • 촉매 : $CuCl_2$(염화제1구리)

② 가터만(Gattermann) 반응

반응	$C_6H_5-N_2^+Cl^- \xrightarrow{+HCl,\ Cu} C_6H_5-Cl+N_2\uparrow$
특징	• 클로로벤젠 생성 • 촉매 : HCl + Cu

4 염화에틸렌의 온도에 따른 반응

① 저온

$$H_2C=CH_2+Cl_2 \xrightarrow[\text{(저온)}]{} CH_2Cl-CH_2Cl$$

② 고온

$$H_2C=CH_2+Cl_2 \xrightarrow[\text{(고온)}]{} CH_2Cl-CHCl_2$$

5 마르코프니코프(Markovnikov) 규칙

비대칭 알켄(불포화 탄화수소)에 할로겐화 수소(HX) 첨가 반응 시, H는 치환기가 적은 탄소(H가 많은 탄소) 원자와 결합하고, X는 치환기가 많은 탄소(H가 적은 탄소) 원자와 결합함

$$CH_3-CH=CH_2+HBr \xrightarrow{\text{이온 반응}} CH_3-CHBr-CH_3$$

1-4 설폰화 반응 (sulfonation)

1 개요

정의	• 유기화합물에 설폰산기($-SO_3H$)를 도입하는 반응
특징	• 친전자성 치환 반응
설폰화제	• 발연황산, 진한 황산, 클로로설폰산 등
반응식	$RH+H_2SO_4 \longrightarrow R-SO_3H+H_2O$(축합 반응, 치환 반응)

2 지방족 화합물의 설폰화 반응

(1) 스트레커(strecker) 반응

화합물의 할로겐 원자, 나이트로기, 설폰산기를 아황산소듐(Na_2SO_3)으로 치환시키는 반응

$$RCl + Na_2SO_3 \rightarrow RSO_3Na + NaCl$$
$$RNO_2 + Na_2SO_3 \rightarrow RSO_3Na + NaNO_3$$

(2) 올레핀계 탄화수소의 설폰화 반응

$$R-CH=CH_2 \underset{H_2O}{\overset{H_2SO_4}{\rightleftharpoons}} R-CH(OSO_3H)-CH_3$$

3 방향족 화합물의 설폰화 반응

(1) 벤젠(benzene)의 설폰화 반응

$$C_6H_6 + H_2SO_4 \rightleftharpoons C_6H_5SO_3H + H_2O$$

(2) 나프탈렌(naphthalene)의 설폰화 반응

나프탈렌의 설폰화는 반응온도에 영향을 받음

① 저온 : α 위치 치환 반응 우세

② 고온 : β 위치 치환 반응 우세

나프탈렌 (α, β 위치 표시)

H_2SO_4, 50℃ → α − 이성질체(96%) + β − 이성질체(4%)

H_2SO_4, 160℃ → β − 이성질체(85%) + α − 이성질체(15%)

(3) 아민(amine)의 설폰화 반응

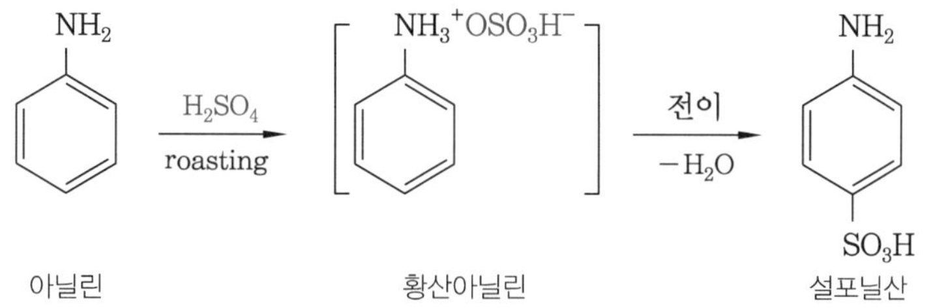

$$\text{아닐린 } (C_6H_5NH_2) \xrightarrow[\text{roasting}]{H_2SO_4} \left[C_6H_5NH_3^{+}OSO_3H^{-} \right] \text{ 황산아닐린} \xrightarrow[-H_2O]{\text{전이}} \text{설포닐산 } (p\text{-}NH_2C_6H_4SO_3H)$$

1-5 아미노화 반응(amination)

1 개요

정의	• 유기화합물에 아미노기($-NH_2$)를 도입하는 반응
분류	• 환원에 의한 아미노화 • 암모놀리시스(Ammonolysis)에 의한 아미노화(가암모니아 분해 반응)

2 환원에 의한 아미노화

(1) 나이트로벤젠의 환원

촉매 종류에 따라 생성물 다름

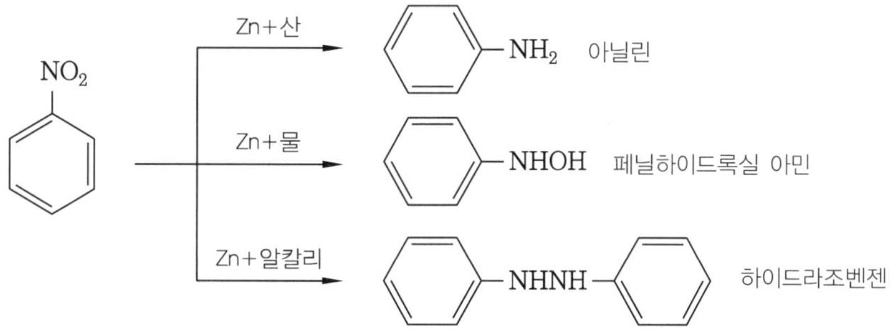

촉매별 나이트로벤젠의 환원 반응

주생성물	촉매
아닐린	Zn + 산 Fe + 산 Cu(또는 Ni, Pt) + H_2
페닐하이드록실아민	Zn + 물
하이드라조벤젠(hydrazo benzene)	Zn + 염기

(2) 다이나이트로벤젠의 환원

환원제의 종류에 따라 완전 환원 또는 부분 환원됨

환원제별 다이나이트로벤젠의 환원 반응

환원 반응	환원제
완전 환원	Zn + 산(HCl, H_2SO_4) Fe + 산(HCl, H_2SO_4)
부분 환원	Na_2S

3 암모놀리시스(Ammonolysis)에 의한 아미노화

(1) 암모놀리시스 반응

정의	• 유기화합물의 $-X$, $-SO_3H$, $-OH$와 같은 작용기가 암모니아의 분해 시 생성된 $-NH_2$와 치환되는 아미노화 반응
암모놀리스화제	• 액체나 기체 암모니아를 물 또는 유기용매에 녹인 용액

(2) 종류

① 이중분해 반응

할로겐화 알킬과 암모니아를 작용시키거나 알코올에 암모니아를 알칼리 하에 작용시키면 1차, 2차, 3차 아민 혼합물이 얻어짐

$$R-X+NH_3 \longrightarrow R-NH_2+HX$$

$$R-OH+NH_3 \xrightarrow{NaOH} R-NH_2+H_2O$$

② 카보닐화합물의 아미노화

카보닐화합물을 암모니아와 수소혼합물과 반응시키면, 동일한 탄소수의 1차 아민이 생성됨

$$C_6H_5-CHO + NH_3 \longrightarrow C_6H_5-CH(OH)-NH(H) \xrightarrow{-H_2O} C_6H_5-CH=NH \xrightarrow[Ni]{H_2} C_6H_5-CH_2NH_2$$

③ 산화에틸렌의 아미노화

$$H_2C(-O-)CH_2 + NH_3 \xrightarrow{50\sim60℃} HO-CH_2CH_2-NH_2$$

monoethanol amine

④ 이산화탄소와 암모니아가 반응하여 요소(Urea)의 생성

$$CO_2 + 2NH_3 \rightleftharpoons \left[O=C(NH_2)(ONH_4)\right] \xrightarrow{-H_2O} O=C(NH_2)_2$$

요소

1-6 산화와 환원

1 개요

(1) 산화 환원의 정의

구분	전자	산소	수소	산화수	물질
산화	잃음	얻음	잃음	증가	환원제
환원	얻음	잃음	얻음	감소	산화제

(2) 산화제와 환원제

분류	정의	대표적인 예
환원제	• 다른 물질을 환원시키고, 자기 자신은 산화되는 물질	소듐(Na), 수소(H_2), 황산철($FeSO_4$), 아이오딘화 포타슘(KI), 황화수소(H_2S), 옥살산($H_2C_2O_4$)
산화제	• 다른 물질을 산화시키고, 자기 자신은 환원되는 물질	염소(Cl_2), 과산화수소(H_2O_2), 질산(HNO_3), 황산(H_2SO_4), 과망가니즈산 포타슘($KMnO_4$), 다이크로뮴산 포타슘($K_2Cr_2O_7$)

2 산화 반응

(1) 탈수소 반응(Dehydrogenation)

$$CH_3-CH(OH)-H \xrightarrow[\text{1차 산화}]{(-2H)} CH_3-C(=O)H \xrightarrow[\text{2차 산화}]{(+O)} CH_3-C(=O)OH$$

1차 알코올 → 알데하이드 → 카복실산

$$CH_3-C(CH_3)(OH)-H \xrightarrow[\text{1차 산화}]{(-2H)} CH_3-C(=O)-CH_3$$

2차 알코올 → 케톤

(2) 산소 부가 반응

① 알데하이드가 산화되어 카복시산이 됨

$$RCHO \xrightarrow[\text{(산화)}]{+O} RCOOH$$

② 에틸렌이 산화되어 산화에틸렌이 됨

$$CH_2=CH_2 \xrightarrow[Ag]{+O} (CH_2)_2O$$

③ 에틸렌이 산화되어 아세트알데하이드가 됨

$$CH_2=CH_2 \xrightarrow[PbCl_2,\ HCl]{+O} CH_3CHO$$

(3) 탈수소 + 산소 부가 동시 반응

$$CH_4 + O_2 \longrightarrow H-C(=O)-H + H_2O$$

메탄 → 폼알데하이드

$$C_6H_5-CH_2OH + O_2 \longrightarrow C_6H_5-COOH + H_2O$$

벤질 알코올 → 벤조산

(4) 탈수소, 산소 부가, 탄소 결합 파괴를 동반하는 반응

나프탈렌의 산화로 무수프탈산 생성

$$C_{10}H_8 + 4.5\ O_2 \xrightarrow{V_2O_5} C_6H_4(CO)_2O + 2H_2O + 2CO_2$$

(5) 중간체를 통한 반응

$$C_6H_5CH_3 + Cl_2 \xrightarrow[-HCl]{hv} C_6H_5CH_2Cl \xrightarrow{Cl_2} C_6H_5CCl_3 \xrightarrow[-3HCl]{2H_2O} C_6H_5COOH$$

(6) 이중 결합의 산화

① 온화한 반응으로 다이하이드록시 화합물 생성

$$H_3C(H_2C)_7-CH=CH-(CH_2)_7COOH \xrightarrow[\text{알칼리성}]{KMnO_4} H_3C(H_2C)_7-CH(OH)-CH(OH)-(CH_2)_7COOH$$

② 강한 산화제 사용 시 산화 반응으로 저급 알데하이드, 카복시산 분해

$$H_3C(H_2C)_7-CH=CH-(CH_2)_7COOH \xrightarrow[H_2SO_4]{Na_2Cr_2O_7} CH_3(CH_2)_7COOH + HOOC(CH_2)_7COOH$$

(7) 과산화물이 생기는 반응

$$\text{C}_6\text{H}_5-\text{CH}(\text{CH}_3)_2 \xrightarrow[hv]{O_2} \text{C}_6\text{H}_5-\text{C}(\text{CH}_3)_2-\text{OOH}$$

큐멘 → 과산화물

3 환원 반응

(1) 나이트로화합물의 환원

나이트로화합물을 금속과 산으로 환원하면, 항상 아민(amine)이 되지만, 여러 가지 다른 환원제를 사용하여 반응을 조절하면 다른 중간체를 얻을 수 있음

① 나이트로벤젠의 환원 반응에 의한 아닐린의 합성

$$2\,\text{C}_6\text{H}_5NO_2 + 5Fe + 4H_2O \xrightarrow[FeCl_2]{} 2\,\text{C}_6\text{H}_5NH_2 + Fe_3O_4 + 2Fe(OH)_2$$

나이트로벤젠 → 아닐린

(2) 수소화 반응(Hydrogenation)

① 촉매 : Ni, Pb

② 수소 첨가로 불포화 탄화수소를 포화시킴

$$-C\equiv C- \xrightarrow[\text{Ni, Pb, 상압}]{H_2} -CH=CH- \xrightarrow[\text{Ni, 상압}]{H_2} -CH_2CH_2-$$

(3) 수소화 분해

① 수소의 첨가와 동시에 분해가 일어나는 반응

$$R-CH=CH_2 + CO_2 + H_2 \xrightarrow[Co]{} R-CH_2-CH_2-CHO \text{ (주생성물)}$$

$$RCH(CHO)-CH_3 \text{ (부생성물)}$$

② 옥소(oxo) 반응

코발트카르보닐($[Co(CO)_4]_2$) 촉매로, 고온, 고압에서 알켄과 CO : H_2의 비를 1 : 1로 반응시키면, 이중 결합에 H와 −CH=O가 첨가되어 알데하이드를 생성

$$R-CH_2=CH_2+CO+H_2 \xrightarrow[\text{고온, 고압}]{[Co(CO)_4]_2} \begin{array}{l} R-CH_2-CH_2-CHO\,(\text{주생성물}) \\ R-CH(CHO)-CH_3\ (\text{부생성물}) \end{array}$$

1-7 알킬화 반응

1 개요

정의	• 유기화합물에 알킬기(R−)를 치환 또는 첨가하는 반응
알킬기	• $C_nH_{2n+1}-$ (CH_3-, C_2H_5-, C_3H_7- 등)
특징	• 가지달린 탄화수소 생성 • 옥탄가 증가

2 탄소 원자에 알킬화 (C-알킬화)

(1) 아이소옥탄 생성

황산 촉매

$$(CH_3)_2C=CH_2 + (CH_3)_2CH-CH_3 \xrightarrow{\text{촉매}} (CH_3)_2CH-CH_2-C(CH_3)_2-CH_3$$

isobutene isobutane isooctane

(2) 에틸벤젠 생성

$$C_6H_6 + H_2C=CH_2 \xrightarrow{HCl-AlCl_3} C_6H_5-CH_2CH_3$$

benzene ethylene ethylbenzene

(3) 큐멘 생성

$$\text{benzene} + H_2C=CH-CH_3 \xrightarrow{AlCl_3} C_6H_5-CH(CH_3)_2$$

benzene propylene cumene

(4) Friedel-Craft 알킬화 반응

① 할로겐화 알킬에 의한 알킬화 반응

② 촉매 : $AlCl_3$(가장 많이 사용), $FeCl_3$, BF_3, HF, $ZnCl_2$, $ZrCl_4$ 등

③ 반응

$$C_6H_6 + R-X \xrightarrow{AlCl_3} C_6H_5-R + H-X$$

Friedel-Craft 알킬화 반응

3 산소 원자에 알킬화(O-알킬화)

알코올이나 페놀의 -OH의 수소를 알킬기로 치환하는 반응

(1) 에탄올과 산화에틸렌의 O-알킬화 반응

$$CH_3CH_2OH + H_2C\text{—}CH_2\ (\text{—O—}) \xrightarrow{AlCl_3} H_2C-O-CH_2CH_3\ |\ H_2C-O-H$$

glycerol ethyl ether

(2) 알코올과 알코올의 O-알킬화 반응

$$R-OH + R'-OH \longrightarrow R-O-R' + H_2O$$

$$CH_3CH_2OH + CH_2\text{—}CH_2\ (\text{—O—}) \longrightarrow CH_3CH_2-O-CH_2CH_2OH$$

에탄올 산화에틸렌 2-에폭시 에탄올

4 질소 원자에 알킬화 (N-알킬화)

(1) 방향족 또는 방향족 아민의 H를 알킬기로 치환하는 반응

$$R-X + NH_3 \longrightarrow R-NH_2 + HX$$

(2) Grignard 반응

$$R-X + R'MgX \longrightarrow R-R' + MgX_2$$

1-8 아실화 반응

1 개요

정의	• 유기화합물에 아실기(RCO−)를 도입하는 반응
특징	• 친전자성 치환 반응
종류	• 치환되는 산기의 종류에 따라 포밀화(formylation), 아세틸화(acetylation), 벤조일화(benzoylation) 등

2 방향족 탄화수소의 아실화 (Friedel-Craft 반응)

방향족 탄화수소와 방향족 염화아실(카복시산클로라이드)은 $AlCl_3$ 촉매 하에서 아실화 반응으로, 케톤이 생성

$$C_6H_6 + R-\overset{O}{\overset{\|}{C}}-Cl \xrightarrow{AlCl_3} C_6H_5-\overset{O}{\overset{\|}{C}}-R + HCl$$

염화아실

$$C_6H_6 + (CH_3-\overset{O}{\overset{\|}{C}})_2O \xrightarrow{AlCl_3} C_6H_5-\overset{O}{\overset{\|}{C}}-CH_3 + CH_3\overset{O}{\overset{\|}{C}}-OH$$

카복실산 무수물

3 산소 원자의 아실화(O-Acylation)

알코올에 염화아실(카복시산클로라이드) 또는 카복시산 무수물의 아실화 반응으로 에스터 생성

$$R\text{-}OH + R'COCl \longrightarrow R\text{-}COO\text{-}R' + HCl$$

4 질소 원자의 아실화(N-Acylation)

지방족 아민 또는 방향족 아민과 유기산 무수물이나 카르복시산 무수물의 아실화 반응으로 카복시산 아마이드 생성

$$RNH_2 + R'CO\text{-}O\text{-}COR' \longrightarrow R\text{-}NHCO\text{-}R' + R'COOH$$

5 케텐(ketene)에 의한 아실화

① 케텐이 $-OH$나 $-NH_2$와 아세틸화 반응

② 반응성이 매우 큼

$$CH_2{=}C{=}O + ROH \longrightarrow CH_3-\overset{\overset{\displaystyle O}{\|}}{C}-OR \quad \text{(초산 에스터)}$$

$$+ RNH_2 \longrightarrow CH_3-\overset{\overset{\displaystyle O}{\|}}{C}-\underset{\underset{\displaystyle H}{|}}{N}-R \quad \text{(아세트아마이드)}$$

$$+ CH_3COOH \longrightarrow (CH_3-CO)_2O \quad \text{(아세트산 무수물)}$$

6 아실치환 반응의 작용기별 반응속도 순서

산할로젠화물(RCOX) > 산무수물(RCOOCOR′) > 에스터(RCOOR′) > 아마이드($RCONH_2$)

1-9 에스터화 반응

1 개요

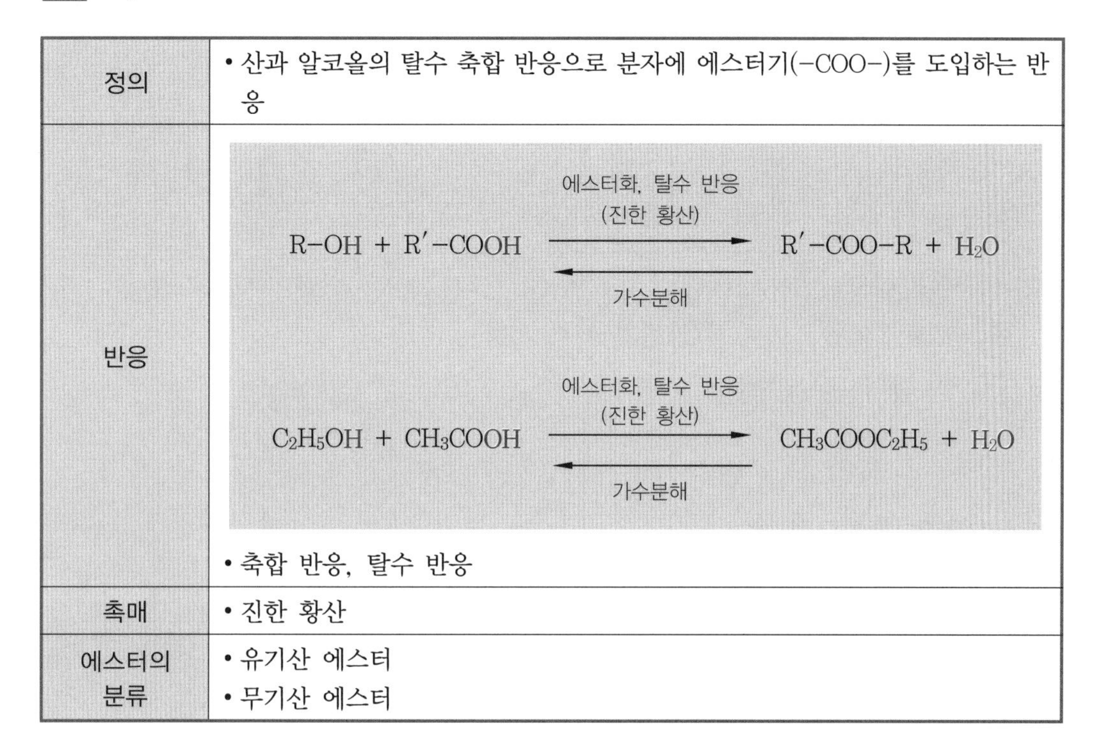

정의	• 산과 알코올의 탈수 축합 반응으로 분자에 에스터기(−COO−)를 도입하는 반응
반응	$R{-}OH + R'{-}COOH \underset{\text{가수분해}}{\overset{\text{에스터화, 탈수 반응 (진한 황산)}}{\rightleftarrows}} R'{-}COO{-}R + H_2O$ $C_2H_5OH + CH_3COOH \underset{\text{가수분해}}{\overset{\text{에스터화, 탈수 반응 (진한 황산)}}{\rightleftarrows}} CH_3COOC_2H_5 + H_2O$ • 축합 반응, 탈수 반응
촉매	• 진한 황산
에스터의 분류	• 유기산 에스터 • 무기산 에스터

2 유기산 에스터 생성 반응

(1) 산무수물의 에스터화 반응

$$C_6H_4(CO)_2O + C_2H_5OH \longrightarrow C_6H_4(COOC_2H_5)(COOH)$$

(2) 에스터 교환 반응

① 알코올리시스(alcoholysis)

에스터를 알코올로 분해(알킬기 상호 치환)

$$RCOO-R' + R''-OH \longrightarrow RCOO-R'' + R'-OH$$

② 에스터 상호 교환 반응

$$RCOO-R' + R''COO-R''' \longrightarrow RCOO-R''' + R''COO-R'$$

③ 에시돌리시스(Acidolysis)

에스터를 유기산으로 분해(알킬기 상호 치환)

$$R-COOR' + R''-COOH \longrightarrow R''-COOR' + R-COOH$$

(3) 금속염의 에스터화

산의 금속염과 RX을 가열하여 에스터가 생성

$$CH_3COONa + C_6H_5CH_2Cl \longrightarrow CH_3-COO-CH_2C_6H_5 + NaCl$$

(4) 나이트릴의 에스터화

$$\underset{\text{나이트릴}}{CH_3-CN} + C_2H_5OH + H_2O \longrightarrow \underset{\text{아크릴산에스터}}{H_3C-\overset{\overset{\displaystyle O}{\|}}{C}-OC_2H_5} + NH_3$$

(5) 산염화물의 에스터화

① 반응식

$$C_2H_5OH + COCl_2 \longrightarrow C_2H_5COOCl + HCl$$

② 쇼트 바우만(Schotten-Baumann)법

정의	• 알칼리 존재 하에 산염화물에 의해 -OH나 $-NH_2$가 아실화되는 반응
특징	• 10~25% NaOH 수용액에 페놀이나 알코올을 용해시킨 후 강하게 교반하면서 서서히 산염화물을 가하면, 에스터가 순간적으로 생성되는 반응 • 염화물의 에스터화 반응 중 가장 좋은 방법
반응	$C_6H_5-OH + CH_3COCl \xrightarrow[\text{아실화}]{(+NaOH)} C_6H_5-O-COCH_3 + HCl$

3 무기산 에스터 생성 반응

(1) 질산 에스터 생성

$$\underset{\text{에탄올}}{C_2H_5OH} + \underset{\text{질산}}{HNO_3} \longrightarrow \underset{\text{질산에스터}}{C_2H_5-O-NO_2} + H_2O$$

$$\underset{\text{글리세롤}}{C_3H_5(OH)_3} + \underset{\text{질산}}{3HNO_3} \longrightarrow \underset{\text{나이트로글리세롤}}{C_3H_5(ONO_2)_3} + 3H_2O$$

(2) 황산 에스터 생성

① 에탄올 + 황산(H_2SO_4) → 황산에스터 + H_2O

$$C_2H_5OH + HO-SOO-OH \leftrightarrows C_2H_5-O-SOO-OH + H_2O$$

② 에탄올 + 클로로설폰산($ClSO_2OH$) → 황산에스터 + HCl

$$C_2H_5OH + Cl-SOO-OH \leftrightarrows C_2H_5-O-SOO-OH + HCl$$

(3) 부가 반응에 의한 에스터화

구분	내용
올레핀	• 알켄(alkene)은 황산 등의 강산 하에 유기산을 첨가하면, 중간체인 카르보늄 이온(카르보 양이온)을 거쳐 에스터가 생성됨 $R-CH=CH_2 + H_2SO_4 \longrightarrow RCH^+-CH_3 \xrightarrow{RCOOH} R-\underset{\underset{R-\overset{\overset{}{|}}{C}(=O)-O}{|}}{\overset{\overset{H}{|}}{C}}-CH_3$
아세틸렌	$CH \equiv CH + CH_3COOH \xrightarrow{Hg(촉매)} CH_2=CH(CH_3COO)$ 아세틸렌 아세트산 아세트산바이닐 $CH \equiv CH + 2CH_3COOH \xrightarrow{Hg(촉매)} CH(CH_3COO)=CH(CH_3COO)$ 아세틸렌 아세트산 아세트산에틸리덴
케텐	$CH_2=C=O + H_2O \longrightarrow CH_3COOH$ 케텐 아세트산 $CH_2=C=O + ROH \rightarrow CH_3COOR$
나이트릴	$CH_3CN + C_2H_5OH + H_2O \rightarrow CH_3COOC_2H_5 + NH_3$ $CH_2=CH-CN + ROH + H_2O \rightarrow CH_2=CHCOOR + NH_3$
산화 에틸렌	$C_2H_4O + CH_3COOH \rightarrow CH_3COO-CH_2CH_2-OH$ $CH_3COO-CH_2CH_2-OH + CH_3COOH \rightarrow CH_3COO-CH_2CH_2-COOCH_3$

(4) 기타 에스터화 반응

① 알데하이드 두 분자의 에스터화 반응

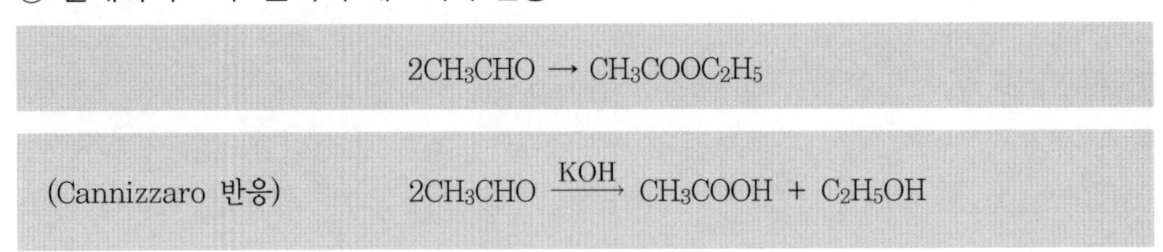

② 알코올과 일산화탄소의 반응

$$CH_3OH + CO \rightarrow CH_3COOH$$

$$2CH_3OH + CO \rightarrow CH_3COOCH_3 + H_2O$$

③ 에터와 일산화탄소의 반응

$$R-O-R + CO \rightarrow R-COO-R'$$

1-10 가수분해(hydrolysis)

1 개요

정의	• 물(H_2O)과 반응하여 복분해가 일어나는 반응 • 산·염기 중화 반응의 역반응 • 물 대신 염기 존재 하에서도 가수분해 가능
반응	$A^+B^- + H_2O \rightarrow AOH + BH$
에스터의 분류	• 유기산 에스터 • 무기산 에스터

2 지방족 화합물의 가수분해

(1) 지방족 포화 탄화수소의 가수분해

직접 가수분해되지 않고 고온·고압에서 산이나 효소에 의해 서서히 가수분해가 일어남

(2) 알켄의 가수분해

① 황산법

알켄에 황산을 반응시켜 중간체를 거쳐 가수분해 됨

$$CH_2{=}CH_2 + H_2SO_4 \rightarrow C_2H_5OSO_3H + H_2O \rightarrow C_2H_5OH + H_2SO_4$$

② 직접법

알켄을 인산이나 알루미나 촉매로 직접 수화 반응시켜 알코올을 만드는 방법

$$CH_3-CH=CH_2 + H_2O \xrightarrow{Al_2O_3} CH_3-CH(OH)-CH_3$$

(3) 아세틸렌의 수화 반응

황산 촉매로 하여, 대기압에서, 아세틸렌의 수화 반응으로 아세트알데하이드를 생성

$$CH\equiv CH + H_2O \xrightarrow[H_2SO_4]{HgSO_4} CH_3CHO$$

(4) 나이트릴(nitrile)의 가수분해

산, 알칼리로 나이트릴을 가수분해하여 유기산을 생성

$$\underset{\text{아디포나이트릴}}{N\equiv C-(CH_2)_4-C\equiv N} + H_2O \xrightarrow{\text{산 or 알칼리}} \underset{\text{아디프산}}{HOOC-(CH_2)_4-COOH}$$

(5) 유기산 에스터의 가수분해(유지의 가수분해)

① 에스터화 반응의 역반응

② 유지 + 물 → 지방산 + 글리세롤

$$\begin{matrix} C_{17}H_{35}-\overset{\overset{\Large O}{\|}}{C}-O-CH_2 & & & HO-CH_2 \\ | & & & | \\ C_{17}H_{35}-\overset{\overset{\Large O}{\|}}{C}-O-CH & \underset{H_2SO_4}{\overset{3H_2O}{\rightleftarrows}} & 3C_{17}H_{35}COOH + & HO-CH \\ | & & & | \\ C_{17}H_{35}-\overset{\overset{\Large O}{\|}}{C}-O-CH_2 & & & HO-CH_2 \\ \text{유지} & & \text{스테아르산} & \text{글리세롤} \end{matrix}$$

(6) 아이소시아네이트 수화 반응

$$R-N=C=O + H_2O \rightarrow \underset{\text{알킬아마이드}}{R-NH_2} + CO_2\uparrow$$

(7) 고리 모양 에터의 가수분해

① 에터는 가수분해가 어렵지만, 고리 모양 에터는 쉽게 가수분해됨

② 산화에틸렌을 가수분해하면 에틸렌글리콜이 생성됨

$$\underset{\text{산화에틸렌 (에틸렌옥사이드)}}{CH_2-CH_2(-O-)} + H_2O \xrightarrow{\text{산 촉매}} \underset{\text{에틸렌글리콜}}{CH_2(OH)-CH_2(OH)}$$

3 방향족 화합물의 가수분해

(1) 페놀(phenol) 제조

① 벤젠을 염소화시켜 얻은 클로로벤젠을 고온에서 수증기와 반응시켜 제조하는 방법

$$\underset{\text{벤젠}}{C_6H_6} + Cl_2 \longrightarrow \underset{\text{클로로벤젠}}{C_6H_5-Cl} + H_2O \longrightarrow \underset{\text{페놀}}{C_6H_5-OH} + HCl$$

② 벤젠설폰산을 NaOH에 용융시켜 소듐 퍼록사이드를 만든 후, 이를 H_2SO_3과 반응시켜 페놀을 제조하는 방법

$$\underset{\text{벤젠설폰산}}{C_6H_5-SO_3H} + 3NaOH \xrightarrow{\text{용융}} \underset{\text{벤젠설포네이트소듐}}{C_6H_5-ONa} + Na_2SO_3 + 2H_2O$$

$$2\,C_6H_5-ONa + \underset{\text{아황산}}{H_2SO_3} \longrightarrow 2\,\underset{\text{페놀}}{C_6H_5-OH} + Na_2SO_3$$

(2) β-나프톨(β-naphtol) 제조

$$C_{10}H_7-SO_3H \xrightarrow[\text{용융}]{2NaOH} C_{10}H_7-OH + Na_2SO_3 + H_2O$$

(3) 방향족 다이아조늄염의 가수분해

방향족다이아조늄에 물을 반응시켜 가열하면 페놀을 얻음

$$[C_6H_5-N=N]^+ + Cl^- + H_2O \xrightarrow{\Delta} C_6H_5-OH + N_2\uparrow + HCl$$

$$\left[C_6H_5-N^+\equiv N \right] Cl^- + H_2O \xrightarrow{\Delta} C_6H_5-OH + N_2\uparrow + HCl$$

아릴다이아조늄염

(4) 알데하이드와 카복시산의 제조

① 벤잘클로라이드(Benzal chloride)를 염기로 가수분해하면, 벤즈알데하이드 생성

$$C_6H_5-CHCl_2 + 2NaOH \longrightarrow C_6H_5-CHO + 2NaCl + H_2O$$

② 벤조트라이클로라이드($C_6H_5CCl_3$)를 염기로 가수분해하면, 벤조산 생성

$$C_6H_5-CCl_3 + 3NaOH \longrightarrow C_6H_5-COOH + 3NaCl + H_2O$$

1-11 다이아조화 반응(diazotization)

1 개요

정의	• 염화수소산(HCl) 용액에 5℃ 이하에서 방향족 1차 아민에 **아질산소듐($NaNO_2$)**을 반응시켜, 염화벤젠다이아조늄과 같은 다이아조화합물을 생성하는 반응 • 지방족 1차 아민은 아질산을 반응시켜, $-NO_2$를 OH로 치환
반응	• 방향족 1차 아민 $\xrightarrow[NaNO_2]{HCl}$ 다이아조늄염 $C_6H_5-NH_2 + 2HCl + NaNO_2 \longrightarrow [C_6H_5-N^+\equiv N]Cl^- + 2H_2O + NaCl$

2 다이아조늄의 합성 반응

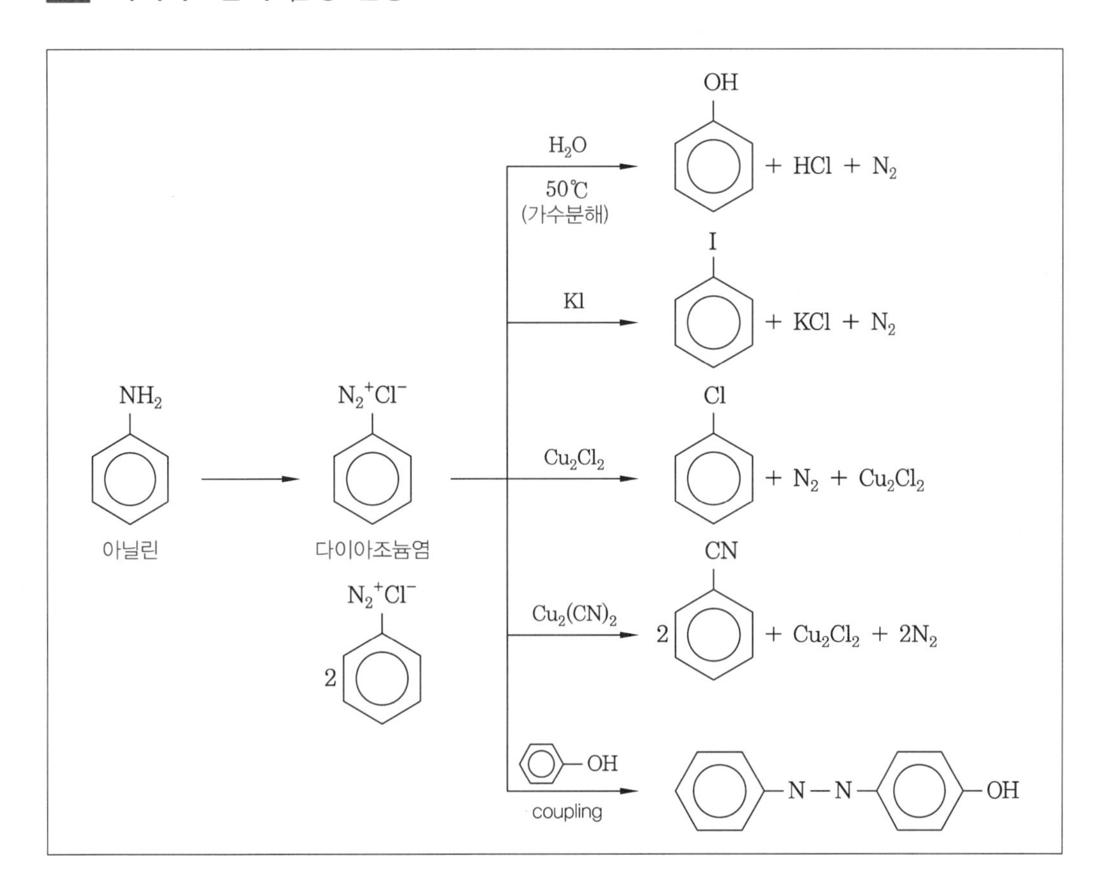

3 다이아조화 방법

(1) 직접법

아민을 물과 염산에 용해하면서 10~20% $NaNO_2$ 용액을 가하면 단시간에 반응이 완료됨

(2) 간접법(전화법)

① 방향족 아미노카복시산 또는 아미노설폰산과, 방향족 아미노카복시산 및 아미노설폰산의 다이아조화합물은 물에 잘 녹지 않기 때문에, 다이아조화가 어려움

② 이때는 아질산소듐($NaNO_2$)과 아민의 알칼리 용액을 과잉의 차가운 진한 산에 가하여 다이아조화 반응을 일으킴

(3) 나이트로실 황산법

아닐린과 같은 약염기성 아민을 황산, 인산, 식초산 용액에 나이트로실 황산($ON-SO_4H$)을 도입시켜 다이아조화하는 방법

$$C_6H_5-NH_2 + ON-SO_4H \longrightarrow C_6H_5-N=N-SO_4H + H_2O$$

아닐린 나이트로실 황산 다이아조늄 황산염

(4) 샌드마이어(Sandmeyer) 반응

다이아조늄 그룹이 $-Cl$, $-Br$ 혹은 $-CN$으로 치환되는 반응

$$CH_3C_6H_4NH_2 \xrightarrow[H_2O]{HCl,\ NaNO_2} CH_3C_6H_4N_2^+Cl^- \xrightarrow{CuCl} CH_3C_6H_4Cl$$

1-12 커플링(coupling) 반응(짝지음)

정의	• 방향족 다이아조늄염이 방향족 화합물과 반응하여 아조 화합물을 생성하는 반응
커플링이 가능한 물질	• 방향족 아민, 페놀류, 페놀성 케톤기를 가진 물질 등
반응	$C_6H_5-N^+\equiv N\ Cl^- + C_6H_5-OH \longrightarrow C_6H_5-N=N-C_6H_4-OH + HCl$

§ 2. 산염기 반응

2-1 산과 염기의 정의

구분	산	염기
아레니우스	H^+ 주개	OH^- 주개
브뢴스테드 로우리	양성자(H^+) 주개	양성자(H^+) 받개
루이스	전자쌍 받개	전자쌍 주개

2-2 브뢴스테드 로우리의 짝산 · 짝염기

양성자 H^+의 이동으로 인해 산과 염기가 되는 관계

①

짝염기 (NH₃ 위), 짝산 (NH₄⁺ 위), 짝산 (HCl 아래), 짝염기 (Cl⁻ 아래)

$$HCl + NH_3 \longleftrightarrow Cl^- + NH_4^+$$

- 짝산 : HCl, NH_4^+
- 짝염기 : Cl^-, NH_3

②

짝염기 (OH⁻ 위), 짝산 (H₂O 위), 짝산 (HSO₄⁻ 아래), 짝염기 (SO₄²⁻ 아래)

$$HSO_4^-(aq) + OH^-(aq) \longrightarrow H_2O(l) + SO_4^{2-}(aq)$$

- 짝산 : HSO_4^-, H_2O
- 짝염기 : SO_4^{2-}, OH^-

2-3 대표적인 산 · 염기

구분	종류		특징
강산	HCl HNO_3 H_2SO_4	염산 질산 황산	• 이온화도 큼 • 강전해질 • 대부분 이온으로 해리됨
강염기	KOH NaOH $Ba(OH)_2$ $Ca(OH)_2$	수산화포타슘 수산화소듐 수산화바륨 수산화칼슘	
약산	CH_3COOH H_2CO_3 H_3PO_4	아세트산 탄산 인산	• 이온화도 작음 • 약전해질 • 이온으로 거의 해리되지 않음
약염기	NH_4OH NH_3	수산화암모늄 암모니아	

강전해질일수록, 이온화도 클수록, 산해리상수 클수록 강산

2-4 산의 세기(산도)

수소이온을 잘 내어 줄수록, 산의 세기(산도) 증가

① 같은 족에서는 원자번호 클수록, 산의 세기 증가

$$HF < HCl < HBr < HI$$

② 전기음성도 차이가 클수록(극성이 클수록) 산의 세기 증가

$$CH_4 < NH_3 < H_2O < HF$$

$$HO-F > HO-Cl > HO-Br > HO-I$$

③ 산소산은 산소수가 많을수록, 극성 증가 → 산의 세기 증가

$HClO < HClO_2 < HClO_3 < HClO_4$

④ 결합차수가 클수록(s비율이 클수록), 산의 세기 증가

	CH_3-CH_3	<	$CH_2=CH_2$	<	$CH\equiv CH$
결합차수	1		2		3
혼성오비탈	sp^3		sp^2		sp
s비율	25%		33%		50%

⑤ 유발 효과(inductive effect)

㉠ 활성화기, 전기음성도가 큰 물질이 있을수록 산의 세기 증가

㉡ 활성감소기가 있을수록 산의 세기 감소

구분	활성화기	활성감소기
정의	전자를 당기는 물질	전자를 미는 물질
작용기 종류	$-NH_2$, $-NR_2$, $-NHR$, $-OH$, $-OCH_3$, $-CH_3$, $-NHCOCH_3$	$-R$, $-C\equiv N$, $-CHO$, $-CO_2H$, $-COR$, $-CO_2R$, $-NO_2$, $-SO_3H$, $-CF_3$, $-CCl_3$

㉢ 알킬기가 많으면 산의 세기 감소

$CF_3COOH > CHF_2COOH > CH_2FCOOH > CH_3COOH$

⑥ 공명구조가 있으면 산의 세기 증가

§ 3. 이온 반응과 라디칼 반응

3-1 이온 반응

화학 반응 중 이온이 관여하는 반응(극성 반응)

1 이온 반응의 종류

(1) 치환 반응

정의	• 분자 중 원자나 이온, 작용기가 다른 화합물의 일부와 교체되는 반응
종류	• 친핵성 치환 반응(SN : Substitution Nucleophilic) • 친전자성 치환 반응(SE : Substitution Electrophilic)

(2) 첨가 반응(부가 반응)

정의	• 어떤 분자에 다른 원자나 분자, 이온이 첨가되는 반응
종류	• 불포화 유기화합물의 첨가 반응 – 불포화 결합을 가지는 유기화합물에 수소, 할로겐, 할로겐화수소, 물, 산 등이 첨가되는 반응 – 주로 에틸렌(C=C), 아세틸렌(C≡C), 카보닐기(–CO–), 나이트릴기(–NO_2) 등을 가지는 유기화합물 • 다이엔(diene)과 말레산무수물의 다이엔합성 첨가 반응 • 첨가 중합(부가 중합, addition polymerization) • 알켄에 할로겐화수소가 첨가되는 반응 – 알켄(C=C)에 HX가 첨가되는 반응 – 마르코프니코프(Markovnikov) 규칙 적용

(3) 제거 반응

정의	• 한 분자에서 원자 또는 원자단이 떨어져 나가는 반응
종류	• 1분자 제거 반응(E1 반응) • 2분자 제거 반응(E2 반응)

(4) 전위 반응

정의	• 분자 내 자리옮김 반응
종류	• 카르보 양이온의 자리옮김 반응

2 친핵체와 친전자체

친핵성(친핵체)	친전자성(친전자체)
전자 풍부 전자를 내놓음	전자 부족 전자를 잘 받음
루이스 염기(비공유 전자쌍 제공)	루이스 산(비공유 전자쌍 받음)
(−) 전하	(+) 전하
−X, − O:(−OH, −COOH, −COO−), −S:(−SH, −S:), −N(−NH_2, −NH−)	−C=O(카보닐기, 아세틸기)

3 친핵성 치환 반응(S_N1 반응과 S_N2 반응)

(1) 단분자 친핵성 치환 반응(S_N1 반응)

① 속도결정단계에 1분자가 관여하는 유기화학의 치환 반응(1차 반응)

② 2단계 반응

③ 반응 중간체로 카르보 양이온(탄소 양이온)이 생성됨

④ 극성 양성자성 용매 사용(H_2O)

⑤ 극성이 클수록 반응속도 증가

⑥ 반응성이 큰 조건

- 약한 친핵체일수록
- 양성자성 극성 용매
- 기질이 복잡할수록(탄소 차수 클수록)

⑦ 반응 메커니즘

$(CH_3)_3CBr$과 CH_3COO^-의 반응

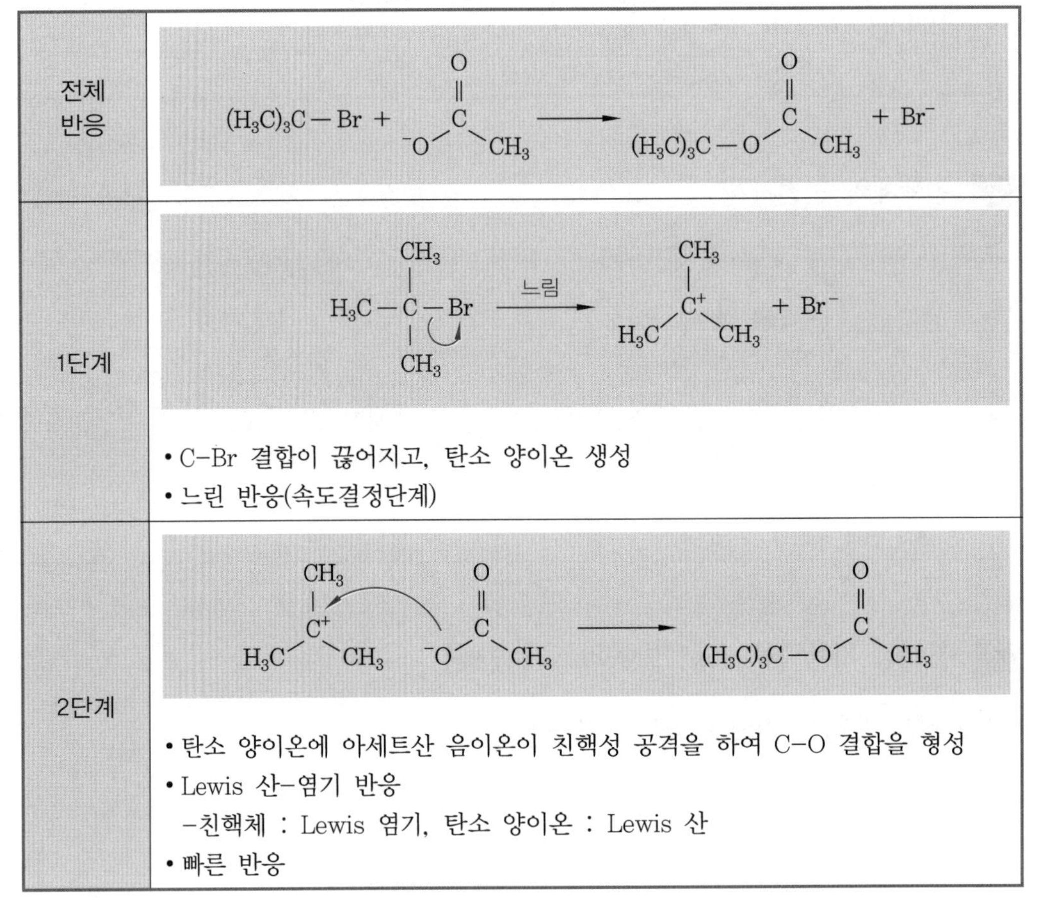

(2) 이분자 친핵성 치환 반응(S_N2 반응)

① 속도결정단계에 2분자가 관여하는 유기화학의 치환 반응(2차 반응)

② 1단계 반응

③ 결합이 끊어지는 것과 생성되는 것이 동시에 발생

④ 비양성자성 극성 용매 사용(클로로폼, 아세톤, 테트라하이드로퓨란(THF))

⑤ 극성이 작을수록 반응속도 증가

⑥ 반응성이 큰 조건

- 강한 친핵체일수록
- 비양성자성 극성 용매
- 기질이 단순할수록(탄소 차수 낮을수록)

⑦ 예

㉠ 친핵체(Nu)에 의해 X기가 치환되거나 HX가 제거되어 알켄을 형성

$$R-X + :Nu^- \longrightarrow R-Nu + :X^-$$

㉡ CH_3Br과 CH_3COO^-의 반응

$$CH_3C(=O)O^- + H_3C-Br \longrightarrow CH_3C(=O)O-CH_3 + :Br^-$$

4 E1 반응과 E2 반응

(1) 1분자 제거 반응(E1 반응)

① 2단계 반응(이온화, 탈양자화)

② 탄소-할로겐 결합이 먼저 끊어져 탄소 양이온 중간체를 형성

③ **염기**에 의해 양성자가 제거되고 알켄이 생성됨

④ 반응 메커니즘

$(CH_3)_3CBr$과 CH_3COO^-의 반응

1단계	$(CH_3)_3C-I \longrightarrow (H_3C)_2C^+-CH_3 + I^-$ • C-I 결합이 불균형 분해되어 중간체인 탄소 양이온 Carbocation이 생성 • 가장 느린 반응(속도결정단계)
2단계	$(H_3C)_2C^+-CH_2-H \xrightarrow{H_2O} (H_3C)_2C=CH_2 + H_3O^+$

(2) 2분자 제거 반응(E2 반응)

① 할로겐화 알케인의 제거 반응

② 제거되는 C-H 결합과 C-X 결합이 연속적으로 끊어지면서, 중간체 없이 한 단계로 알켄이 생성

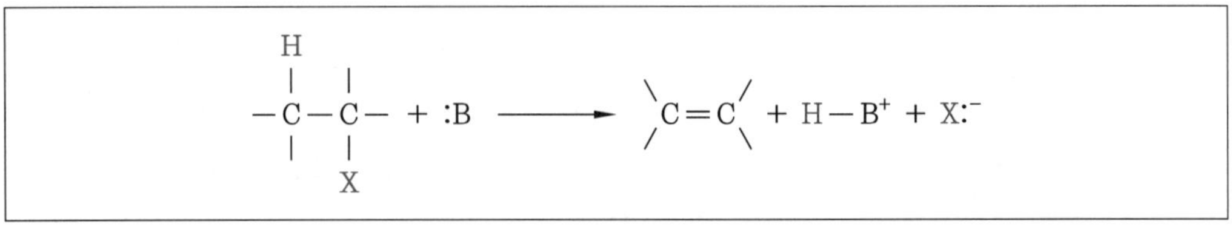

$$\text{H}-\overset{|}{\underset{|}{\text{C}}}-\overset{|}{\underset{|}{\text{C}}}(\text{X})- + :\text{B} \longrightarrow \text{>C=C<} + \text{H}-\text{B}^+ + \text{X}:^-$$

E2 반응 원리

$$(\text{CH}_3)_2\text{CBr}-\text{CH}_2\text{H} \xrightarrow{\text{OH}^-} (\text{H}_3\text{C})_2\text{C}=\text{CH}_2 + \text{H}_2\text{O} + \text{Br}^-$$

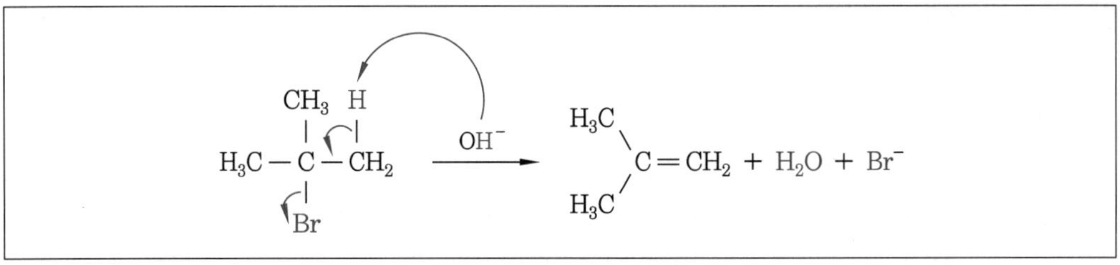

E2 반응의 예

5 탄소 양이온의 안정도

① 결합된 탄소수가 클수록(차수 클수록) 안정

② 차수가 같으면, 공명 구조를 가지면 더 안정

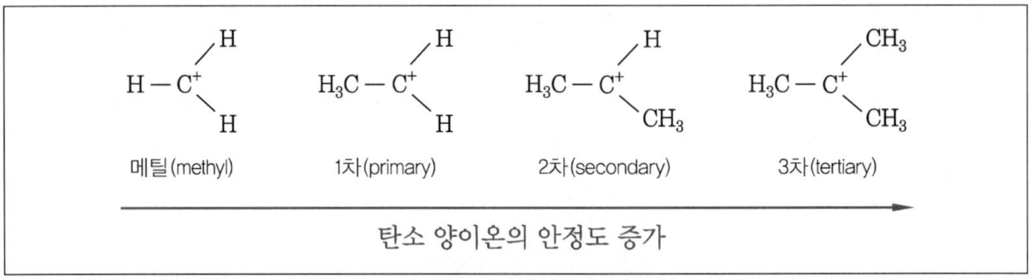

$\text{H}-\text{C}^+\text{H}_2$	$\text{H}_3\text{C}-\text{C}^+\text{H}_2$	$\text{H}_3\text{C}-\text{C}^+\text{H}(\text{CH}_3)$	$\text{H}_3\text{C}-\text{C}^+(\text{CH}_3)_2$
메틸(methyl)	1차(primary)	2차(secondary)	3차(tertiary)

→ 탄소 양이온의 안정도 증가

탄소 양이온의 안정성 순서

3-2 라디칼 반응

빛이나 열 등으로 라디칼이 생성되어 관여하는 반응

1 라디칼

구분	내용
정의	• 홀전자를 가지는 반응 중간체
특징	• 매우 불안정함 • 최외각 전자가 8개가 아니므로 전자가 결핍되어 있어, 매우 반응성이 큼 • 일반적으로 전하를 가지지 않음
안정성	• 탄소의 결합차수가 높을수록 안정성이 높음
생성	• 열(Δ) 또는 자외선($h\nu$)에 의해 균일 반응에 의해 생성 $A-B \rightarrow A\cdot + \cdot B$
개시제	• O–O, X–X는 비공유 전자쌍의 반발로 결합력이 약해 라디칼 생성 가능 • X_2, benzoyl peroxide, ROOR, $Ph(CO_2)_2$

2 라디칼 반응의 특징

① 대부분 기상(gas-phase) 반응
② 유도기에 의해 반응이 개시됨
③ 연쇄 반응(chain reaction)

3 라디칼 반응 메커니즘

전체 반응	$CH_3CH_3 + Cl_2 \xrightarrow{hv\ or\ \Delta} CH_3CH_2Cl + HCl$
개시 단계	• 열과 빛에 의해 염소 분자가 분열되어 라디칼 생성 $Cl-Cl \xrightarrow{hv\ or\ \Delta} 2Cl\cdot$
전파 단계 (연쇄 반응)	• 에테인 중 수소 원자 하나와 결합하여 떨어지고, 에틸라디칼 생성 $CH_3CH_2-H\ \cdot Cl \xrightarrow{hv\ or\ \Delta} CH_3\dot{C}H_2 + HCl$ • 에틸라디칼은 연소 분자 중 염소 원자 하나와 결합하여, 다시 염소 라디칼 생성 $CH_3\dot{C}H_2\ Cl-Cl \xrightarrow{hv\ or\ \Delta} CH_3CH_2Cl + Cl\cdot$ • 처음부터 반복하면서 연쇄 반응 진행
종결 단계	• 라디칼의 소멸 $Cl\cdot + \cdot Cl \rightarrow Cl_2$ $CH_3CH_2\cdot + \cdot CH_2CH_3 \rightarrow CH_3CH_2-CH_2CH_3$ $CH_3CH_2\cdot + \cdot Cl \rightarrow CH_3CH_2Cl$

4 이온 반응과 라디칼 반응

구분	이온 반응	라디칼 반응
상	액상 반응(용매 사용)	기상 반응
특징	친핵체와 친전자체 반응 산과 염기 반응 대부분 촉매 반응	연쇄 반응 개시제 필요
예	알킬화 반응, Friedel-Craft 반응 방향족 치환 반응 탈수 반응	산화 환원 반응 첨가 중합 반응 방향족 다이아조늄염의 반응 광화학 반응

연습문제

2. 유기 단위 반응

2018 서울시 9급 공업화학

01 브뢴스테드-로우리(Bronsted-Lowry) 산·염기에서 양성자(H^+)를 제공하면 (ㄱ), 제공받으면 (ㄴ)(으)로, 한편 루이스(Lewis) 산·염기에서는 비공유 전자쌍을 주면 (ㄷ), 비공유 전자쌍을 받으면 (ㄹ)(으)로 정의한다. ㄱ~ㄹ이 옳게 표시된 것은?

	ㄱ	ㄴ	ㄷ	ㄹ
①	산	염기	산	염기
②	염기	산	산	염기
③	산	염기	염기	산
④	염기	산	염기	산

(정리) 산과 염기의 정의

구분	산	염기
아레니우스	H^+ 주개	OH^- 주개
브뢴스테드 로우리	양성자(H^+) 주개	양성자(H^+) 받개
루이스	전자쌍 받개	전자쌍 주개

정답 ③

2016 국가직 9급 공업화학

02 다음 과정에서 브뢴스테드-로우리(Bronsted-Lowry) 산과 그 짝염기가 옳게 짝지어진 것은? (순서대로 브뢴스테드-로우리 산, 짝염기)

$$HSO_4^-(aq) + OH^-(aq) \rightarrow H_2O(l) + SO_4^{2-}(aq)$$

	브뢴스테드-로우리 산	짝염기
①	H_2O	SO_4^{2-}
②	HSO_4^-	H_2O
③	HSO_4^-	SO_4^{2-}
④	SO_4^{2-}	H_2O

해설 **브뢴스테드 로우리의 짝산 · 짝염기**

짝염기 짝산

$HSO_4^-(aq) + OH^-(aq) \rightarrow H_2O(l) + SO_4^{2-}(aq)$

짝산 짝염기

- 짝산 : HSO_4^-, H_2O
- 짝염기 : SO_4^{2-}, OH^-

정답 ③

2016 지방직 9급 공업화학

03 다음 중 수용액에서 산 세기가 가장 약한 것은?

① HF

② HI

③ HNO_3

④ H_2SO_4

해설 **산의 세기**

$HClO_4 > H_2SO_4 > HCl > HNO_3 > H_3PO_4 > CH_3COOH >$
$HF > H_2CO_3 > H_2S > HCN > C_6H_5OH > H_2O > C_2H_5OH$

정리 **산의 세기**

- 수소 이온을 잘 내어 줄수록, 산의 세기 증가
- 같은 족에서는 원자번호 클수록, 산의 세기 증가($HF < HCl < HBr < HI$)
- 전기 음성도 차이가 클수록(극성이 클수록) 산의 세기 증가
($CH_4 < NH_3 < H_2O < HF$) ($HO-F > HO-Cl > HO-Br > HO-I$)
- 산소산은 산소 수가 많을수록 극성 증가 → 산의 세기 증가
($HClO < HClO_2 < HClO_3 < HClO_4$)
- 강전해질일수록, 이온화도 클수록, 산해리상수 클수록 강산

정답 ①

2017 국가직 9급 공업화학

04 산의 세기(acidity)가 가장 작은 것은?

① 물(H_2O)
② 메테인(CH_4)
③ 플루오린화수소(HF)
④ 암모니아(NH_3)

해설 **산의 세기**

(같은 주기) $CH_4 < NH_3 < H_2O < HF$

정답 ②

2017 지방직 9급 추가채용 공업화학

05 산도(acidity)가 높은 것부터 순서대로 바르게 나열한 것은?

① 염산 > 페놀 > 아세트산 > 에탄올
② 염산 > 아세트산 > 페놀 > 에탄올
③ 염산 > 아세트산 > 에탄올 > 페놀
④ 염산 > 에탄올 > 아세트산 > 페놀

해설 **산의 세기**

$HClO_4 > H_2SO_4 > HCl > HNO_3 > H_3PO_4 > CH_3COOH >$
$HF > H_2CO_3 > H_2S > HCN > C_6H_5OH > H_2O > C_2H_5OH$

정답 ②

2016 국가직 9급 공업화학

06 다음 화합물을 산성도가 큰 순서대로 옳게 나열한 것은?

ㄱ. $CH_3CH_2CH_2OH$
ㄴ. $CH_3CH_2CH_2SH$
ㄷ. $ClCH_2CH_2CH_2SH$

① ㄱ > ㄴ > ㄷ
② ㄱ > ㄷ > ㄴ
③ ㄷ > ㄱ > ㄴ
④ ㄷ > ㄴ > ㄱ

해설 **산의 세기**

−OH>−SH이므로 ㄷ, ㄴ > ㄱ
전기 음성도가 큰 Cl 있으므로, ㄷ > ㄴ
∴ ㄷ > ㄴ > ㄱ

정답 ④

2015 국가직 9급 공업화학

07 S_N1 친핵성 치환 반응의 반응속도를 가장 빠르게 하는 용매는?

① 클로로폼
② 에탄올
③ 물 50%+에탄올 50%
④ 물

해설 **단분자 친핵성 치환 반응(S_N1 반응)**

- 속도결정단계에 1분자가 관여하는 유기화학의 치환 반응
- 반응 중간체로 카르보 양이온(탄소 양이온)이 생성됨
- 극성 양성자성 용매 사용(H_2O)

이분자 친핵성 치환 반응(S_N2 반응)

- 속도결정단계에 2분자가 관여하는 유기화학의 치환 반응
- 비양성자성 극성 용매 사용(클로로폼, 아세톤, 테트라하이드로퓨란(THF))

정답 ④

2018 지방직 9급 공업화학

08 다음 화학종 중에서 친전자체(electrophile)에 해당하는 것만을 모두 고른 것은?

ㄱ. NO_2^+	ㄴ. CN^-
ㄷ. CH_3NH_2	ㄹ. $(CH_3)_3S^+$

① ㄱ, ㄴ
② ㄱ, ㄹ
③ ㄴ, ㄷ
④ ㄷ, ㄹ

해설 **친핵체와 친전자체**

친핵성(친핵체)	친전자성(친전자체)
전자 풍부 전자를 내놓음	전자 부족 전자를 잘 받음
루이스 염기(비공유 전자쌍 제공)	루이스 산(비공유 전자쌍 받음)
(−)전하	(+)전하
−X, − O:(−OH, COOH, COO) −S:(−SH, −S:) −N(−NH_2, −NH^-)	−C=O(카보닐기, 아세틸기)

정답 ②

2017 지방직 9급 공업화학

09 방향족 화합물들의 친전자성 치환 반응에서 반응성이 낮은 것부터 순서대로 바르게 나열한 것은?

① 브로모벤젠 < 벤즈알데하이드 < 아닐린 < 벤젠
② 벤즈알데하이드 < 아닐린 < 브로모벤젠 < 벤젠
③ 벤즈알데하이드 < 브로모벤젠 < 벤젠 < 아닐린
④ 아닐린 < 벤즈알데하이드 < 벤젠 < 브로모벤젠

해설 **친전자성 방향족 치환 반응(EAS) 반응성 순서 : 작용기**

$-NH_2 > -OH > -OR > -R > -H > -X > -CHO$

아닐린 페놀 메틸페닐에테르 톨루엔 벤젠 클로로벤젠 벤즈알데하이드

정답 ③

2018 국가직 9급 공업화학

10 **친전자성 방향족 치환 반응(electrophilic aromatic substitution reaction)에서, 메타(meta) 위치를 지향하는 작용기는?**

① $-OH$
② $-NHCOCH_3$
③ $-Cl$
④ $-COOCH_3$

해설 **친전자성 방향족 치환 반응(EAS) : 작용기의 지향성**

- o−, p− 지향 작용기 : −N:, −O: 포함 작용기, −X
- m− 지향 작용기 : −C=O 포함 작용기

정답 ④

2015 서울시 9급 공업화학

11 **아래 반응의 주생성물로 예상되는 화합물은?**

H_3CO—(benzene ring)—$COOCH_3$ $\xrightarrow[FeCl_3]{Cl_2}$ Product A

① Cl, H_3CO—(benzene ring)—$COOCH_3$

② Cl—(benzene ring)—$COOCH_3$

③ Cl, H_3CO—(benzene ring)—$COOCH_3$

④ H_3CO—(benzene ring)—Cl

해설 ① −C=O−작용기이므로, 메타(m−) 위치에 Cl이 첨가된다.

정리 **친전자성 방향족 치환 반응(EAS) : 작용기의 지향성**

- o−, p− 지향 작용기 : −N:, −O: 포함 작용기, −X
- m− 지향 작용기 : −C=O 포함 작용기

정답 ①

2018 국가직 9급 공업화학

12 가장 안정한 탄소 양이온(carbocation)은?

①
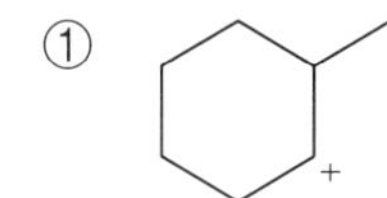

②

③

④ $\overset{+}{C}H_2$

해설 **탄소 양이온의 안정도**

탄소 양이온의 차수는 ①, ②, ③은 2차 탄소 양이온 , ④는 1차 탄소 양이온이다. ②의 경우, 2차 탄소 양이온이면서 공명구조를 가지므로 가장 안정하다.

정리 **탄소 양이온의 안정도**

- 결합된 탄소 수가 클수록(차수 클수록) 안정 : 메틸 < 1차 < 2차 < 3차
- 차수가 같으면, 공명구조를 가지면 더 안정

정답 ②

2015 국가직 9급 공업화학

13 다음과 같은 E2 제거 반응에서 주생성물(major product) (가), (나)를 바르게 짝지은 것은?

$$\underset{\text{2-bromopentane}}{CH_3CH_2CH_2CHBrCH_3} \xrightarrow{K^+(CH_3)_3CO^-} \text{주생성물 (가)}$$

$$\underset{\text{2-pentanamin}}{CH_3CH_2CH_2CHNH_2CH_3} \xrightarrow[\text{[2]}Ag_2O,\ \text{[3]}\Delta]{\text{[1]}CH_3I(\text{과량})} \text{주생성물 (나)}$$

	(가)	(나)
①	$CH_3CH_2CH_2CH=CH_2$	$CH_3CH_2CH_2CH=CH_2$
②	$CH_3CH_2CH_2CH=CH_2$	$CH_3CH_2CH=CHCH_3$
③	$CH_3CH_2CH=CHCH_3$	$CH_3CH_2CH_2CH=CH_2$
④	$CH_3CH_2CH=CHCH_3$	$CH_3CH_2CH=CHCH_3$

해설 **E2 제거반응**

(가) E2 반응에서 이중 결합(C=C)은 안쪽에 생기는 것이 더 안정하다.

(나) $-CH_3I$, $-NH_2$, 작용기가 이탈될 경우에는 이중 결합(C=C)은 바깥쪽에 생기는 것이 더 안정하다.

정답 ③

2018 지방직 9급 공업화학

14 **다음 반응이 S_N1 반응 또는 E1 반응으로 진행될 때, (가)와 (나)의 주생성물은?**

$$(가) \xleftarrow{S_N1} CH_3CH_2OH + (CH_3)_3CBr \xrightarrow{E1} (나)$$

	(가)	(나)
①	$CH_3CH_2C(CH_3)_3$	$H_2C=CH_2$
②	$CH_3CH_2C(CH_3)_3$	$H_2C=C(CH_3)_2$
③	$CH_3CH_2OC(CH_3)_3$	$H_2C=CH_2$
④	$CH_3CH_2OC(CH_3)_3$	$H_2C=C(CH_3)_2$

해설 **(1) SN1 반응**

$(CH_3)_3CBr$에서 Br^-이 떨어져 나가면서, $(CH_3)_3C^+$이 형성되고,
여기에 CH_3CH_2OH가 친핵체로 작용하여 $CH_3CH_2OC(CH_3)_3$이 생성된다.

$$CH_3-\overset{CH_3}{\underset{CH_3}{C}}-Br \longrightarrow CH_3-\overset{CH_3}{\underset{CH_3}{C^+}} + Br^- \xrightarrow{CH_3CH_2OH\text{가 친핵체로 작용}} CH_3-\overset{CH_3}{\underset{CH_3}{C}}-O-CH_2CH_3 + HBr$$

(2) E1 반응

$(CH_3)_3CBr$에서 Br^-이 떨어져 나가면서, $(CH_3)_3C^+$이 형성되고, 여기서 인접한 탄소의 $-H$가 떨어져 나가면서 탄소 사이에 2중 결합이 생성된다.

$$CH_3-\overset{CH_3}{\underset{CH_3}{C}}-Br \longrightarrow CH_3-\overset{CH_3}{\underset{CH_3}{C^+}} + Br^- \longrightarrow CH_3-\overset{CH_2}{\overset{\|}{\underset{CH_3}{C}}} + HBr$$

정답 ④

2016 국가직 9급 공업화학

15 다음 반응의 주생성물은?

$$CH_3CH_2CH=CH_2 \xrightarrow[H_2O]{Br_2} \text{주생성물}$$

① $CH_3CH_2CH(OH)-CH_2Br$

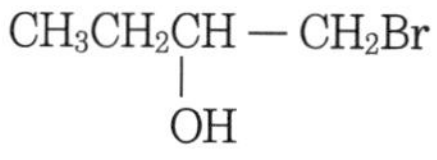

② $CH_3CH_2CH(Br)-CH_2OH$

③ $CH_3CH_2CH(Br)-CH_2Br$

④ $CH_3CH_2CH(OH)-CH_2OH$

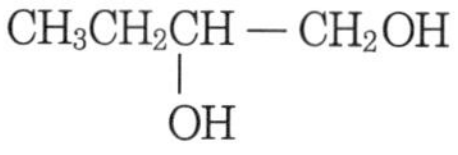

해설 Br_2 중 Br^+이 탄소의 2중 결합에 첨가되고, H_2O에서 OH가 치환기가 더 많은 쪽에 결합한다.

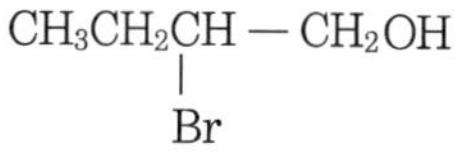

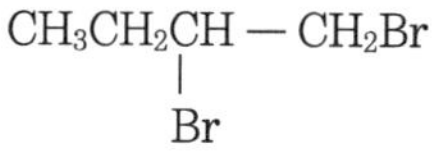

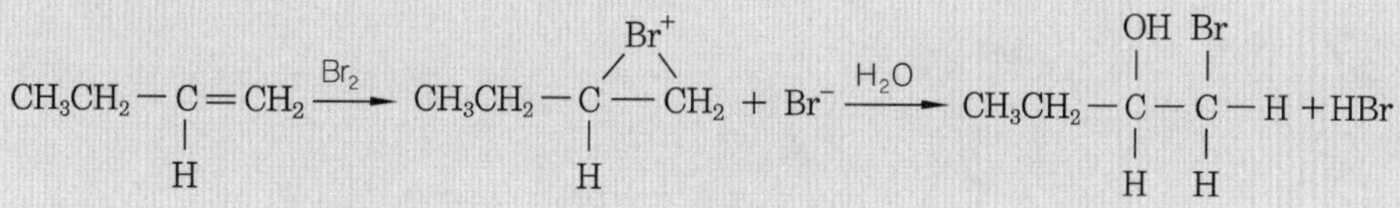

$$CH_3CH_2-CH=CH_2 \xrightarrow{Br_2} CH_3CH_2-CH\overset{Br^+}{-}CH_2 + Br^- \xrightarrow{H_2O} CH_3CH_2-CH(OH)-CH(Br)-H + HBr$$

정답 ①

2017 지방직 9급 공업화학

16 다음 반응의 주생성물은?

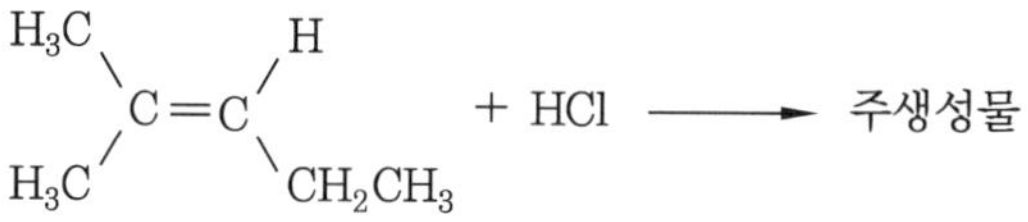

$$(H_3C)_2C=C(H)CH_2CH_3 + HCl \longrightarrow \text{주생성물}$$

① $CH_3-C(CH_3)(Cl)-CH_2CH_2CH_3$

② $CH_3-CH(CH_3)-CH_2CH(Cl)CH_3$

③ $CH_3-CH(CH_3)-CH(Cl)CH_2CH_3$

④ $(H_3C)_2C=C(H)CH_2CH_2Cl$

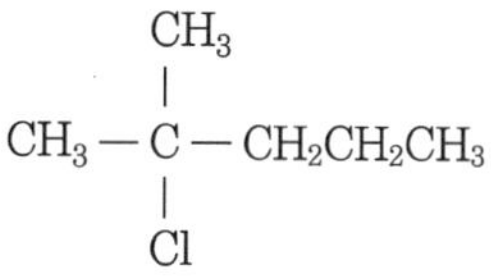

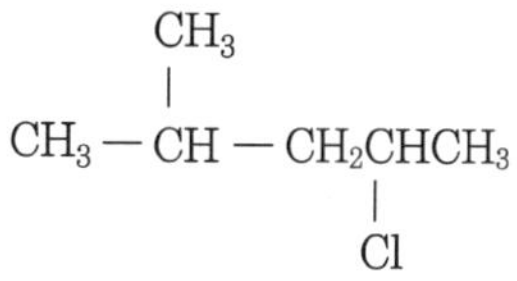

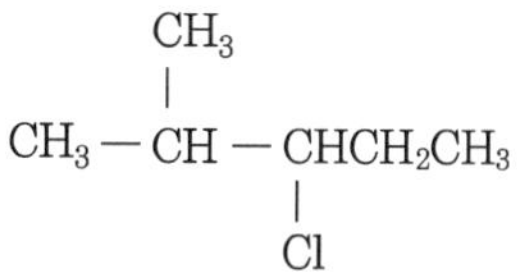

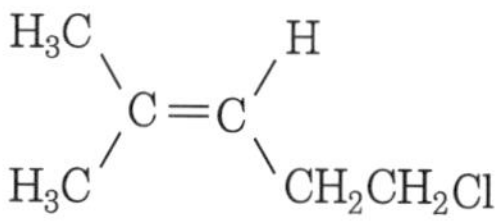

해설 **마르코프니코프 규칙**

비대칭 알켄(불포화 탄화수소)에 할로겐화 수소(HX) 첨가 반응 시, H는 치환기가 적은 탄소(H가 많은 탄소) 원자와 결합하고, X는 치환기가 많은 탄소(H가 적은 탄소) 원자와 결합함

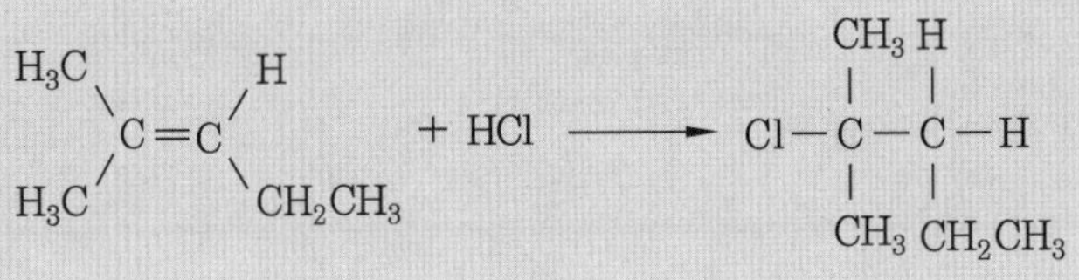

$$(H_3C)_2C=CH(CH_2CH_3) + HCl \longrightarrow Cl-C(CH_3)_2-CH(H)(CH_2CH_3)$$

정답 ①

2018 지방직 9급 공업화학

17 **다음 반응의 주생성물은?**

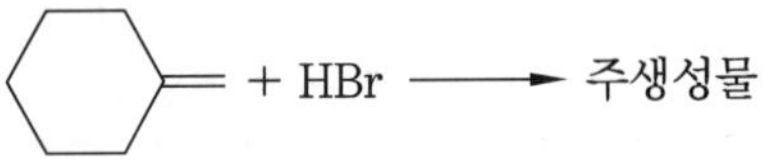

(메틸렌사이클로헥세인) + HBr ⟶ 주생성물

① (2-브로모-1-메틸렌사이클로헥세인: 고리에 =CH₂, 인접 탄소에 Br)

② (사이클로헥실-CH_2-Br)

③ (1-브로모-1-메틸사이클로헥세인: 같은 탄소에 CH_3, Br)

④ (1-브로모-2-메틸사이클로헥세인: 고리에 메틸, 인접 탄소에 Br)

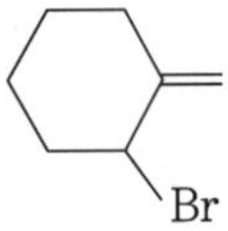

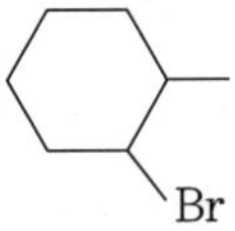

해설 **마르코프니코프 규칙**

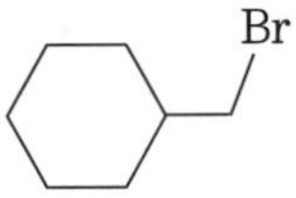

$$C_6H_{10}C=CH_2 + HBr \longrightarrow C_6H_{10}C(Br)-CH_3$$

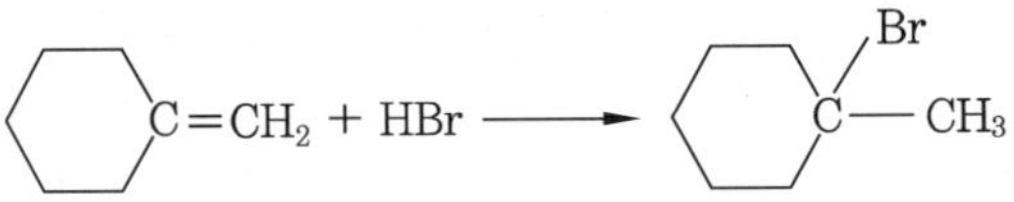

정답 ③

2018 서울시 9급 공업화학

18 〈보기〉 알켄 화합물의 친전자성 부가 반응의 주(major)생성물은?

보기

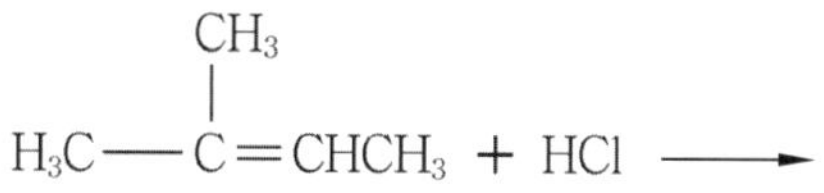

$$H_3C-\underset{}{\overset{CH_3}{\overset{|}{C}}}=CHCH_3 + HCl \longrightarrow$$

① C–C(–C)–C(–Cl)–C

$$C-\overset{C}{\overset{|}{C}}-\underset{Cl}{\underset{|}{C}}-C$$

② C–C(–C)(–Cl)–C–C

$$C-\underset{Cl}{\underset{|}{\overset{C}{\overset{|}{C}}}}-C-C$$

③ C–C(–C)(–Cl)–C(–Cl)–C

$$C-\underset{Cl}{\underset{|}{\overset{C}{\overset{|}{C}}}}-\underset{Cl}{\underset{|}{C}}-C$$

④ C(–Cl)–C(–C)–C–C

$$\underset{Cl}{\underset{|}{C}}-\overset{C}{\overset{|}{C}}-C-C$$

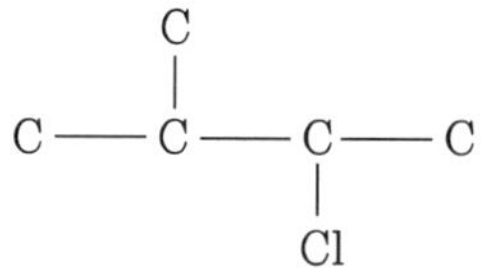

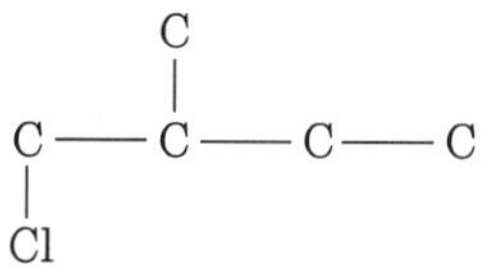

해설 마르코프니코프 규칙

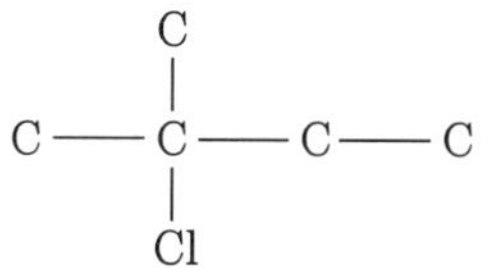

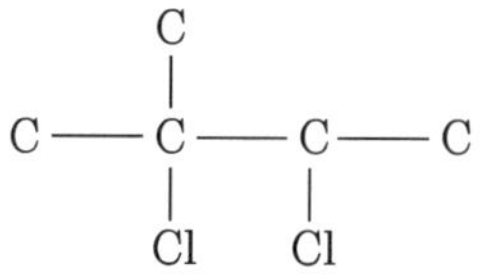

$$H_3C-\overset{CH_3}{\overset{|}{C}}=CHCH_3 + HCl \longrightarrow H_3C-\underset{Cl}{\underset{|}{\overset{CH_3}{\overset{|}{C}}}}-\underset{H}{\underset{|}{\overset{CH_3}{\overset{|}{C}}}}-H$$

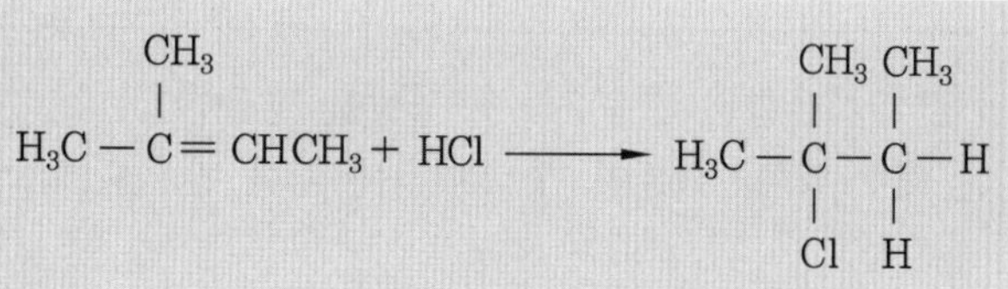

정답 ②

2017 지방직 9급 공업화학

19 다음 알킬화(alkylation) 반응에서 사용되는 촉매는?

$$C_6H_6 + (CH_3)_3CCl \xrightarrow{\text{촉매}} C_6H_5C(CH_3)_3$$

① $LiAlH_4$ ② $AlCl_3$
③ $KMnO_4$ ④ $K_2Cr_2O_7$

해설 **Friedel-Craft 알킬화 반응**
알킬화 반응(아실화 반응) 촉매는 $AlCl_3$(가장 많이 사용), $FeCl_3$, BF_3, HF, $ZnCl_2$, $ZrCl_4$ 등을 사용함

정답 ②

2018 서울시 9급 공업화학

20 설폰화(sulfonation) 반응의 특징에 대한 설명으로 가장 옳지 않은 것은?

① 설폰화는 화합물에 $-SO_3H$를 도입시키는 공정이다.
② 설폰화 반응은 친전자성 치환 반응이다.
③ 공업적으로 많이 쓰이는 설폰화제에는 발연 황산, 진한 황산, 클로로설폰산이 대표적이다.
④ 나프탈렌의 설폰화는 반응온도에 영향을 받지 않는다.

해설 ④ 나프탈렌의 설폰화는 반응온도에 영향을 받음
(저온일 때 α위치, 고온일 때 β위치에 치환 반응을 함)

정리 **친전자성 방향족 치환 반응**
- 방향족 나이트로화 반응(aromatic nitration)
- 방향족 할로젠화 반응(aromatic halogenation)
- 방향족 설폰화 반응(aromatic sulfonation)
- 방향족 알킬화 반응(Friedel-Crafts reaction) 등

정답 ④

2018 서울시 9급 공업화학

21 〈보기〉에 나타난 친핵성 아실 치환 반응의 반응성 순서가 바르게 나열된 것은?

보기

$$R-C(=O)-Y + Z: \longrightarrow R-C(=O)-Z + Y:$$

① $R-C(=O)-OR' > R-C(=O)-NH_2 > R-C(=O)-Cl$

② $R-C(=O)-Cl > R-C(=O)-NH_2 > R-C(=O)-OR'$

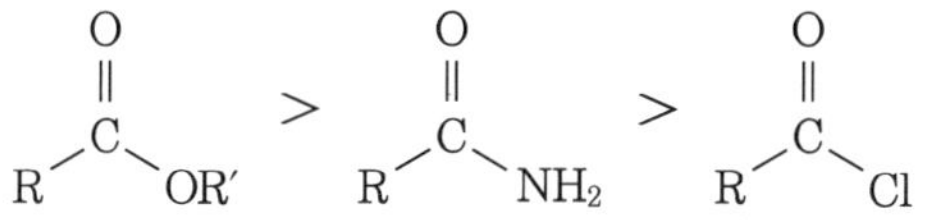

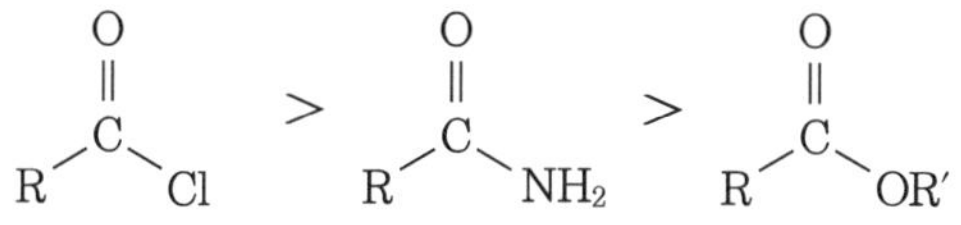

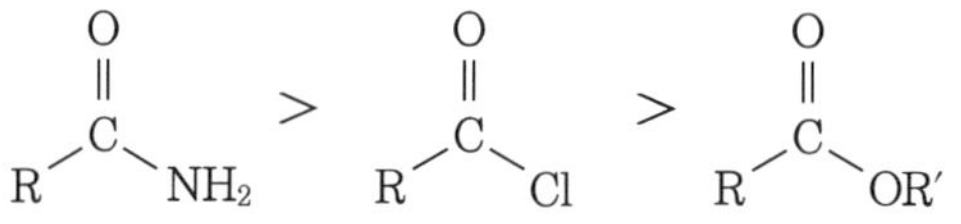

③ $R-C(=O)-NH_2 > R-C(=O)-Cl > R-C(=O)-OR'$

④ $R-C(=O)-Cl > R-C(=O)-OR' > R-C(=O)-NH_2$

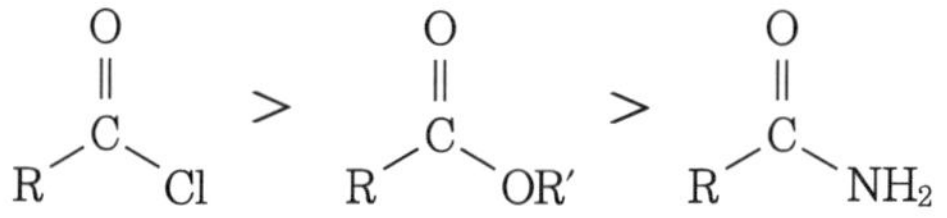

해설 **아실 치환 반응의 작용기별 반응속도 순서**

산할로젠화물(RCOX) > 산무수물(RCOOCOR′) > 에스터(RCOOR′) > 아마이드($RCONH_2$)

정답 ④

석유화학공업

Chapter 1 석유의 정제

§1. 석유의 성분과 분류

1-1 석유의 성분과 분류

1 원유

① 석유(petroleum) : 천연에서 액체 상태로 산출되는 탄화수소의 혼합물
② 원유(crude oil) : 정제하지 않은 석유를 원유
③ 원유를 정제하여 휘발유, 경유, 등유, 중유 등을 제조하여, 산업에 필수적인 에너지 자원 및 공업 원료로 이용함

2 원유의 성분

(1) 원유의 원소 조성

원소	C	H	O	N	S	회분(ash)
조성(%)	82~87	11~15	0~2	0~1	0~5	0.01~0.05

(2) 원유의 성분

탄화수소	• 탄소와 수소로만 구성된 화합물 • **파라핀계 탄화수소 > 나프텐계 탄화수소(사이클로파라핀 탄화수소) > 방향족계 탄화수소** • 파라핀계 탄화수소와 나프텐계 탄화수소가 전체 중 80~90% • 방향족 탄화수소 5~15% • **올레핀계 탄화수소는 거의 없음**
비탄화수소	• 원유 중 4% 이하 • 황화합물, 질소화합물 등

3 탄화수소의 분류

분류	정의 및 특징
파라핀계 탄화수소	• 알케인(alkane, C_nH_{2n+2}) – 탄소가 사슬 모양으로 연결, 지방족 탄화수소, 포화 탄화수소 • 상온에서 $C_{1\sim4}$: 기체, $C_{5\sim15}$: 액체, C_{15} 이상 : 고체
올레핀계 탄화수소	• 알켄(alkene, C_nH_{2n}) – 탄소 간 2중 결합 1개 있음(C=C) – 탄소가 사슬 모양으로 연결, 지방족 탄화수소, **불포화 탄화수소** • 원유 속에는 거의 포함되어 있지 않음 • 석유의 크래킹(cracking) 과정에서 다량 생성되어 석유화학공업의 중요한 원료로 사용
나프텐계 탄화수소	• 사이클로 알케인(cyclo alkene, C_nH_{2n}) – 탄소가 고리 모양으로 연결, 지방족 탄화수소, 포화 탄화수소 • 원유에서는 C_5H_{10}, C_6H_{12}이 가장 많음 • 파라핀계 탄화수소보다 녹는점이 낮아 상온에서 액체가 많음 예 윤활유 및 기계유 등
방향족계 탄화수소	• 벤젠 고리(방향족 고리)를 가지는 탄화수소 • 원유 중 비율 적음 • 석탄 중 타르(Tar)에 많음

The 알아보기 **탄수소비(C/H)**

- 올레핀계 > 나프텐계 > 아세틸계 > 프로필계 > 프로페인 > 메테인
- 석탄 > 석유(중유 > 경유 > 등유) > 가솔린 > 천연가스

1-2 원유의 탄화수소 성분

파라핀(paraffin)기 원유	• 파라핀계 탄화수소가 많이 들어있는 원유 • 왁스분이 많아 품질이 좋은 고체 파라핀과 윤활유를 생성 • 온도 변화 시, 점도 변화 적음 • 응고점이 높아 저온에서 사용 곤란 • 가솔린 유분의 옥탄가는 낮음 • 등유는 연소성이 좋음
나프텐(naphthene)기 원유	• 나프텐계 탄화수소가 많이 들어있는 원유 • 품질이 좋은 아스팔트 제조에 적합 • 가솔린 유분의 옥탄가는 비교적 좋음
혼합기 원유	• 나프텐기 원유와 파라핀기 원유가 혼합된 원유(중간기 원유) • 중유, 윤활유 제조에 적합 • 대부분의 원유는 혼합기 원유임
방향족 원유	• 방향족 탄화수소의 함유량이 많은 원유 • 옥탄가가 가장 좋음

1-3 원유의 비탄화수소 성분

산소화합물	• 카복시산(주성분 나프텐산), 페놀류, 케톤 등
질소화합물	• 저비점 물질 : 피리딘(pyridine) 퀴놀린(quinoline), 벤조퀴놀린(benzoquinoline) • 고비점 물질 : 카르바졸(carbazole), 인돌(indole), 피롤(pyrrole) 유도체
황화합물	• 머캅탄(mercaptane) • 다이알킬설파이드 • 고리 상태의 황화물 • 싸이오펜(thiophene)의 알킬유도체 및 그 다환화합물 • 다이벤조싸이오펜(dibenzothiophene) • 벤조나프토싸이오펜(benzonaphtothiophene)
금속화합물	• 바나듐(V), 니켈(Ni), 철(Fe) 등

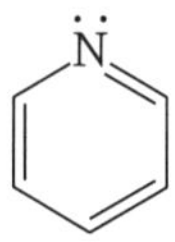

피리딘(pyridine) 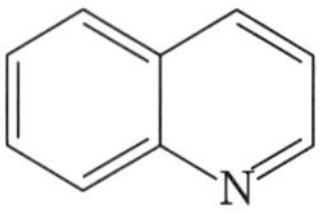 | 퀴놀린(quinoline) 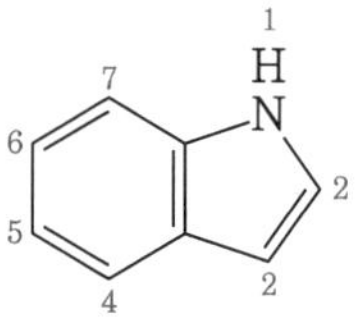 | 인돌(indole) 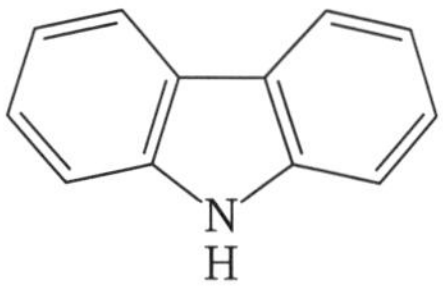 | 카르바졸(carbazole)

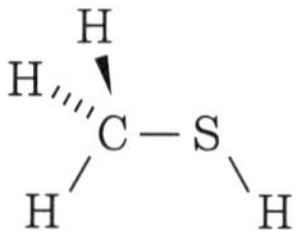

메틸 머캅탄 (methyl mercaptan) | 메틸 설파이드 (methyl sulfide) | 다이벤조싸이오펜 (dibenzothiophene) | 싸이오펜 (thiophene)

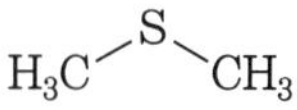

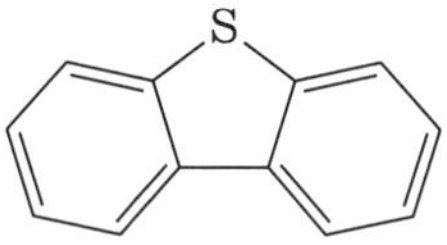

The 알아보기 **헤테로 고리 화합물**

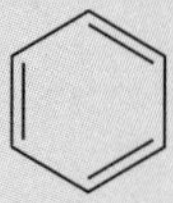

benzene 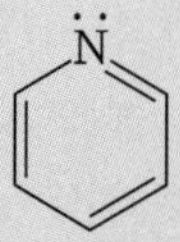 | pyridine 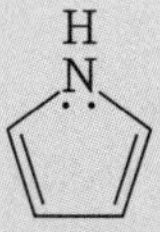 | pyrrole

furan 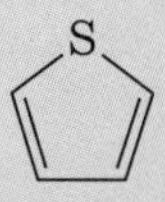 | thiophene 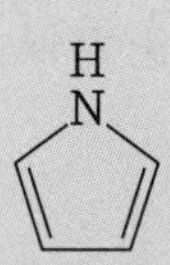 | pyrrole 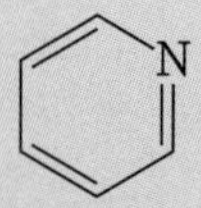 | pyridine 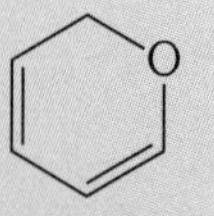 | pyran

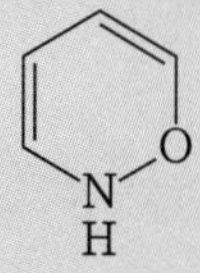

oxazine 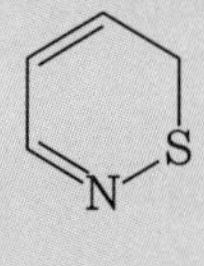 | thiazine 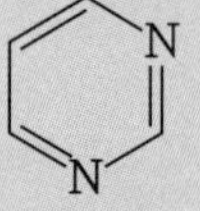 | pyrimidine 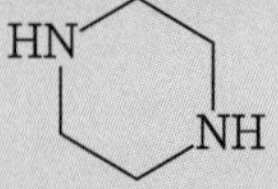 | piperazine 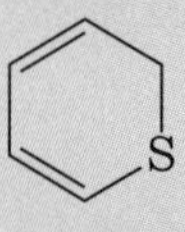 | thiine

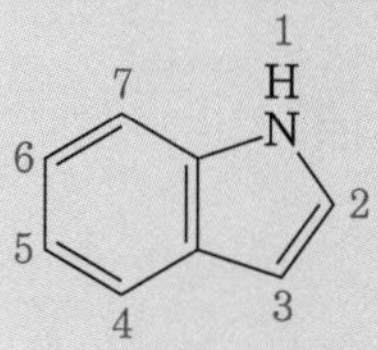

indole 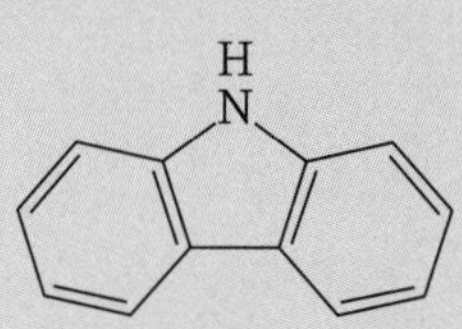 | carbazole 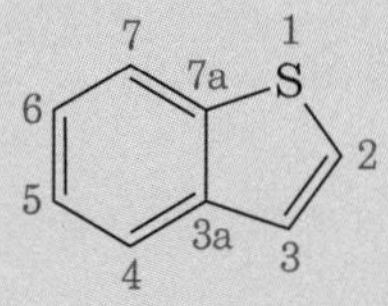 | benzothiophene 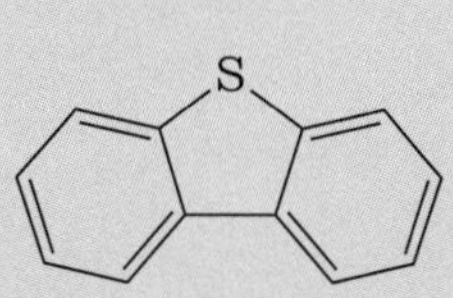 | dibenzothiophene

§ 2. 원유의 성질

2-1 물리적 성질

1 석유의 비중

석유의 비중은 공업적으로 API도를 사용

(1) API도 (API gravity, °API)

$$°API = \frac{141.5}{\text{비중}} - 131.5 \qquad \text{여기서, 비중(밀도비)} = \frac{\text{석유 밀도}_{60°F}}{\text{물의 밀도}_{60°F}}$$

① 공업적 원유의 비중 단위
② 미국석유협회(API : American Petroleum Institute)
③ °API가 **높을수록 경질유**, 낮을수록 중질유
④ °API가 **높은 원유일수록 점성도 낮음, 휘발성 물질 많음, 가격 비쌈**

2 점도

경유(디젤 연료), 윤활유 등의 품질 기준

3 석유 제품 비점 순서

탄소수가 클수록 비점(끓는점) 증가

LPG < 나프타(휘발유) < 등유 < 경유 < 중유 < 찌끼유

4 아닐린점(aniline point)

① 시료와 같은 양(동량)의 아닐린 혼합물이 완전히 균일하게 용해되는 온도

② 동일 분자량의 탄화수소에서 아닐린점 크기

> 파라핀계 탄화수소 > 나프텐계 탄화수소 > 방향족 탄화수소

③ 동일계에서는 비점 증가할수록 아닐린점 증가

2-2 화학적 성질

1 옥탄가

정의	• 휘발유(가솔린)의 실제 성능을 나타내는 척도 • 휘발유가 연소할 때 이상폭발을 일으키지 않는 정도(안티노킹)의 수치 • 헵탄(n-heptane)과 아이소옥탄(iso-octane)을 혼합하여 만든 시료 휘발유와 표준 연료를 비교하여 같은 안티노킹성을 나타낼 때, 그 표준 시료에 함유된 아이소옥탄의 부피비(%)
특징	• 가장 노킹이 발생하기 쉬운 헵탄(n-heptane)의 옥탄가를 0으로 하고, 노킹이 발생하기 어려운 아이소옥탄(iso-octane)의 옥탄가를 100으로 하여 결정 • 옥탄가가 클수록 노킹 억제(안티노킹성 증가)
옥탄가의 크기	• 일반적으로 탄소수가 같은 탄화수소에서는 **– 가지(측쇄) 많은 사슬 모양 > 곧은 사슬 모양** **– 방향족계 > 나프텐계 > 올레핀계 > 파라핀계** • 동일계 탄화수소의 경우, 비점이 낮을수록 옥탄가 증가 • 고리 모양(나프텐계, 방향족계)은 측쇄가 길수록 옥탄가 감소
노킹	• 가솔린 기관의 압축비를 높이는 과정에서 실린더나 valve가 진동하며 심한 소리를 내며 엔진 효율이 나빠지고 출력이 저하하는 현상
안티노킹제 (안티노크제)	• 노킹을 방지하는 물질 • 사에틸납(TEL, $Pb(C_2H_5)_4$), 사메틸납, MTBE(Methyl Tertiary-Butyl Ether), 에탄올(ethanol), 아이소옥탄(iso-octane) • 가연 효과 – 안티노킹제의 효과가 큰 순서 – 파라핀계 > 나프텐계 > 방향족계

$CH_3-CH_2-CH_2-CH_2-CH_2-CH_2-CH_3$

헵탄(n-heptane, C_7H_{16})

$CH_3-C(CH_3)_2-CH_2-CH(CH_3)-CH_3$

아이소옥탄(iso-octane, C_8H_{18})

2 세탄가 (Cetane)

정의	• 경유의 착화성을 나타내는 척도 • 디젤의 점화가 지연되는 정도 • 발화성이 좋은 노말 세탄(n−cetane)의 값을 100, 발화성이 나쁜 알파 메틸나프탈렌을 0으로 하여 정함
특징	• 세탄가가 높을수록 − 디젤노킹 감소(좋은 디젤 연료) − 점화지연시간 감소 → 연소 시 엔진 출력 및 엔진 효율 증가 − 소음 감소
디젤노킹	디젤엔진에서 연료가 분사된 후부터 자연 점화에 도달하는 데 걸리는 시간(점화시간)이 지연되어 엔진 효율이 떨어지고 점화와 동시에 그때까지 분사된 연료가 순간적으로 연소되어 실린더 내부의 온도와 압력의 급상승으로 진동과 소음이 발생하는 현상

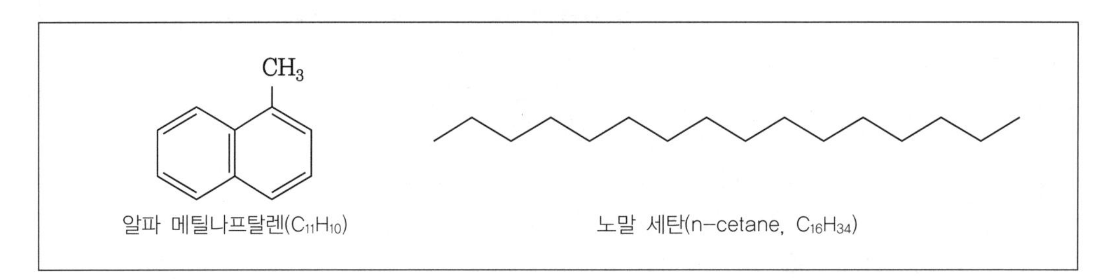

알파 메틸나프탈렌($C_{11}H_{10}$) 노말 세탄(n−cetane, $C_{16}H_{34}$)

3 산가

① 시료유 1g을 중화하는 데 필요로 하는 KOH(mg)

② 윤활유 사용 시 산이 발생하므로 산가를 사용함

§ 3. 원유의 증류 및 석유제품

3-1 염의 제거(증류 전 전처리)

염 제거 목적	• 원유 증류 시 장치 부식 방지 • 염분의 고형화로 인한 관석(scale) 방지
탈염 원리	• 염분은 에멀션(emulsion) 형태로 안정하여 가열만으로는 분리가 어려움 • 에멀션을 파괴 → 물과 기름을 분리 → 기름에서 염분 제거(탈염)
탈염 방법	• 전기 탈염법 • 화학적 탈염법(항에멀션화제 투입)

3-2 증류

원유는 여러 종류의 탄화수소로 구성된 혼합물로, **증류(끓는점(비점) 차이로 혼합물 분리)**로 분리함

1 증류 방법

상압 증류 (topping)	• 탈염 공정을 거친 유분을 **대기압 하에서** 가열하여, 비점차로 분리함 예 LPG, 나프타, 등유, 경유, 중유
감압 증류	• 열분해 온도가 끓는점(비점)보다 낮은 원료인 경우, **압력을 낮춰 끓는점을 낮추어 열분해 없이 증류**하는 방법 • 상압 증류의 찌끼유에서 비점이 높은 유분을 얻음 예 윤활유, 잔사유, 아스팔트
추출 증류	• 끓는점이 비슷한 성분의 혼합물의 증류 • 휘발성이 작은 제3의 성분을 첨가해 한쪽의 증기압을 크게 내려 분리하는 방법

2 스트리핑(stripping)

① 석유유분 중 **저비점 탄화수소를 분리 · 제거**하기 위해 석유유분에 **수증기를 불어 넣는 방법**

② 장치 : 스트리퍼(stripper)

③ 등유, 경유 및 윤활유 중 비점이 낮은 유분을 분리 · 제거할 때 이용함

3 스테빌라이제이션(안정화, stablization)

① 프로페인, 뷰테인 등을 증류 분리 제거 → 증기압↓(조정) → 안정화
② 나프타(가솔린) 중 탄화수소(프로페인, 뷰테인 등)를 증류로 제거시켜 상압에서 저장하기에 적당하도록 **증기압을 조정**하는 방법
③ 장치 : 스테빌라이저(stabilizer)

3-3 석유 제품 – 연료유(fuel oil)

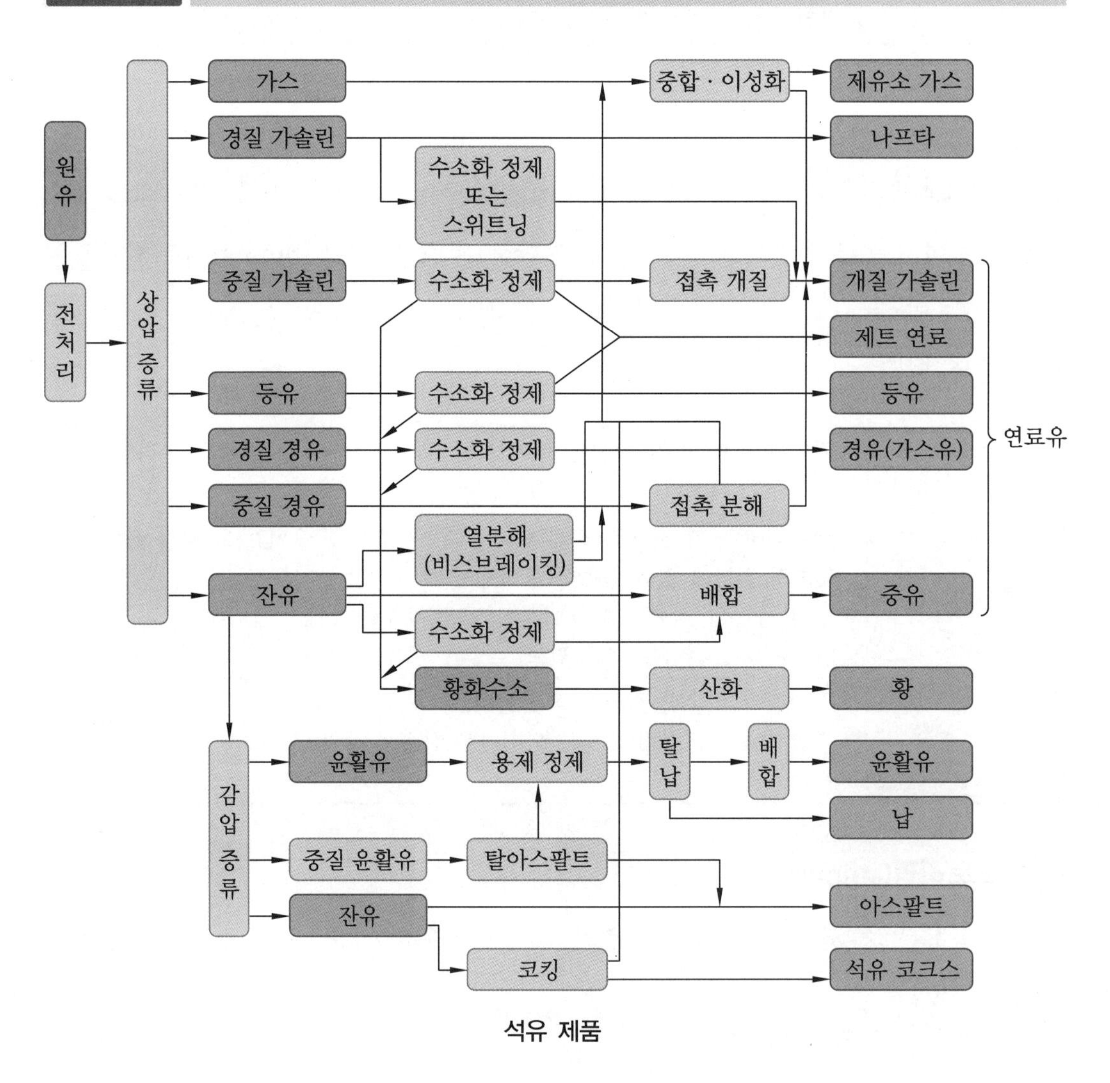

석유 제품

1 액화석유가스 (LPG : Liquefied Petroleum Gas, 프로페인 가스)

정의	• 원유의 접촉 분해, 상압 증류, 접촉 리포밍 등과 같은 조작에서 부생되는 가스
주성분	• C3~C4 탄화수소가스(**프로페인**, **뷰테인**, 프로필렌, 뷰틸렌 등)
특징	• 액화가 쉬움, 운반이 쉬움
용도	• 자동차용 연료, 가정용 연료, 석유 화학용 원료

The 알아보기 **액화천연가스(LNG : Liquefied Natural Gas)**

정의	• 천연가스를 정제해서 액화한 것
주성분	• 메테인(CH_4)
특징	• 청정 연료(매연 발생 없거나 적음) • 석유에서 얻는 것 아님
용도	• 시내버스 연료, 도시가스 연료

2 가솔린 (gasoline, 휘발유)

주성분	• C5~C12의 탄화수소의 혼합물
특징	• 끓는점 100℃ 전후를 경계로 하여 중질 가솔린(이상)과 경질 가솔린(이하)으로 분류 • 물에는 녹지 않지만 유기 용제에는 용해됨 • 유지를 녹임 • 특유의 냄새를 가지는 휘발성 액체, 경질 탄화수소 • 비중 0.70~0.77 • 끓는점 30~200℃ • 인화점 약 45℃ • 안티노킹제를 주입하여 옥탄가를 높여 사용함
용도	• 항공기 및 자동차용 연료, 세척제, 공업용 용제, 희석제, 드라이클리닝 등

3 경유 (diesel)

주성분	• C14~C23의 탄화수소의 혼합물
특징	• 끓는점 250~350℃인 액체 • 세탄가가 높을수록 좋은 디젤 연료임
용도	• 접촉 분해 가솔린의 원료, 디젤기관용 연료

4 중유 (heavy oil)

특징	• 끓는점 350℃ 이상
용도	• 보일러용 연료, 대형 디젤기관용 연료, 선박 연료, 아스팔트나 석유 코크스의 원료

5 윤활유 (lubricating oil)

제조	• 석유의 감압 증류 유분을 탈납 정제하여 제조
특징	• 점도, 절연성, 산가, 인화점이 낮으면 좋지 않음
용도	• 기계류에서 마찰 부분의 심한 마찰을 감소, 기계의 마멸, 동력 손실 등 방지
종류	• 그리스(grease) – 윤활유에 금속 비누 등의 점조제를 혼합하여 반고체상 – 용도 : 베어링 윤활제 • 파라핀 왁스 – 윤활유의 유분을 탈납 처리할 때 얻음 – 고급 포화 탄화수소(상온에서 고체) – 색, 냄새 없음 – 용도 : 화장품, 양초, 광택제, 전기절연 재료

6 아스팔트 (asphalt)

분류	• 천연 아스팔트 : 자연에서 얻음 • 석유 아스팔트 : 석유에서 얻음 – 직류 아스팔트(straight asphalt) : 원유를 상압 및 감압 증류장치 등을 통하여 경질분을 제거했을 때 마지막으로 남는 물질 – 블론 아스팔트(blown asphalt) : 직류 아스팔트에 공기를 불어넣어 산화시킨 것
용도	• 직류 아스팔트 : 도로 포장물, 수리를 위한 구조물용 • 블론 아스팔트 : 전기절연, 방수

7 석유 코크스 (petroleum coke)

특징	• 탄소가 주성분 • 감압 증류한 찌꺼기유를 열분해시켜 얻음 • 중질유 건류 시 최후의 잔사로 얻음
용도	• 탄소 전극

8 황 (sulfur)

특징	• 원유에서 얻은 각 유분을 정제, 수소화 탈황할 때에 황화수소로 회수한 것을 산화 처리하여 얻음
용도	• 황산의 원료

§ 4. 석유의 전화

4-1 석유의 전화(화학적 전환 공정)

정의	• 석유 유분을 화학적으로 변화시켜, 보다 가치있고 유용한 제품으로 만드는 것
단위	• **옥탄가 향상** • 가솔린의 증산
종류	• **분해**(cracking) • **개질**(reforming) • 알킬화 • 이성질화(isomerization)

4-2 분해(cracking)

1 개요

정의	• 비점이 높고 분자량이 큰 탄화수소를 끓는점이 낮고 분자량이 작은 탄화수소로 쪼개는 방법
종류	• 열분해법(thermal cracking) • 접촉분해법 • 수소화 분해법

2 분해 방법

(1) 열분해법(thermal cracking)

정의	• 중유, 경유 등의 **중질유를 열분해**시켜 가솔린(분해 가솔린)을 얻는 것
특징	• 나프타에서 화학공업의 기초 원료인 올레핀(C=C) 가스를 얻음 • 반응 : **열분해, 자유 라디칼 반응, β절단** • 나프타의 열분해는 감압 하에서 하는 것이 유리하지만 실제로는 수증기를 주입하여 탄화수소의 분압을 낮춰 평형상태로 조업 • 접촉분해법이 나온 이후, 원료유의 성질 개량법으로 주로 이용
종류	• **코킹(coking)** : 중질유를 1000℃ 열분해하여 경유, 가솔린, 코크스를 얻는 과정 • **비스브레킹(visbreaking)** : 20기압, 500℃에서, 점도가 높은 찌꺼유에서 경유나 점도가 낮은 중질경유를 얻는 것

1 과목 유기공업화학

(2) 접촉분해법(catalytic cracking)

정의	• 비점이 높은 유분(등유, 경유 등)을 **고체산 촉매를 사용하여** 1~2기압, 500℃에서 분해시켜 고옥탄가의 가솔린을 만드는 방법
특징	• **이온 반응** – 1단계 : 산성 촉매의 작용으로, 카르보늄 이온이 생성(이온 반응) – 2단계 : 탄소 사슬이 끊어지면서 올레핀 생성 • 촉매의 작용으로 분해와 함께 **탈수소, 이성질화, 탈알킬화 반응, 고리화, β 절단 등 반응 발생** • **아이소파라핀, 고리 모양 올레핀, 프로필렌, 방향족 탄화수소 등 생성** – 방향족 탄화수소, 탄소수 3개 이상 탄화수소 많이 생성됨 – 다이올레핀 생성 거의 없음
촉매	• **실리카-알루미나(SiO_2-Al_2O_3)** • 제올라이트(Zeolite) • 카올린(kaolin, Aluminium Silicate)
종류	• 고정상 촉매분해법(FCC) • 이동상 접촉분해법(MCC) • 유동상 접촉분해법(FBP)

열분해와 접촉분해법의 비교

구분	열분해법	접촉분해법
생성물	• 지방족 탄화수소 • 올레핀(C=C), 다이올레핀 • 탄소수 1~2개 지방족 탄화수소	• 방향족 탄화수소 • 가지(측쇄) 많은 지방족 탄화수소 • 탄소수 3개 이상 지방족 탄화수소 • 열분해보다 파라핀계 생성 많음
석출	코크스, 타르 등 석출 많음	탄소 물질 석출 적음
메커니즘	자유 라디칼 반응	이온 반응(카르보늄 이온 생성)
반응	열분해, 자유 라디칼 반응, β 절단	이온 반응, 탈수소, 이성질화, 탈알킬화 반응, 고리화, β 절단 등

(3) 수소화 분해법(hydrocracking)

정의	• 고압의 수소 속에서, 촉매로 비점이 높은 유분을 분해하는 방법
반응	• 탄화수소의 분해(크래킹) • 올레핀의 수소 첨가 반응 • 고리화, 이성질화, 방향족화 • 탈황
특징	• 접촉 분해로 분해되기 쉽지 않은 찌끼유, 경유 분해 가능 • 고옥탄가 가솔린 제조 가능(아이소파라핀, 방향족 등) • 가솔린 수득률 높음 • 탈황 가능
촉매	• 촉매 : 몰리브덴(Mo), 니켈(Ni), 텅스텐(W) • 촉매 담체 : 실리카-알루미나, 제올라이트

4-3 개질(reforming)

1 개요

정의	• 옥탄가가 낮은 가솔린을 옥탄가가 높은 가솔린(개질 가솔린)으로 전환하거나, **사슬형(나프텐계, 파라핀계)을 방향족 탄화수소로 전환**시키는 방법 • 수소 기류 중 약 500℃에서 원료유를 촉매와 접촉시킴
종류	• 열 개질(thermal reforming) : 촉매 없이 가압 열처리로 개질 • 접촉 개질(catalytic reforming) : 촉매를 사용하여 개질 주로 접촉 개질 사용

2 접촉 개질의 종류

구분	촉매	온도(℃)	압력(atm)
수소화 재질 (hydro forming)	$MoO_3-Al_2O_3 \cdot SiO_2$ (산화몰리브덴-알루미나)	480~540	15~25
백금 촉매 재질 (plat-forming)	$Pt-Al_2O_3 \cdot SiO_2$ (백금-알루미나)	455~540	10~50
울트라 재질 (ultra forming)	$Pt-Al_2O_3 \cdot SiO_2$ (백금-알루미나)	480~540	10~25
레늄 재질 (rheni forming)	$Pt-Re-Al_2O_3 \cdot SiO_2$ (백금-레늄-알루미나)	470~515	10~15

4-4 알킬화

① C2~C5의 올레핀과 아이소부탄이 반응하여 옥탄가가 높은 가솔린을 제조하는 방법
② 촉매(H_2SO_4, HCl, HF, 활성 $AlCl_3$) 사용

4-5 이성질화(isomerization)

정의	• 이성질체로 전환하는 과정
예	• n-을, iso-, neo-로 전환 • ortho-를 meta-, para- 형태로 전환
촉매	• 백금계, 염화알루미늄계($AlCl_3$)

§ 5. 석유의 정제

5-1 석유의 정제 개요

정의	• 불순물을 제거하거나 불용성분을 분리하는 것
종류	• 연료유 정제 : 화학적 정제, 스위트닝, 수소화 처리(수소화 정제) • 윤활유 정제 : 용제 정제법, 탈아스팔트

5-2 연료유의 정제

1 알칼리에 의한 정제

① 황산으로 처리한 후 알칼리(1.5~10% NaOH) 용액으로 세척하여 중화
② 황산에스터, 설폰산, 유리산 등의 산성 화합물을 중화하여 제거

2 산에 의한 화학적 정제

정의	• 황산으로 불순물을 제거하는 것
원리	• 석유의 주성분인 포화 탄화수소가 황산과 작용하지 않는 성질을 이용 • 진한 황산에 유분 속 불순물 황산에 용해 • 설폰화 반응으로 에스터 생성 • 축합 반응으로 침전물 생성
제거	• 방향족 탄화수소 • 불포화 탄화수소(올레핀) • 질소, 산소, 황 등의 불순물을 함유한 화합물

3 흡착 정제

① 다공질의 흡착제를 이용하여 불순물을 흡착 제거

② 흡착제 : 산성백토, 활성백토, 활성탄 등

③ 방향족 탄화수소가 가장 잘 흡착됨

4 스위트닝(sweetning)

(1) 개요

정의	• 석유 중 황화합물(머캅탄류, 황화수소, 황 등)을 산화하여 이황화물(disulfide)로 변환시켜 악취를 제거하는 방법
반응	$2R\text{-}SH + \frac{1}{2}O_2 \rightarrow R\text{-}SS\text{-}R + H_2O$
특징	• 황화합물에 의한 – 악취 제거, 대기오염물질, 매연 방지, 부식 방지

(2) 종류

① 다트(Doctor)법

정의	• 닥터 용액을 접촉시켜 이황화물로 변환함
닥터 용액	• 황화합물 + Na_2PbO_2
반응	$2R-SH + Na_2PbO_2 \rightarrow Pb(RS)_2 + 2NaOH$ $Pb(RS)_2 + S \rightarrow PbS + R-SS-R$
재생 가능	• 생성된 황화납은 산소와 수산화소듐으로 닥터 용액으로 재생(재사용) 가능 $PbS + O_2 \rightarrow PbSO_4 \xrightarrow{NaOH} Na_2PbO_2$

② 메록스(Merox)법

정의	• 메록스 촉매(코발트프탈로시아닌설폰화물)의 NaOH 수용액으로 머캅탄류를 추출하고 공기로 산화시켜 이황화물의 형태로 분리, 제거
반응	$R-SH + NaOH \rightarrow RSNa + H_2O$ $2RSNa + \frac{1}{2}O_2 + H_2O \rightarrow R-SS-R + 2NaOH$
특징	• 추출액은 순환시켜 사용

5 수소화 처리(수소화 정제, hydrotreating process)

정의	• 수소화 또는 수소화 분해 반응에 의한 불순물 제거 공정 • 수소 기류 중에서 촉매를 사용하여 원유에서 황(S), 질소(N), 산소(O), 할로겐 등의 불순물을 제거하고 다이올레핀을 올레핀으로 만드는 방법
촉매	텅스텐 화합물, Co-Mo, Ni-Mo, Co-Ni-Mo
특징	• 원유를 크래킹 또는 리포밍하기 전에 수소화 처리를 하면, – 아스팔트질의 생성 억제 가능 – 촉매독 제거 • 불순물 제거 – 황 화합물 중 황을 황화수소로 전환 제거 – 산소 화합물 중 산소를 물로 전환 제거 – 질소 화합물 중 질소를 암모니아로 전환 제거
반응	$R-SH + H_2 \rightarrow R-H + H_2S$ (R-SH: 머캅탄, R-H: 탄화수소) $R-S-S-R + 3H_2 \rightarrow 2R-H + 2H_2S$ (R-S-S-R: 2황화물)

5-3 윤활유 정제

1 용제 정제법(solvent refining)

정의	• 선택적 용제(용매)로 목적 성분만 추출 · 제거하는 방법
예	• 윤활유 중 나프텐과 방향족 성분 : 푸르푸랄(furfural)과 페놀 등의 용제로 추출 · 제거 • 왁스분 제거 : 벤젠-에틸메틸케톤 혼합용제로 저온 처리하여 왁스분 석출 분리 · 제거 • 아스탈프질 제거 : 액화 프로페인을 용제로 하여, 아스팔트질을 침전 분리 · 제거
용제	• 용제의 종류 : 푸르푸랄, 페놀, 프로페인, 페놀+크레졸, 액체 아황산 • 윤활유 정제에 푸르푸랄이 용제로 가장 많이 사용됨 • **용제의 조건** • 원료유와 추출 용제와의 비중 차이가 커서 추출할 때 두 액상으로 쉽게 분리할 수 있어야 함 • 추출 성분의 끓는점과 용제의 끓는점 차이가 커야 함 • 증류로 회수가 쉬워야 함 • 열적 · 화학적으로 안정해야 함 • 추출 성분에 대한 용해도가 커야 함 • 선택성(selectivity)이 커야 함 • 가격이 낮고, 다루기 쉬워야 함

2 탈아스팔트

① 아스팔트는 쉽게 산화되어 슬러리가 되므로 제거해야 함

② 아스팔트 제거방법 : 증류, 황산처리, 프로페인 탈아스팔트법(최근 가장 많이 사용되는 방법)

③ 프로페인 탈아스팔트법 : 액화된 프로페인이 아스팔트를 잘 용해시키지 못하는 점을 이용하여 아스팔트를 제거하는 방법

3 탈납(de-wax)

① 경질유를 −17℃로 냉각하여 석출되는 결정을 여과해서 제거

② 중질유는 결정이 잘 여과되지 않으므로, 용제에 용해시켜 약 −17℃로 냉각하여 결정을 여과해서 제거

③ 용제 : 메틸에틸케톤($CH_3-CO-C_2H_5$), 벤젠과 톨루엔의 혼합용액, 액체 프로페인 등

§ 6. 천연가스와 석탄

6-1 천연가스

1 개요

정의	• 지하에서 산출되는 가연성 가스
성분	• 메테인 주성분으로 하고 에테인, 프로페인, 뷰테인 등을 소량 함유하는 C7 이하의 파라핀계 탄화수소 • 산출되는 장소, 종류나 구조에 따라 황, 질소, 산소, 금속화합물의 종류나 함유량이 다름
발열량	• 성분과 조성에 따라 일정치 않으나 약 8,500cal/m^3 정도 • 석탄가스의 약 2배

천연가스 종류별 조성

조성 (부피 %)	구조성 가스		수용성 가스	탄전가스
	유전가스	유리가스		
CH_4	61.1	95.5	99.3	94.6
C_2H_6	4.8	3.3	0.0	0.1
C_3H_8	14.7	0.1	–	–
C_4H_{10}	10.5	0.3	–	–
C5 이상 탄화수소	5.2	0.3	–	–
CO_2	0.6	0.5	0.4	0.0
O_2	0.2	–	0.1	0.0
N_2	3.0	–	0.3	5.2
Ar	–	–	0.0	0.1
계	**100**	**100**	**100**	**100**

2 천연가스의 분류

(1) 산출 상태에 따른 분류

(가) 구조성 가스

① 석유를 포함하는 지층에서 산출되는 가스

② 종류

유전 가스	• 원유와 함께 산출되는 가스 • 주성분이 메테인, 에테인, 프로페인, 뷰테인 • 메테인 이외에 에테인, 프로페인, 뷰테인 또는 C5 이상의 탄화수소를 많이 함유함
유리 가스	• 가스로 유리되어 산출되는 가스(free gas) • 대부분이 메테인이고, 다른 탄화수소는 소량 있음

(나) 수용성 가스

① 석유나 석탄의 산출 상태와 무관하게 지하수에 용해되어 있는 가스

② 주로 메테인이고 다른 탄화수소는 거의 없으며, 약간의 불활성 가스를 포함함

(다) 탄전가스

① 석탄층에 있는 가스

② 석탄 채굴 시 얻음

③ 성분이 거의 메테인이며, 약간의 불활성 가스를 포함함

(2) 조성에 따른 분류

습성 가스	• 저온에서 가압하면 액상이 되는 탄화수소로 이루어진 가스 • 종류 : 메테인, 프로페인, 에테인, 뷰테인 등을 포함하는 유전가스와 유리가스
건성 가스	• 주성분이 메테인이며 가압해도 상온에서는 액화되지 않는 가스 • 종류 : 탄전가스, 수성가스, 메테인이 주성분인 유리가스

(3) 액화천연가스(LNG)

① 천연가스를 −160℃ 이하(메테인의 끓는점은 −161.5℃)로 냉각하여 액화한 것

② **주성분 : 메테인**

③ 용도 : 도시가스 발전용 연료

6-2 석탄

1 석탄의 종류

구분	내용
무연탄 (無煙炭)	• 탄화가 가장 잘 되어 연기를 내지 않고 연소하는 석탄 • **탄소 함유량 90% 이상** • 휘발분이 3~7%로 적음 • 연소 시 불꽃이 짧고 연기가 나지 않음 • 탄화도가 가장 큼 • 청염, 단염 발생 • 우리나라의 고체연료의 대부분을 차지함
유연탄 (有煉炭)	• **탄소 함유량이 90% 미만인 석탄** • 적염, 장염 발생
역청탄 (점결탄)	• **탄소 함유량 80~90%, 수소 함유량 4~6%** 탄화도가 상승함에 따라 수소가 감소하고 탄소가 증가함 • **점결성(viscous property)이 커서 건류할 때 다공성의 코크스를 형성** – 제철용 코크스, 도시가스로 이용 – 수소의 첨가, 가스화 등의 연구가 발달되어 석탄화학공업의 가장 중요한 자원임 • 건류(乾溜) 시 역청 비슷한 물질이 생기므로 이름이 붙었음
갈탄 (brown coal)	• **탄소 함유량 60~70%** • 흑갈색 • 다른 탄에 비하여 고정 탄소(수분, 휘발분 및 회분을 뺀 나머지) 함량이 적고 물기에 젖기 쉽고, 건조하면 가루가 되기 쉬움 • 코크스 제조용으로 사용하기는 어렵고 대부분 가정 연료나 기타 연료로 사용됨
토탄(이탄)	• **탄소 함유량 60~70%**
코크스 (cokes)	• **점결탄을 주로 하는 원료탄을 1,000℃ 내외의 온도에서 건류하여 얻어지는 2차 연료** • 코크스로에서 제거, 휘발분이 거의 없어 매연이 발생하지 않음 • 회분이 모두 잔류하여 원료탄보다 회분 함량 많음
미분탄 (pulverized coal)	• **입자 지름 0.5mm 이하인 미세한 석탄** • 무연탄을 잘게 갈아서 연소효율을 높인 연료 • 연소실로 부유 상태로 불어넣고 연소시킴 • 역화의 위험성이 크지만, 사용 · 화력조절 등이 용이함

2 고체연료(석탄)의 분석방법

(1) 공업 분석

건류나 연소 등의 방법으로 석탄을 공업적으로 이용할 때 석탄의 특성을 표시하는 분석방법

연료(석탄) = 고정탄소 + 수분 + 휘발분 + 회분

구분	내용
고정탄소	• 고체연료에 포함되어 있는 비휘발성 탄소 • 고정탄소 비율이 클수록, 연소성이 좋은 석탄임 • 탄화도가 클수록, 고정탄소값 증가 고정탄소(%) = 100(%) − (수분(%) + 회분(%) + 휘발분(%))
휘발분	• 휘발되기 쉬운 성분으로, 불순물에 해당함 • 휘발분이 많을수록 매연이 많이 발생함
수분	• 수분이 많을수록 열효율이 낮아짐
회분	• 연소반응 후 남아있는 재(ash) • 산성 성분(SiO_2, Al_2O_3, TiO_2 등)과 염기성 성분(CaO, MgO, NaO 등)이 있으며, 이 중 실리카(SiO_2)가 가장 많음

(2) 원소 분석

연료를 구성하는 원소를 질량비(%)로 분석함

연료 = 탄소(C) + 수소(H) + 산소(O) + 황(S) + 질소(N) + 회분(ash) + 수분(W)

3 연료비

$$연료비 = \frac{고정탄소}{휘발분}$$

① 탄화도의 정도를 나타내는 지수

② 연료비가 높을수록 양질의 석탄임

③ 연료별 연료비 크기 : 무연탄 > 역청탄 > 갈탄 > 이탄 > 목재

4 석탄의 탄화도

① 석탄의 숙성 정도
② 석탄 종류별 탄화도 크기

무연탄 > 역청탄 > 갈탄 > 이탄 > 목재

③ 석탄 탄화도 증가의 영향

탄화도 높을수록
- 고정탄소, 연료비, 착화온도, 발열량, 비중 증가함
- 수분, 이산화탄소, 휘발분, 비열, 매연 발생, 산소 함량, 연소속도 감소함

5 석탄의 건류

① 열분해 과정 : 무산소 조건, 환원 반응, 흡열 반응, 3상 물질 모두 생성
② 생성물 : 가스(수소, 일산화탄소, 메테인 등, 액상(타르(tar)), 고상(코크스)
③ 역청탄(점결탄)을 건류하여 다공성의 코크스를 얻어 제철용 코크스, 도시가스, 석탄화학공업 자원으로 이용

연습문제

1. 석유의 정제

2016 국가직 9급 공업화학

01 다음 중 원유에 가장 적게 함유되어 있는 것은?

① 나프텐계 탄화수소
② 파라핀계 탄화수소
③ 방향족계 탄화수소
④ 아세틸렌계 탄화수소

해설 원유의 성분 분석

탄화수소	• 파라핀계 탄화수소 > 나프텐계 탄화수소(사이클로파라핀 탄화수소) > 방향족계 탄화수소 • 파라핀계 탄화수소와 나프텐계 탄화수소가 전체 중 80~90% • 방향족 탄화수소 5~15% • 올레핀계 탄화수소는 거의 없음
비탄화수소	• 원유 중 4% 이하
원소 분석	• 탄소(82% 이상), 수소(12%), 질소, 산소, 황 및 회분 등

정답 ④

2016 서울시 9급 공업화학

02 C_nH_{2n}의 일반식을 갖는 불포화탄화수소로, 석유 속에는 거의 포함되어 있지 않으나 석유의 크래킹(cracking) 과정에서 다량 생성되어 석유화학공업의 중요한 원료로 사용되는 탄화수소는?

① 올레핀계 탄화수소
② 나프텐계 탄화수소
③ 방향족 탄화수소
④ 파라핀계 탄화수소

해설 **원유의 탄화수소 분류**

분류	정의 및 특징
파라핀계 탄화수소	• 알케인(alkane, C_nH_{2n+2}) – 탄소가 사슬 모양으로 연결, 지방족 탄화수소, 포화 탄화수소 • 상온에서 $C_{1\sim4}$: 기체, $C_{5\sim15}$: 액체, C_{15} 이상 : 고체
올레핀계 탄화수소	• 알켄(alkene, C_nH_{2n}) – 탄소 간 이중 결합 1개 있음(C=C) – 탄소가 사슬 모양으로 연결, 지방족 탄화수소, **불포화 탄화수소** • 원유 속에는 거의 포함되어 있지 않음 • 석유의 크래킹(cracking) 과정에서 다량 생성되어 석유화학공업의 중요한 원료로 사용
나프텐계 탄화수소	• 사이클로 알케인(cyclo alkene, C_nH_{2n}) – 탄소가 고리 모양으로 연결, 지방족 탄화수소, 포화 탄화수소 • 원유에서는 C_5H_{10}, C_6H_{12}이 가장 많음 • 파라핀계 탄화수소보다 녹는점이 낮아 상온에서 액체가 많음 예 윤활유 및 기계유 등
방향족계 탄화수소	• 벤젠 고리(방향족 고리)를 가지는 탄화수소 • 원유 중 비율은 적음 • 석탄 중 타르(tar)에 많음

정답 ①

2016 서울시 9급 공업화학

03 다음 석유 제품 중 비점이 가장 높은 것은?

① 중유
② 등유
③ 경유
④ 나프타

해설 **석유 제품 비점 순서 :** 탄소 수가 클수록, 비점(끓는점) 증가

LPG < 나프타(휘발유) < 등유 < 경유 < 중유 < 찌끼유

정답 ①

2016 지방직 9급 공업화학

04 원유의 정제에서 상압 증류(atmospheric distillation)에 의해 얻어지는 것만을 모두 고른 것은?

ㄱ. 나프타 ㄴ. 등유 ㄷ. 경유

① ㄱ, ㄴ ② ㄱ, ㄷ ③ ㄴ, ㄷ ④ ㄱ, ㄴ, ㄷ

해설 증류 방법

상압 증류	• 탈염 공정을 거친 유분을 대기압 하에서 가열하여 비점차로 분리함 예 LPG, 나프타, 등유, 경유, 중유
감압 증류	• 열분해 온도가 끓는점(비점)보다 낮은 원료인 경우 압력을 낮춰, 끓는점을 낮추어 열분해 없이 증류하는 방법 예 윤활유, 잔사유
추출 증류	• 끓는점이 비슷한 성분의 혼합물의 증류 • 휘발성이 작은 제3의 성분을 첨가해 한 쪽의 증기압을 크게 내려 분리하는 방법

정답 ④

2016 지방직 9급 공업화학

05 디젤 연료인 경유의 착화성을 나타내는 척도는?

① 부탄가 ② 세탄가 ③ 옥탄가 ④ 아이소옥탄가

해설 옥탄가

① 휘발유의 실제 성능을 나타내는 척도
② 휘발유가 연소할 때 이상폭발을 일으키지 않는 정도의 수치
③ 가장 노킹이 발생하기 쉬운 헵탄(n-heptane)의 옥탄가를 0으로 하고, 노킹이 발생하기 어려운 아이소옥탄(iso-octane)의 옥탄가를 100으로 하여 결정함
④ 옥탄가는 0~100을 기준으로 숫자가 높을수록 옥탄가가 높아 노킹이 억제됨

세탄가(Cetane)

① 경유의 착화성을 나타내는 척도
② 디젤의 점화가 지연되는 정도
③ 발화성이 좋은 노말 세탄(n-cetane)의 값을 100, 발화성이 나쁜 알파 메틸나프탈렌을 0으로 하여 정함
④ 세탄가가 높을수록 노킹 줄어듦, 점화지연시간이 짧아 연소 시 엔진 출력 및 엔진 효율이 증대됨, 소음 감소

정답 ②

2015 국가직 9급 공업화학

06 옥탄가는 휘발유의 안티노킹(anti-knocking) 특성을 나타내는 척도이다. 옥탄가 100으로 표시되는 고옥탄가 표준 연료는?

① $CH_3-C(CH_3)_2-CH_2-CH(CH_3)-CH_3$

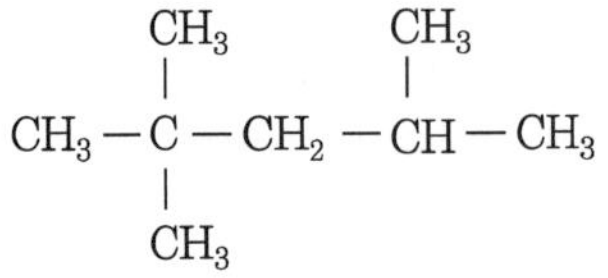

② $CH_3-CH_2-CH_2-CH_2-CH_2-CH_2-CH_2-CH_3$

③ $CH_3-CH_2-CH_2-CH_2-CH_2-CH_2-CH_3$

④ $CH_3-CH(CH_3)-CH(CH_3)-CH(CH_3)-CH_2-CH_3$

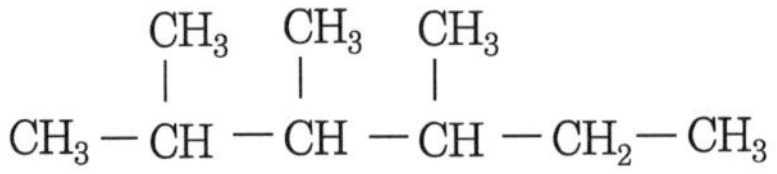

해설 **옥탄가**

- 헵탄(n-heptane) : 옥탄가 0
- 아이소옥탄(iso-octane) : 옥탄가 100

① iso-octane, ② n-octane, ③ n-heptane

정답 ①

2018 지방직 9급 공업화학

07 세탄가(cetane number)가 0인 기준 화합물의 구조는?

① CH_3 (1-methylnaphthalene structure)

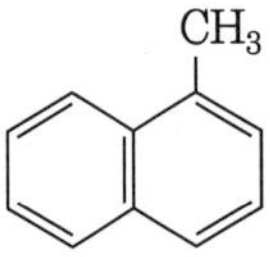

②

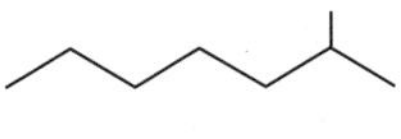

③

④

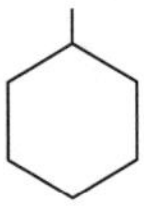

해설 **세탄가**

- 알파 메틸나프탈렌($C_{11}H_{10}$) : 세탄가 0
- 노말 세탄(n-cetane, $C_{16}H_{34}$) : 세탄가 100

① 알파 메틸나프탈렌, ② iso-octane, ③ n-heptane

정답 ①

2018 서울시 9급 공업화학

08 **석유에 포함된 황화합물과 질소화합물 중에서 〈보기〉와 같은 화학식을 갖는 황화합물(가)과 질소화합물(나)의 이름은?**

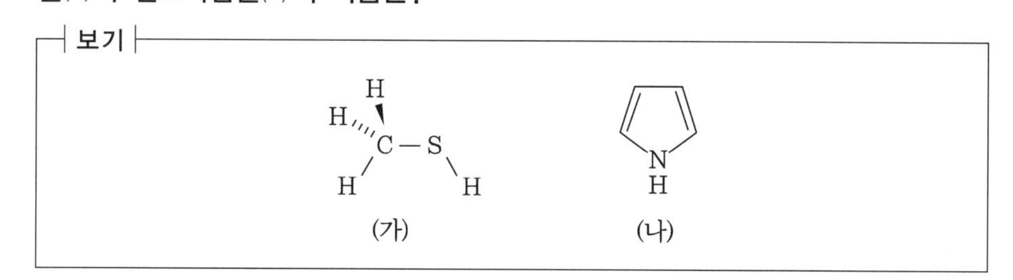

	(가)	(나)
①	메틸 머캅탄(methyl mercaptan)	피리딘(pyridine)
②	메틸 설파이드(methyl sulfide)	피롤(pyrrole)
③	메틸 설파이드(methyl sulfide)	피리딘(pyridine)
④	메틸 머캅탄(methyl mercaptan)	피롤(pyrrole)

해설

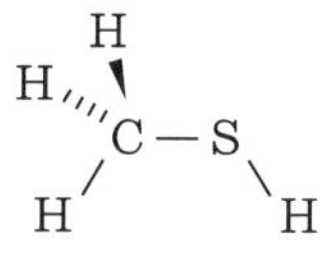

메틸 머캅탄 (methyl mercaptan)

$H_3C-S-CH_3$

메틸 설파이드 (methyl sulfide)

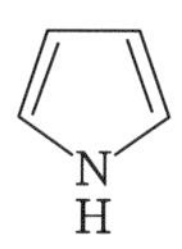

피롤 (pyrrole)

피리딘 (pyridine)

정답 ④

2018 국가직 9급 공업화학

09 **60℉에서 물에 대한 석유의 밀도비가 0.5일 때 석유의 API도는?**

① 141.0 ② 141.5
③ 151.0 ④ 151.5

해설 $°API = \dfrac{141.5}{비중} - 131.5 = \dfrac{141.5}{0.5} - 131.5 = 151.5$

(정리) API도(API gravity, °API)

- 국제적 원유의 비중

$$°API = \frac{141.5}{비중} - 131.5 \quad 여기서,\ 비중(밀도비) = \frac{석유\ 밀도_{60°F}}{물의\ 밀도_{60°F}}$$

- °API가 높을수록 경질유, 낮을수록 중질유
- °API가 높은 원유일수록 점성도 낮음, 휘발성 물질 많음, 가격 비쌈

정답 ④

2015 서울시 9급 공업화학

10 **옥탄가가 낮은 분해가솔린이나 직류가솔린의 일부를 분해하여 옥탄가가 높은 가솔린으로 변화시키거나 나프텐계 탄화수소, 파라핀을 방향족 탄화수소로 변화시키는 석유 전환 공정은 무엇인가?**

① 스트리핑(stripping) ② 크래킹(cracking)
③ 토핑(topping) ④ 리포밍(reforming)

해설 ① 스트리핑(stripping) : 액체 중 용해된 기체를 탈기 또는 증류시켜 분리 제거하는 것
② 크래킹(cracking) : 비점이 높고 분자량이 큰 탄화수소를 끓는점이 낮고 분자량이 작은 탄화수소로 변환시키는 방법
③ 토핑(topping) : 원유의 분별 증류
④ 리포밍(reforming) : 옥탄가가 낮은 가솔린을 옥탄가가 높은 가솔린으로 전환하거나, 사슬형(나프텐계, 파라핀계)을 방향족 탄화수소로 전환시키는 방법

(정리) **석유의 전화(화학적 전환 공정)**

정의	• 석유 유분을 화학적으로 변화시켜 보다 가치 있고 유용한 제품으로 만드는 것
목적	• 옥탄가 향상 • 가솔린의 증산
종류	• 분해(cracking) – 비점이 높고 분자량이 큰 탄화수소를 끓는점이 낮고 분자량이 작은 탄화수소로 변환시키는 방법 • 개질(reforming) – 옥탄가가 낮은 가솔린을 **옥탄가가 높은** 가솔린으로 전환하거나, **사슬형**(나프텐계, 파라핀계)을 **방향족** 탄화수소로 전환시키는 방법

정답 ④

2018 국가직 9급 공업화학

11 고옥탄가 가솔린의 생산을 늘리기 위한 석유의 전화(conversion) 과정 중 촉매를 이용하여 n-파라핀을 탄소 수가 같은 iso-파라핀으로 변환하는 과정은?

① 분해(cracking)
② 에스터화(esterification)
③ 알킬화(alkylation)
④ 이성질화(isomerization)

해설 ④ 이성질화(isomerization) : 이성질체(n-, iso-, neo- 등)로 전환하는 과정

정답 ④

2015 국가직 9급 공업화학

12 다음의 반응과 관련된 석유화학 공정은?

(가) n-Heptane → Toluene + H_2↑
(나) n-Decane → Propene + n-Heptane

	(가)	(나)
①	분해(cracking)	이성질화(isomerization)
②	개질(reforming)	분해(cracking)
③	개질(reforming)	이성질화(isomerization)
④	분해(cracking)	개질(reforming)

해설 (가) 사슬형이 방향족으로 모양 변경 : 개질
(나) 탄소 수(분자량) 감소 : 크래킹

정리
- 분해(cracking) : 비점이 높고 분자량이 큰 탄화수소를 끓는점이 낮고 분자량이 작은 탄화수소로 변환시키는 방법
- 개질(reforming) : 옥탄가가 낮은 가솔린을 옥탄가가 높은 가솔린으로 전환하거나, 사슬형(나프텐계, 파라핀계)을 방향족 탄화수소로 전환시키는 방법
- 이성질화(isomerization) : 이성질체(n-, iso-, neo- 등)로 전환하는 과정

정답 ②

2016 국가직 9급 공업화학

13 **석유의 정제 공정에 대한 설명으로 옳지 않은 것은?**

① 코킹(coking) : 중질유를 열분해하여 경유, 가솔린, 코크스를 얻는다.
② 분해(cracking) : 수증기 분해, 접촉 분해, 수소 첨가 분해 등이 있다.
③ 개질(reforming) : 방향족 화합물로부터 사슬형 지방족 화합물을 만든다.
④ 소중합(oligomerization) : 저분자량 올레핀을 가솔린 분자로 전환한다.

해설 ③ 개질(reforming) : 사슬형 지방족으로부터 방향족 화합물 화합물을 만든다.

분해(크래킹) 종류

- 코킹(coking) : 중질유를 열분해하여 경유, 가솔린, 경유, 코크스를 얻는 과정
- 비스브레킹(visbreaking) : 점도가 높은 찌끼유에서 경유나 점도가 낮은 중질 경유를 얻는 것

정답 ③

2017 국가직 9급 공업화학

14 **중질 나프타의 접촉 개질(catalytic reforming) 반응에 대한 설명으로 옳은 것만을 모두 고른 것은?**

ㄱ. 고리나 가지 구조를 갖는 화합물로 전환되어 고옥탄가 가솔린을 제조할 수 있다.
ㄴ. 이성체 반응에 의해 n-파라핀 구조의 화합물이 아이소(iso-) 구조로 바뀐다.
ㄷ. 방향족 화합물 생성이 억제된다.

① ㄱ, ㄴ
② ㄱ, ㄷ
③ ㄴ, ㄷ
④ ㄱ, ㄴ, ㄷ

해설 ㄷ. 방향족 화합물 생성이 증가된다.

- 개질(reforming) : 옥탄가가 낮은 가솔린을 옥탄가가 높은 가솔린으로 전환하거나, 사슬형(나프텐계, 파라핀계)을 방향족 탄화수소로 전환시키는 방법

정답 ①

2018 지방직 9급 공업화학

15 **석유의 전화(conversion) 과정에서 리포밍(reforming)에 대한 설명으로 옳지 않은 것은?**

① 촉매를 이용하여 리포밍하는 것을 접촉 개질이라 한다.
② 나프텐계 탄화수소를 방향족 탄화수소로 변환시키는 기술이다.
③ 옥탄가를 높이는 석유 전화 기술이다.
④ 중질유의 분해에 의해 가솔린을 만드는 기술이다.

해설 ④ 분해(크래킹) 설명임

정답 ④

2017 지방직 9급 공업화학

16 **원유의 열분해(thermal cracking)에 대한 설명으로 옳지 않은 것은?**

① 탄소 양이온 메커니즘으로 진행된다.
② 분해에 의해 다량의 에틸렌(ethylene)이 생성된다.
③ 열분해법은 비스브레이킹법(visbreaking process)과 코킹법(coking process)이 있다.
④ 코크스(coke)와 타르(tar)의 석출이 많다.

해설 **접촉 분해법**

열분해와 접촉 분해법의 비교

구분	열분해법	접촉 분해법
생성물	• 지방족 탄화수소 • 올레핀(C=C), 다이올레핀 • 탄소 수 1~2개 지방족 탄화수소	• 방향족 탄화수소 • 가지(측쇄) 많은 지방족 탄화수소 • 탄소 수 3개 이상 지방족 탄화수소 • 열분해보다 파라핀계 생성 많음
석출	• 코크스, 타르 등 석출 많음	• 탄소 물질 석출 적음
메커니즘	• 라디칼 반응	• 이온 반응(카르보늄 이온 생성)
반응	• 열분해, 자유 라디칼 반응, β절단	• 이온 반응, 탈수소, 이성질화, 탈알킬화 반응, 고리화, β절단 등

정답 ①

2018 서울시 9급 공업화학

17 고옥탄가 가솔린 제조를 위한 중질유 접촉 분해 공정에 대한 설명으로 가장 옳지 않은 것은?

① 접촉 분해 공정 방식으로는 유동상법이 주로 사용된다.
② 접촉 분해의 촉매로서 실리카-알루미나 또는 제올라이트와 같은 고체산 촉매가 주로 이용된다.
③ 분해와 함께 이성질화, β -절단, 고리화 반응이 진행된다.
④ 접촉 분해 공정은 라디칼 반응을 통해 진행되므로 올레핀이 가장 많이 생성된다.

해설 **접촉 분해법**
④ 접촉 분해 공정은 이온 반응을 통해 진행되고, 올레핀 생성이 열분해보다 적음

정답 ④

2017 지방직 9급 추가채용 공업화학

18 석유 화학 공정에 대한 설명으로 옳지 않은 것은?

① 접촉 분해(catalytic cracking)는 분자량이 큰 탄화수소를 분해하여 고옥탄가의 가솔린을 제조한다.
② 수소화탈황(hydrodesulfurization)은 분별 증류된 유분에서 황을 제거한다.
③ 접촉 개질(catalytic reforming)은 선형 탄화수소를 옥탄가가 높은 가지 달린 탄화수소나 방향족 화합물로 전환한다.
④ 메타자일렌(m-xylene)을 파라자일렌(p-xylene)으로 전환하는 것은 알킬화 공정이다.

해설 ④ 메타자일렌(m-xylene)을 파라자일렌(p-xylene)으로 전환하는 것은 이성질화 공정이다.

정리 **알킬화**
- C_2~C_5의 올레핀과 아이소부탄이 반응하여 옥탄가가 높은 가솔린을 제조하는 방법
- 촉매 사용(H_2SO_4, HCl, HF, 활성 $AlCl_3$)

정답 ④

2017 지방직 9급 추가채용 공업화학

19 석유 정제 공정에 대한 설명으로 옳은 것만을 모두 고른 것은?

ㄱ. 상압 증류를 통해 등유, 경유, 윤활유를 얻는다.
ㄴ. 나프타는 경질 가솔린의 열분해를 거쳐 제조한다.
ㄷ. 석유 화학 제품의 원료로 사용되는 n-파라핀은 등유와 경유에서 분리할 수 있다.
ㄹ. 수소화 정제는 수소화 또는 수소화 분해 반응에 의한 불순물 제거 공정을 말한다.

① ㄱ, ㄴ
② ㄱ, ㄹ
③ ㄴ, ㄷ
④ ㄷ, ㄹ

해설 ㄱ. 윤활유는 감압 증류로 얻음
ㄴ. 나프타(경질 가솔린)는 크래킹을 통해 제조됨
ㄹ. 수소화 정제 : 탈황 공정

정리 **원유의 증류 방법**

구분	내용
상압 증류 (topping)	• 탈염 공정을 거친 유분을 **대기압 하에서** 가열하여 비점차로 분리함 예 LPG, 나프타, 등유, 경유, 중유
감압 증류	• 열분해 온도가 끓는점(비점)보다 낮은 원료인 경우, 압력을 낮춰 끓는점을 낮추어 열분해 없이 증류하는 방법 예 **윤활유, 잔사유**
추출 증류	• 끓는점이 비슷한 성분의 혼합물의 증류 • 휘발성이 작은 제3의 성분을 첨가해 한 쪽의 증기압을 크게 내려 분리하는 방법

정답 ④

2015 국가직 9급 공업화학

20 **점결성(viscous property)이 커서 건류할 때 다공성의 코크스를 형성하기 때문에 금속 제련 공업에 많이 이용되는 석탄의 종류는?**

① 무연탄 ② 역청탄
③ 갈탄 ④ 이탄

해설 **석탄의 종류**

무연탄 (無煙炭)	• 탄화가 가장 잘 되어 연기를 내지 않고 연소하는 석탄 • **탄소 함유량 90% 이상** • 휘발분이 3~7%로 적고, 탄화도가 가장 큼 • 청염, 단염 발생 • 우리나라 고체 연료의 대부분을 차지함
유연탄 (有煉炭)	• **탄소 함유량이 90% 미만인 석탄** • 적염, 장염 발생
역청탄 (점결탄)	• **탄소 함유량 80~90%, 수소 함유량 4~6%** • **점결성(viscous property)이 커서 건류할 때 다공성의 코크스를 형성** – 제철용 코크스, 도시가스로 이용 – 수소의 첨가, 가스화 등의 연구가 발달되어 석탄화학공업의 가장 중요한 자원임 • 건류(乾溜) 시 역청 비슷한 물질이 생기므로 이름이 붙었음
갈탄 (brown coal)	• **탄소 함유량 60~70%** • 흑갈색 • 다른 탄에 비하여 고정 탄소(수분, 휘발분 및 회분을 뺀 나머지) 함량이 적고 물기에 젖기 쉽고, 건조하면 가루가 되기 쉬움 • 코크스 제조용으로 사용하기는 어렵고 대부분 가정 연료나 기타 연료로 사용됨
토탄(이탄)	• **탄소 함유량 60~70%**
코크스 (cokes)	• **점결탄을 주로 하는 원료탄을 1,000℃ 내외의 온도에서 건류하여 얻어지는 2차 연료** • 코크스로에서 제거, 휘발분이 거의 없어 매연이 발생하지 않음
미분탄 (pulverized coal)	• **입자 지름 0.5mm 이하인 미세한 석탄** • 무연탄을 잘게 갈아서 연소 효율을 높인 연료

정답 ②

2017 지방직 9급 추가채용 공업화학

21 **석탄화도가 가장 높은 것은?**

① 이탄 ② 갈탄
③ 무연탄 ④ 역청탄

해설 **석탄화도 크기**

무연탄 > 역청탄 > 갈탄 > 이탄 > 목재

정답 ③

2017 지방직 9급 공업화학

22 **석탄의 건류에 대한 설명으로 옳지 않은 것은?**

① 건류에 의하여 수소, 일산화탄소, 메테인 등의 가스, 액상의 타르(tar), 고형의 코크스(coke)가 얻어진다.
② 역청탄과 같은 점결탄의 건류에 의해 얻어지는 다공성 코크스(coke)는 제철 환원용으로 사용된다.
③ 건류로 생성되는 타르(tar)를 증류하여 얻어지는 주요 성분에는 나프탈렌(naphthalene), 안트라센(anthracene) 등이 있다.
④ 건류는 공기를 지속적으로 불어넣어 주며 고온으로 석탄을 가열시키는 공정이다.

해설 ④ 건류는 열분해 과정으로, 산소를 차단(환원, 무산소 상태, 흡열 반응)하여 메테인 등의 연료를 얻는 공정이다.

정리 **석탄의 건류**

- 열분해 과정 : 무산소 조건, 환원 반응, 흡열 반응, 3상 물질 모두 생성
- 생성물 : 가스(수소, 일산화탄소, 메테인 등), 액상[타르(tar)], 고상(코크스)
- 역청탄(점결탄)을 건류하여 다공성의 코크스를 얻어 제철용 코크스, 도시가스, 석탄화학공업 자원으로 이용

정답 ④

2015 서울시 9급 공업화학

23 석탄의 성분을 분석하니 회분이 7%, 휘발분이 24%, 수분이 18%, 광물질이 9%였다. 고정 탄소 함량은 얼마인가?

① 47 ② 49
③ 51 ④ 53

해설 고정 탄소(%)=100−(7+24+18)=51%

정리 **고정 탄소**

- 고체 연료에 포함되어 있는 비휘발성 탄소
- 탄화도가 클수록 고정 탄소 값 큼

고정 탄소(%) = 100(%) − [수분(%) + 회분(%) + 휘발분(%)]

정답 ③

Chapter 2 석유화학제품

§ 1. 석유화학공업 원료의 제조

1-1 석유화학공업의 기초 원료

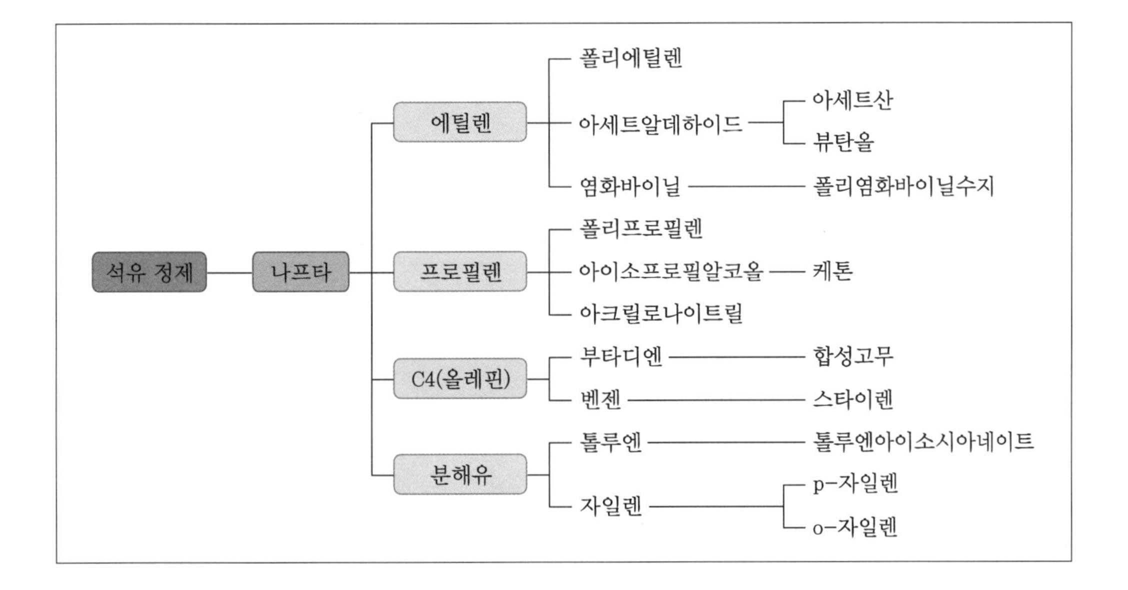

1-2 올레핀계 탄화수소의 제조

1 올레핀계 탄화수소의 원료

올레핀계 탄화수소는 다음 방법으로 제조함

① 정유소 가스 중 올레핀 회수

② 천연가스, 액화석유가스(LPG) 및 나프타 열분해

2 정유소 가스

석유의 정제과정에서 부생되는 가스

정유소 가스의 종류

상압 증류 가스	• 상압 증류할 때 부생되는 가스 • 파라핀계 탄화수소가 주성분임
접촉 분해 가스	• 촉매를 사용하여 중유, 경유 등을 분해하여 분해가솔린을 제조할 때 부생되는 가스 • 올레핀계 탄화수소가 많이 포함됨
접촉 개질 가스	• 개질 가솔린을 제조할 때 부생되는 가스 • 파라핀계 탄화수소가 주성분으로, 수소가 많이 포함됨

3 가스 성분의 분리

저온 분류법 (심랭 분리법)	• 상온에서 기상의 가스를 압축냉각시켜 액화하고 증류하여 각 성분으로 분리하는 방법
흡수법	• 경유와 같은 흡수제를 사용하여 성분을 분리하는 방법
흡착법	• 활성탄과 같은 흡착제를 사용하여 성분을 분리하는 방법

4 나프타의 열분해

(1) 관상가마에 의한 분해법

① 외부 가열식 관상가마에 의한 분해법 : 가열관 속에 원료를 보내고 관의 외부를 가열 분해하는 방법

② 과열 수증기에 의한 분해법

(2) 이동상식 및 유동상식 분해법

가열된 모래와 같은 열매체(유동 매체)를 연속적으로 장치 안을 순환시켜 열매체에 축적된 열량으로 열매체에 접촉하는 탄화수소를 분해하는 방법

장점	• 접촉 시간이 짧음 • 에틸렌 수율이 큼 • 넓은 범위의 원료 사용 가능
단점	• 관상가마법보다 장치의 구조가 복잡하고 조작이 어려움

(3) 접촉법

관상가마에 촉매를 사용하는 방법

(4) 부분 연소법

원료 탄화수소에 산소 또는 공기를 혼합하여 탄화수소의 일부를 연소시켜 분해에 필요한 열량을 그 연소열로 공급하는 방법

5 에틸렌 제조 공정(C2 유분)

제조 공정 과정	• 열분해 공정 – 분해가스 정제 공정 – 저온 분류 공정
열분해 온도	• 700~900℃
주원료	• 나프타
Stone-Webster법	• 나프타를 열분해하여 저급 올레핀을 얻는 방법 • 관상로에 의한 나프타 분해법

6 프로필렌의 분리 정제(C3 유분)

탈에테인탑에서 분리된 C3 유분을 원료로 정류법으로 분리 정제함

7 부타디엔의 분리 정제(C4 유분)

① 탈프로페인탑에서 분리된 C4 유분을 원료로 하여 추출법으로 얻음
② 정유소 가스나 나프타 분해가스 중 뷰테인에서 뷰텐을 탈수소하여 제조함

1-3 방향족 탄화수소의 제조

1 방향족 탄화수소의 원료

대부분 석유로부터 얻어지는 벤젠, 톨루엔, 자일렌 등

2 제조 방법

① 개질 가솔린으로부터 추출
② 올레핀 제조 시(나프타 크래킹) 분해 가솔린으로부터 추출
③ 개질 가솔린 중의 고옥탄가 성분은 방향족이며, 나프타를 분해할 때의 가솔린 유분 중에도 많은 양의 방향족이 들어있으므로 추출 분리함

3 분리 및 정제

용제 추출법	• 방향족에만 용해성을 나타내는 용제를 사용하여 분리하는 방법 • 용제 종류에 따른 구분 – 유텍스법 : 디에틸렌 그릴콜 용제를 사용하는 방법 – 설포란법 : 설포란을 용제로 사용하는 방법
흡착법	• 방향족만을 흡착하는 흡착제를 사용하여 회수하는 방법 • 아로소오브법 : 실리카겔을 흡착제로 사용하는 방법
추출 증류법	• 페놀이나 크레졸 등을 용제로 사용하여 추출 증류하는 방법

§ 2. 석유화학제품

2-1 석유화학공업의 7가지 화학재료군

에틸렌, 프로필렌, 뷰틸렌(C_4−올레핀), 벤젠, 톨루엔, 자일렌, 메테인

구분	반응	유도체(생성물)
에틸렌	중합	→ 폴리에틸렌
	산화(O_2)	→ **아세트알데하이드** → 산화에틸렌 → 에틸렌글리콜
	HOCl	→ 에틸렌클로로하이드린
	C_6H_6	→ 에틸벤젠 → **스타이렌**
	H_2O	→ 에탄올
	Cl_2	→ 염화에틸렌 → **염화바이닐** → 염화바이닐리덴

구분	반응	유도체(생성물)
프로필렌	중합	→ 폴리프로필렌
	NH_3	→ 아크릴로나이트릴
	C_6H_6	→ **큐멘 → 페놀 + 아세톤**
	산화(O_2)	→ 아크롤레인 → 글리세린, 아크릴산, 아크릴로나이트릴 → 프로필렌클로로하이드린 → 산화프로필렌
	H_2O	→ 아이소프로필알코올 → 아세톤
	OXO법 ($CO + H_2$)	→ 뷰틸알데하이드 → 옥틸알코올 → 뷰탄올
	Cl_2	→ 염화아릴 → 글리세린

구분	반응	유도체(생성물)
뷰틸렌 (C_4-올레핀)	H_2O	→ 2차 뷰틸알코올 → 에틸메틸케톤
	탈수소($-H_2$)	→ 부타디엔
	OXO법 ($CO + H_2$)	→ 아밀알코올 → 옥탄올

구분	반응	유도체(생성물)
벤젠	C_2H_4(에틸렌)	→ 에틸벤젠 → 스타이렌
	큐멘법	→ 페놀 → 아디프산
	H_2	→ 사이클로헥사논 옥심 → 카프로락탐
	Cl_2	→ 벤젠헥사클로라이드(BHC)

구분	반응	유도체(생성물)
톨루엔	탈알킬화	→ 벤젠
	산화	→ 벤조산 → 카프로락탐 → 나일론6 → 페놀 → 비스페놀A
	$COCl_2$(포스겐)	→ 톨루엔 다이아이소시아네이트(TDI)

구분	반응	유도체(생성물)
자일렌 (크실렌)	에틸벤젠	→ 스타이렌
	o-자일렌	→ 무수프탈산(프탈산무수물)
	m-자일렌	→ 아이소프탈산
	p-자일렌	→ 테레프탈산

구분	1차 생성물	유도체(생성물)
메테인 (천연가스)	→ 아세틸렌	→ 아세트알데하이드 → 아세트산 → 사염화메테인 → 사염화에틸렌 → 염화바이닐 → 초산바이닐
	→ 합성가스	→ 암모니아 → 요소 → 물 → 메탄올 → 폼알데하이드 → 염화메틸
	→ 사이안화수소	
	→ 클로로폼	
	→ 나이트로메테인	
	→ 이황화탄소	

2-2 에틸렌 유도체

구분	반응	유도체(생성물)
에틸렌	중합	→ 폴리에틸렌
	산화(O_2)	→ 아세트알데하이드 → 산화에틸렌 → 에틸렌글리콜 → 아크릴로나이트릴
	HOCl	→ 에틸렌클로로하이드린
	C_6H_6	→ 에틸벤젠 → 스타이렌
	H_2O	→ 에탄올
	Cl_2	→ 염화에틸렌 → 염화바이닐 → 염화바이닐리덴

1 아세트알데하이드(acetaldehyde, CH_3CHO)

(1) 제법

(가) 와커법(와커 공정, Wacker process)

구분	내용
정의	• $PdCl_2$를 **촉매**로, 에틸렌을 염산 용액 하에서, **직접 액상 산화(공기 산화)**시켜 아세트알데하이드를 생성하는 방법
특징	• 공정이 간단 • 경제적인 방법 – 부생물이 적고 수율이 높음 – 원료비 및 건설비가 작음
반응	① 아세트알데하이드 생성 과정(주반응) $CH_2 = CH_2 + PdCl_2 + H_2O \rightarrow CH_3CHO + Pd + 2HCl$ ② 팔라듐 재생 과정 $Pd + 2CuCl_2 \rightarrow PdCl_2 + 2CuCl$ ③ CuCl 산화 과정 $2CuCl + \frac{1}{2}O_2 + 2HCl \rightarrow CuCl_2 + H_2O$ ④ 전체 반응 $CH_2 = CH_2 + \frac{1}{2}O_2 \rightarrow CH_3CHO$ • 유리된 Pd은 염화제이구리($CuCl_2$)의 작용으로, 염화팔라듐($PdCl_2$)으로 재생시켜 사용함

(나) 아세틸렌 수화 반응

구분	내용
정의	아세틸렌에 촉매(수은염)를 가해 물과 반응하는 제법
반응	$CH \equiv CH + H_2O \xrightarrow{Hg^{2+}SO_4^{2-}} CH_3CHO$
용도	아세트산 및 아세트산에틸 제조 원료

(다) 에틸알코올의 탈수소화(산화)

$$CH_3CH_2OH \rightarrow CH_3CHO + H_2$$

2 산화에틸렌(ethylene oxide, C_2H_4O)

(1) 제법

(가) 클로로하이드린법

정의	에틸렌에 하이포염소산을 첨가하여 에틸렌클로로하이드린을 생성한 후, 탈염화수소하여 산화에틸렌을 생성하는 방법
반응	$CH_2{=}CH_2 + HOCl \rightarrow HOCH_2{-}CH_2Cl$ (에틸렌클로로하이드린) $2(HOCH_2{-}CH_2C) + Ca(OH)_2 \rightarrow 2\left[\begin{matrix} CH_2 - CH_2 \\ \diagdown_{O}\diagup \end{matrix}\right] + CaCl_2 + 2H_2O$

(나) 에틸렌의 직접 산화법

정의	Ag 촉매를 사용하여 에틸렌을 공기, 산소로 산화시키는 방법
반응	$CH_2{=}CH_2 + O_2 \xrightarrow{Ag} 2C_2H_2O$

(2) 용도

① 화학 반응성이 매우 커서 물, 알코올, 산, 아민 등과 잘 반응하여 많은 유도체를 생성함 – HCN과 반응하여 아크릴로나이트릴을 생성함

② 에틸렌글리콜, 계면활성제, 에탄올아민, 폴리에틸렌글리콜 등의 제조 원료

3 에틸렌글리콜(ethylene glycol, $CH_2(OH)CH_2(OH)$)

제법	• 산화에틸렌의 수화 반응에서 제조 $2C_2H_2O + H_2O(과량) \rightarrow CH_2(OH){-}CH_2(OH)$
특징	• 2개의 수산기를 가지고 있는 2가 알코올 • 물에 잘 녹음 • 끓는점(비등점) 197℃ • 고온에서 증발되지 않고 수용액은 응고점이 낮아 부동액에 많이 쓰임
용도	• 테레프탈산과 에틸렌글리콜을 합성시켜 폴리에스터계 섬유(PET 등)의 합성 원료로 사용 • 부동액

4 아크릴로나이트릴(acrylonitrile, $CH_2=CHCN$)

$$2C_2H_2O + HCN \longrightarrow CH_2(OH)-CH_2(CN) \xrightarrow{-H_2O} CH_2=CHCN$$

$$\underset{\text{산화에틸렌}}{\underset{\diagdown O \diagup}{CH_2-CH_2}} + HCN \longrightarrow \underset{\;OH\quad\; CN}{CH_2-CH_2} \xrightarrow{-H_2O} \underset{\text{아크릴로나이트릴}}{CH_2=CHCN}$$

5 염화바이닐(vinyl chloride, $CH_2=CH-Cl$)

(1) 제법

(가) 아세틸렌법

염화제2수은($HgCl_2$)을 촉매로 하여 건조한 아세틸렌과 염화수소의 혼합가스(몰비 1 : 1.0~1.1)를 다관식 반응기에서 기상으로 접촉 반응시키는 방법

$$CH \equiv CH + HCl \xrightarrow[100 \sim 200℃]{HgCl_2} CH_2 = CHCCl$$

(나) 이염화에틸렌(E.D.C)법

에틸렌에 염소를 반응시켜 이염화에틸렌을 만들고, 이것을 열분해하여 염화바이닐을 제조

$$CH_2 = CH_2 + Cl_2 \rightarrow \underset{\text{이염화에틸렌}}{CH_2Cl - CH_2Cl}$$

$$CH_2Cl - CH_2Cl \xrightarrow{\text{열분해}} \underset{\text{염화바이닐}}{CH = CHCl} + HCl$$

(다) 옥사이클로리네이션법(oxichlorination)

$$CH_2 = CH_2 + 2HCl + \frac{1}{2}O_2 \xrightarrow{CuCl_2} CH_2Cl - CH_2Cl + H_2O$$

이염화에틸렌

$$CH_2Cl - CH_2Cl \xrightarrow{\text{열분해}} CH = CHCl + HCl$$

염화바이닐

① 에틸렌에 염화수소와 산소를 작용시켜 염화바이닐을 제조하는 방법
② 부생되는 HCl을 에틸렌과 반응시켜 이염화에틸렌을 다시 합성할 수 있음
③ 염화수소를 재생 가능

(라) 혼합가스법(kureha법)

나프타를 불꽃 분해시켜 그 분해가스로 염화바이닐을 제조하는 방법

(2) 용도

PVC의 단량체로 사용

6 염화바이닐리덴 (vinylidene chloride, $CH_2=CCl_2$)

제법	• 염화바이닐의 염소화 반응으로 생성한 클로로에테인에 수산화칼슘을 작용시켜 탈염화 수소로 합성하여 제조 $CH = CHCl \xrightarrow{Cl_2} CH_2Cl - CHCl_2 \xrightarrow[-H_2]{Ca(OH)_2} CHCl = CCl_2$
용도	• 염화바이닐이나 아크릴로나이트릴과 공중합시켜 합성섬유, 포장용 필름으로 사용 • 염화바이닐리덴 섬유는 어망, 방충망, 텐트, 자동차 시트 등에 사용

7 바이닐아세테이트 (vinyl acetate, 초산비닐, $CH_3COO\text{-}CH=CH_2$)

(1) 제법

① 산화아연(ZnO) 촉매로 아세틸렌과 아세트산을 반응시키는 방법

$$CH \equiv CH + CH_3COOH \xrightarrow{ZnO} CH_3COO{-}CH{=}CH_2$$

② 와커법 변형

금속 팔라듐을 촉매로, 에틸렌과 아세트산, 산소를 기상에서 반응시키는 방법

$$CH_2{=}CH_2 + PdCl_2 + 2CH_3COONa \rightarrow CH_3COO{-}CH{=}CH_2 + 2NaCl + Pd + CH_3COOH$$

③ 에테인의 염소화법

④ 에탄올과 염화수소의 반응법

(2) 용도

비닐론, 섬유, 접착제, 도료, 종이의 사이징제(sizing agent)

8 에탄올 (ethanol, CH_3CH_2OH)

(1) 제법

황산법	• 에틸렌을 황산에 흡수시켜 가수분해하는 방법 • 에틸렌과 황산을 50~80℃, 10~14기압에서 반응시키고, 이때 생성한 황산에스테르(에스터)를 가수분해하여 에탄올을 제조함 (1) $CH_2{=}CH_2 + H_2SO_4 \rightarrow CH_3CH_2OSO_3H$ (에틸황산(ethyl sulfate)) + $(CH_3CH_3O)_2SO_2$ (다이에틸황산(diethyl sulfate)) (2−1) $CH_3CH_2OSO_3H + H_2O \rightarrow C_2H_5OH + H_2SO_4$ (2−2) $(CH_3CH_3O)_2SO_2 + 2H_2O \rightarrow 2C_2H_5OH + H_2SO_4$ • 다이에틸에터가 부생됨
직접법	• 300℃, 70기압에서 인산 촉매로, 에틸렌을 직접 수화하는 방법 $CH_2 = CH_2 + H_2O \xrightarrow{H_2PO_4} C_2H_5OH$ $2C_2H_5OH \xrightarrow{H_2PO_4} C_2H_5{-}O{-}C_2H_5 + H_2O$ • 에터(에테르)가 소량 부생됨

(2) 용도

① 아세트알데하이드와 아세트산의 원료

② 표면코팅이나 화장품 등의 용매

9 스타이렌 (스티렌, Styrene)

(1) 제법

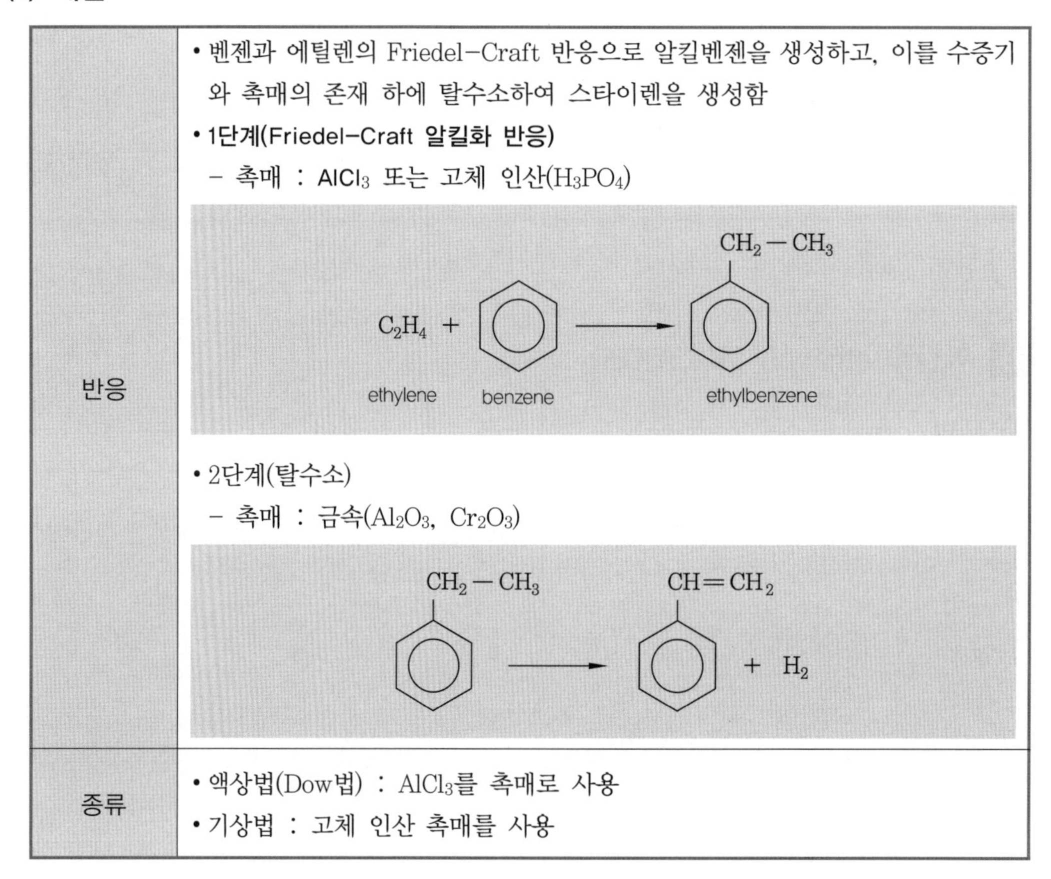

구분	내용
반응	• 벤젠과 에틸렌의 Friedel-Craft 반응으로 알킬벤젠을 생성하고, 이를 수증기와 촉매의 존재 하에 탈수소하여 스타이렌을 생성함 • 1단계(Friedel-Craft 알킬화 반응) - 촉매 : $AlCl_3$ 또는 고체 인산(H_3PO_4) C_2H_4 + benzene → ethylbenzene ($C_6H_5-CH_2-CH_3$) ethylene benzene ethylbenzene • 2단계(탈수소) - 촉매 : 금속(Al_2O_3, Cr_2O_3) $C_6H_5-CH_2-CH_3$ → $C_6H_5-CH{=}CH_2$ + H_2
종류	• 액상법(Dow법) : $AlCl_3$를 촉매로 사용 • 기상법 : 고체 인산 촉매를 사용

(2) 용도

① 폴리스타이렌(PS)의 제조
② ABS 수지 등 스타이렌 공중합체 원료
③ 스타이렌-부타디엔 고무(SBR) 원료

2-3 프로필렌 유도체

구분	반응	유도체(생성물)
프로필렌	중합	→ 폴리프로필렌
	NH_3	→ 아크릴로나이트릴
	C_6H_6	→ **큐멘 → 페놀 + 아세톤**
	산화(O_2)	→ 아크롤레인 → 글리세린, 아크릴산, 아크릴로나이트릴 → 프로필렌클로로하이드린 → 산화프로필렌
	H_2O	→ 아이소프로필알코올 → 아세톤
	OXO법 ($CO + H_2$)	→ 뷰틸알데하이드 → 옥틸알코올 → 뷰탄올
	Cl_2	→ 염화아릴 → 글리세린

1 아크릴산 (acrylic acid, CH_2=CH-COOH)

(1) 제법

㈎ 프로필렌의 산화

① 몰리브덴(Mo) 등의 금속산화물을 촉매로, 2단계 산화로 아크릴산을 생성

② 2단계 산화 공정

③ 중간체 : 아크롤레인(acrolein)

④ 촉매 : 몰리브덴(Mo) 등의 금속산화물

$$\underset{\text{프로필렌}}{CH_2=CH-CH_3} \xrightarrow[Mo]{+O_2} \underset{\text{아크롤레인}}{CH_2=CH-CHO} \xrightarrow{+O_2} \underset{\text{아크릴산}}{CH_2=CH-COOH}$$

㈏ 아세틸렌의 카보닐화

염산 하에서 $Ni(CO)_4$ 으로 아세틸렌을 카보닐화하는 방법

$$\underset{\text{아세틸렌}}{4CH \equiv CH} + Ni(CO)_4 + 2HCl + 4H_2O \rightarrow \underset{\text{아크릴산}}{4CH_2=CH-COOH} + NiCl_2 + H_2$$

(2) 용도

에스터화하여 도료, 접착제, 합성수지 등의 제조 원료로 사용

(3) 아크릴산 에스터

제법	• 아크릴로나이트릴의 가수분해 – 소량의 아크릴산을 생산할 때 경제적인 방법 $CH_2{=}CH{-}CH_3 \xrightarrow[H_2O]{H_2SO_4} CH_2{=}CH{-}CONH_2 \cdot H_2SO_4 \xrightarrow[-NH_4HSO_4]{\text{가수분해}} CH_2{=}CH{-}COOR$ 프로필렌 / 아크릴 에스터 • 레페법 – 고압 레페법 : 고압(약 100기압)에서 촉매로, 아세틸렌과 일산화탄소, 물을 반응시켜 아크릴산을 합성하고 이것을 알코올로 에스터화하여 아크릴로나이트릴을 얻는 방법 – 개량 레페법 : 상압에서 일산화탄소를(CO 20~40%, 니켈 카보닐 60~80%) 공급받는 방법
특징	• 아크릴산과 알코올로 이루어지는 에스터의 총칭 • 과산화물 · 빛 · 열 등에 쉽게 중합 반응을 일으킴
용도	• 아크릴 수지의 원료 • 아크릴 섬유의 개질 · 도료 · 접착제 등

2 아크롤레인(acrolein, $CH_2{=}CH{-}CHO$)

특징	• 불포화 알데하이드 • 무색 액체 • 공기 중에서 쉽게 산화됨 • 장시간 보존하면 중합하여 수지상 물질이 됨 • 유기합성의 원료
제법	$CH_2{=}CH{-}CH_3 \xrightarrow[\text{촉매}]{+O_2} CH_2{=}CH{-}CHO + H_2O$ 프로필렌 / 아크롤레인 촉매 : Cu_2O, Cu, Bi–Mo, Sn–Mo 등
용도	• 선택적 수소화 혹은 환원에 의한 알릴알코올의 합성 • 기상에서 암모니아와 반응시켜 피리딘과 β –피콜린 혼합물 합성 • 아크릴산, 아크릴로나이트릴 제조 • 1,3–프로판다이올의 제조

3 아크릴로나이트릴(acrylonitrile, $CH_2=CH-CN$)

(1) 제법

프로필렌과 암모니아를 원료로 공기산화시켜 아크릴로나이트릴을 제조

㈎ Sohio법(ammoxidation)

제법	• 450~500℃, 2~3atm 하에서 **몰리브덴-비스무트($MoO_3-Bi_2O_3$)를 촉매로** 프로필렌, 암모니아, 공기를 반응시켜 아크릴로나이트릴을 제조 $2CH_2=CH-CH_3 + 2NH_3 + 3O_2 \rightarrow 2CH_2=CH-CN + 6H_2O$
특징	• 경제적으로 대량 생산이 가능한 방법 • 아크릴로나이트릴이 60% 이상 생산되고, 아세토나이트릴, HCN이 부산물로 생성됨 • 안전한 방법 – 원료는 석유화학에서 대량 생산되고, 아세틸렌, HCN과 같은 위험물을 취급하지 않음

㈏ 아세틸렌-사이안화수소(HCN)법

염화제일구리와 염화암모늄의 염산혼합용액을 촉매로, 아세틸렌과 사이안화수소(HCN)를 액상에서 합성하여 아크릴로나이트릴을 제조

$$CH \equiv CH + HCN \rightarrow CH_2=CH-CN$$

㈐ 옥시사이안화법(에틸렌-HCN법)

제법	• 에틸렌, 사이안화수소, 산소를 반응시켜 아크릴로나이트릴을 제조 $CH_2=CH_2 + HCN + \frac{1}{2}O_2 \xrightarrow{Pd-HCl} CH_2=CH-CN + H_2O$
용도	• 아크릴 섬유, 합성고무(NBR), 합성수지의 제조 원료

㈑ 산화에틸렌-HCN법

$$(CH_2)_2O + HCN \rightarrow CH_2(OH)-CH_2(CN) \xrightarrow{-H_2O} CH_2=CH-CN$$

4 산화프로필렌 (propylene oxide, $CH_3C_2H_3O$)

(1) 제법

(가) 클로로하이드린법

프로필렌에 HOCl을 반응시켜 α-프로필렌클로로하이드린을 생성(90%) 후, 수산화칼슘으로 산화프로필렌을 제조

① $Cl_2 + H_2O \rightleftharpoons HOCl + HCl$

② $CH_2{=}CHCH_3 + HOCl \longrightarrow \underset{Cl}{CH_2}-\underset{OH}{CHCH_3}$ (90%) $+ CH_2OHCHClCH_3$ (10%)

③ $\underset{Cl\ \ OH}{CH_2CHCH_3}$ or $\underset{OH\ \ Cl}{CH_2CHCH_3} + NaOH \longrightarrow CH_2-CHCH_3$ (O 가교) $+ CH_3COOH$

(나) 프로필렌 산화

아세트알데하이드를 공기와 반응시켜 과아세트산을 만든 후, 프로필렌에 산화시켜 제조

CH_3CHO (아세트알데하이드) $+ O_2 \longrightarrow CH_3-CO-OOH$ (과아세트산) $+ CH_2{=}CH-CH_3$ (프로필렌) $\longrightarrow$

$H_2C-CHCH_3$ (O 가교, 산화프로필렌) $+ CH_3COOH$

(다) **하이드로퍼옥사이드(hydroperoxide)와 프로필렌을 반응시켜 산화프로필렌을 만드는 방법**

① 1단계 : 에틸벤젠을 산화시켜 에틸벤젠 하이드로퍼옥사이드(ethylbenzene hydroperoxide) 생성

② 2단계 : 이를 프로필렌에 산화시켜 산화프로필렌을 생성

③ 3단계 : 부생된 페닐메틸카비놀(phenylmethyl carbinol)을 탈수하여 스타이렌을 생성

$$C_6H_6 + CH_2{=}CH_2 \xrightarrow{H^+} C_6H_5CH_2CH_3 \xrightarrow{O_2} C_6H_5CH(OOH)CH_3 \xrightarrow{CH_2=CHCH_3}$$

벤젠 / 에틸렌 / 에틸벤젠 / 에틸벤젠 하이드로퍼옥사이드

$$H_2C(-O-)CHCH_3 + C_6H_5CH(OH)CH_3 \xrightarrow{-H_2O} C_6H_5CH{=}CH_2$$

산화프로필렌 / 페닐메틸카비놀 / 스타이렌

5 프로필렌 글리콜(propylene glycol, CH_3-CH(OH)-CH_2(OH))

제법	• 산화프로필렌의 수화 반응으로 제조 $H_2C(-O-)CHCH_3 + H_2O \longrightarrow H_3-CH(OH)-CH_2(OH)$
특징	• 2가 알코올 • 점성이 있는 무색 액체 • 끓는점 197℃ • 물에 잘 녹음 • 희미한 단맛
용도	• 화장품, 의약품, 식품용, 불포화 폴리에스터 수지 등의 원료 • 부동액

6 글리세린(glycerine(glycerol), $HOCH_2CH(OH)CH_2OH$)

(1) 제법

(가) 염소화법

① 프로필렌에서 만든 염화알릴에 하이포아염소산(HOCl)을 부가하여 다이클로로하이드린을 생성

② 이것을 단계적으로 가수분해하여 글리세린을 제조

$$\underset{\text{프로필렌}}{CH_2{=}CHCH_3} + Cl_2 \rightarrow \underset{\text{염화아릴}}{CH_2{=}CHCH_2Cl} + HOCl \rightarrow \underset{\text{다이클로로하이드린}}{ClCH_2CH(OH)CH_2Cl} \rightarrow \underset{\text{글리세린}}{HOCH_2CH(OH)CH_2OH}$$

$$CH_2{=}CHCH_3 \xrightarrow{Cl_2} CH_2(Cl)CH{=}CH_2 \xrightarrow{Cl_2+H_2O} CH_2(Cl)-CH(OH)-CH_2(Cl) \xrightarrow[-HCl]{Ca(OH)_2}$$

$$\underset{\text{(에폭사이드: }CH_2-CH\text{ 사이 O 고리)}}{CH_2-CH-CH_2Cl} \xrightarrow{NaOH} CH_2(OH)-CH(OH)-CH_2(OH)$$

(나) 산화법

프로필렌을 산화시켜 아크롤레인을 만든 후 합성하는 방법

$$\underset{\text{프로필렌}}{CH_2{=}CHCH_3} \xrightarrow{+O_2} \underset{\text{아크롤레인}}{CH_2{=}CHCHO} \xrightarrow{\text{+아이소프로필알코올}} \underset{\text{글리세린}}{HOCH_2CH(OH)CH_2OH}$$

(다) 산화프로필렌법

산화프로필렌을 이성화시켜 알릴알코올을 얻고, 여기에 HOCl을 부가시켜 가수분해하여 글리세린을 제조

$$\underset{\text{산화프로필렌}}{H_2C\overset{O}{-}CHCH_3} \xrightarrow[\text{이성질화}]{Li_3PO_4} \underset{\text{알릴알코올}}{CH_2{=}CHCH_2OH} \xrightarrow[H_2O]{+HOCl,\ Na_2CO_3} \underset{\text{글리세린}}{HOCH_2CH(OH)CH_2OH}$$

(2) 용도

나이트로 글리세린, 화장품, 의약품, 합성수지 등의 원료 제조

7 뷰틸 알코올(butyl alcohol, $CH_3CH(CH_3)CH_2OH$)

(1) 제법

(가) OXO 합성법

① 반응 과정

1단계	• OXO 반응 : n−뷰티르알데하이드(n−Butyraldehyde)와 아이소뷰티르알데하이드(iso−Butyraldehyde)가 7 : 3의 비율로 생성
2단계	• 알데하이드의 환원 : n−뷰티르알데하이드와 아이소뷰티르알데하이드의 수소화로 뷰탄올(뷰틸알코올) 생성

$$CH_3CH=CH_2 + CO + H_2 \xrightarrow{CO_2(CO)_8} \underset{70\%}{CH_3CH_2CH_2CHO} + \underset{30\%}{(CH_3)_2CHCHO}$$

$$CH_3CH_2CH_2CHO \xrightarrow{H_2} CH_3CH_2CH_2CH_2OH$$

$$(CH_3)_2CHCHO \xrightarrow{H_2} (CH_3)_2CHCH_2OH$$

프로필렌의 OXO 합성법

② OXO 반응

정의	• **올레핀 + CO + H_2 + 촉매 → 탄소 수가 1 증가된 알데하이드**
특징	• 수성가스(water gas) : CO + H_2 • **촉매 : 금속카보닐($(Co(CO)_4)_2$)** • 반응 조건 : 온도 100~160℃, 압력 200~300atm
반응	$CH_3CH=CH_2 + CO + H_2 \xrightarrow{CO_2(CO)_8} CH_3CH_2CH_2CHO + (CH_3)_2CHCHO$

(나) Reppe 합성법

정의	• 올레핀 + CO + H_2O + 촉매 → 탄소 수 1 증가한 알코올 예 프로필렌 → 뷰탄올(뷰틸알코올) 에틸렌 → 프로판올(프로필알코올)
특징	• 촉매 : 철카보닐($Fe(CO)_5$) • 용매 : 트라이메틸아민(trimethyl amine) • 반응 조건 : 압력 20~30atm
반응	• 프로필렌 → 뷰탄올(뷰틸 알코올) $CH_2 = CH-CH_3 + 3CO + 2H_2O \rightarrow$ $CH_3CH_2CH_2CH_2OH$ (85%), $CH_3CH(CH_3)CH_2OH$ (15%) + $2CO_2$

(2) 용도

① 주로 용제, 염화바이닐 수지의 가소제 원료

② 아이소뷰탄올은 윤활유 첨가제

8 옥틸 알코올

뷰틸알데하이드를 알돌 축합시킨 후 수소 첨가하여 옥틸 알코올 제조

$$CH_3-CH=CH_2 \xrightarrow[\text{옥소 반응}]{CO,\ H_2} CH_3-CH_2-CH_2-CHO$$

$$2CH_3CH_2CH_2CHO \xrightarrow{\text{알돌 축합}} CH_3CH_2CH_2CH(OH)CH(C_2H_5)CHO \xrightarrow[-H_2O]{H_2} CH_3CH_2CH_2CH_2CH(C_2H_5)CH_2OH$$

2-ethyl-hexanol(2-에틸-헥산올)

9 큐멘 [cumene, $C_6H_5CH(CH_3)_2$]

(1) 제조-알킬화 반응(Fridel-Craft 알킬화 반응)

$AlCl_3$, H_3PO_4, BF_3 촉매와 200~350℃, 10~15bar에서 벤젠과 프로필렌의 기상 알킬화 반응으로 큐멘 생성

(2) 큐멘의 반응

(가) 산화 반응 – 큐멘 과산화수소물 생성

130℃, 알칼리 수용액 하에서 큐멘은 공기 중 산소와 반응하여 큐멘 과산화수소물(cumene hydroperoxide)을 생성함

(나) 페놀과 아세톤의 생성

$$C_6H_6 + CH_2{=}CH{-}CH_3 \xrightarrow[\text{알킬화}]{AlCl_3} C_6H_5CH(CH_3)_2 \xrightarrow[\text{산처리 pH8.5} \sim 10.5]{O_2(\text{산화})} C_6H_5OH + CH_3COCH_3$$

벤젠 프로필렌 큐멘 페놀 아세톤

(3) 페놀의 용도

① 페놀수지 생성

② 비스페놀A의 생성

비스페놀A는 에폭시 수지와 폴리카보네이트의 원료가 됨

10 아세톤(acetone, CH_3COCH_3)

(1) 제조

㈎ 아이소프로필알코올(아이소프로판올)의 탈수소(산화)

$$\underset{\text{아이소프로필알코올}}{CH_3CH(OH)CH_3} \xrightarrow[-H_2]{Ag} \underset{\text{아세톤}}{CH_3COCH_3}$$

㈏ 프로필렌에서 직접 제조

$$\underset{\text{프로필렌}}{CH_2{=}CHCH_3} \rightarrow \underset{\text{아세톤}}{CH_3COCH_3}$$

㈐ 큐멘법

$$\underset{\text{벤젠}}{C_6H_6} + \underset{\text{프로필렌}}{CH_2{=}CH{-}CH_3} \xrightarrow[\text{알킬화}]{AlCl_3} \underset{\text{큐멘}}{C_6H_5CH(CH_3)_2} \xrightarrow[\text{산처리 pH}8.5 \sim 10.5]{O_2(\text{산화})} \underset{\text{페놀}}{C_6H_5OH} + \underset{\text{아세톤}}{CH_3COCH_3}$$

(2) 용도

아세톤 제조의 중간체, 용제, 부동액, 소독제 등

11 아이소프렌(isoprene, 2-methyl-1,3-butadiene, $CH_2{=}C(CH_3){-}CH{=}CH_2$)

프로필렌 이량체(dimer)의 열분해(pyrolysis)로 제조

$$\underset{\text{프로필렌}}{CH_2{=}CH{-}CH_3} \xrightarrow[\text{이량화}]{} CH_2{=}C(CH_3){-}CH_2CH_2CH_3 \xrightarrow[\text{이성질화}]{} CH_3C(CH_3){=}CHCH_2CH_3$$

$$\xrightarrow[\text{열분해}]{} \underset{\text{아이소프렌}}{CH_2{=}C(CH_3){-}CH{=}CH_2} + CH_4$$

2-4 뷰텐(뷰틸렌) 유도체

구분	반응	유도체(생성물)
뷰텐 (C_4-올레핀)	H_2O	→ 2차 뷰틸알코올 → 에틸메틸케톤
	탈수소($-H_2$)	→ 부타디엔
	OXO법 ($CO + H_2$)	→ 아밀알코올, 펜탄올 → 옥탄올

1 뷰틸알코올(butyl alcohol, $CH_3CH_2CH_2CH_2OH$)

(1) 제법

㈎ 2차 뷰틸알코올의 제법

황산흡수법으로 뷰텐에서 2차 뷰틸알코올이 생성됨

$$\underset{\text{1뷰텐}}{CH_3CH_2CH{=}CH_2} \xrightarrow{H_2SO_4} CH_3CH_2CH(OSO_3H)CH_3 \xrightarrow[-H_2SO_4]{+H_2O} \underset{\text{2차 뷰틸알코올}}{CH_3CH_2CH(OH)CH_3}$$

$$\underset{\text{2뷰텐}}{CH_3CH{=}CHCH_3} \xrightarrow{H_2SO_4} CH_3CH(OSO_3H)CHCH_3 \xrightarrow[-H_2SO_4]{+H_2O} \underset{\text{2차 뷰틸알코올}}{CH_3CH(OH)CHCH_3}$$

㈏ 3차 뷰틸알코올의 제법

황산법으로 아이소뷰텐에서 3차 뷰틸알코올이 생성됨

$$\underset{\text{아이소뷰텐}}{(CH_3)_2C{=}CH_2} \xrightarrow{H_2SO_4} C(CH_3)_3(OSO_3H) \xrightarrow[-H_2SO_4]{+H_2O} \underset{\text{3차 뷰틸알코올}}{C(CH_3)_3(OH)}$$

(2) 용도

용제, 가소제, 도료, 에틸메틸케톤의 원료, 유용성 페놀 수지의 원료 등

2 에틸메틸케톤(ethyl methyl ketone, MEK, $CH_3CH_2-CO-CH_3$)

(1) 제법

(가) 1차 및 2차 뷰틸알코올의 탈수소로 제조

$$CH_3CH_2CH(OH)CH_3 \xrightarrow{-H_2} CH_3CH_2COCH_3$$

2차 뷰틸알코올 → 에틸메틸케톤

(나) Wacker법

$$CH_3CH_2CH{=}CH_2 + PdCl_2 + H_2O \xrightarrow{-H_2} CH_3CH_2COCH_3 + Pd + HCl$$

뷰틸렌 → 에틸메틸케톤

Pd 촉매 사용

(2) 용도

합성수지, 도료의 용제

3 부타디엔(butadien, $CH_2=CHCH=CH_2$)

부타디엔은 공업적으로 추출 증류법으로 제조함

구분	내용
용제 분리법	• 나프타 분해물 중의 C4 유분을 용제로 추출 분리
탈수소법	• n-뷰테인이나 사슬의 뷰텐(1-뷰텐, 2뷰텐 등)을 촉매를 이용하여 탈수소하여 제조 • 촉매 – Fe 산화물, Mg 산화물, Co 산화물 – n-뷰테인의 촉매 : $Al_2O_3-Cr_2O_3$ – 1뷰텐, 2뷰텐의 촉매 : Fe_2O_3, Cr_2O_3, CuO, K_2O • 반응온도 : 600~800℃ $CH_3CH_2CH_2CH_3 \xrightarrow[Al_2O_3-Cr_2O_3]{-2H_2} CH_2=CHCH=CH_2$ $CH_2=CHCH_2CH_3 \xrightarrow[Fe_2O_3,\ Cr_2O_3,\ K_2O]{-2H_2} CH_2=CHCH=CH_2$

4 아이소프렌 (isoprene, 2-methyl-1,3-butadiene, $CH_2=C(CH_3)-CH=CH_2$)

(1) 제법

(가) 아이소뷰텐과 폼알데하이드의 프린스(prince) 반응

$$CH_3-C(CH_3)=CH_2 + 2HCHO \longrightarrow \text{4,4-dimethyl-m-dioxane} \longrightarrow CH_2=C(CH_3)-CH=CH_2 \text{ (isoprene)} + HCHO + H_2O$$

(4,4-dimethyl-m-dioxane: $(H_3C)_2C$ 고리 — $CH_2-CH_2-O-CH_2-O$)

• 프린스 반응 : 올레핀과 HCHO이 반응하여 모노다이옥세인(m-dioxane)을 합성하는 반응

(나) 프로필렌 이량체(dimer)의 열분해(pyrolysis)로 제조

$$\underset{\text{프로필렌}}{CH_2=CH-CH_3} \xrightarrow[\text{이량화}]{} CH_2=C(CH_3)-CH_2CH_2CH_3 \xrightarrow[\text{이성질화}]{} CH_3C(CH_3)=CHCH_2CH_3$$

$$\xrightarrow[\text{열분해}]{} \underset{\text{아이소프렌}}{CH_2C(CH_3)-CH=CH_2} + CH_4$$

(다) 뷰탄올의 탈수

아세틸렌과 아세톤을 KOH 촉매 하에 반응시켜 2-메틸-3-뷰티놀-2를 만들고, 이를 수소화시켜 생성된 뷰텐계를 탈수하여 아이소프렌을 생성

$$\underset{\text{acetylene}}{HC\equiv CH} + \underset{\text{acetone}}{CH_3-C(CH_2)=O} \longrightarrow \underset{\text{2-methyl-3-butynol-2}}{CH_3-C(CH_3)(OH)-C\equiv CH} \xrightarrow{H_2}$$

$$\underset{\text{2-methyl-3-butenol-2}}{CH_3-C(CH_3)(OH)-CH=CH_2} \xrightarrow{-H_2O} \underset{\text{isoprene}}{CH_2=C(CH_3)-CH=CH_2}$$

(라) C5 탄화수소의 탈수소 반응

C5 유분 속의 아이소펜테인, 아이소펜텐을 산화철, 알루미나-산화크로뮴 촉매로, 탈수소하여 제조

$$\underset{\text{isobutene}}{H_3C-\overset{\displaystyle CH_3}{\overset{|}{C}}=CH_2} + \underset{\text{2-butene}}{CH_3CH=CHCH_3} \xrightarrow[-CH_2=CHCH_3]{\text{cat.}}$$

$$\underset{\text{2-methyl-2-butene}}{H_3C-\overset{\displaystyle CH_3}{\overset{|}{C}}=CHCH_3} \xrightarrow{-H_2} \underset{\text{isoprene}}{H_2C=\overset{\displaystyle CH_3}{\overset{|}{C}}-CH=CH_2}$$

(마) MTBE 산화

몰리브덴, 텅스텐, V_2O_5 촉매로, MTBE를 공기 산화하여 제조

$$\underset{\text{MTBE}}{H_3C-\overset{\displaystyle CH_3}{\overset{|}{\underset{|}{\underset{\displaystyle CH_3}{C}}}}-OCH_3} \xrightarrow[\text{cat.}]{\frac{1}{2}O_2} \underset{\text{isoprene}}{H_2C=\overset{\displaystyle CH_3}{\overset{|}{C}}-\underset{H}{C}=CH_2} + 2H_2O$$

(2) 용도

① 합성천연고무의 제조 원료

② 뷰틸고무의 공중합 원료

5 클로로프렌(chloroprene, 2-chloro-1, 3-butadiene, $CH_2=CCl-CH=CH_2$)

(1) 제법

부타디엔을 염소화하여 클로로프렌을 얻음

(2) 용도

합성고무의 주원료

6 아디포나이트릴(adiponitrile, $NC(CH_2)_4CN$)

(1) 제법

① 부타디엔을 염소화하여 다이클로로뷰텐을 만들고, 염화제일구리를 촉매로 하여 사이안화소듐, 사이안화수소와 반응한 후, 수소를 첨가하여 제조

• $CH_2=CH-CH=CH_2 + Cl_2 \rightarrow [ClCH_2-CH=CH-CH_2Cl + ClCH_2-CH=CH-CH_2Cl]$
  부타디엔 / 다이클로로뷰텐

• $[ClCH_2-CH=CH-CH_2Cl + ClCH_2-CH=CH-CH_2Cl] + 2HCN \rightarrow NCCH_2CH_2CH=CHCN$
  다이클로로뷰텐

$\xrightarrow[\text{이성질화}]{+NaOH} NCCH_2CH=CHCH_2CN \xrightarrow{+H_2} NC(CH_2)_4CN$
  아디포나이트릴

② 촉매 하에서 아디프산의 증기와 암모니아를 혼합하여 반응

$$HOOC(CH_2)_4COOH + 2NH_3 \rightarrow NC(CH_2)_4CN + 4H_2O$$
아디프산 / 아디포나이트릴

③ 전해환원법

Sohio법에 의해 생산된 아크릴로나이트릴(acrylonitrile)을 전해환원시켜 이합체화(dimerization, 이량화)하여 제조

(2) 용도

헥사메틸렌다이아민(나일론 6,6의 주원료)의 합성의 원료

(3) 나일론 6,6의 합성

헥사메틸렌다이아민과 아디프산의 축합 중합으로 나일론 6,6이 생성됨

n헥사메틸렌다이아민 + n아디프산(테트라메틸렌다이카복실산) → 나일론 + $(2n-1)H_2O$

$$n\,H-\overset{\overset{\displaystyle H}{|}}{N}-(CH_3)_6-\overset{\overset{\displaystyle H}{|}}{N}-H + n\,HO-\overset{\overset{\displaystyle O}{\|}}{C}-(CH_2)_4-\overset{\overset{\displaystyle O}{\|}}{C}-OH \xrightarrow{\text{축합 중합}}$$

헥사메틸렌다이아민 아디프산

아미드(펩티드) 결합

$$\left(\overset{\overset{\displaystyle H}{|}}{N}-(CH_2)_6-\overset{\overset{\displaystyle H}{|}}{N}-\overset{\overset{\displaystyle O}{\|}}{C}-(CH_2)_4-\overset{\overset{\displaystyle O}{\|}}{C}\right)_n + (2n-1)H_2O$$

6,6-나일론

2-5 벤젠 유도체

구분	반응	유도체(생성물)
벤젠	C_2H_4(에틸렌)	→ 에틸벤젠 → 스타이렌
	큐멘법	→ 페놀 → 아디프산
	H_2	→ 사이클로헥사논 옥심 → 카프로락탐
	Cl_2	→ 벤젠헥사클로라이드(BHC)

1 스타이렌(스티렌, stylene)

벤젠과 에틸렌의 Friedel-Craft 반응으로 알킬벤젠을 생성하고, 이를 수증기와 촉매의 존재 하에 탈수소하여 스타이렌을 생성함

$$\underset{\text{벤젠}}{C_6H_6} + \underset{\text{에틸렌}}{CH_2{=}CH_2} \rightarrow \underset{\text{에틸벤젠}}{C_6H_5{-}CH_2CH_3} \rightarrow \underset{\text{스타이렌}}{C_6H_5{-}CH{=}CH_2}$$

$$\underset{\text{ethylene}}{C_2H_4} + \underset{\text{benzene}}{C_6H_6} \longrightarrow \underset{\text{ethylbenzene}}{C_6H_5{-}CH_2{-}CH_3} \longrightarrow \underset{\text{stylene}}{C_6H_5{-}CH{=}CH_2} + H_2$$

2 페놀(phenol)

(1) 제법

(가) 황산화법

① 벤젠을 황산과 반응시켜 벤젠설폰산(benzene sulfonic acid)을 생성하고, 이후 가수분해하여 페놀을 제조

② 벤젠을 직접적으로 사용하는 방법으로 원료가 간단함

③ 황산을 사용하기 때문에, 부산물로 황화합물이 발생하고 처리 비용이 발생함

④ 현재는 잘 사용되지 않는 방법

$$\text{벤젠} \xrightarrow{H_2SO_4} \text{벤젠설폰산}(C_6H_5-SO_3H) \xrightarrow[\Delta]{NaOH} \text{페놀}(C_6H_5-OH)$$

(나) 염소화법(Dow법)

① 벤젠을 염소화하여 클로로벤젠을 만든 후, 이를 고온 · 고압 하에서 수산화소듐(NaOH)으로 가수분해하여 페놀을 제조

② 공정이 비교적 단순함

③ 높은 온도와 압력에서 반응이 진행되어 공정 장비가 복잡하여 비용이 큼

$$\text{벤젠} \xrightarrow{Cl_2} \text{클로로벤젠}(C_6H_5Cl) \xrightarrow{NaOH} \text{페놀}(C_6H_5OH)$$

(다) Raschig법

벤젠을 염소화하여 클로로벤젠을 얻고, 그 클로로벤젠을 가수분해하여 페놀과 염화수소를 생성

$$\text{벤젠} \xrightarrow[CuO,\ Fe_2O_3]{HCl + O_2} \text{클로로벤젠}(C_6H_5Cl) \xrightarrow{H_2O} \text{페놀}(C_6H_5OH) + HCl$$

(라) 큐멘법

$$C_6H_6 + CH_2{=}CH{-}CH_3 \xrightarrow[\text{알킬화}]{AlCl_3} C_6H_5CH(CH_3)_2 \xrightarrow[\text{산처리 pH8.5 ~ 10.5}]{O_2(\text{산화})} C_6H_5OH + CH_3COCH_3$$

벤젠 프로필렌 큐멘 페놀 아세톤

$$C_6H_6 + CH_2{=}CH{-}CH_3 \longrightarrow C_6H_5CH(CH_3)_2 \longrightarrow C_6H_5OH + CH_3{-}CO{-}CH_3$$

cumene phenol acetone

① 반응 순서

알킬화 반응	벤젠과 프로펠렌을 반응시켜 큐멘을 생성
산화 반응	큐멘을 산화시켜 큐멘 하이드로퍼옥사이드(Cumene hydroperoxide)를 생성
분해 반응	큐멘 하이드로퍼옥사이드를 산(acid)으로 처리하여 페놀과 아세톤을 생성

② 페놀과 아세톤을 동시에 얻을 수 있는 경제적인 방법

③ 대량 생산이 가능한 공정

(마) 벤조산의 산화

$$C_6H_5CH_3 \xrightarrow{[O]} C_6H_5COOH \xrightarrow{O_2} [HOC_6H_4COOH] \xrightarrow{-CO_2} C_6H_5OH$$

톨루엔 벤조산 살리실산 페놀

3 사이클로헥세인 (cyclohexane), 사이클로헥사논 (cyclohexanone)

(1) 사이클로헥세인의 제법

① 벤젠에 수소를 첨가하여 제조

② 페놀에 수소를 첨가하여 제조

(2) 사이클로헥사논

㈎ 제법

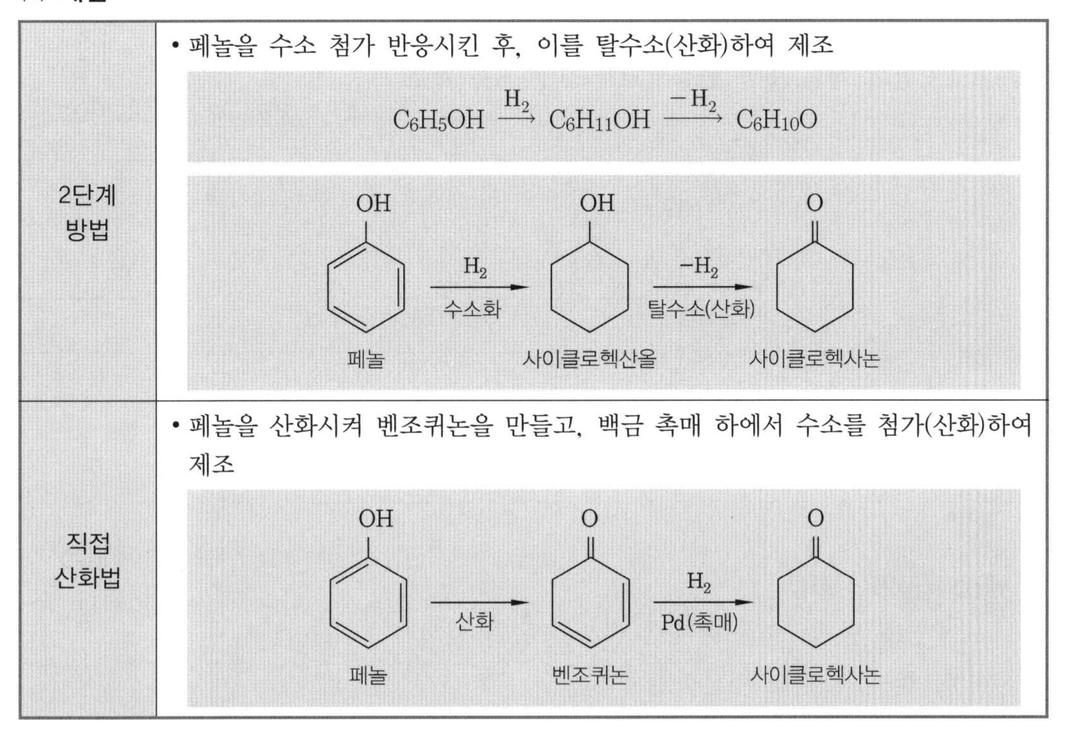

2단계 방법	• 페놀을 수소 첨가 반응시킨 후, 이를 탈수소(산화)하여 제조 $C_6H_5OH \xrightarrow{H_2} C_6H_{11}OH \xrightarrow{-H_2} C_6H_{10}O$ 페놀 → (H_2, 수소화) → 사이클로헥산올 → ($-H_2$, 탈수소(산화)) → 사이클로헥사논
직접 산화법	• 페놀을 산화시켜 벤조퀴논을 만들고, 백금 촉매 하에서 수소를 첨가(산화)하여 제조 페놀 → (산화) → 벤조퀴논 → (H_2, Pd(촉매)) → 사이클로헥사논

(3) 용도

카프로락탐 제조의 원료

4 카프로락탐 (ε-caprolactam)

(1) 제법

사이클로헥세인 or 페놀 → cyclohexanone $\xrightarrow{NH_2OH}$ cyclohexanone oxime $+ H_2O \xrightarrow[NH_3]{H_2SO_4}$ caprolactam $+ (NH_4)_2SO_4$

① 사이클로헥사논(cyclohexanone)을 이용하여 '사이클로헥사논 옥심(cyclohexanone oxime)' 생성

② 이것을 황산 속에 넣어 베크만 전위 반응(Beckmann rearrangement)으로 카프로락탐이 생성하고, 부산물로 황산암모늄을 얻음

(2) 용도

카프로락탐의 개환 중합 반응으로 나일론 6을 제조

$$\text{카프로락탐} \xrightarrow{H_2O} [NH-(CH_2)_5-\overset{\overset{\displaystyle O}{\|}}{C}]_n$$

카프로락탐 나일론 6

5 말레산 무수물(maleic anhydride)

(1) 제법

(가) 벤젠의 공기 산화법

① Si-Al_2O_3 담체-V_2O_5 촉매로 벤젠을 공기 산화시켜 제조함

② 발열 반응, 대량의 이산화탄소 발생

$$C_6H_6 + \frac{9}{2}O_2 \xrightarrow[V_2O_5]{400\sim450℃} \begin{matrix} CH-CO \\ \| \quad\quad\ \ O \\ CH-CO \end{matrix} + 2H_2O + 2CO_2$$

maleic anhydride

(나) 뷰텐의 산화법

425~480℃, 10~15psi에서, Al_2O_3 담체-V_2O_5/P_2O_5를 촉매로 n-뷰텐을 산화시켜 제조

$$CH_3-CH=CH-CH_3 \xrightarrow{O_2} \begin{matrix} CH-CO \\ \| \quad\quad\ \ O \\ CH-CO \end{matrix}$$

(2) 용도

① 불포화 폴리에스터 수지, 가소제 등의 원료

② 숙신산, 말산의 원료

6 아디프산 (adipic acid)

(1) 제법

① 페놀로부터 합성

페놀(OH) + H_2 ⟶ 사이클로헥산올(OH) —질산 산화→ $HOOC-(CH_2)_4-COOH$ (아디프산)

② 벤젠으로부터 합성

벤젠 + H_2 ⟶ 사이클로헥세인 —공기 산화→ 사이클로헥산올(OH) + 사이클로헥사논(O) —($-H_2$)→ $HOOC-(CH_2)_4-COOH$ (아디프산)

(2) 용도

나일론 6,6의 원료

2-6 톨루엔 유도체

구분	반응	유도체(생성물)
톨루엔	탈알킬화	→ 벤젠
	산화	→ 벤조산 → 카프로락탐 → 나일론6 → 페놀 → 비스페놀A
	$COCl_2$ (포스겐)	→ 톨루엔 다이아이소시아네이트(TDI)

1 벤젠(bezene, C_6H_6)

톨루엔은 수요와 용도가 적어, 탈알킬화하여 벤젠으로 만들어 사용함

(1) 제법

① 벤젠의 탈알킬화 반응

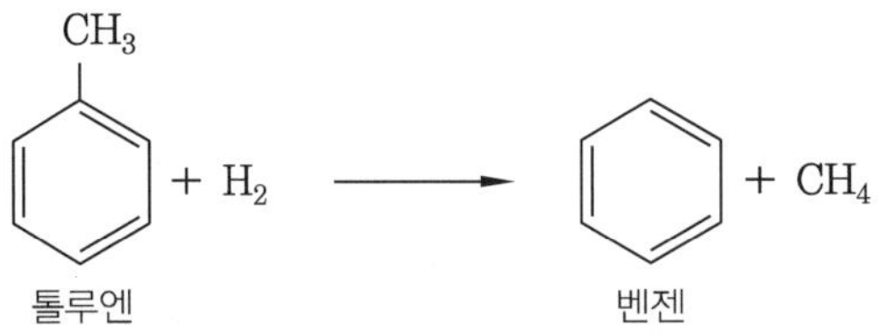

$$\text{톨루엔}(C_6H_5CH_3) + H_2 \longrightarrow \text{벤젠}(C_6H_6) + CH_4$$

② 종류

열 반응	• 촉매를 사용하지 않는 반응 • 반응 조건 : 800℃, 100bar
촉매 반응	• 촉매를 사용하는 반응 • 촉매 : 알루미나 촉매, Cr, Pt, Mo, Co 산화물을 담체로 함 • 반응 조건 : 600℃, 40~60bar • 전환율 높음, 벤젠 선택도 높음(92%)

(2) 특징

① 반응 부산물로 메테인이 생성됨

② 메테인은 아래 반응으로 공정에 필요한 수소를 제공함

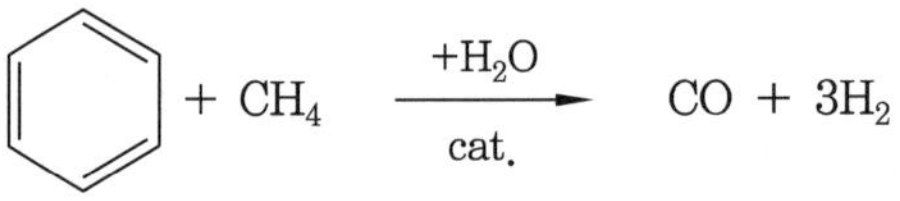

$$C_6H_6 + CH_4 \xrightarrow[\text{cat.}]{+H_2O} CO + 3H_2$$

2 벤즈알데하이드(benzaldehyde, C_6H_5CHO)

(1) 제법

염화벤잘(benzal chloride)을 가수분해시켜 벤즈알데하이드를 제조함

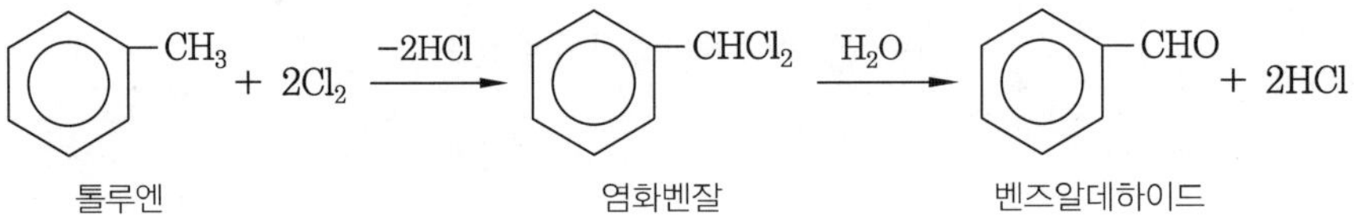

$$\text{톨루엔}(C_6H_5CH_3) + 2Cl_2 \xrightarrow{-2HCl} \text{염화벤잘}(C_6H_5CHCl_2) \xrightarrow{H_2O} \text{벤즈알데하이드}(C_6H_5CHO) + 2HCl$$

(2) 용도

유지, 수지 등의 용매, 합성 향료의 원료

3 벤조산(benzoic acid, C_6H_5COOH)

(1) 제법

기상 산화법	• 톨루엔을 기상에서 산화하는 방법 • 촉매 : V_2O_5
액상 산화법	• 톨루엔을 액상에서 공기 산화하는 방법 • 촉매 : 나프텐산 코발트, 아세트산 코발트, 망간염 등

CH_3 → (O_2) → COOH

톨루엔 → 벤조산

벤조산의 생성

(2) 반응

① 벤조산은 산화되어 페놀이 됨

COOH → (O_2) → OH

② 벤조산은 수소를 첨가하여 사이클로헥산카복실산(cyclohexanecarboxylic acid)이 됨

COOH → ($3H_2$) → COOH → (나이트로실 황산) → NOH → (beckmann 전위) → $(CH_2)_5$ / CO — NH

벤조산 → cyclohexanecarboxylic acid → cyclohexanone oxime → 카프로락탐

4 톨루엔 다이아이소시아네이트(TDI, toluene diisocyanate)

(1) 제법

1단계	나이트로화	• 톨루엔의 나이트로화로 다이나이트로톨루엔 생성
2단계	수소화	• 나이트로 화합물의 수소화로 톨루엔다이아민 생성
3단계	포스겐화	• 포스겐($COCl_2$)과 반응하여 TDI 생성

톨루엔 $\xrightarrow{\text{나이트로화}}$ 다이나이트로톨루엔 $\xrightarrow{\text{수소화}}$ 톨루엔다이아민 $\xrightarrow[(COCl_2)]{\text{포스겐화}}$ TDI 생성

CH_3, HNO_3, H_2SO_4, CH_3, NO_2, NO_2, +, CH_3, O_2N, NO_2, raney nickel (cat), CH_3, NH_2, NH_2, +, CH_3, NH_2, NH_2

$COCl_2$, CH_3, ClCOHN, NHCOCl, CH_3, NCO, NCO, +, CH_3, NCO, NCO

TDI

(2) 용도

글리콜과 반응시켜 폴리우레판 수지를 제조

5 트라이나이트로톨루엔(TNT, trinitrotoluene)

(1) 제법

톨루엔의 나이트로화 반응으로 다이나이트로톨루엔이 생성되고, 다이나이트로톨루엔의 나이트로화 반응으로 트라이나이트로톨루엔이 생성됨

CH_3, HNO_3, H_2SO_4, CH_3, NO_2, NO_2, HNO_3, CH_3, NO_2, NO_2, NO_2

톨루엔 → 다이나이트로톨루엔 → 트라이나이트로톨루엔

(2) 특징

① 물에는 거의 녹지 않고, 벤젠이나 에터(ether)에 잘 녹음

② 녹는점이 80℃로 낮아, 액체 상태로 용기에 쉽게 주입 가능함

③ 금속과 결합하여 폭발에 민감한 염을 형성하지 않음

④ 피크르산(picric acid)보다 TNT가 안전함

(3) 용도

민간용의 폭약으로 질산암모늄(NH_4NO_3)이 사용됨

2-7 자일렌 유도체

구분	반응	유도체(생성물)
자일렌 (크실렌)	에틸벤젠	→ 스타이렌
	o-자일렌	→ 무수프탈산(프탈산 무수물)
	m-자일렌	→ 아이소프탈산
	p-자일렌	→ 테레프탈산

1 무수프탈산(프탈산 무수물, phtalic anhydride)

(1) 제법

① o-xylene에서 생성

$$\text{o-xylene} + 3O_2 \xrightarrow[\Delta]{V_2O_5} \text{무수프탈산} + 3H_2O$$

o-xylene　　무수프탈산

② 나프탈렌에서 생성

$$\text{나프탈렌} + 4\frac{1}{2}O_2 \xrightarrow[\Delta]{V_2O_5} \text{무수프탈산} + 2CO_2 + 2H_2O$$

나프탈렌　　무수프탈산

2 아이소프탈산(isophthalic acid)

(1) 제법

① 27atm, 200℃, 초산 코발트 및 망간 촉매 하에서, **m-자일렌**을 완전 산화하여 제조

$$\text{m-xylene} \xrightarrow[\text{200℃, 27atm, 공기산화}]{\text{초산 코발트, 망간(cat)}} \text{아이소프탈산}$$

② m-자일렌을 황산암모늄과 반응시켜 제조

$$\text{m-xylene} + 2(NH_4)_2SO_4 \longrightarrow \text{아이소프탈산} + 2H_2S + 4NH_3 + 2H_2O$$

3 테레프탈산(terephthalic acid)

(1) 제법

① **p-자일렌의 산화법**(워커법, Werke법)

$$\text{p-xylene} \longrightarrow \text{toluic acid} \longrightarrow \text{테레프탈산}$$

② Henkel법(이성화법)

다이포타슘 o-프탈레이트(dipotassium o-phthallate)를 이성화하여 테레프탈산을 제조함

CO
O + KOH
CO
COOK
COOK
이성화
COOK
COOK
COOH
COOH
phthalic anhydride
terephthalic acid
COOH
COOH
+ KOH
COOK
COOK
이성화
isophthalic acid

(2) 용도

PE(polyethylene), PET(polyethylene terephthalate) 수지, PBT(polybutylene terephthalate) 수지, Kevlar 제조

2-8 메테인 유도체

구분	1차 생성물	유도체(생성물)
메테인 (천연가스)	→ 아세틸렌	→ 아세트알데하이드 → 아세트산 → 사염화메테인 → 사염화에틸렌 → 염화바이닐 → 초산바이닐
	→ 합성가스 (H_2 + CO)	→ 암모니아 → 요소 → 물 → 메탄올 → 폼알데하이드 → 염화메틸
	→ 사이안화수소	
	→ 클로로폼	
	→ 나이트로메테인	
	→ 이황화탄소	

1 메테인의 제조

① 천연가스 : 천연가스의 주성분이 메테인이므로, 천연가스를 정제하여 메테인을 얻음
② 탄화수소의 열분해(cracking) : 탄화수소의 열분해 시 생성된 연료가스에서 메테인을 분리 · 회수
③ 오일 또는 석탄에서 메테인을 합성

2 아세틸렌

(1) 제법

제법	내용
부분 연소법	• 천연가스 중 일부를 공기 또는 산소로 연소할 때 발생하는 열을 열에너지로, 나머지 원료를 연소시켜 아세틸렌을 제조함 • BASF법(achsse 공정, 부분 산화 공정)
메테인 열분해법	• 메테인을 1,500℃의 고온에서 짧은 시간 동안 메테인을 열분해하여 제조 $2CH_4 \rightarrow HC \equiv CH + 3H_2$
축열 가마법 (Wuff 공정)	• 1,300℃의 고온으로 가열된 내화벽돌 가마 속에서 천연가스를 열분해하여 아세틸렌을 제조
아크 분해법 (전기가열 분해법)	• 직류 또는 교류 방전으로 생긴 아크 속에 원료를 보내어 분해하는 방법 • 수득률이 높음
칼슘 카바이드로 제조	• 칼슘 카바이드에 의한 아세틸렌의 제조 $CaC_2 + 2H_2O \rightarrow HC \equiv CH + Ca(OH)_2$

3 아세틸렌 유도체

구분	반응	유도체(생성물)
아세틸렌 C≡C	수화 반응	→ 아세트알데하이드 → 2에틸 헥산올, 아세트산, n-뷰탄올
	아세트산	→ 초산바이닐(바이닐 아세테이트)
	HCl	→ 염화바이닐
	Cl_2	→ 트라이클로로에틸렌(TCE) → 퍼클로로에틸렌(PCE)
	HCN	→ 아크릴로나이트릴
	Reppe 반응	(바이닐화) + CH_3OH → 에틸바이닐에터 (에티닐화) + HCHO → 프로파질 알코올 → 2뷰타인-1,4 다이올 propargyl alcohol (카보닐화) + CO + ROH → 아크릴산 에스터 (고리화) 환화 중합

(1) 아세트알데하이드

$$HC \equiv CH + H_2O \rightarrow CH_3CHO + CH_3COOH$$

(2) 바이닐아세테이트(초산바이닐, vinyl acetate)

$$\underset{\text{아세틸렌}}{HC \equiv CH} + CH_3COOH \rightarrow \underset{\text{바이닐아세테이트}}{CH_2{=}CH{-}O{-}CO{-}CH_3}$$

(3) 염화바이닐(vinyl chloride)

$$\underset{\text{아세틸렌}}{HC \equiv CH} + HCl \rightarrow \underset{\text{염화바이닐}}{CH_2{=}CH{-}Cl}$$

(4) 아크릴로나이트릴

$$\underset{\text{아세틸렌}}{HC \equiv CH} + HCN \xrightarrow{CuCl} \underset{\text{아크릴로나이트릴}}{CH_2{=}CH{-}CN}$$

(5) Reppe 반응(레페법)

① 바이닐화(vinylization)

$$4HC \equiv CH + CH_3OH \xrightarrow{KOH} CH_2{=}CH{-}O{-}CH_3$$

아세틸렌 메탄올 메틸바이닐에터

② 에티닐화(ethynylization)

$$HC \equiv CH + HCHO \rightarrow HC \equiv C{-}CH_3OH \xrightarrow{HCHO} HOCH_2C \equiv C{-}CH_2OH$$

아세틸렌 폼알데하이드 프로파질 알코올 2뷰타인-1,4 다이올 (2butyne-1,4 diol)

③ 카보닐화(carbonylization)

$$HC \equiv CH + CO + ROH \rightarrow CH_2CH{-}COOR$$

아세틸렌 아크릴산 에스터

④ 고리화(cyclization)

환화 중합

$$4HC \equiv CH \longrightarrow \text{cyclo-octa-tetraene}$$

아세틸렌 cyclo-octa-tetraene

4 사이안화수소(HCN)

(1) 제법

(가) Andrussow법(Ammoxidation법)

백금-로듐을 촉매로 메테인, 공기, 암모니아를 1,000℃에서 반응

$$2CH_4 + 2NH_3 + 3O_2 \xrightarrow[1,000^\circ C]{Pt-Rh} 2HCN + 6H_2O$$

(나) DeGussa법

백금-로듐을 촉매로 메테인, 암모니아를 1,400℃에서 반응

$$CH_4 + NH_3 \xrightarrow[1,400℃]{Pt-Rh} HCN + 3H_2$$

(2) 용도

메타크릴산, 아크릴로나이트릴, 아디포나이트릴의 제조 원료

5 합성가스 (synthesis gas)

CO와 H_2 또는 N_2와 H_2 혼합가스

The 알아보기 CO/H_2 혼합가스

구분	내용
수성가스 (water gas)	• 석탄과 수증기에서 얻는 수성가스 $C + H_2O \rightarrow CO + H_2$ $C(s) + H_2O \rightarrow H_2(g) + CO(g)$ • 가스 구성 CO : H_2 = 1 : 1
분해가스 (cracked gas)	• 메테인의 수증기 개질 분해가스 $CH_4 + H_2O \rightarrow CO + 3H_2$ • 가스 구성 CO : H_2 = 1 : 3
옥소가스	• OXO 반응용 가스 • 가스 구성 CO : H_2 = 1 : 1
메탄올 합성가스	• 메탄올 합성 제조용 가스 • 가스 구성 CO : H_2 = 1 : 2 • 메탄올 제조 반응 $CO + 2H_2 \rightarrow CH_4 + CH_3OH$ • 촉매 : ZnO/Cr_2O_3, ZnO/Cu
Fischer-Troch 가스	• Fischer-Tropsch 공정 원료 가스 • 가스 구성 CO : H_2 = 1 : 2

(1) 합성가스의 원료

① 갈탄, 무연탄, 천연가스, 석유가스, 석유유분

② 천연가스와 석유경질 유분이 수소함량이 높아, 합성가스 원료로 좋음

(2) 합성가스의 제조

① 석탄 가스화로 합성가스 제조

$$2C + O_2 \rightarrow 2CO$$
$$C + H_2O \rightarrow CO + 4H_2$$

② 메테인과 수증기의 반응

$$CH_4 + H_2O \rightarrow CO + 3H_2$$
$$CH_4 + 2H_2O \rightarrow CO_2 + 4H_2$$

③ 메테인의 부분 산화 반응

$$CH_4 + O_2 \rightarrow 2CO + 4H_2$$

④ 메테인과 탄산가스의 반응

$$CH_4 + CO_2 \rightarrow 2CO + 2H_2$$

⑤ 나프타에서 합성가스 제조(나프타의 산화 및 수화 반응)

$$-CH_2- + \frac{1}{2}O_2 \rightarrow CO + H_2$$
$$-CH_2- + H_2O \rightarrow CO + 2H_2$$

⑥ Fischer-Tropsch 공정

$$2CO \rightarrow C + CO_2$$
$$CO + H_2 \rightarrow C + H_2O$$
$$CH_4 \rightarrow C + 2H_2$$

(3) 합성가스를 이용한 공정

(가) 암모니아 제조

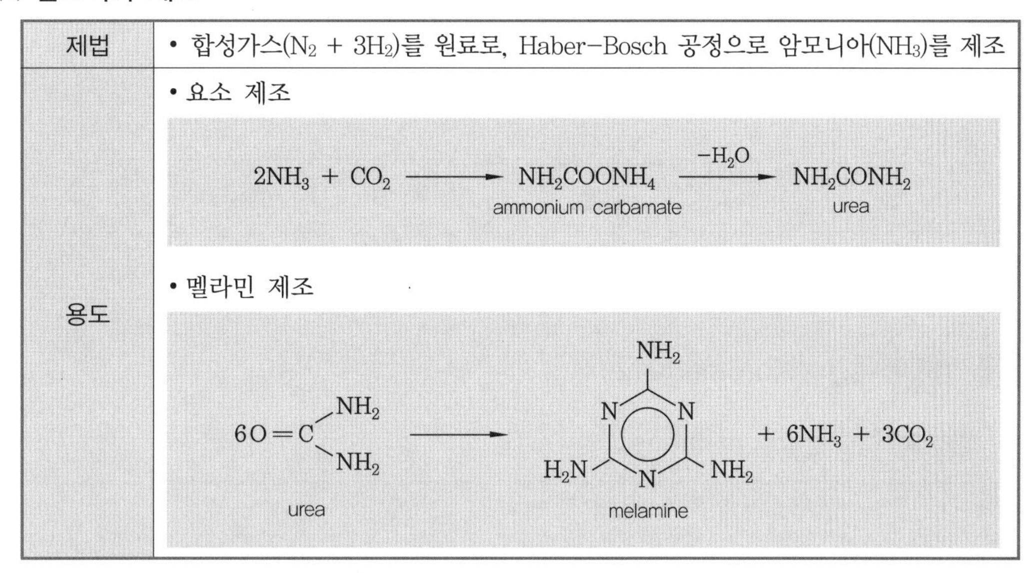

구분	내용
제법	• 합성가스($N_2 + 3H_2$)를 원료로, Haber-Bosch 공정으로 암모니아(NH_3)를 제조
용도	• 요소 제조 $2NH_3 + CO_2 \longrightarrow NH_2COONH_4 \xrightarrow{-H_2O} NH_2CONH_2$ (NH_2COONH_4: ammonium carbamate, NH_2CONH_2: urea) • 멜라민 제조 $6\,O{=}C(NH_2)_2 \longrightarrow$ melamine $+ 6NH_3 + 3CO_2$ ($O{=}C(NH_2)_2$: urea)

(나) 메탄올의 제조

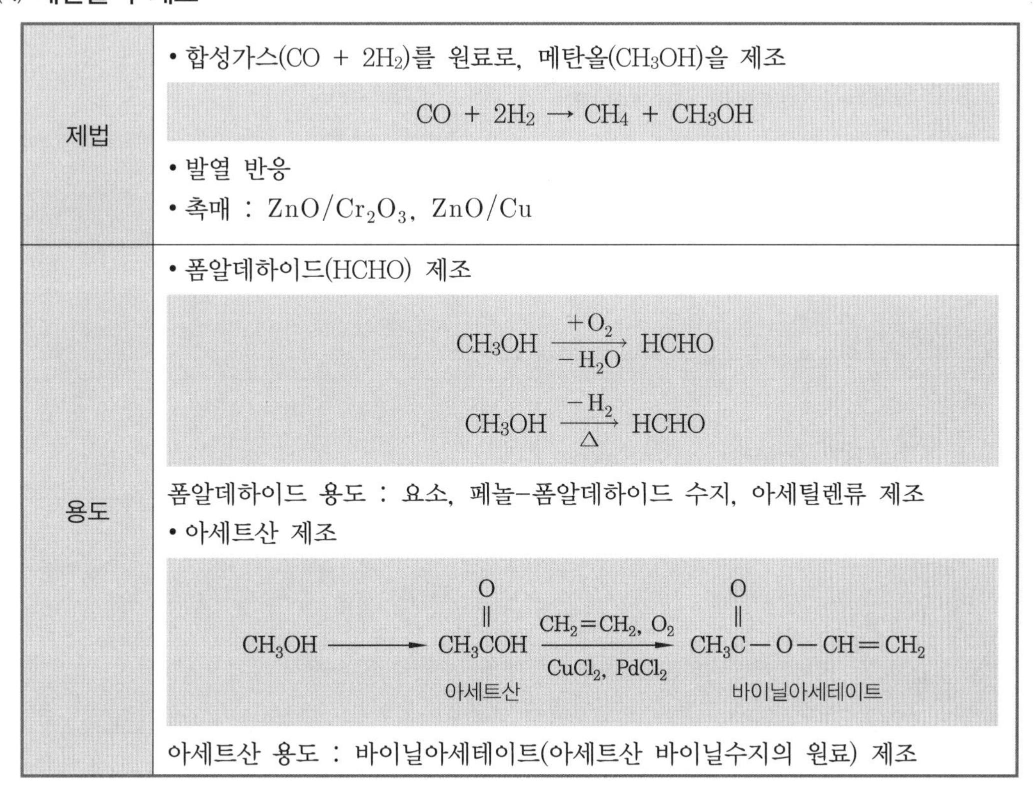

구분	내용
제법	• 합성가스($CO + 2H_2$)를 원료로, 메탄올(CH_3OH)을 제조 $CO + 2H_2 \rightarrow CH_4 + CH_3OH$ • 발열 반응 • 촉매 : ZnO/Cr_2O_3, ZnO/Cu
용도	• 폼알데하이드(HCHO) 제조 $CH_3OH \xrightarrow[-H_2O]{+O_2} HCHO$ $CH_3OH \xrightarrow[\triangle]{-H_2} HCHO$ 폼알데하이드 용도 : 요소, 페놀-폼알데하이드 수지, 아세틸렌류 제조 • 아세트산 제조 $CH_3OH \longrightarrow CH_3C(=O)OH \xrightarrow[CuCl_2,\ PdCl_2]{CH_2=CH_2,\ O_2} CH_3C(=O)-O-CH=CH_2$ ($CH_3C(=O)OH$: 아세트산, $CH_3C(=O)-O-CH=CH_2$: 바이닐아세테이트) 아세트산 용도 : 바이닐아세테이트(아세트산 바이닐수지의 원료) 제조

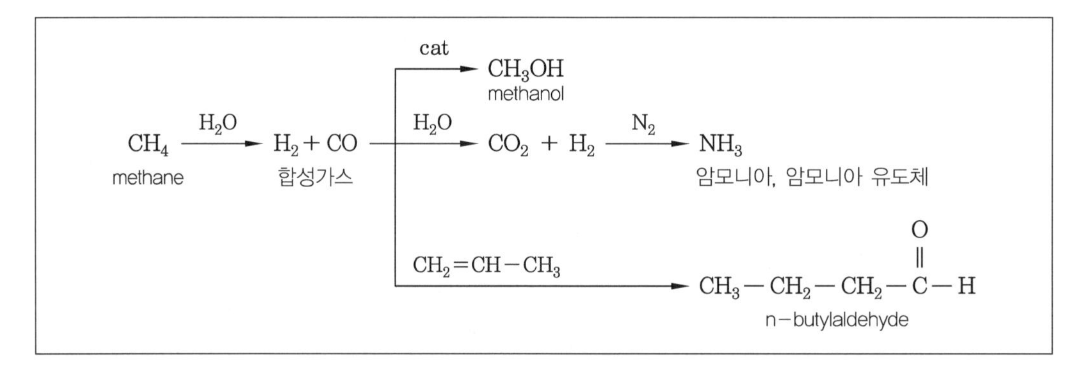

합성가스의 반응

6 염화메테인(chloromethane)

(1) 염화메테인(chloromethane)

제법	• 메탄올과 염산의 반응으로 제조 $CH_3OH + HCl \rightarrow CH_3Cl + H_2O$
용도	• 주로 폴리실리콘 수지 제조

(2) 이염화메테인(dichloromethane)

제법	• 염화메테인의 염소화 반응으로 제조 $CH_3Cl + Cl_2 \rightarrow CH_2Cl_2 + 2HCl$ 클로로메테인 이염화메테인
용도	• 제트기의 페인트 벗김제(paint stripper) • 발암물질이므로 사용이 제한됨

(3) 삼염화메테인(trichloromethane)

제법	• 메테인 또는 염화메테인의 염소화 반응으로 제조 $CH_3Cl + Cl_2 \rightarrow CH_2Cl_2 \xrightarrow{+HCl} CHCl_3$
용도	• **염화플루오린화탄소(CFCs)** : 냉매, 에어로졸 추진제 • 테트라플루오로에틸렌(테프론 단량체) 제조

(4) 사염화메테인 (terachlorouoromethane)

제법	• 프로필렌과 프로페인의 염소화 • 철 촉매로 이황화탄소의 염소화
용도	• CFC11, CFC12의 원료, 소화제

(5) 염화플루오린화탄소(CFCs, Chlorofluorocarbon, 프레온가스)

구분	구성 원소	제품명	분자식
염화플루오린화탄소 (CFC)	C, F, Cl	CFC11	$CFCl_3$
		CFC12	CF_2Cl_2
		CFC113	$CFCl_2CF_2Cl$
수소염화플루오린화탄소 (HCFC)	C, F, Cl, H	HCFC22	$CHClF_2$
		HCFC123	CF_3CHCl_2
		HCFC124	CF_3CHClF
수소플루오린화탄소 (HFC)	C, F, H	HFC125	CF_3CHF_2
염화브로민화탄소 (Halon)	C, F, Br	할론 1301	CF_3Br
		할론 1402	CF_4Br_2

The 알아보기 **오존층 파괴물질**

염화플루오린화탄소 (프레온가스, CFCs)	• C, F, Cl로 구성된 분자 • 성층권에서, 염소(Cl)가 오존층을 파괴함 • 대류권에서는 안정 – 불활성, 대기 중 쉽게 분해되지 않음 • 체류시간 : 5~10년 • 7~12μm의 복사에너지 흡수 • 용도 : 스프레이류, 냉매제, 소화제, 발포제, 전자부품 세정제
질소산화물 (NO, N_2O)	• 성층권을 비행하는 초음속 여객기에서 배출됨
염화브로민화탄소 (Halons)	• C, F, Cl, Br으로 구성된 탄소화합물 • 브로민(Br)이 오존층을 파괴함 • CFC-11보다 오존층 파괴력이 10배 큼 • 용도 : 특수 용도 소화제

연습문제

2. 석유화학제품

2015 서울시 9급 공업화학

01 **새집증후군의 원인 물질 중 하나이며, 아토피성 피부염의 원인 물질 중 하나이기도 한 폼알데하이드는 다음 중 어떤 화합물을 Ag, CuO와 함께 산화시키면 제조할 수 있는가?**

① 아세트산 ② 폼산 ③ 메탄올 ④ 아세톤

해설 메탄올(1차 알코올)을 산화하면, 폼알데하이드가 생성됨

정리 **알코올의 산화**

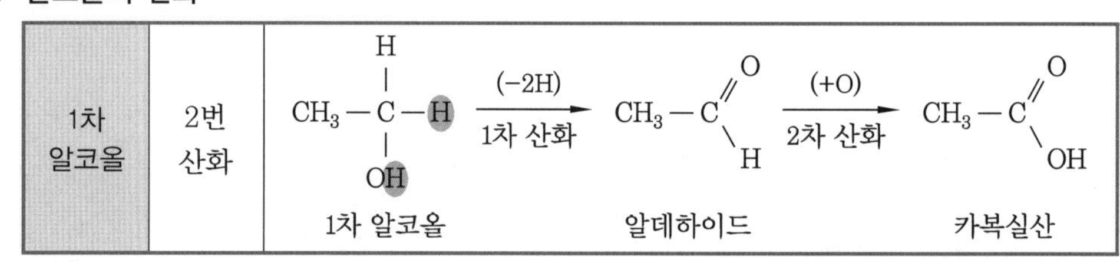

정답 ③

2017 국가직 9급 공업화학

02 **다음 설명에 해당하는 반응은?**

- 합성가스를 이용해 탄화수소로 만드는 방법이다.
- 대기압, 150~300℃에서 합성가스를 철, 니켈, 코발트 촉매 하에 반응시킨다.
- 생성물은 다양한 분자량을 가진 알케인과 올레핀의 혼합물이다.

① Haber 반응 ② Friedel-Crafts 반응
③ Fischer-Tropsch 반응 ④ 수증기 분해(steam cracking) 반응

해설 ① Haber 반응(하버법) : NH_3 제조법
② Friedel-Crafts 반응(프리델 크래프트) : 방향족 알킬화 반응
③ Fischer-Tropsch 반응(피셔 트로치) : 합성가스(H_2, CO)로 알케인, 올레핀 등 탄화수소 생성
④ 수증기 분해(steam cracking) 반응 : 분해(크래킹) 반응 중 하나

정답 ③

2015 서울시 9급 공업화학

03 에틸렌(ethylene)을 원료로 하여 만들어지는 석유화학제품이 아닌 것은?

① 스타이렌(styrene)
② 바이닐클로라이드(vinyl chloride)
③ 아세트알데하이드(acetaldehyde)
④ 아크릴로나이트릴(acrylonitrile)

해설 ④ 아크릴로나이트릴(acrylonitrile) : 프로필렌

석유화학공업의 7가지 화학 재료군

에틸렌, 프로필렌, C4-올레핀, 벤젠, 톨루엔, 자일렌, 메테인

구분	반응	유도체(생성물)
에틸렌	중합	→ 폴리에틸렌
	산화(O_2)	→ **아세트알데하이드** → 산화에틸렌 → 에틸렌글리콜
	HOCl	→ 에틸렌클로로하이드린
	C_6H_6	→ 에틸벤젠 → **스타이렌**
	H_2O	→ 에탄올
	Cl_2	→ 염화에틸렌 → **염화바이닐** → 염화바이닐리덴

구분	반응	유도체(생성물)
프로필렌	중합	→ 폴리프로필렌
	산화(O_2)	→ 아크롤레인 → 글리세린, 아크릴산, 아크릴로나이트릴 → 프로필렌클로로하이드린 → 산화프로필렌
	NH_3	→ 아크릴로나이트릴
	C_6H_6	→ **큐멘** → **페놀** + **아세톤**
	H_2O	→ 아이소프로필알코올 → 아세톤
	OXO법 ($CO + H_2$)	→ 뷰틸 알데하이드 → 옥틸 알코올 → 뷰탄올
	Cl_2	→ 염화아릴 → 글리세린

구분	반응	유도체(생성물)
뷰틸렌 (C_4-올레핀)	H_2O	→ 2차 뷰틸알코올 → 에틸메틸케톤
	탈수소($-H_2$)	→ 부타디엔
	OXO법 ($CO + H_2$)	→ 아밀알코올 → 옥탄올

구분	반응	유도체(생성물)
벤젠	C_2H_4(에틸렌)	→ 에틸벤젠 → 스타이렌
	큐멘법	→ 페놀 → 아디프산
	H_2	→ 사이클로헥산은 옥심 → 카프로락탐
	Cl_2	→ 벤젠헥사클로라이드(BHC)

구분	반응	유도체(생성물)
톨루엔	탈알킬화	→ 벤젠
	산화	→ 벤조산 → 카프로락탐 → 나일론6 → 페놀 → 비스페놀A
	$COCl_2$(포스겐)	→ 톨루엔 다이아이소시아네이트(TDI)

구분	반응	유도체(생성물)
자일렌 (크실렌)	에틸벤젠	→ 스타이렌
	o-자일렌	→ 무수프탈산(프탈산무수물)
	m-자일렌	→ 아이소프탈산
	p-자일렌	→ 테레프탈산

구분	1차 생성물	유도체(생성물)
메테인 (천연가스)	→ 아세틸렌	→ 아세트알데하이드 → 아세트산 → 사염화메테인 → 사염화에틸렌 → 염화바이닐 → 초산바이닐
	→ 합성가스	→ 암모니아 → 요소 → 물 → 메탄올 → 폼알데하이드 → 염화메틸
	→ 사이안화수소	
	→ 클로로폼	
	→ 나이트로메테인	
	→ 이황화탄소	

정답 ④

2017 국가직 9급 공업화학

04 에틸렌(ethylene)의 가수분해에 의한 생성물은?

① HCHO ② HCOOH
③ CH_3CH_2OH ④ CH_3COCH_3

해설 에틸렌을 가수분해하면 에탄올(알코올)이 생성됨

정답 ③

2018 지방직 9급 공업화학

05 에틸렌(ethylene)으로부터 아세트알데하이드(acetaldehyde)를 합성하는 Wacker 공정을 수행하기 위하여 필요한 화합물이 아닌 것은?

① 염화팔라듐($PdCl_2$) ② 염화납($PbCl_2$)
③ 염화구리($CuCl_2$) ④ 염산(HCl)

해설 Wacker 공정(산화 공정)

$$H_2C = CH_2 \xrightarrow[PdCl_2,\ CuCl_2,\ HCl]{\text{산화}(+O_2)} CH_3CHO$$

에틸렌 아세트알데하이드

정답 ②

2016 국가직 9급 공업화학

06 프로필렌(propylene) 중합 반응에 사용되는 Ziegler-Natta 촉매의 금속 성분 조합으로 옳은 것은?

① Ti-Al ② Zn-Al ③ Co-Mo ④ Pd-Cu

해설 지글러나타(Ziegler-Natta) 촉매

- 에틸렌과 프로필렌의 첨가 중합 반응(→ 폴리에틸렌, 폴리프로필렌) 사용 촉매
- 촉매 : $Al(CH_3CH_2)_3-TiCl_3$, $AlCl_3$, $TiCl_3$
- isotactic PP 배열을 생성
- 저압법(지글러나타 촉매법)으로 에틸렌을 중합하여 고밀도 폴리에틸렌(HDPE) 생성
- 균일 및 불균일 촉매 모두 개발됨

정답 ①

2016 서울시 9급 공업화학

07 **다음 〈보기〉에서 프로필렌으로부터 제조할 수 있는 화학제품에 관한 설명으로 옳은 것을 모두 고른 것은?**

보기

ㄱ. 프로필렌이 산화되면 우선 아크롤레인이 되었다가 산화 반응에 의해 아크릴산이 제조된다.
ㄴ. 아크릴산 중합체는 초흡수제의 원료로 사용된다.
ㄷ. 프로필렌의 암목시데이션(ammoxidation)법에 의해 비스무트를 포함하는 촉매를 사용하여 아크릴로나이트릴을 제조할 수 있다.
ㄹ. 아크릴로나이트릴은 ABS 수지의 원료로 사용된다.

① ㄱ, ㄷ
② ㄱ, ㄴ, ㄹ
③ ㄴ, ㄷ, ㄹ
④ ㄱ, ㄴ, ㄷ, ㄹ

해설 ㄱ. 프로필렌 → 산화(O_2) → 아크롤레인 → 아크릴산, 아크릴로나이트릴
ㄴ. 아크릴산 중합체는 수소 결합을 가지므로, 수분 흡수를 잘해 초흡수제의 원료로 사용된다.
ㄷ. 프로필렌의 암목시데이션(ammoxidation)법 : schio법
- 프로필렌+NH_3 → 아크릴로나이트릴
- 촉매 : 몰리브덴, 비스무트

ㄹ. ABS : 아크릴로나이트릴, 부타디엔, 스타이렌 공중합체

정답 ④

2018 서울시 9급 공업화학

08 **전기분해에 의해 유기화합물을 대량 합성하는 공정은 화학공업의 중요한 분야이다. 전기 화학적 유기합성에 의한 반응물과 생성물을 옳게 짝지은 것은?**

① Maleic acid – Glyoxalic acid
② Naphthalene – Adiponitrile
③ Nitrobenzene – Aniline sulfate
④ Acrylonitrile – Gluconic acid

해설 나이트로벤젠 $\underset{\text{산화}}{\overset{\text{환원}}{\rightleftarrows}}$ 아닐린

정답 ③

2016 지방직 9급 공업화학

09 산화시켜서 산(acid) 또는 산무수물(acid anhydride)을 제조할 수 있는 방향족 화합물은?

① Nitrobenzene ② Xylene
③ Cyclohexane ④ Cyclohexanol

해설 자일렌의 산화

구분	산화 생성물
o-자일렌	산무수물
m-자일렌	아이소프탈산
p-자일렌	테레프탈산

정답 ②

2016 서울시 9급 공업화학

10 콜타르(coal tar)를 분별 증류할 때 중간유(middle oil)에서 나오는 원료로 무수프탈산의 제조에 사용되는 것은?

① 톨루엔 ② 카바졸
③ 안트라센 ④ 나프탈렌

정답 ④

PART 3

고분자화학공업

Chapter 1 고분자화합물의 개요

§ 1. 고분자화합물의 개요

1-1 고분자화합물의 개요

1 정의

① 작은 분자들이 서로 연결되어 이루어진 분자
② 분자량이 작은 분자를 기본 단위로 하여 중합 반응으로 생성된 거대한 분자
③ 분자량이 10,000 이상인 화합물

2 성질

① 상온에서 안정, 반응성 적음
② 중합 반응으로 생성

단위체 (저분자) —중합 반응→ 중합체 (고분자)

③ 결정을 형성하기 어려움
④ 분자량이 일정하지 않아 녹는점도 일정하지 않음
⑤ 열, 전기, 공기 등에 화학적으로 안정
⑥ 열을 가하면 기화되기 전에 분해됨
⑦ 용매에 잘 용해되지 않음
⑧ 용해되면 콜로이드를 형성

1-2 관련 용어

1 단량체(단위체, monomer)

① 중합체를 합성할 때 원료가 되는 저분자화합물
② 고분자를 형성하는 단위 분자

2 중합체(polymer)

① 단량체 간의 중합 반응으로 형성된 고분자화합물
② 동일한 화학구조를 갖는 분자들이 결합하여 만든 고분자화합물

3 올리고머(oligomer, 소중합체)

정의	• 수 개~수십 개의 단량체(monomer)가 연결된 분자 • 분자량 약 1,000 이하의 작은 중합체(**고분자 아님**) • 중합도가 작은 화합물
예	• 이량체(이합체, dimer) : 단량체 둘이 반응하여 생성된 화합물 • 삼량체(삼합체, trimer) : 이량체가 단량체와 반응하여 생성된 화합물

4 중합도(DP)

중합체에서 단위체 반복 횟수(n)

$$중합도(DP) = \frac{고분자\ 분자량}{단량체\ 분자량} = \frac{1}{1-전환율(P)}$$

5 공중합체(copolymer)

두 개(2종류) 이상의 다른 단량체로 구성된 고분자

교대 공중합체 (alternating copolymer)	• 두 개의 단량체가 서로 교대로 반응하여 생성되는 공중합체 A–B–A–B–A–B–A–B–A–B–A–B
블록 공중합체 (block copolymer)	• 한 단량체로 된 블록과 다른 단량체로 된 블록이 연결된 것 A–A–A–A–A–A–B–B–B–B–B–B–
랜덤 공중합체 (random copolymer)	• 단량체가 일정한 규칙이 없이 연결된 것 –A–A–A–B–A–A–B–A–A–B–A–B–B–B–
그래프트 공중합체 (graft copolymer)	• 접목 공중합체 • A 단량체가 주사슬을 형성하고, B 단량체가 가지로 연결된 것 B–B–B B–B–B– | | –A–A–A–A–A–A–A–A–A–

§ 2. 고분자화합물의 물리화학적 특성

2-1 고분자의 분자량

고분자의 분자량은 일정하지 않으므로, 평균 분자량을 사용함

1 시료 전체 무게 (w)

$$w = \sum w_i = \sum n_i M_i$$

n_i : 분자 mol수

M_i : 분자량

2 수 평균 분자량 (M_n)

$$M_n = \frac{\sum 질량}{\sum 분자\ mol수} = \frac{\sum n_i M_i}{\sum n_i} = M_0 \times \overline{X_n} = \frac{M_0}{1-P}$$

n_i : 분자 mol수
M_i : 분자량
M_0 : 단량체 분자량
$\overline{X_n}$: 수 평균 중합도

3 중량(무게) 평균 분자량 (M_w)

$$M_w = \frac{\sum n_i M_i^2}{\sum n_i M_i} = M_0 \times \overline{X_w} = \frac{M_0(1+P)}{1-P}$$

n_i : 분자 mol수
M_i : 분자량
M_0 : 단량체 분자량
$\overline{X_n}$: 수 평균 중합도

① 각 분자의 무게 가중치(기여도)를 나타낸 값
② 각각의 중량분율에 비례한 분자량

4 특징

① 일반적으로 M_w값 > M_n값
② 분자량은 중합도에 비례함

2-2 분자량 측정방법

① 수 평균 분자량 측정법(M_n) : 끓는점오름법, 어는점내림법, 말단기 분석법, 삼투압법
② 중량 평균 분자량 측정법(M_w) : 광산란법, 원심분리법

끓는점오름법 (비점상승법)	• 저분자 측정법(분자량 50,000 이하) • 수 평균 분자량 측정법
어는점내림법 (빙점하강법)	• 저분자 측정법(분자량 50,000 이하) • 수 평균 분자량 측정법
삼투압법	• 분자량이 큰 고분자(분자량 20,000~500,000) 측정에 사용 • van't Hoff 법칙 이용 • 수 평균 분자량 측정법
말단기 분석법	• 가지가 없는 선형 축합 중합체의 분자량 측정 • 수 평균 분자량 측정법
광산란법	• 빛의 산란을 이용하여 분자량 · 크기 · 모양 등을 알아내는 방법 • 중량(무게) 평균 분자량 측정법
원심분리법	• 중량(무게) 평균 분자량 측정법
겔 투과 크로마토그래피(GPC)	• 크기 배제 크로마토그래피 • 1회 측정으로 Mn, Mw를 모두 얻음

2-3 중합도(DP)

중합체에서 단위체 반복 횟수(n)

1 중합도

$$\text{중합도(DP)} = \frac{\text{고분자 분자량}}{\text{단량체 분자량}} = \frac{1}{1 - \text{전환율(P)}}$$

2 수 평균 중합도 ($\overline{X_n}$)

$$\overline{X_n} = \frac{\sum n_i DP_i}{\sum n_i} = \frac{1}{1-P}$$

n_i : 각 고분자의 수
DP_i : 각 고분자의 중합도(단량체 수)
P : 전환율

3 중량 평균 중합도 ($\overline{X_w}$)

$$\overline{X_w} = \frac{\sum n_i DP_i^2}{\sum n_i DP_i} = \frac{1+P}{1-P}$$

n_i : 각 고분자의 수
DP_i : 각 고분자의 중합도(단량체 수)
P : 전환율

2-4 다분산지수(다분산도, PDI)

고분자의 **분자량 분포** 정도를 나타낸 값

1 공식

$$PDI = \frac{M_w}{M_n} = \frac{\frac{M_0(1+P)}{1-P}}{\frac{M_0}{1-P}} = 1+P$$

M_w : 중량 평균 분자량
M_n : 수 평균 분자량
M_0 : 단량체 분자량
P : 전환율

2 특징

PDI 값	특징
1	• 단분산(한 가지 종류로 구성된 고분자)
1에 가까움	• 분자량 **분포 좁음** • **단분산에 가까움(분자량이 비슷한 분자로 구성)**
2 이상	• 분자량 **분포 넓음** • **다분산(여러 종류의 분자로 구성)**

• 다분산지수가 클수록(분자량 분포 넓을수록)
 – 규칙성이 적으므로, 결정화 어려움
 – 고체화되는 온도 낮아짐

2-5 유리 전이온도(T_g)

1 전이온도의 구분

① 1차 전이온도 : 상이 바뀌는 **녹는점(어는점(T_f), 용융 전이온도(T_m)**, 끓는점(T_b)

② 2차 전이온도 : **유리 전이온도(T_g)**

2 결정질 고분자와 비정질 고분자

구분	특징	T_m	T_g
결정질 고분자 (crystalline polymers)	• 규칙적인 분자 구조를 가지는 고분자 • 온도가 증가해도 유리 전이되지 않음	○	×
준결정질 고분자 (semi-crystalline polymers)	• 일부는 규칙적이고, 일부는 불규칙한 분자 구조를 가지는 고분자	○	○
비정질 고분자 (amorphous polymers)	• 불규칙한 분자 구조를 가지는 고분자	×	○

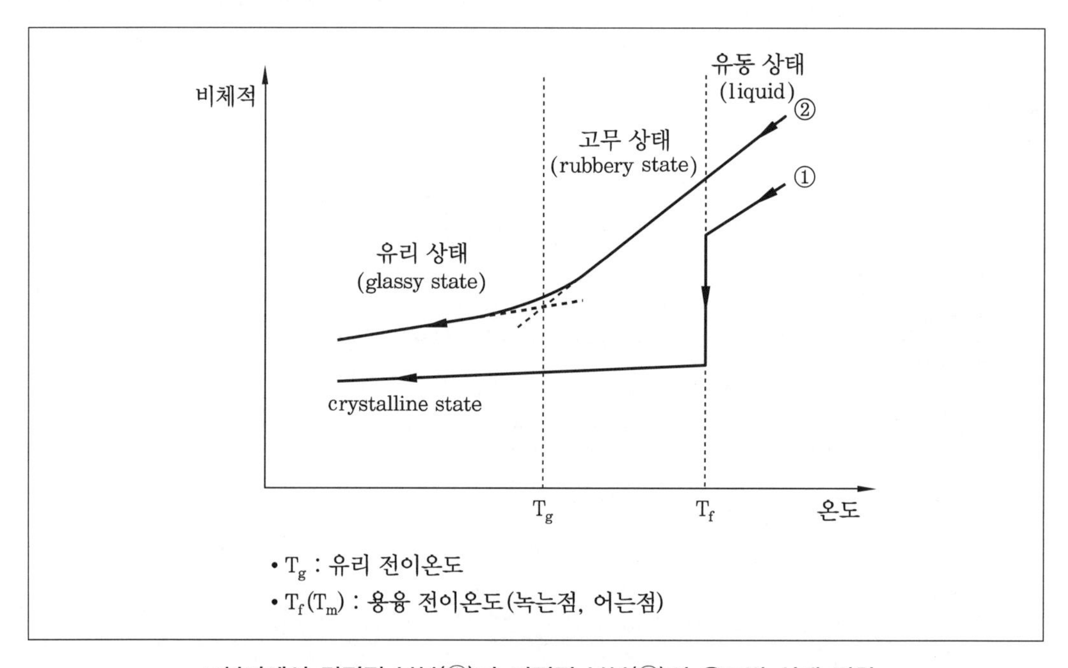

고분자에서 결정질 부분(①)과 비정질 부분(②)의 온도별 상태 변화

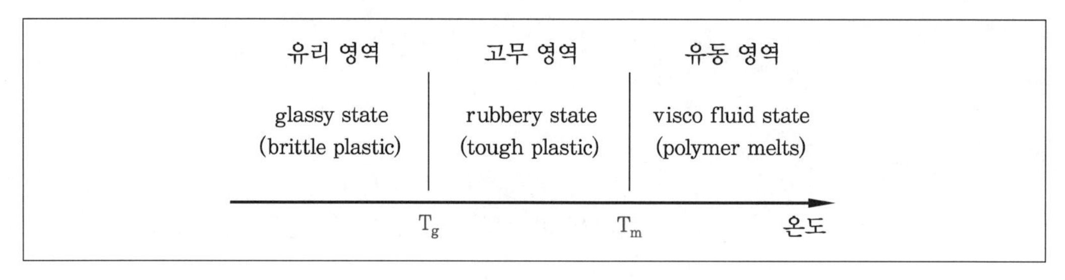

유리 전이온도와 용융 전이온도

3 유리 전이온도(T_g)

정의	• 단단한 비결정성 고분자가 부드러워지기 시작하는 온도 • 유리 전이가 일어나기 시작하는 온도
특징	• 고분자의 탄성과 경도와 관련된 온도 • **유리 전이온도는 비결정성 및 반결정성 고분자에만 적용**
성질	• 유리 전이온도 이하 ($T < T_g$) – 유리 상태 – 딱딱하고, 단단하고, 부서지기 쉬움(취성 상태), 투명함 • 유리 전이온도 이상 ($T > T_g$) – 고무 상태 – 탄성을 가진 고무처럼 말랑말랑하고 부드러워짐
측정 방법	• 시차 주사 열량법(DSC) • 시차 열분석법(DTA) • 동적 기계적 분석법(DMA)

① 유리 상태(glassy state) : 단단하며 상대적으로 깨지기 쉬운(취성을 갖는) 상태
② 고무 상태(rubber state) : 탄성을 가지는 고무처럼 말랑말랑하고 부드러운 상태
③ 유동 상태(액체 상태) : 액체로 변하면서 흐르는 상태

(1) 유리 전이온도의 영향인자

유리 전이온도는 다음에 영향을 받음

T_g 증가 요인	T_g 감소 요인
• 가교제 주입, 가교 형성 시 • 측쇄 많을수록 • 사슬 길이 길수록 • 극성기 비율 증가 • 결정성 증가	• 가소제(plasticizer) 주입 • 자유 부피 증가 • 혼성 중합

(2) 고분자의 유리 전이온도

고분자	T_g (℃)
폴리아이소프렌(천연고무)	−72
폴리아이소뷰틸렌(Polyisobutylene)	−70
폴리에틸렌(Polyethylene, PE)	−20
폴리프로필렌(Polypropylene, PP)	5
폴리바이닐아세테이트(Polyvinyl acetate, PVA)	29
나일론−6,6(Nylon−6,6)	47
나일론−6(Nylon−6)	60
폴리염화바이닐(Polyvinyl chloride, PVC)	83
폴리스타이렌(Polystyrene, PS)	95
폴리메틸메타크릴레이트(polymethylmethacrylate, PMMA)	105
폴리카보네이트(Polycarbonate, PC)	150

4 용융 전이온도(T_m, 녹는점, 어는점)

① 고체가 액체로 변하면서 흐르기 시작하는 온도
② 용융 전이온도(T_m) 이상에서 유동성을 가지고, 점도 감소
③ **유리 전이온도(T_g) < 용융 전이온도(T_m)**

2-6 해중합(depolymerization)

① 거대 고분자가 분해되어 작은 고분자 또는 단량체(저분자)가 되는 것
② 중합 반응의 역반응
③ 해중합이 일어나면 고분자가 분해되므로 고분자의 분자량이 감소함

§ 3. 고분자의 중합 반응

3-1 중합 반응의 개요

1 정의

단위체라 불리는 간단한 분자들이 서로 결합하여 거대한 고분자 물질을 만드는 반응

단위체 (저분자) —중합 반응→ 중합체 (고분자)

2 메커니즘에 따른 중합 반응 분류

(1) 단계 성장 중합(축합 중합, Step-Growth Polymerization)

① 두 단량체가 중합하여 단계적으로 분자량들이 점차 증가
② 중합 반응시간이 길수록, 전환율 증가, 더 큰 분자량의 고분자 생성
③ 최대 분자량은 반응 말기에 형성

(2) 사슬 성장 중합(부가 중합, 첨가 중합, Chain-Growth Polymerization)

① 단량체의 조성변화 없이 계속 부가되어 긴 사슬이 되는 중합 반응
② 개시제가 필요함
③ 개시제 종류에 따라 반응이 분류됨
④ 개시제의 말단에 위치한 자유 라디칼, 양이온, 음이온에 의해 사슬이 길어짐
⑤ 최대 분자량은 반응 초기에 형성
⑥ 발열반응이므로, 반응열 제어가 중요함

사슬 성장 중합 반응의 분류

반응	라디칼 중합 반응	양이온 중합 반응	음이온 중합 반응
개시제	라디칼	양이온	음이온
	과산화물류, 아조화합물류, 열, 빛, 자외선, 고에너지 조사 등	산	염기

반응	라디칼 중합 반응	양이온 중합 반응	음이온 중합 반응
단량체	에틸렌, 염화바이닐, 스타이렌 부타디엔, 아크릴로나이트릴, 아크릴아마이드 등	프로필렌, 아이소프렌, 스타이렌, 아크릴로나이트릴 등	에틸렌, 스타이렌 등

(3) 단계 성장 중합과 사슬 중합의 비교

구분	단계 성장 중합 (축합 중합)	사슬 성장 중합 (첨가 중합, 부가 중합)
정의	• 두 단량체가 중합하여 단계적으로 분자량들이 점차 증가 • 작용기에 의한 중합	• 단량체의 조성변화 없이 계속 부가되어 긴 사슬이 되는 중합 반응
개시제	필요 없음	필요
반응단계	개시, 성장, 정지 반응의 속도와 메커니즘 일치	개시, 성장, 정지 반응의 속도와 메커니즘이 각각 다름
반응속도	느림	빠름
반응열	발열 적음 또는 흡열 반응	심한 발열 반응
단량체 소모속도	• 빠름 • 반응 초기에는 빠르나, 반응이 진행될수록 작용기가 소모되면서 점점 감소됨	• 느림 • 반응 초기에 급격히 증가한 후, 단량체가 모두 소모될 때까지 거의 일정
최대 분자량	• 반응 말기에 형성 • 전환율이 99% 이상이 되어야 분자량이 큰 고분자 생성 가능	• 반응 초기에 형성 • 중합 초기에 분자량이 큰 고분자가 생성되고, 전반적으로 거의 동일하게 유지
활성 상태	계속 성장(계속 반응성 유지)	사슬 성장 후 반응성 잃음
특징	• 두 단량체가 중합하여 단계적으로 분자량들이 점차 증가 • 중합 반응시간이 길수록, 전환율 증가, 더 큰 분자량의 고분자 생성	• 개시제의 말단에 위치한 자유 라디칼, 양이온, 음이온에 의해 사슬이 길어짐

구분	단계 성장 중합 (축합 중합)	사슬 성장 중합 (첨가 중합, 부가 중합)
예	• 폴리에스터(polyester) • **폴리카보네이트** • **폴리에틸렌테레프탈레이트(PET)** • **폴리아마이드**(PA), **나일론 6,6** • 폴리이미드(PI) • 페놀 수지(노볼락, 레졸 등) • 요소(urea) 수지 • 멜라민 수지 • 에폭시 수지 • 우레탄 수지(폴리우레탄)	• 폴리올레핀 • 폴리에틸렌(PE) • 폴리프로필렌(PP) • 폴리염화바이닐(PVC) • 폴리스타이렌(PS) • 폴리테트라플루오로에틸렌 (TFE, 테플론) • 폴리아크릴로나이트릴(PAN) • 폴리메틸메타크릴레이트(PMMA) • 폴리클로로프렌(네오프렌) • 나일론 6(개환 중합)

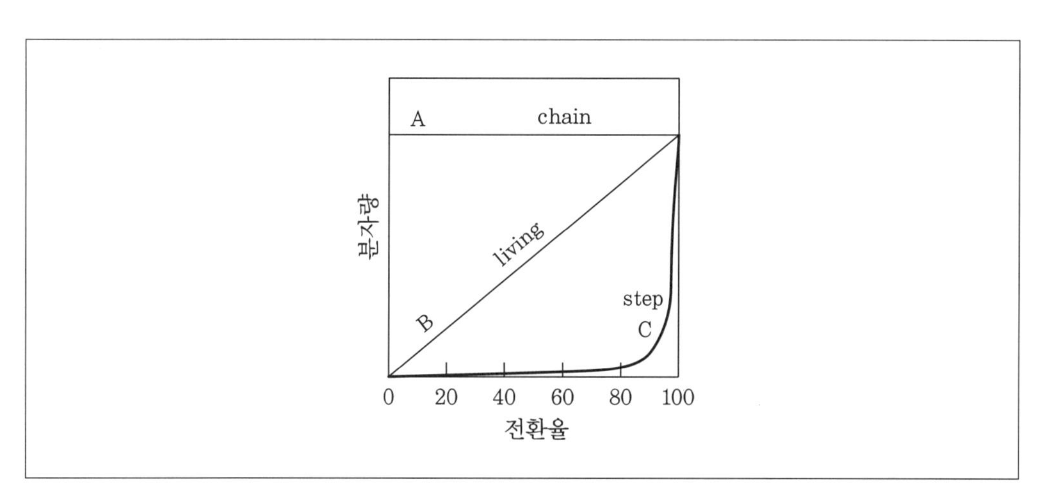

중합 반응별 전환율에 대한 중합도

3-2 라디칼 중합(radical polymerization)

1 정의

개시제에 의해 자유 라디칼(free radical)이 생성되고, 라디칼의 연쇄 반응으로 중합체가 생성되는 반응

2 특징

특징	• 반응성 큼 • 반응제어 안 됨 • 부반응 발생(불균등 정지 반응, 가지화 반응) • 불균등 정지 반응으로 가지형 고분자 생성되어 재료 품질이 떨어짐
과정	• 개시–성장–정지 과정으로 구성 • 개시 반응 : 단량체가 활성화되는 과정, 개시제나 촉매, 열, 방사선 및 빛 등에 의해 발생 • 성장 반응 : 활성화된 단량체에 계속적으로 단량체가 첨가되어 분자량이 증가하는 단계 • 정지 반응 : 활성점이 사라져 반응이 정지되는 단계
자유 라디칼 중합용 단량체	• 주로 올레핀(2중 결합 존재 구조), 바이닐계 구조임 • 에틸렌, 염화바이닐, 스타이렌, 아크릴로나이트릴, 아크릴아마이드 등

3 반응 과정

(1) 개시 반응 단계

단량체에서 가장 취약한 **이중 결합**의 π 전자에 개시제의 **라디칼이 공격**하여, 개시제가 단량체와 결합하여 **단량체 라디칼이 형성**됨

$$C_6H_5\cdot + H_2C{=}CH_2 \longrightarrow C_6H_5{-}CH_2{-}CH_2\cdot$$

(2) 성장 반응 단계(전파 단계, 연쇄 반응)

단량체 라디칼에 새로운 단량체가 결합하면서 **라디칼(활성점)이 이전(이동)**되면서 사슬이 성장함

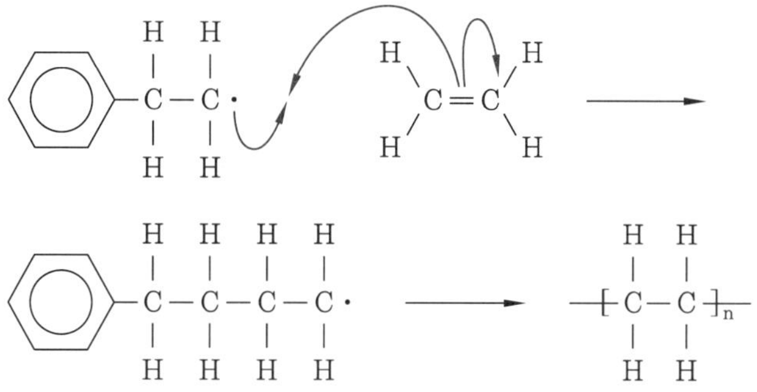

(3) 정지 반응(종결 단계)

① 성장하는 자유 라디칼이 서로 결합하여 라디칼(활성점)이 없어지면 반응이 정지함

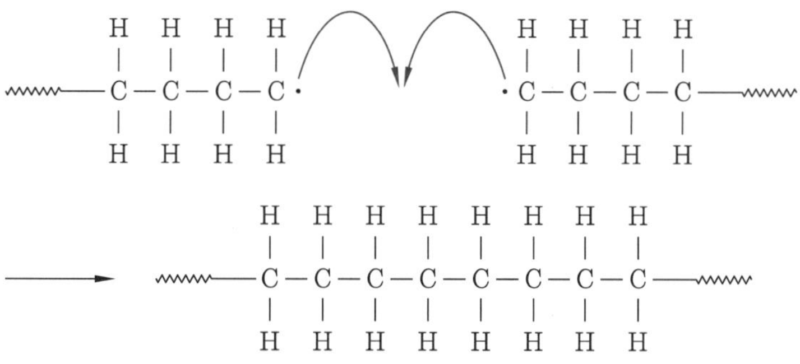

② 개시제 또는 불순물과 반응하여 라디칼(활성점)이 없어지면 반응이 정지함

라디칼 할로겐화 반응 메커니즘(3단계)

<table>
<tr><td>개시 단계</td><td>• 열과 빛에 의해 염소 분자가 분열되어 라디칼 생성
$Cl_2 \rightarrow Cl\cdot + Cl\cdot$</td></tr>
<tr><td>전파 단계
(연쇄 반응)</td><td>• 메테인 중 수소 원자 하나와 결합하여 떨어지고, 메틸라디칼 생성
$CH_4 + Cl\cdot \rightarrow CH_3\cdot + HCl$
• 처음부터 반복하면서 연쇄 반응 진행
$CH_3\cdot + Cl_2 \rightarrow CH_2Cl_2 + Cl\cdot$
$CH_3\cdot + CH_2Cl_2 \rightarrow CHCl_3 + Cl\cdot$
$CH_3\cdot + CHCl_3 \rightarrow CCl_4 + Cl\cdot$</td></tr>
<tr><td>종결 단계</td><td>• 라디칼의 소멸
$CH_3\cdot + Cl\cdot \rightarrow CH_3Cl$
$Cl\cdot + Cl\cdot \rightarrow Cl_2$</td></tr>
</table>

4 라디칼 반응의 예

(1) 폴리스타이렌의 생성

$H_2C=CH(C_6H_5) \longrightarrow -[CH_2-CH(C_6H_5)]_n-$

stylene → polystylene

(2) 폴리아크릴아마이드의 생성

$H_2C=CH-C(=O)-NH_2 \longrightarrow -[CH_2-CH(C(=O)NH_2)]_n-$

acrylamide → polyacrylamide

(3) 폴리아크릴로나이트릴의 생성

$$H_2C=CH-C\equiv N \longrightarrow -\!\!\left[CH_2-\underset{\underset{C\equiv N}{|}}{CH}\right]_n\!\!-$$

acrylonitrile → polyacrylonitrile

3-3 이온 중합(Ionic polymerization)

1 정의

① 단량체를 이온화하여 중합하는 반응

② 개시제가 이온인 사슬 중합 반응

2 특징

특징	• 반응속도(중합 속도) 매우 빠름 • 공정 제어 어려움 • 부반응 적음 • 순도 높은 중합체 얻을 수 있음 • 폭발적 반응을 억제하기 위해 저온으로 유지해야 함 • 용매 특성에 민감함
이온 중합용 단량체	• 주로 바이닐계 구조 단량체 중합에 많이 이용됨 • 에틸렌(ethylene), 스타이렌(styrene), dienes, vinyl ethers, acrylate 등

3 분류

이온화 종류에 따라 구분

(1) 양이온 중합(cationic polymerization)

양이온 개시제에 의해 단량체가 양이온화되어 중합하는 반응

(가) 양이온 중합 단량체

1,3-부타디엔(C=C-C=C), 바이닐에터류(비닐에테르류, CH_2CHOR), 알데하이드류(R-CHO), 스타이렌 등

(나) 양이온 중합 개시제

① 강산류 : H_2SO_4, $HClO_4$, HCl

② 루이스산과 그 착물 : BF_3, $AlCl_3$, $SnCl_4$, $TiCl_4$ 등

$$AlCl_3 + H_2O \rightarrow H^+(AlCl_3OH)^-$$

$$BF_3 + H_2O \rightarrow H^+(BF_3OH)^-$$

$$AlCl_3 + RCl \rightarrow R^+(AlCl_4)^-$$

(다) 양이온 중합 반응 과정

Polyisobutylene의 양이온 중합

① 개시 반응 : 개시제는 단량체의 전자를 빼앗아 자신은 음이온화하면서 단량체를 양이온화 함

$$Cl_3Al\cdots O(H)H + CH_2{=}C(CH_3)_2 \longrightarrow CH_3-C^+(CH_3)-CH_3 + [Cl_3Al-OH]^-$$

② 성장 반응 : 단량체 양이온은 다른 단량체들과 차례로 결합하면서 사슬을 증가시킴

$$H-CH_2-C^+(CH_3)_2 + CH_2{=}C(CH_3)_2 \longrightarrow H-CH_2-C(CH_3)_2-CH_2-C^+(CH_3)_2$$

$$\longrightarrow H{-}\!\left[CH_2-C(CH_3)_2\right]_n\!-CH_2-C^+(CH_3)_2$$

③ 정지 반응 : 개시제 음이온과 결합하여 반응이 끝남

$$H\!-\!\!\left[CH_2-\underset{CH_3}{\overset{CH_3}{C}}\right]_n\!\!-CH_2-\underset{CH_3}{\overset{CH_3}{C^+}} \quad \left[Cl-\underset{:\ddot{Cl}:}{\overset{Cl}{Al}}-OH\right]^-$$

$$\longrightarrow H\!-\!\!\left[CH_2-\underset{CH_3}{\overset{CH_3}{C}}\right]_n\!\!-CH_2-\underset{CH_3}{\overset{CH_3}{C}}-Cl \;+\; Cl-\overset{Cl}{Al}-OH$$

⑷ **부반응 - 이온 전이(charge transfer)**

탄소 양이온(C^+)에 결합된 메틸기 수소가 단량체의 전자와 결합하여, 이전되어 새로운 단량체 양이온을 생성함

$$H\!-\!\!\left[CH_2-\underset{CH_3}{\overset{CH_3}{C}}\right]_n\!\!-CH_2-\underset{CH_3}{\overset{H-\overset{H}{C}-H}{C^+}} \quad CH_2=\underset{CH_3}{\overset{CH_3}{C}} \longrightarrow$$

$$H\!-\!\!\left[CH_2-\underset{CH_3}{\overset{CH_3}{C}}\right]_n\!\!-CH_2-\underset{CH_3}{\overset{CH_2}{\overset{\|}{C}}} \;+\; CH_3-\underset{CH_3}{\overset{CH_3}{C^+}}$$

(2) 음이온 중합(anionic polymerization)

⑺ **음이온 중합 개시제**

KNH_2, RLi, 나프탈렌화소듐 등

$$KNH_2 \rightarrow K^+ + NH_2^-$$
$$(CH_2)_4Li \rightarrow Li^+ + (CH_2)_4^-$$

(나) 음이온 중합 반응 과정

① 개시 반응 : 음이온 개시제가 단량체의 전자를 공략하여 결합하여 단량체를 음이온화 함

$$CH_3-CH_2-CH_2-\overset{H}{\underset{H}{C}}:^-\ Li^+ + \underset{H}{\overset{H}{\diagdown}}C=C\underset{H}{\overset{H}{\diagup}} \longrightarrow CH_3-CH_2-CH_2-CH_2-\overset{H}{\underset{H}{C}}-\overset{H}{\underset{H}{C}}:^-\ Li^+$$

② 성장 반응

- 음이온화된 단량체가 다른 단량체의 이중 결합을 끊고 결합하면서 음이온을 이전시키며 성장함
- 중합이 일어나면서 활성점(활성 연쇄 말단)이 계속 이동함

$$CH_3-CH_2-CH_2-CH_2-\overset{H}{\underset{H}{C}}-\overset{H}{\underset{H}{C}}:^-\ Li^+ + \underset{H}{\overset{H}{\diagdown}}C=C\underset{H}{\overset{H}{\diagup}}$$

$$\longrightarrow CH_3-CH_2-CH_2-CH_2-\overset{H}{\underset{H}{C}}-\overset{H}{\underset{H}{C}}-\overset{H}{\underset{H}{C}}-\overset{H}{\underset{H}{C}}:^-\ Li^+$$

$$\longrightarrow -\!\!\left[\overset{H}{\underset{H}{C}}-\overset{H}{\underset{H}{C}}\right]_n\!\!-$$

③ 정지 반응 : 활성 연쇄 말단이 이산화탄소, 물, 알코올 또는 다른 양성자 시약과 반응하면 반응이 정지됨

(다) 리빙 중합(living polymerization)

① 음이온 활성점을 살려서 중합이 계속 진행되도록 하는 중합 반응

② 활성탄소(carbanions)에 반응할 수 있는 물질(H_2O)을 가하기 전에는 단량체가 다 소모될 때까지 중합이 지속되고 수년이 지나도록 활성점이 남아있어, 정지 반응이 일어나지 않고 계속 고분자가 성장하는 반응

③ 다시 단량체를 넣으면, 계속해서 중합되어 사슬은 늘어남

3-4 중합 방법

(1) 괴상 중합(벌크 중합, bulk polymerization)

정의	• **용매를 사용하지 않고** 개시제만으로 단량체를 중합시키는 방법
특징	• 용매를 사용하지 않음 → **높은 분자량, 높은 순도의 제품(중합체)을 얻을 수 있음** → 계 전체가 고화(solidification)되어 중합 공정의 제어와 중합 후 처리가 곤란 • 고분자 중합 형식 중 가장 간단한 방법 • **공정이 단순**하여 자원 절약, 에너지 절약에 유리함 • 발생하는 **중합열 제어가 어려움**(온도 조절 어려움) • **겔 효과**(gel effect) 발생
겔 효과 (gel effect)	• 자기 촉진 효과(autocatalytic effect), 트롬스도르프 효과(trommsdorff effect) • 중합이 진행되면서 중합 속도가 점점 증가하는 효과 • 괴상 중합 시 중합이 진행되면서 반응계의 점도가 증가 • 이 결과 정지 반응이 저해됨 • 중합 반응 조절이 안 됨 • 괴상 중합 시 메타크릴산메틸 사용 시 겔 효과가 잘 나타남

(2) 용액 중합(solution polymerization)

정의	• **단량체와 개시제를 용매에 녹여서 중합**시키는 방법
특징	• 반응속도 느림 • 반응이 진행되면서 중합체가 커지면, 반응 용액의 점도 증가 • 용매가 중합열을 흡수 → **중합열 냉각 가능, 중합체 점도 감소** • 단량체가 용매에 녹으므로, **단량체 회수 쉬움** • **용매 회수 과정 필요** • 중합 후 **용매의 완전 제거가 어려움**

(3) 유화 중합(emulsion polymerization)

정의	소수성 단량체와 친수성 용매에 의한 불균일 용액 중합 단량체를 용매 중에 고루 분산시키기 위해 유화제를 사용하는 중합 반응
특징	• 라디칼 중합 반응 중 수용액 중의 **단량체 미셀**(micelle) 내에서 중합이 진행됨 • 단량체는 기름방울 모양이 되고, 그 주위를 활성제(주로 음이온성 또는 비이온성 활성제)가 둘러싸고 있어 안정한 **유화 상태**가 됨 • 중합은 수용성의 라디칼 중합 개시제에 의해 물 속의 미셀(micelle)부터 개시됨 • 현탁 중합과 유사함 • **공중합체의 형성**이 가능하여 공업적으로 많이 사용됨 • 중합체에 활성제나 개시제, 응고제의 파편 등 무기 불순물이 남음 • 중합체에 전기적 성질이나 열안정성, 투명성이 없음 • 중합체는 취급이 간단, 반응속도 조절이 쉬움, 중합도가 큼
유화제 (emulsifier)	• **계면활성제** – 비극성(소수성) 물질과 친수성(극성) 물질 사이의 계면에서 친화성을 높여주는 역할 • 유화제는 극성 말단(친수기)과 비극성 사슬 부분(소수기)으로 구성됨 • 비극성 사슬(소수기)은 소수성 물질(단량체)에 흡착되고, 극성 말단(친수기)은 물 또는 친수성 용매를 흡착하여, 소수성 물질을 친수성 용매 중에 분산시킴 • 유화제의 농도가 높을수록, 단량체의 분산 입자의 크기가 작아짐

(4) 현탁 중합(suspension polymerization)

정의	• 유화 중합과 거의 동일한 상황에서 유화제를 사용하지 않고, 단순히 물리적인 교반으로만 단량체와 용매를 분산시키는 방법 • 단량체와 개시제를 녹이지 않는 **용매(주로 물+현탁제(안정제))**에 넣고, **교반**시켜 0.01~1mm 크기의 구형 입자로 분산시켜 중합하는 방법
특징	• 분산 중합(disperse polymerization) • **비드(bead) 중합 또는 진주(pearl) 중합** • 생성된 **중합체는 알갱이 모양(입상, 그래뉼), 분자량이 크고, 순도가 좋음** • 용매가 중합열을 흡수 → 중합열 냉각 가능, 중합체 점도 감소 • 단위 부피당 생산량이 적음 • **현탁제(분산조절제) 등의 제거가 어려움** • 연속 공정 어려움
현탁제	• 단량체가 고르게 분산되도록 함(분산제, 안정제) • 끈적한 입자들의 점착 방지

(5) 중합 방법의 비교

구분	괴상 중합	용액 중합	유화 중합	현탁 중합
	M + I	M + I + S	M + I + S + 유화제	M + I + S + 교반 + 현탁제
개시제	친유성(소수성)	친유성(소수성)	친수성	친유성(소수성)
전열 매체	–	용매	물	물
반응속도	중간	작음	큼	중간
온도 조절	어려움	쉬움	쉬움	쉬움
분자량	분자량 분포 넓음	작음	큼	분자량 분포 넓음

• M : 단량체, I : 개시제, S : 용제

3-5 고분자화합물의 분류

1 형태별 분류

① 선형 고분자(linear polymer)
② 가지 고분자(branched polymer)
③ 망상형 고분자(network polymer)
④ 스타 고분자(star polymer, 별 모양)
⑤ 사다리형 고분자(ladder polymer)

2 고분자화합물의 분류

① 천연고분자화합물 : 천연고무, 셀룰로스, 단백질, 녹말 등
② 합성고분자화합물 : 합성고무, 합성수지, 합성섬유 등

고분자화합물의 분류

<table>
<tr><th colspan="3">분류</th><th>특징</th></tr>
<tr><td rowspan="6">합성 고분자 화합물</td><td rowspan="2">합성수지 (플라스틱)</td><td>열가소성</td><td>• 가열하면 부드러워지며 녹았다가, 온도가 낮아지면 다시 굳어지는 수지
• 다시 녹일 수 있음
• 종류
– 대부분 첨가 중합 수지
– 축합 중합체 중 사슬 모양 고분자 화합물(나일론 등)
– PVC, PE, PS 등</td></tr>
<tr><td>열경화성</td><td>• 한번 가열해서 굳어지면 다시 열을 가해도 물러지지 않는 수지
• 다시 녹일 수 없음
• HCHO가 참여
• 종류
– 대부분 축합 중합체 중 그물구조 모양 고분자 화합물
– PET, 요소 수지, 베이클라이트, 페놀 수지, 멜라민 수지</td></tr>
<tr><td rowspan="3">합성섬유</td><td>폴리아마이드계</td><td>• 중합체의 작용기 –CONH–</td></tr>
<tr><td>폴리에스터계</td><td>• 중합체의 작용기 –COO–</td></tr>
<tr><td>폴리바이닐계</td><td>• 중합체의 작용기 $-CH_2CH_2-$</td></tr>
<tr><td colspan="2">합성고무</td><td>• 스타이렌–부타디엔 고무(SBR)
• 부타디엔 고무(BR)
• 클로로프렌 고무(CR)
• 나이트릴 고무(NBR)
• 실리콘 고무</td></tr>
<tr><td rowspan="4">천연 고분자 화합물</td><td colspan="2">천연고무</td><td>• 아이소프렌 고무의 첨가 중합체</td></tr>
<tr><td colspan="2">단백질</td><td>• 아미노산 축합 중합체</td></tr>
<tr><td rowspan="2">탄수화물</td><td>녹말</td><td>• α–포도당의 축합 중합체</td></tr>
<tr><td>셀룰로스</td><td>• β–포도당의 축합 중합체</td></tr>
</table>

1. 고분자화합물의 개요

2018 국가직 9급 공업화학

01 생분해성 고분자가 아닌 것은?

① 폴리락트산(poly(lactic acid))
② 폴리글라이콜산(poly(glycolic acid))
③ 폴리테트라플루오로에틸렌(polytetrafluoroethylene)
④ 폴리하이드록시뷰티레이트(polyhydroxybutyrate)

해설 **생분해성 고분자** : 천연고분자와 합성고분자의 구분
자연에서 스스로 분해되는 고분자로, 천연고분자가 생분해성 고분자이다.

③ 폴리테트라플루오로에틸렌(polytetrafluoroethylene, 테플론)은 합성고분자이므로 난분해성 고분자이다.

정답 ③

2016 지방직 9급 공업화학

02 A와 B 두 단량체로부터 생성된 공중합체가 다음의 형태를 가질 때, 이 공중합체의 이름은?

−A−A−A−A−B−B−B−B−

① 블록 공중합체(block copolymer)
② 교대 공중합체(alternating copolymer)
③ 랜덤 공중합체(random copolymer)
④ 그래프트 공중합체(graft copolymer)

해설 **공중합체(copolymer)**

두 개(2종류) 이상의 다른 단량체로 구성된 고분자

구분	내용
교대 공중합체 (alternating copolymer)	• 두 개의 단량체가 서로 교대로 반응하여 생성되는 공중합체 A–B–A–B–A–B–A–B–A–B–A–B
블록 공중합체 (block copolymer)	• 한 단량체로 된 블록과 다른 단량체로 된 블록이 연결된 것 A–A–A–A–A–A–B–B–B–B–B–B–
랜덤 공중합체 (random copolymer)	• 단량체가 일정한 규칙이 없이 연결된 것 –A–A–A–B–A–A–B–A–A–B–A–B–B–B–
그래프트 공중합체 (graft copolymer)	• 접목 공중합체 • A단량체가 주 사슬을 형성하고, B단량체가 가지로 연결된 것 B–B–B　　B–B–B– |　　　　| –A–A–A–A–A–A–A–A–A–

정답 ①

2016 국가직 9급 공업화학

03 고분자의 평균 분자량을 측정하는 방법이 아닌 것은?

① 광산란법　　② 삼투압법

③ 열 무게 분석법　　④ 말단기 분석법

해설 ③ 열 무게 분석법 : 시료의 질량을 온도 변화에 따라 측정하여 시료의 열적 안정성이나 구성 성분의 변화를 분석함. 고분자에서는 재료의 열적 안정성을 평가하는 방법으로 사용된다.

분자량 측정 방법

- 수 평균 분자량 측정법(Mn) : 끓는점오름법, 어는점내림법, 말단기 분석법, 삼투압법
- 중량 평균 분자량 측정법(Mw) : 광산란법, 원심분리법

정답 ③

2017 지방직 9급 추가채용 공업화학

04 전도성 고분자에 해당하지 않는 것은?

① 폴리다이아세틸렌(polydiacetylene)
② 폴리아닐린(polyaniline)
③ 폴리파라페닐렌(poly-para-phenylene)
④ 폴리이미드(polyimide)

해설 **전도성 고분자**

- 폴리디아세틸렌
- 폴리아닐린
- 폴리파라페닐렌
- 폴리페닐렌설파이드
- 폴리페닐렌바이닐렌
- 폴리피롤
- 폴리싸이오펜

정답 ④

2016 서울시 9급 공업화학

05 다음 중 고분자의 수 평균 분자량(M_n)과 중량 평균 분자량(M_w)에 대한 설명으로 가장 옳은 것은?

① M_n은 광산란법이나 원심분리법으로 측정할 수 있다.
② 일반적으로 M_n값이 M_w값보다 크다.
③ M_w/M_n값이 2 이상인 고분자는 1에 가까운 고분자에 비해 결정화되기 어려우며 고체화되는 온도가 낮다.
④ van't Hoff식을 이용하면 M_w를 얻을 수 있다.

해설 ① 고분자의 분자량 측정방법

- 수 평균 분자량 측정법(M_n) : 끓는점오름법, 어는점내림법, 말단기 분석법, 삼투압법
- 중량 평균 분자량 측정법(M_W) : 광산란법, 원심분리법

② 일반적으로 M_w값 > M_n값
④ van't Hoff식 – 삼투압법은 수 평균 분자량 측정법이므로 M_n을 얻을 수 있다.

정답 ③

2018 국가직 9급 공업화학

06 어떤 고분자 A의 분자량에 대한 설명으로 옳지 않은 것은?

① 분자량은 중합도에 비례한다.
② 무게 평균 분자량은 수 평균 분자량보다 작다.
③ 무게 평균 분자량을 수 평균 분자량으로 나눈 값이 다분산지수(PDI)이다.
④ 완전히 단분산인 경우 다분산지수는 1이다.

해설 ② 무게 평균 분자량은 수 평균 분자량보다 크다.

정리 **다분산지수(다분산도, PDI)**

고분자의 분자량 분포 정도를 나타낸 값

$$PDI = \frac{M_w}{M_n}$$

PDI 값	특징
1	• 단분산(한 가지 종류로 구성된 고분자)
1에 가까움	• 분자량 분포 좁음 • 단분산에 가까움(분자량이 비슷한 분자로 구성)
2 이상	• 분자량 분포 넓음 • 다분산(여러 종류의 분자로 구성)

• 다분산지수가 클수록(분자량 분포 넓을수록)
  – 규칙성이 적으므로, 결정화 어려움
  – 고체화되는 온도 낮아짐

정답 ②

2017 지방직 9급 공업화학

07 다음은 고분자를 합성할 때 유리 전이온도(glass transition temperature, T_g)에 미치는 인자에 대한 설명이다. 옳은 것만을 모두 고른 것은?

ㄱ. 가교제에 의해 가교되었을 때 T_g가 감소한다.
ㄴ. 측쇄(side chain)가 많을수록 T_g가 증가한다.
ㄷ. 사슬 길이(chain length)가 감소할수록 T_g가 감소한다.
ㄹ. 가소제를 가하거나 사슬(chain)의 자유 부피가 증가하면 T_g가 증가한다.

① ㄱ, ㄴ　　② ㄱ, ㄹ
③ ㄴ, ㄷ　　④ ㄷ, ㄹ

해설 ㄱ. 가교가 형성되면, 가교제에 의해 가교되었을 때 T_g가 증가한다.
ㄹ. 가소제를 가하거나 사슬(chain)의 자유 부피가 증가하면 고분자가 유연해지므로 T_g가 감소한다.

정리 **유리 전이온도(T_g)**

정의	• 단단한 비결정성 고분자가 부드러워지기 시작하는 온도
성질	• 유리 전이온도 이하 ($T < T_g$) – 딱딱하고, 강하고, 부서지기 쉬움, 투명함 • 유리 전이온도 이상 ($T > T_g$) – 탄성을 가진 고무처럼 말랑말랑하고 부드러워짐

유리 전이온도의 영향인자

T_g 증가 요인	T_g 감소 요인
가교제 주입, 가교 형성 시 측쇄 많을수록 사슬 길이 길수록 결정성 증가	가소제 주입 자유 부피 증가 혼성 중합

정답 ③

2015 국가직 9급 공업화학

08 분자량이 10g/mol, 20g/mol, 40g/mol인 단분산성 고분자 시료가 각각 90g, 180g, 280g 혼합된 시료의 수 평균 분자량(g/mol)은?

① 20 ② 22 ③ 25 ④ 27.5

해설 수 평균 분자량(M_n)

$$M_n = \frac{\sum 질량}{\sum 분자\ mol수} = \frac{\sum n_i M_i}{\sum n_i} = \frac{90+180+280}{\frac{90}{10}+\frac{180}{20}+\frac{280}{40}} = 22$$

정답 ②

2015 서울시 9급 공업화학

09 분자량 '20,000', '30,000', '50,000'을 같은 mol씩 함유하고 있는 가상 고분자 시료의 중량평균 분자량은?

① 35,000 ② 36,000
③ 37,000 ④ 38,000

해설 중량(무게) 평균 분자량(M_W)

$$M_n = \frac{\sum n_i M_i^2}{\sum n_i M_i} = \frac{1\times 20,000^2 + 1\times 30,000^2 + 1\times 50,000^2}{1\times 20,000 + 1\times 30,000 + 1\times 50,000} = 38,000$$

정답 ④

2017 국가직 9급 공업화학

10 두 다분산(polydisperse) 고분자 시료 A와 B가 동일한 무게로 혼합되었을 때 혼합물의 무게 평균 분자량($\overline{M_w}$)은? (단, 두 고분자의 수 평균 분자량과 무게 평균 분자량은 다음과 같다.)

구분	수 평균 분자량($\overline{M_n}$)	무게 평균 분자량($\overline{M_w}$)
고분자 A	100,000	200,000
고분자 B	200,000	400,000

① 150,000 ② 200,000
③ 300,000 ④ 450,000

해설 **중량(무게) 평균 분자량(M_w)**

동일한 무게로 혼합되었으므로 고분자 A : 고분자 B 질량비는 1 : 1이다.

고분자의 평균 분자량은 각 고분자의 $\overline{M_w}$ 의 질량 가중치 평균값으로 계산한다.

$$\overline{M_w} = \frac{1 \times 200,000 + 1 \times 400,000}{1+1} = 300,000$$

정답 ③

2018 서울시 9급 공업화학

11 폴리염화바이닐(PVC)의 중합도가 100일 때, PVC의 개수-평균 분자량($\overline{M_n}$)은? (단, C, H, Cl의 원자량은 각각 12, 1, 35.5이다.)

① 5,050g/mol
② 6,250g/mol
③ 8,050g/mol
④ 9,070g/mol

해설 폴리염화바이닐(PVC)의 단량체는 (CH_2=CHCl)이므로,

중합체의 수 평균 분자량($\overline{M_n}$)

=단량체의 분자량×중합도(DP)

=(62.5)×100

=6,250

정답 ②

2016 국가직 9급 공업화학

12 라디칼 중합 반응 중 수용액 중의 단량체 미셀(micelle) 내에서 중합이 진행되도록 하는 것은?

① 괴상 중합(bulk polymerization)
② 용액 중합(solution polymerization)
③ 현탁 중합(suspension polymerization)
④ 유화 중합(emulsion polymerization)

해설 **중합 방법**

① **괴상 중합**(bulk polymerization) : 용매를 사용하지 않고 개시제만으로 단량체를 중합시키는 방법

② **용액 중합**(solution polymerization) : 단량체와 개시제를 용매에 녹여서 중합시키는 방법

③ **현탁 중합**(suspension polymerization) : 유화 중합과 거의 동일한 상황에서 유화제를 사용하지 않고, 단순히 물리적인 교반으로만 단량체와 용매를 분산시키는 방법

④ **유화 중합**(emulsion polymerization)

- 소수성 단량체와 친수성 용매에 의한 불균일 용액 중합
  단량체를 용매 중에 고루 분산시키기 위해 유화제를 사용하는 중합 반응
- 라디칼 중합 반응 중 수용액 중의 단량체 미셀(micelle) 내에서 중합이 진행됨

정답 ④

2017 지방직 9급 추가채용 공업화학

13 **자유 라디칼 중합의 종류가 아닌 것은?**

① 용액 중합(solution polymerization)

② 현탁 중합(suspension polymerization)

③ 유화 중합(emulsion polymerization)

④ 리빙 중합(living polymerization)

해설 **자유 라디칼 중합**

- 용액 중합(solution polymerization)
- 현탁 중합(suspension polymerization)
- 유화 중합(emulsion polymerization)

음이온 중합

- 리빙 중합(living polymerization)

정답 ④

2017 국가직 9급 공업화학

14 단계 성장 중합 반응(step-growth polymerization)으로 합성할 수 없는 것은?

① 폴리염화바이닐(polyvinylchloride)
② 폴리우레탄(polyurethane)
③ 폴리아마이드(polyamide)
④ 폴리에스터(polyester)

해설

구분	단계 성장 중합 (축합 중합)	사슬 중합 (첨가 중합, 부가 중합)
정의	• 두 단량체가 중합하여 단계적으로 분자량들이 점차 증가	• 단량체의 조성변화 없이 계속 부가되어 긴 사슬이 되는 중합 반응
예	• 폴리에스터(polyester) • 폴리카보네이트 • 폴리에틸렌테레프탈레이트(PET) • 폴리아마이드(PA), 나일론 6,6 • 폴리이미드(PI) • 페놀 수지(노볼락, 레졸 등) • 요소(urea) 수지 • 멜라민 수지 • 에폭시 수지 • 우레탄 수지(폴리우레탄)	• 폴리올레핀 • 폴리에틸렌(PE) • 폴리프로필렌(PP) • 폴리염화바이닐(PVC) • 폴리스타이렌(PS) • 폴리테트라플루오로에틸렌(TFE, 테플론) • 폴리아크릴로나이트릴(PAN) • 폴리메틸메티크릴레이트(PMMA) • 폴리클로로프렌(네오프렌) • 나일론 6(개환 중합)

정답 ①

Chapter 2 합성수지공업

§ 1. 합성수지의 분류

1-1 첨가 중합체와 축합 중합체

1 중합 반응의 분류

(1) 첨가 중합 반응

① 다중 결합이 1개 끊어지면서 생긴 결합선으로 단위체들이 결합하여 고분자화합물을 형성하는 것

② 떨어져 나가는 분자(원자)가 없음

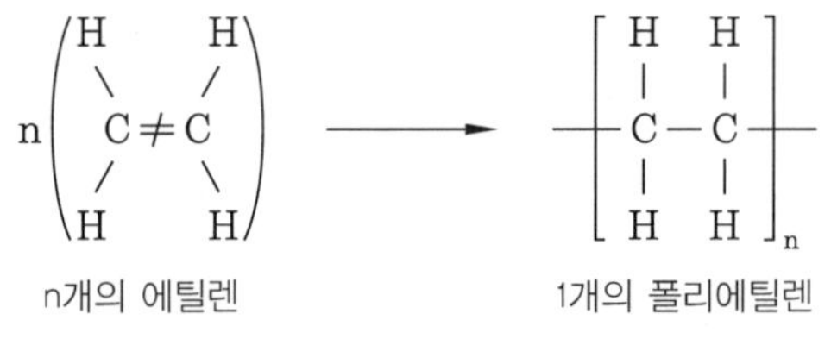

$$n\left(\begin{matrix} H & & H \\ & \diagdown \quad \diagup & \\ & C=C & \\ & \diagup \quad \diagdown & \\ H & & H \end{matrix}\right) \longrightarrow \left[\begin{matrix} H & H \\ | & | \\ -C- & C- \\ | & | \\ H & H \end{matrix}\right]_n$$

n개의 에틸렌 1개의 폴리에틸렌

에틸렌의 첨가 축합 반응(폴리에틸렌의 생성)

첨가 중합체

중합체 (고분자화합물)	단위체	첨가 중합 반응
폴리에틸렌(PE)	CH_2CH_2 (에틸렌)	$n\begin{pmatrix} H & & H \\ & C{\neq}C & \\ H & & H \end{pmatrix} \longrightarrow \left[\begin{matrix} H & H \\ - C & - C - \\ H & H \end{matrix} \right]_n$ 에틸렌 → 폴리에틸렌
폴리프로필렌(PP)	CH_2CHCH_3 (프로필렌)	$n\begin{pmatrix} H & H \\ C & = C \\ H & CH_3 \end{pmatrix} \longrightarrow \left[\begin{matrix} H & H \\ - C & - C - \\ H & CH_3 \end{matrix} \right]_n$ 프로필렌 → 폴리프로필렌
폴리염화바이닐(PVC)	CH_2CHCl (염화바이닐)	$n\begin{pmatrix} H & H \\ C & = C \\ H & Cl \end{pmatrix} \longrightarrow \left[\begin{matrix} H & H \\ - C & - C - \\ H & Cl \end{matrix} \right]_n$ 염화바이닐 → 폴리염화바이닐
폴리스타이렌(PS)	$CH_2CH-C_6H_5$ (스타이렌)	$n\begin{pmatrix} H & H \\ C & = C \\ H & C_6H_5 \end{pmatrix} \longrightarrow \left[\begin{matrix} H & H \\ - C & - C - \\ H & C_6H_5 \end{matrix} \right]_n$ 스타이렌 → 폴리스타이렌
폴리테트라플루오로 에틸렌 (PTFE, 테플론)	CF_2CF_2 (테트라플루오로 에틸렌)	$n\begin{pmatrix} F & F \\ C & = C \\ F & F \end{pmatrix} \longrightarrow \left[\begin{matrix} F & F \\ - C & - C - \\ F & F \end{matrix} \right]_n$ 테트라플루오로에틸렌 → 폴리테트라플루오로에틸렌
폴리아크릴로나이트릴 (PAN)	CH_2-CHCN (아크릴로나이트릴)	$n\begin{pmatrix} H & H \\ C & = C \\ H & CN \end{pmatrix} \longrightarrow \left[\begin{matrix} H & H \\ - C & - C - \\ H & CN \end{matrix} \right]_n$ 아크릴로나이트릴 → 폴리아크릴로나이트릴
클로로프렌 고무 (네오프렌)	클로로프렌	$n\begin{pmatrix} H & & & H \\ C & = C - & C & = C \\ H & H & Cl & H \end{pmatrix} \longrightarrow \left[\begin{matrix} H & & & H \\ - C & - C = & C & - C - \\ H & H & Cl & H \end{matrix} \right]_n$ 클로로프렌 → 네오프렌

(2) 축합 중합 반응

① 작용기가 2개 있는 단위체가 축합되어서 고분자화합물을 형성

② 작은 분자가 떨어져 나오면 축합 중합

n헥사메틸렌다이아민 + n아디프산(테트라메틸렌다이카복실산) → 나일론 + (2n−1)H_2O

$$n\,H-\underset{}{\overset{H}{\overset{|}{N}}}-(CH_3)_6-\overset{H}{\overset{|}{N}}-H + n\,HO-\overset{O}{\overset{\|}{C}}-(CH_2)_4-\overset{O}{\overset{\|}{C}}-OH \xrightarrow{\text{축합 중합}}$$

헥사메틸렌다이아민 아디프산

$$\left(\overset{H}{\overset{|}{N}}-(CH_2)_6-\overset{H}{\overset{|}{N}}-\overset{O}{\overset{\|}{C}}-(CH_2)_4-\overset{O}{\overset{\|}{C}}\right)_n + (2n-1)H_2O$$

6,6−나일론

축합 중합 반응(나일론의 생성 반응)

2 첨가 중합체

첨가 중합으로 생성된 고분자화합물

중합체	단위체	용도
폴리에틸렌(PE)	CH_2CH_2 (에틸렌)	전선의 단열재, 식품 포장재
폴리프로필렌(PP)	CH_2CHCH_3 (프로필렌)	섬유, 상자, 밧줄
폴리염화바이닐(PVC)	CH_2CHCl (염화바이닐)	PVC관, 레코드판, 장식용 벽지
폴리스타이렌(PS)	$CH_2CH-C_6H_5$ (스타이렌)	스타이로폼, 투명용기, 단열재
폴리테트라플루오로에틸렌 (테플론)	CF_2CF_2 (테트라플루오로에틸렌)	프라이팬 코팅, 기계 부품 재료
폴리아크릴로나이트릴	CH_2-CHCN (아크릴로나이트릴)	파이프, 탄소섬유 전구체

3 축합 중합체

축합 중합으로 생성된 고분자화합물

고분자화합물	단위체 1	단위체 2	성질	용도
페놀 수지	C_6H_5-OH (페놀)	HCHO (폼알데하이드)	열경화성	절연재, 건축자재, 접착제
요소(urea) 수지	H_2NCONH_2 (요소)	HCHO (폼알데하이드)	열경화성	목재의 접착제, 도료, 실내건축재료, 병마개
멜라민 수지	$C_3H_6N_6$ (멜라민)	HCHO (폼알데하이드)	열경화성	
에폭시 수지	비스페놀A	에피클로로하이드린	열경화성	
폴리카보네이트	비스페놀A (다이페놀)	포스겐	열가소성	
폴리에틸렌 테레프탈레이트 (PET)	$(HOOC)C_6H_4(COOH)$ (테레프탈산)	$HOCH_2CH_2OH$ (에틸렌글리콜)	열가소성	섬유, 전기 절연재, 사진 필름, 녹음 테이프
나일론 6,6	$(HOOC)(CH_2)_4(COOH)$ (아디프산)	$H_2N(CH_2)_6NH_2$ (헥사메틸렌다이아민)	열가소성	섬유, 전선 절연재, 칫솔
폴리에스터 (polyester)	R-COOH (카복실산)	R-OH (알코올)	열경화성 열가소성	
폴리아마이드	R-COOH (유기산, 카복실산)	$R-NH_2$ (아민)	열가소성	기계부품, 자동차부품, 전기부품, 스포츠용품 등
우레탄 수지 (폴리우레탄)	R-OH (알코올)	R-NCO (아이소시아네이트)	열가소성, 열경화성	섬유, 접착제, 고무, 발포제

1-2 합성수지의 분류

1 합성수지(플라스틱)의 정의

석유정제 시 생성되는 것과 순수한 단량체를 중합하여 생성되는 비결정성 및 반결정성 고분자화합물

2 합성수지의 분류

열가소성 수지, 열경화성 수지로 분류됨

(1) 열가소성 수지

정의	• 열을 가하여 성형한 후 다시 열을 가하면 형태를 변형시킬 수 있는 수지 • 열을 가하면 녹고, 온도를 충분히 낮추면, 고체 상태로 되돌아가는 고분자
특징	• 열을 가하면 다시 녹음 • 성형 및 가공 쉬움(압출 및 사출 성형 가능) • 내열성, 내용제성 약함
고분자 형태	**• 사슬(선형) 모양 • 단순, 가교 없음**
예	폴리에틸렌(PE), 폴리프로필렌(PP), 폴리스타이렌(PS), 폴리에틸렌테레프탈레이트(PET), 폴리염화바이닐(PVC), 폴리염화바이닐리덴, 폴리카보네이트(PC), 폴리페닐렌설파이드, ABS, 폴리아마이드(나일론 6, 나일론 6,6), 아크릴 수지, 불소 수지 등

(2) 열경화성 수지

정의	• 열을 가하여 성형하면 다시 열을 가해도 형태가 변하지 않는 수지 • 열을 가하면 녹지 않고, 타서 가루가 되거나 기체를 발생시키는 고분자
특징	• 한번 굳어지면 다시 녹지 않음 • 성형 및 가공 어려움(압출 및 사출 성형 불가능) • 내열성, 내용제성, 내약품성, 전기절연성, 기계적 강도 우수
고분자 형태	• 그물(네트워크) 모양 • 복잡, 가교 있음
예	페놀 수지, 요소 수지, 멜라민 수지, 에폭시 수지, 불포화 폴리에스터 수지, 우레탄 수지(폴리우레탄), 알키드 수지, 규소 수지 등

1-3 5대 범용 고분자

일상에서 가장 많이 사용되는 5개의 고분자를 일컫는 말

① HDPE(High Density Poly Ethylene)

② LDPE(Low Density Poly Ethylene)

③ PVC(Poly Vinyl Chloride)

④ PP(Poly Propylene)

⑤ PS(Poly Styrene)

§ 2. 열가소성 수지

2-1 폴리에틸렌(Polyethylene, PE)

1 개요

제법	• 에틸렌(CH_2CH_2)의 첨가 중합(부가 중합) $$n\begin{pmatrix} H & & H \\ & C \neq C & \\ H & & H \end{pmatrix} \longrightarrow \left[\begin{array}{cc} H & H \\ \mid & \mid \\ -C- & C- \\ \mid & \mid \\ H & H \end{array} \right]_n$$
특징	• 무색무취 • 상온에서 용매에 용해되지 않음 • 내열성 및 강도 우수 • 분자량이 증가할수록, 강도 및 내후성 증가 • 가지가 적을수록 결정성 증가 – 밀도 및 강도, 경도, 내약품성 증가 – 유리 전이온도 증가 – 연성, 투과성 감소
용도	전선의 단열재, 식품 포장재, 용기, 섬유, 밧줄, 어망 등

2 종류

구분	저밀도 폴리에틸렌(LDPE)	고밀도 폴리에틸렌(HDPE)
생성 방법	고압법	저압법(지글러나타 촉매법)
반응온도(℃)	200~300	60~80
구조	그물망(가지, 네트워크) 구조	선형(사슬) 구조
밀도(g/cm^3)	작음 0.915~0.925	큼 0.94~0.97
결정화도	작음 (55%)	큼 (85~95%)
강도	작음	큼
연신율	큼	낮음

구분	저밀도 폴리에틸렌(LDPE)	고밀도 폴리에틸렌(HDPE)
신축성 및 유연성	큼	낮음
특징	**비결정성** 고분자 상온에서 투명한 고체 방수성, 보온력 우수	**결정성** 고분자 상온에서 불투명 고체
용도	포장용 투명 필름, 종이컵 코팅재, 절연성 피복 등	페트병 뚜껑, 용기, 파이프 등

The 알아보기

연신율

- 재료가 끊어지지 아니하고 늘어나는 비율
- 늘어나다가 가늘어지면서 끊어지기 직전까지의 길이/원래 길이

LLDPE(선형 저밀도 폴리에틸렌)

- 고밀도 폴리에틸렌(HDPE)과 비슷한 선형 구조에 α-olefin과의 공중합을 통한 곁가지로 밀도를 낮춘 것

2-2 폴리프로필렌(Polypropylene, PP)

1 개요

제법	• 프로필렌(CH_2CHCH_3)의 첨가 중합(부가 중합) $n\left(\begin{matrix} H & H \\ \vert & \vert \\ C = & C \\ \vert & \vert \\ H & CH_3 \end{matrix}\right) \longrightarrow \left[-\begin{matrix} H & H \\ \vert & \vert \\ C - & C \\ \vert & \vert \\ H & CH_3 \end{matrix}- \right]_n$
특징	• 표면에 광택이 있고, 흠이 잘 나지 않음 • 저온에서 부서지기 쉬움(취성) • 밀도 $0.91g/cm^3$로 매우 가벼움 • 용융온도가 160℃로 열탕 소독이 가능 • **지글러나타 촉매 사용** • 상업용 PP는 주로 isotactic PP임
용도	• 섬유, 용기, 식기류, 밧줄 • 필름 – 담배 포장지, 내수성 스카치테이프

2 지글러나타(Ziegler-Natta) 촉매

① 에틸렌과 프로필렌의 첨가 중합 반응(→ 폴리에틸렌, 폴리프로필렌) 사용 촉매
② 촉매 : $Al(CH_3CH_2)_3-TiCl_3$, $AlCl_3$, $TiCl_3$
③ isotactic PP 배열을 생성
④ 저압법(지글러나타 촉매법)으로 에틸렌을 중합하여 고밀도 폴리에틸렌(HDPE) 생성
⑤ 균일 및 불균일 촉매 모두 개발됨

3 고분자의 입체 규칙성

입체규칙성	배치	구조
isotactic	모든 치환기가 고분자 사슬의 한쪽에 배치	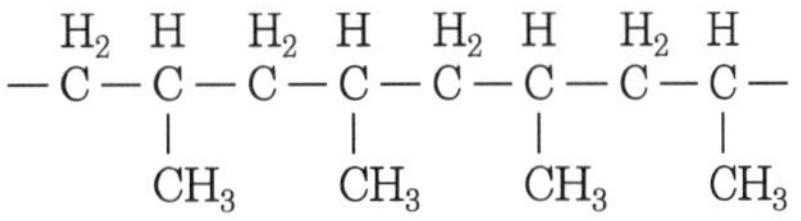 H_2 H H_2 H H_2 H H_2 H –C–C–C–C–C–C–C–C– | | | | CH_3 CH_3 CH_3 CH_3 isotactic PP
syndiotactic	치환기가 고분자 사슬의 한쪽과 반대쪽에 규칙적으로 배치	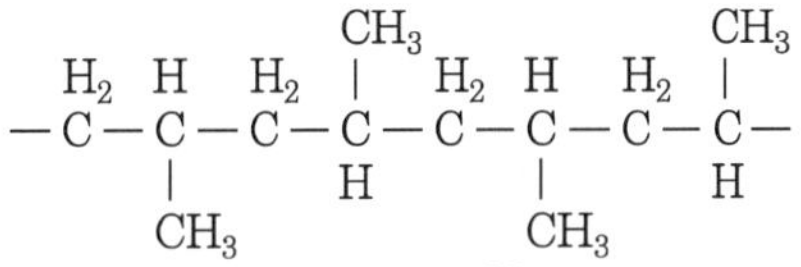 CH_3 CH_3 H_2 H H_2 | H_2 H H_2 | –C–C–C–C–C–C–C–C– | H | H CH_3 CH_3 syndiotactic PP
atactic	치환기가 고분자 사슬의 한쪽과 반대쪽에 불규칙적으로(랜덤) 배치	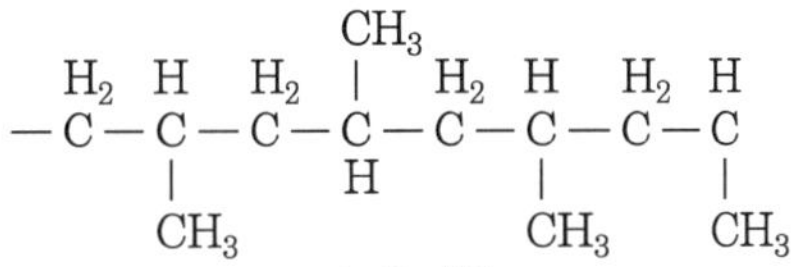 CH_3 H_2 H H_2 | H_2 H H_2 H –C–C–C–C–C–C–C–C | H | | CH_3 CH_3 CH_3 atactic PP

입체 규칙성에 따라 물성이 다름

2-3 폴리스타이렌(폴리스티렌, Polystyrene, PS)

1 개요

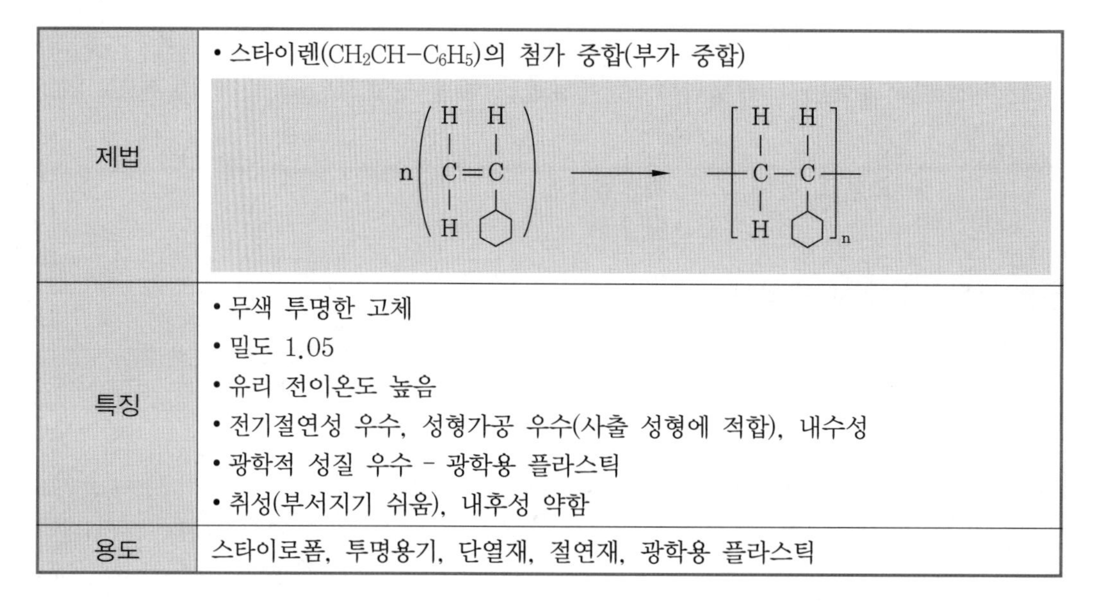

제법	• 스타이렌($CH_2CH-C_6H_5$)의 첨가 중합(부가 중합) $n\,(CH_2=CH-C_6H_5) \longrightarrow -\!\![CH_2-CH(C_6H_5)]_n\!\!-$
특징	• 무색 투명한 고체 • 밀도 1.05 • 유리 전이온도 높음 • 전기절연성 우수, 성형가공 우수(사출 성형에 적합), 내수성 • 광학적 성질 우수 – 광학용 플라스틱 • 취성(부서지기 쉬움), 내후성 약함
용도	스타이로폼, 투명용기, 단열재, 절연재, 광학용 플라스틱

2 폴리스타이렌 공중합체

(1) ABS 수지

① 아크릴로나이트릴(acrylonitrile), 부타디엔(butadiene) 및 스타이렌(styrene)의 공중합체

② 그래프트형 공중합체

③ 아크릴로나이트릴의 내약품성, 스타이렌의 우수한 가공성, 부타디엔의 유연성 및 내충격성을 모두 가짐

$$\left.\begin{array}{l} CH_2=CH-CN \\ CH_2=CH-CH=CH_2 \\ C_6H_5-CH=CH_2 \end{array}\right] \longrightarrow -(CH_2-CH(C\equiv N))_x-(CH_2-CH=CH-CH_2)_y-(CH_2-CH(C_6H_5))_z-$$

AN Bu Sty

공중합체 – ABS 수지

(2) AS 수지(SAN 수지)

① 아크릴로나이트릴-스타이렌의 공중합체

② 폴리스타이렌의 투명성을 손상시키지 않고 강도를 높인 것

③ 용도 : 화장품 용도, 전기 · 전자부품, 배터리 케이스, 높은 강성 및 내열이 필요한 기계 부품류 등

$$\left(-\mathrm{CH(C_6H_5)}-\mathrm{CH_2}-\mathrm{CH_2}-\mathrm{CH(CN)}- \right)_n$$

AS 수지

2-4 폴리염화바이닐(Poly vinyl chloride, PVC)

제법	• 염화바이닐(CH_2CHCl)의 첨가 중합(부가 중합) $n\,\mathrm{CH_2{=}CHCl} \longrightarrow \left[-\mathrm{CH_2}-\mathrm{CHCl}- \right]_n$
특징	• 백색 분말이고, 겔(gel)화되면 투명해짐 • 내열성, 내한성, 강도, 전기절연성 좋음 • 내산성, 내알칼리성
용도	PVC관, 전선 피복, 파이브, 어망, 방충망, 레코드판, 장식용 벽지

2-5 폴리아세트산바이닐(Poly vinyl acetate, PVAc)

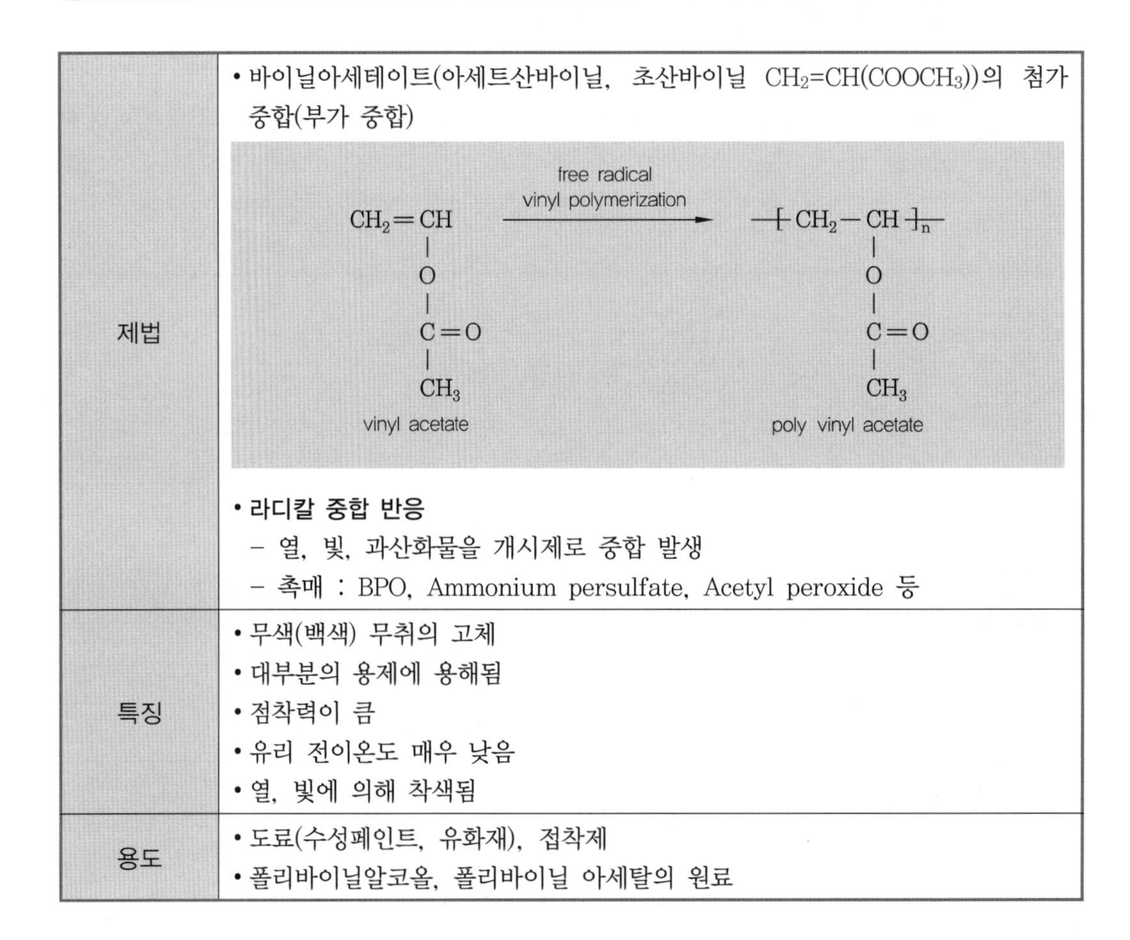

제법	• 바이닐아세테이트(아세트산바이닐, 초산바이닐 $CH_2=CH(COOCH_3)$)의 첨가 중합(부가 중합) $CH_2=CH(-O-C(=O)-CH_3)$ (vinyl acetate) —free radical vinyl polymerization→ $-[CH_2-CH(-O-C(=O)-CH_3)]_n-$ (poly vinyl acetate) • **라디칼 중합 반응** – 열, 빛, 과산화물을 개시제로 중합 발생 – 촉매 : BPO, Ammonium persulfate, Acetyl peroxide 등
특징	• 무색(백색) 무취의 고체 • 대부분의 용제에 용해됨 • 점착력이 큼 • 유리 전이온도 매우 낮음 • 열, 빛에 의해 착색됨
용도	• 도료(수성페인트, 유화재), 접착제 • 폴리바이닐알코올, 폴리바이닐 아세탈의 원료

2-6 폴리바이닐알코올(Poly vinyl alcohol, PVA)

1 개요

제법	• 직접 비누화 반응 • 산 · 염기에 의한 에스터 교환 반응
특징	• 무색(백색)무취의 고체 • 수용성 – 물에 잘 녹고(가용성), 유기용매에는 잘 녹지 않음(불용성)
용도	에멀션화제, 도료, 필름, 종이 가공제, 접착제, 유화제, 현탁제

2 제법

(1) 직접 비누화 반응

폴리아세트산바이닐에 메탄올과 NaOH를 가해, 30~50℃ 조건으로 가수분해시켜 얻음

$$\left[CH_2CH(O-\overset{\overset{O}{\|}}{C}-CH_3) \right]_n + CH_3OH \xrightarrow{NaOH} \left[CH_2CH(OH) \right]_n + CH_3-\overset{\overset{O}{\|}}{C}ONa$$

(2) 산, 염기 에스터(에스테르) 교환 반응

폴리아세트산바이닐에 메탄올과 산 또는 염기를 가해, 가수분해시켜 얻음

$$\left[CH_2CH(O-\overset{\overset{O}{\|}}{C}-CH_3) \right]_n + CH_3OH \xrightarrow[\text{또는 염기}]{\text{산}} \left[CH_2CH(OH) \right]_n + CH_3-\overset{\overset{O}{\|}}{C}OCH_3$$

2-7 폴리테트라플루오로에틸렌 (Poly tetra fluoro ethylene, PTFE, Teflon)

제법	• 테트라플루오로에틸렌(TFE, CF_2CF_2)의 첨가 중합(부가 중합) $n\,(CF_2=CF_2) \longrightarrow \left[CF_2-CF_2 \right]_n$
특징	• 매우 안정한 화합물 • 내약품성, 내열성, 비접착성 • 녹는점 327℃
용도	부식방지용 내식 재료, 프라이팬 코팅, 기계부품 재료

2-8 폴리에틸렌테레프탈레이트 (Poly ethylene terephthalate, PET)

1 개요

제법	• 축합 중합 • 다이메틸테레프탈산과 에틸렌글리콜의 합성(에스터화 교환 반응) • 테레프탈산(에스터)와 에틸렌글리콜의 합성(직접 에스터화법)
특징	• 투명 또는 불투명(백색)의 결정성 고체 • 밀도 1.12 • 강도, 내열성, 내광성, 내후성, 내수성(저흡수성) 우수 • 전기절연성, 내마모성 • 섬유 형성 능력과 혼방성이 좋음 • 유기용제에 잘 녹지 않고, 내약품성이 있음
용도	• 산업용 섬유(밧줄, 어망, 낚시줄, 벨트 등), 의류용 섬유(혼방 섬유) • 전기절연용 테이프, 녹음 테이프, 필름, 탄산음료 용기, 식용 용기

2 제법

(1) 다이메틸테레프탈산과 에틸렌글리콜의 합성(에스터화 교환 반응)

$$CH_3-O-\overset{\overset{O}{\|}}{C}-C_6H_4-\overset{\overset{O}{\|}}{C}-O-CH_3 + \underset{OH}{CH_2}-\underset{OH}{CH_2}$$

dimethyl terephthalate(DMT) ethylene glycol

$$\xrightarrow{-2CH_3OH} \left[\overset{\overset{O}{\|}}{C}-C_6H_4-\overset{\overset{O}{\|}}{C}-O-CH_2-CH_2-O \right]$$

PET

(2) 테레프탈산(에스터)과 에틸렌글리콜의 합성(직접 에스터화법)

$$HOOC-C_6H_4-COOH + 2CH_2(OH)-CH_2(OH)$$

terephthalic acid　　ethylene glycol

$$\xrightarrow{-2H_2O} HO-(CH_2)_2-O-CO-C_6H_4-CO-O-(CH_2)_2OH$$

bis(2-hydroxyl ethyl) terephthalate

$$\xrightarrow[\text{축합 중합}]{-HO(CH_2)_2OH} \left[-CO-C_6H_4-CO-O-(CH_2)_2-O-\right]_n$$

PET

2-9 폴리메틸메타크릴레이트(Poly methyl methacrylate, PMMA)

제법	• 메틸메타크릴레이트(MMA)의 첨가 중합(부가 중합) $CH_2=C(CH_3)-C(=O)-O-CH_3 \xrightarrow{\text{첨가 중합}} \left[-CH_2-C(CH_3)(C(=O)-O-CH_3)-\right]_n$ MMA → PMMA
특징	무색투명한 고체
용도	유기 유리, 항공기 유리, 방수용 안경, 인조 치아

2-10 폴리카보네이트(Polycarbonate, PC)

1 개요

정의	• 카보네이트 결합(탄산에스터 결합, R−COO−R′)를 주사슬로 가진 중합체 • 폴리에스터 중 하나(폴리탄산에스터)
제법	• 다이페놀(diphenol)과 포스겐($COCl_2$)의 직접 반응 • 다이페놀과 다이페닐카보네이트의 에스터 교환 반응
특징	• 무색 또는 담황색의 투명한 재료 • 인장강도 · 휨강도 · 내충격성 큼 • 내수성 및 내산성 좋음 • 내알칼리성 작음
용도	• 엔지니어링 플라스틱(가전 · 전자통신 · 정밀기기 · 자동차 재료), 콤팩트디스크(CD)

2 제법

(1) 다이페놀(diphenol) 포스겐($COCl_2$)의 직접 반응

다이페놀(비스페놀A)	+	포스겐	→	폴리카보네이트
HO− R −OH		$COCl_2$		R−COO−R′

$$HO-C_6H_4-C(CH_3)_2-C_6H_4-OH + Cl-C(=O)-Cl \longrightarrow \left[-O-C_6H_4-C(CH_3)_2-C_6H_4-O-C(=O)-\right]_n + HCl$$

(2) 다이페놀과 다이페닐카보네이트의 에스터 교환 반응

$$n\,HO-C_6H_4-C(CH_3)_2-C_6H_4-OH + n\,C_6H_5-O-\overset{O}{\overset{\|}{C}}-O-C_6H_5 \longrightarrow \left[-O-C_6H_4-C(CH_3)_2-C_6H_4-O-\overset{O}{\overset{\|}{C}}-\right]_n + n\,HO-C_6H_5$$

부산물로 페놀 생성

§ 3. 열경화성 수지

3-1 페놀 수지(Phenol resin)

1 개요

제법	• 촉매 하에서 페놀과 폼알데하이드의 축합 중합으로 생성 • 염기 촉매 하 생성물 : 레졸(resols) • 산 촉매 하 생성물 : 노볼락(novolacs)
특징	• 기계적 강도, 내산성, 내열성, 전기절연성 좋음
용도	• 코팅제, 엔지니어링 플라스틱, 전지 · 전자 · 기계 · 자동차 부품

2 제법

(1) 페놀 수지

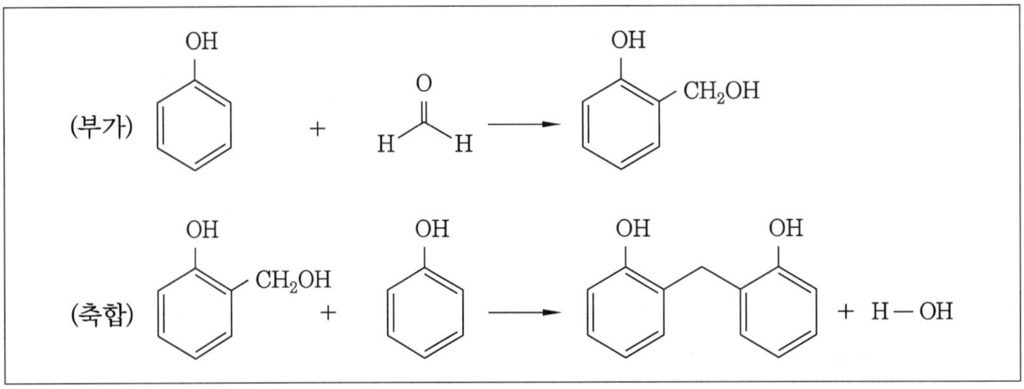

(부가) OH(페놀) + $H_2C{=}O$ → OH, CH_2OH

(축합) OH, CH_2OH + OH(페놀) → OH ⋯ OH + H—OH

(2) 레졸(resols)

pH7 이상 **염기 촉매**(NH_4OH, NaOH, KOH) 하에서 생성되는 페놀 수지

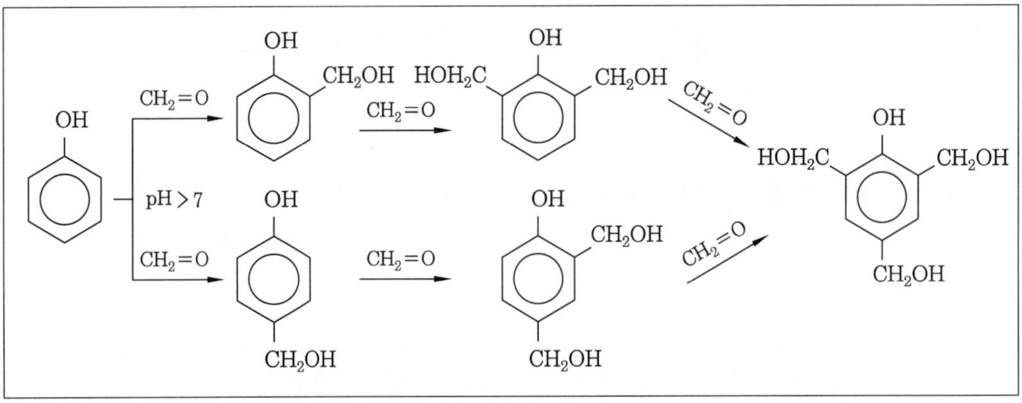

OH — pH > 7 — $CH_2{=}O$ → OH, CH_2OH — $CH_2{=}O$ → HOH_2C, OH, CH_2OH — $CH_2{=}O$ → HOH_2C, OH, CH_2OH, CH_2OH

OH — pH > 7 — $CH_2{=}O$ → OH, CH_2OH(para) — $CH_2{=}O$ → OH, CH_2OH, CH_2OH — $CH_2{=}O$ → HOH_2C, OH, CH_2OH, CH_2OH

(3) 노볼락(novolacs)

pH7 이하 **산 촉매** 하에서 생성되는 페놀 수지

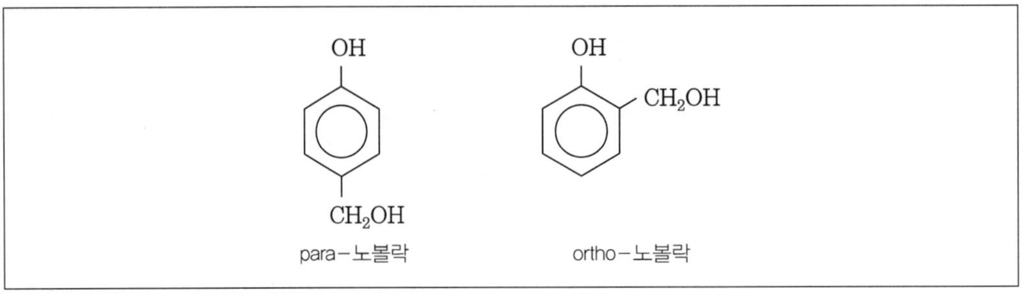

OH, CH_2OH (para)

para－노볼락

OH, CH_2OH (ortho)

ortho－노볼락

3-2 아미노 수지(Amino resin)

정의	• 아미노기(−NH_2)를 가진 화합물과 폼알데하이드가 첨가 축합되어 생성되는 열경화성 수지의 총칭 • **아마이드 결합(펩타이드 결합, -NHCO-)을 가짐**
종류	• 요소 수지 : 요소와 폼알데하이드의 축합 중합 • 멜라민 수지 : 멜라민과 폼알데하이드의 축합 중합 • 아닐린알데하이드 수지 : 아닐린과 알데하이드의 축합 중합

3-3 요소 수지(Urea resin)

1 개요

정의	• **요소와 폼알데하이드의 축합 중합**으로 생성된 열경화성 수지
특징	• 아마이드 결합(펩타이드 결합, -NHCO-)을 가짐 • **목재 점착력 우수** • 착색 가능 • 내수성 작음
용도	• 접착제, 단추, 그릇

2 제법

요소 + 폼알데하이드 → 모노메탄올 우레아(요소 수지)

$$H_2N-\overset{\overset{O}{\|}}{C}-NH_2 + \underset{H}{\overset{H}{>}}C=O \longrightarrow H_2N-\overset{\overset{O}{\|}}{C}-NH-CH_2-OH$$

3-4 멜라민 수지(Melamine resin)

1 개요

구분	내용
제법	약염기 상태에서 멜라민 수용액을 폼알데하이드와 가열하면 메틸올 멜라민을 생성함
특징	• **아마이드 결합(펩타이드 결합)을 가짐** • 3차원 구조 • 요소 수지와 성질이 비슷함
용도	• 요소 수지와 용도 비슷 • 접착제, 도료, 섬유, 종이 등의 수지 가공

2 제법

멜라민 + 폼알데하이드 → 멜라민 수지

NH_2, N, N, NH_2, N, NH_2 + HCHO → $NH-CH_2OH$, N, N, NH_2, N, NH_2

tri amino triazine　　폼알데하이드　　멜라민 수지 (메틸올 멜라민)

3-5 우레탄 수지(폴리우레탄, Poly Urethnane, 아이소시아네이트 고분자)

1 개요

정의	우레탄 결합(-OCONH-)을 가진 중합체의 총칭
제법	다이아이소시아네이트(diisocyanate)와 다이올(글리콜, diol)의 첨가 중합
특징	• 가교제의 종류에 따라 성질이 다른 폴리우레탄 수지를 얻을 수 있음 – 물을 가교제로 쓰면 발포우레탄(우레탄폼)을 얻음 – 다이아민글리콜을 가교제로 쓰면 탄성체 우레탄 고무를 얻음 • 발포우레탄은 방음성과 보온성 우수
용도	• 냉장 보온재, 방음단열재 • 합성고무, 합성섬유, 접착제, 도료, 우레탄폼, 자동차 범퍼 등

2 제법

$$\underset{\text{다이아이소시아네이트}}{OCN-R^1-NCO} + \underset{\text{다이올}}{OH-R^2-OH} \rightarrow \underset{\text{폴리우레탄}}{[-R^1-OCONH-R^2-NHCOO-]n}$$

$$nHO-R'-OH + nO=C=N-R-N=C=O$$

$$\longrightarrow \left[R'-O-\overset{\overset{\displaystyle O}{\|}}{C}-NH-R-NH-\overset{\overset{\displaystyle O}{\|}}{C}-O \right]_n$$

3-6 에폭시 수지(Epoxy resin)

1 개요

특징	• 에폭시 수지는 경화제를 가하면, 기계적 강도나 내약품성이 높아짐 • 가교화된 에폭시 수지는 강도가 크고, 내화학성이 우수, 전기적 성질 우수
용도	• 부식에 대한 저항성이 필요한 생활필수품 및 금속용기 • 기구, 배 등의 표면 보호 코팅재, 접착제, 스포츠 기구, 항공 부품

2 제법

비스페놀 A + 에피클로로하이드린 → 에폭시 수지

$$HO-C_6H_4-C(CH_3)_2-C_6H_4-OH + H_2C\underset{O}{-}CH-CH_2Cl$$

비스페놀 A 에피클로로하이드린

$$\xrightarrow{NaOH} \left[-O-C_6H_4-C(CH_3)_2-C_6H_4-O-CH_2CH(OH)-CH_2-\right]_n$$

에폭시 수지

3-7 불포화 폴리에스터 수지(Unsaturated Polyester resin)

1 제법

무수말레인산과 글리콜(glycol)의 중합 반응으로 불포화 폴리에스터 프리폴리머(prepolymer)를 만들고, 이것을 단량체(monomer)와 공중합시키면 가교를 일으키며 경화함

무수말레인산 + 에틸렌글리콜 → 불포화 폴리에스터 프리폴리머

$$\text{(maleic anhydride)} + \begin{matrix} CH_2-OH \\ | \\ CH_2-OH \end{matrix} \longrightarrow \left(-\underset{\underset{O}{\|}}{C}-CH=CH-\underset{\underset{O}{\|}}{C}-O-CH_2CH_2O-\right)$$

3-8 알키드 수지(Alkyd resin)

지방산, 무수프탈산 및 글리세린의 축합 반응으로 생성

3-9 규소 수지(실리콘 수지, silicon resin, 폴리실록산)

정의	실록산 결합(−Si−O−Si−O−)을 가지는 고분자
특징	내열성

§ 4. 합성고무 공업

4-1 고무(rubber)

1 고무의 정의

상온에서 고무상 탄성을 나타내는 사슬 모양의 고분자 물질이나 그 원료가 되는 고분자 물질

2 고무의 분류

① 천연고무(natural rubber) : 고무나무에서 채취하여 얻는 고무

② 합성고무(synthetic rubber) : 두 가지 이상의 원료 물질에 촉매를 가하여 중합시킨 고무

4-2 천연고무(natural rubber)

정의	• 천연고무 : 고무나무에서 채취하여 얻는 고무 • 생고무(raw rubber) : 라이텍스에 폼산 또는 아세트산(초산)을 가하여 고형분을 응고시킨 것 • 라이텍스(latex) : 고무나무의 수액
성분	• **폴리아이소프렌(cis-1,4-polyisoprene)** **아이소프렌(2-methyl-1,3 butadiene)의 첨가 중합체** $H_2C=C(CH_3)-C(H)=CH_2$ —첨가 중합→ $-(H_2C-C(CH_3)=C(H)-CH_2)_n-$ 아이소프렌 (2-methyl-1,3 butadiene) → 천연고무 (cis-1,4-polyisoprene)
구성	고무 탄화수소(89.3~92.35%), 단백질(2.5~3.5%), 수분, 회분 등
물성	• 비중 0.934(20℃) • 비열 0.502(20℃) • 연소열 44.16kJ/g
평균 분자량	200,000~400,000(분자량 분포가 넓음)
특징	• 기계적 성질, 내마모성, 내굴곡성 우수 • 합성고무보다 표면 감촉이 좋음 • 분자량 분포가 넓어 가공성이 좋음 • 내열성 및 내오존성 나쁨(상용온도 60℃) • 산과 기름에 약함
용도	전선 피복용, 자동차 타이어용, 방진용, 벨트용, 공업용 부품 등

• 단위체 : 부타디엔

4-3 합성고무(synthetic rubber)

1 합성고무의 개요

정의	• 두 가지 이상의 원료 물질에 촉매를 가하여 중합시킨 고무
특징	• 탄성과 강성 우수 • 내마모성, 반발 탄성, 기계적 특성 우수
용도	• 타이어, 벨트, 호스, 신발 등에 사용되는 고기능성 소재

2 합성고무의 분류

(1) 공중합 고무

구분	2원 공중합 고무	3원 공중합 고무
정의	2가지 물질을 중합한 합성고무	3가지 물질을 중합한 합성고무
종류	스타이렌-부타디엔 고무(SBR) 나이트릴-부타디엔 고무(NBR)	에틸렌-바이닐-다이엔고무(EPDM)

(2) 결정에 따른 분류

구분	결정성 고무	비결정성 고무
정의	배열이 규칙적인 고무	배열이 불규칙적인 고무
종류	네오프렌 고무(클로로프렌 고무, CR)	스타이렌-부타디엔 고무(SBR) 나이트릴-부타디엔 고무(NBR) 부타디엔 고무(BR)

3 합성고무의 종류

(1) 부타디엔 고무(Butadiene Rubber, BR)

부타디엔의 첨가 중합체(폴리부타디엔)

제법	• 지글러나타 촉매를 이용한 부타디엔의 첨가 중합(용액 중합) butadiene $\xrightarrow{\text{첨가 중합}}$ cis-1,4-polybutadiene(95%) $H_2C{=}CH-CH{=}CH_2 \xrightarrow{\text{첨가 중합}} -\!\!(H_2C-CH{=}CH-CH_2)\!\!-$ 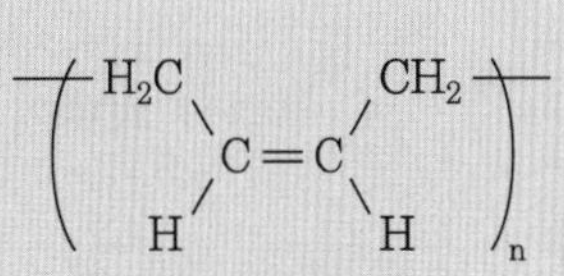 $\left[\begin{matrix} H_2C & & CH_2 \\ & C{=}C & \\ H & & H \end{matrix} \right]_n$ (95%) cis-1,4-poly butadiene rubber • 생성된 중합체의 95%는 cis-1,4-polybutadiene 구조(스테레오 부타디엔 고무)
특징	• 투명한 고무 • 천연고무, SBR보다 내마모성, 반발 탄성, 내굴곡성 우수 • 천연고무, SBR보다 발열 적음 • 압출 성형 쉬움
용도	• 타이어, 신발, 골프공 등 • 천연고무를 혼합(blend)하여 타이어 고무 원료로 사용

(2) 네오프렌 고무(클로로프렌 고무, 폴리클로로프렌, CR)

클로로프렌(2-chloro-1,3 butadiene)의 첨가 중합체 및 공중합체

제법	클로로프렌 단위체를 물속에서 비누로 에멀션화시키고, 중합 조절제(황)와 개시제(과황산포타슘)를 사용하여 pH 9~12, 40℃에서 중합시켜 제조 chloroprene $\xrightarrow{\text{첨가 중합}}$ polychloroprene(neoprene) $n\,H_2C=CH-C(Cl)=CH_2 \xrightarrow{\text{중합}} [-CH_2-CH=C(Cl)-CH_2-]_n$
특징	• 중합온도가 높을수록, trans-1,4 생성 비율 감소, 결정성 감소 • 가격 비쌈
용도	장갑이나 피복제품 원료, 전선, 케이블 피복, 구두의 뒤축, 공업용 호스, 벨트

(3) 스타이렌 부타디엔 고무(Styrene-Butadiene Rubber, SBR, 부나-S 고무)

스타이렌과 부타디엔의 공중합체

$$CH(H)=CH(C_6H_5) + CH_2=CH-CH=CH_2 \xrightarrow{\text{공중합}} -(CH(H)-CH(C_6H_5))_n-(CH_2-CH=CH-CH_2)_m-$$

스타이렌 부타디엔 SBR

SBR의 생성 반응 - 공중합

제법	• 스타이렌과 부타디엔을 1 : 3의 무게비(mol비 1 : 6)로 유화 중합 방법으로 공중합하여 얻음 • 라디칼 중합
특징	• 비결정성 고무(불규칙적인 구조) • 천연고무와 특징이 비슷하고 가격이 싸서, 가장 많이 사용하는 합성고무 • 천연고무보다 품질이 균일, 내열성 및 내마모성 우수, 지구력과 탄성 나쁨 • 합성고무 중 가격이 가장 저렴 • 뷰틸고무보다 전기절연성은 나쁨
용도	• 호스, 벨트, 구두창 마루바닥, 피복제품, 압출품 및 전기절연체 등

(4) 나이트릴-부타디엔 고무(Nitrile-butadiene rubber, NBR)

아크릴로나이트릴과 부타디엔을 유화 중합법으로 만든 합성고무 제품

$$\underset{\text{아크릴로나이트릴}}{CH_2=\underset{\underset{CN}{|}}{CH}} + \underset{\text{부타디엔}}{H_2C=CH-CH=CH_2} \xrightarrow{\text{첨가 중합}} \underset{\text{나이트릴 고무}}{-\!\!\left[\left(CH_2-\underset{\underset{CN}{|}}{CH}\right)_n\left(H_2C-CH=CH-CH_2\right)\right]_m\!\!-}$$

제법	• 아크릴로나이트릴-스타이렌 공중합체를 부타디엔-아크릴로나이트릴 고무와 혼합(blending) • 폴리부타디엔과 스타이렌, 아크릴로나이트릴의 혼합물을 중합하여 상호 고분자(interpolymer)를 제조
특징	• 아크릴로나이트릴-부타디엔-스타이렌 공중합체(ABS 수지)가 가장 많이 사용됨 • 아크릴로나이트릴의 함량 20~30% • 폴리스타이렌(PS)보다 강도, 내용매성 및 내유성 우수, 유리 전이온도 높음 • 내유성, 내마모성, 내노화성, 내약품성, 가스 투과성 우수 • 내열성 양호 • 인장강도 높음 • 탄성, 접착성, 절연성 나쁨
용도	• 연료 호스, 신발 밑창, 자동차부품, PVC 개질제 등

(5) 뷰틸고무(Butyl Rubber, BR, Isobutene-isoprene, IIR)

아이소뷰텐(이소부틸렌)과 아이소프렌의 공중합체

제법	• 아이소뷰텐과 아이소프렌에 염화메틸(희석제)을 혼합하여 제조 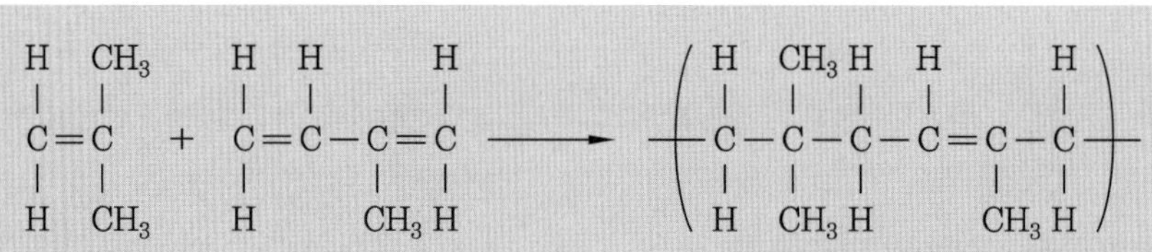 $\begin{matrix} H & & CH_3 \\ \vert & & \vert \\ C & = & C \\ \vert & & \vert \\ H & & CH_3 \end{matrix} + \begin{matrix} H & & H & & & & H \\ \vert & & \vert & & & & \vert \\ C & = & C & - & C & = & C \\ \vert & & & & \vert & & \vert \\ H & & & & CH_3 & & H \end{matrix} \longrightarrow \left(\begin{matrix} H & & CH_3 & & H & & H & & & & H \\ \vert & & \vert & & \vert & & \vert & & & & \vert \\ C & - & C & - & C & - & C & = & C & - & C \\ \vert & & \vert & & \vert & & & & \vert & & \vert \\ H & & CH_3 & & H & & & & CH_3 & & H \end{matrix} \right)$ 아이소뷰텐　　아이소프렌　　뷰틸 고무(BR)
특징	• 대부분이 아이소뷰텐이고 소량의 아이소프렌이 불규칙하게 분포된 공중합체 • 포화도가 높은 고무(이중 결합이 적음, 불포화도 낮음) • 불포화도 　– 아이소뷰텐에 대한 아이소프렌의 비율 　– 불포화 부분(이중 결합)에 황이 첨가됨 • 가황 속도 느림 • 내노화성, 내오존성, 전기절연성 우수 • 기체 투과성, 반발 탄성 작음 • 접착성 나쁨
용도	호스, 튜브없는 타이어, 전선피복 등

(6) 실리콘 고무

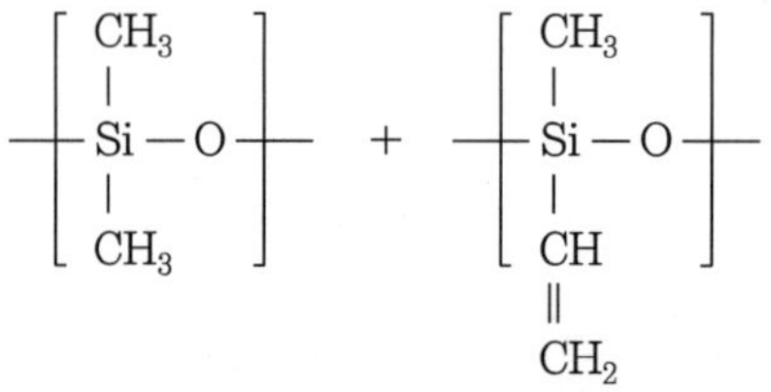

$$\left[\begin{matrix} CH_3 \\ \vert \\ Si - O \\ \vert \\ CH_3 \end{matrix} \right] + \left[\begin{matrix} CH_3 \\ \vert \\ Si - O \\ \vert \\ CH \\ \Vert \\ CH_2 \end{matrix} \right]$$

메틸 바이닐 폴리실록산

제법	• 실란올(silnaol, Si-OH) 등의 단량체의 축합 중합으로 폴리실록산(polysiloxane)이 생성됨
특징	• 내수성, 내한성, 내약품성, 전기적 성질 우수 • 내열성, 탄성 좋음 • 내유성 약간 나쁨 • 가격이 비쌈
용도	기기의 완충제, 전기 절연품, 고온 유체의 도관, 전선 및 케이블의 피복, 유리와 금속의 접착제 등

연습문제

2. 합성수지공업

2018 지방직 9급 공업화학

01 다음 식의 중합 방법은?

$$n H_2N-R-\overset{\displaystyle O}{\overset{\|}{C}}-OH \xrightarrow{-(n-1)H_2O} H\!\left[\overset{\displaystyle H}{\overset{|}{N}}-R-\overset{\displaystyle O}{\overset{\|}{C}}\right]_n\!OH$$

① 축합 중합(condensation polymerization)
② 부가 중합(addition polymerization)
③ 이온 중합(ionic polymerization)
④ 배위 중합(coordination polymerization)

해설

$$\cdots H-\overset{\displaystyle H}{\overset{|}{N}}-R-\overset{\displaystyle O}{\overset{\|}{C}}-OH+H-\overset{\displaystyle H}{\overset{|}{N}}-R-\overset{\displaystyle O}{\overset{\|}{C}}-OH\cdots \longrightarrow H\!\left[\overset{\displaystyle H}{\overset{|}{N}}-R-\overset{\displaystyle O}{\overset{\|}{C}}\right]_n\!OH+(n-1)H_2O$$

그림과 같이 작은 분자(H_2O)가 떨어져 나오므로 축합 중합이다.

정리 **첨가 중합**

- 다중 결합이 1개 끊어지면서 생긴 결합선으로 단위체들이 결합하여 고분자 화합물을 형성하는 것
- 떨어져 나가는 분자(원자)가 없음

$$n\begin{pmatrix} H & & H \\ & C\!=\!C & \\ H & & H \end{pmatrix} \longrightarrow \left[\begin{matrix} & H & H & \\ & | & | & \\ - & C-&C & - \\ & | & | & \\ & H & H & \end{matrix}\right]_n$$

n개의 에틸렌 1개의 폴리에틸렌

축합 중합

- 작용기가 2개 있는 단위체가 축합되어서 고분자 화합물을 형성
- 작은 분자가 떨어져 나오면 축합 중합

정답 ①

2017 국가직 9급 공업화학

02 폼알데하이드(formaldehyde)와 축합 중합으로 합성할 수 없는 것은?

① 페놀 수지
② 에폭시 수지
③ 멜라민 수지
④ 요소(우레아) 수지

해설 축합 중합체

고분자화합물	단위체 1	단위체 2
페놀 수지	C_6H_5−OH(페놀)	HCHO(폼알데하이드)
요소(urea) 수지	H_2NCONH_2(요소)	HCHO(폼알데하이드)
멜라민 수지	$C_3H_6N_6$(멜라민)	HCHO(폼알데하이드)
에폭시 수지	비스페놀A	에피클로로하이드린
폴리카보네이트	비스페놀A(다이페놀)	포스겐
폴리에틸렌테레프탈레이트 (PET)	$(HOOC)C_6H_4(COOH)$ (테레프탈산)	$HOCH_2CH_2OH$ (에틸렌글리콜)
나일론 6,6	$(HOOC)(CH_2)_4(COOH)$ (아디프산)	$H_2N(CH_2)_6NH_2$ (헥사메틸렌다이아민)
폴리에스터(polyester)	R−COOH (카복실산)	R−OH (알코올)
폴리아마이드	R−COOH (유기산, 카복실산)	R−NH_2 (아민)
우레탄 수지(폴리우레탄)	R−OH (알코올)	R−NCO (아이소시아네이트)
폴리우레아	R−NH_2 (아민)	R−NCO (아이소시아네이트)

정리 **첨가 중합체**

중합체 (고분자화합물)	단위체	첨가 중합 반응
폴리에틸렌 (PE)	CH_2CH_2 (에틸렌)	$n\,\mathrm{(H)(H)C{\neq}C(H)(H)} \longrightarrow \mathrm{[-C(H)(H)-C(H)(H)-]_n}$ 에틸렌 → 폴리에틸렌
폴리프로필렌 (PP)	CH_2CHCH_3 (프로필렌)	$n\,\mathrm{(H)(H)C{=}C(H)(CH_3)} \longrightarrow \mathrm{[-C(H)(H)-C(H)(CH_3)-]_n}$ 프로필렌 → 폴리프로필렌
폴리염화바이닐 (PVC)	CH_2CHCl (염화바이닐)	$n\,\mathrm{(H)(H)C{=}C(H)(Cl)} \longrightarrow \mathrm{[-C(H)(H)-C(H)(Cl)-]_n}$ 염화바이닐 → 폴리염화바이닐
폴리스타이렌 (PS)	$CH_2CH-C_6H_5$ (스타이렌)	$n\,\mathrm{(H)(H)C{=}C(H)(C_6H_5)} \longrightarrow \mathrm{[-C(H)(H)-C(H)(C_6H_5)-]_n}$ 스타이렌 → 폴리스타이렌
폴리테트라플루오로에틸렌 (PTFE, 테플론)	CF_2CF_2 (테트라플루오로에틸렌)	$n\,\mathrm{(F)(F)C{=}C(F)(F)} \longrightarrow \mathrm{[-C(F)(F)-C(F)(F)-]_n}$ 테트라플루오로에틸렌 → 폴리테트라플루오로에틸렌
폴리아크릴로나이트릴 (PAN)	CH_2-CHCN (아크릴로나이트릴)	$n\,\mathrm{(H)(H)C{=}C(H)(CN)} \longrightarrow \mathrm{[-C(H)(H)-C(H)(CN)-]_n}$ 아크릴로나이트릴 → 폴리아크릴로나이트릴
클로로프렌 고무 (네오프렌)	클로로프렌	$n\,\mathrm{(H)(H)C{=}C(H)-C(Cl){=}C(H)(H)} \longrightarrow \mathrm{(-C(H)(H)-C(H){=}C(Cl)-C(H)(H)-)_n}$ 클로로프렌 → 네오프렌

정답 ②

2015 서울시 9급 공업화학

03 고분자에 대한 설명 중 옳지 않은 것은?

① 용융 전이온도(T_m, melt transition temperature)는 단단한 비결정성 고분자가 부드러워지기 시작하는 온도를 말한다.
② 열경화성 고분자는 가교된 복잡한 네트워크 구조를 가진다.
③ 폴리스타이렌은 열가소성 플라스틱이다.
④ 곁가지를 많이 가진 고분자는 일반적으로 비결정성이며 유연하다.

해설 ① 유리 전이온도(T_g) : 단단한 비결정성 고분자가 부드러워지기 시작하는 온도
용융 전이온도(T_m) : 고체가 유동성 액체로 변하기 시작하는 온도

② **열가소성 수지와 열경화성 수지**

구분	열가소성 수지	열경화성 수지
정의	• 열을 가하면 녹고, • 온도를 충분히 낮추면, • 고체 상태로 되돌아가는 고분자	• 열을 가하면 녹지 않고, • 타서 가루가 되거나 • 기체를 발생시키는 고분자
특징	열을 가하면 다시 녹음	한번 굳어지면 다시 녹지 않음
고분자의 형태	• 사슬(선형) 모양 • 단순, 가교 없음	• 그물(네트워크) 모양 • 복잡, 가교 있음
예	• 폴리에틸렌(PE) • 폴리프로필렌(PP) • 폴리염화바이닐(PVC) • 폴리스타이렌(PS) • 폴리에틸렌테레프탈레이트(PET) • 폴리염화바이닐리덴(PVDC) • 폴리카보네이트(PC) • 폴리페닐렌설파이드(PPS) • ABS • 폴리아마이드(나일론6, 나일론6,6) • 열가소성 폴리이미드(polyimide) • 아크릴 수지 • 불소 수지 등	• 페놀 수지 • 요소 수지 • 멜라민 수지 • 에폭시 수지 • 불포화 폴리에스터 수지 • 우레탄 수지(폴리우레탄) • 열경화성 폴리이미드(polyimide) • 알키드 수지 • 규소 수지 등

(정리) **결정성 및 비결정성 분자**

구분	결정성 분자	비결정성 분자
정의	배열이 규칙적인 분자	배열이 불규칙적인 분자
온도	용융온도보다 낮은 온도일 때 결정성	용융온도보다 높은 온도일 때 녹아서 비결정성
강도	분자간의 힘 강함 → 단단함, 밀도 큼	분자간의 힘 약함 → 유연함, 밀도 작음

- 곁가지를 많이 가진 고분자는 일반적으로 비결정성이며 유연함
- 결정화도가 크면, 빛의 투과를 방해하므로, 불투명도 증가함
- 결정화도는 고분자의 물리적 물성(밀도, 결합강도 등)에 영향을 줌

정답 ①

2018 지방직 9급 공업화학

04 결정성 고분자에 대한 설명으로 옳지 않은 것은?

① 용융 온도 이상에서 고분자는 결정성을 보인다.
② HDPE(high density polyethylene)는 결정성 고분자이다.
③ 일반적으로 결정화도가 증가하면 불투명해진다.
④ 결정화도는 고분자의 물리적 물성에 영향을 준다.

해설 ① 용융 온도 이하에서 결정성 고분자는 결정성을 보인다.

정답 ①

2017 지방직 9급 추가채용 공업화학

05 고분자에 대한 설명으로 옳지 않은 것은?

① 폴리스타이렌(polystyrene)은 스타이렌(styrene)의 축합 중합을 통해 합성할 수 있다.
② 폴리바이닐클로라이드(polyvinyl chloride)는 바이닐클로라이드(vinyl chloride)의 자유 라디칼 중합을 통해 합성할 수 있다.
③ 나일론 6(nylon 6)은 ε－카프로락탐(ε–caprolactam)의 개환 중합에 의해 합성할 수 있다.
④ 폴리우레탄(polyurethane)은 주로 섬유, 접착제, 고무, 발포제 등의 생산에 사용된다.

해설 ① 폴리스타이렌(polystyrene)은 스타이렌(styrene)의 첨가 중합을 통해 합성할 수 있다.

정답 ①

2017 국가직 9급 공업화학

06 열가소성 수지로만 나열된 것은?

① 폴리에틸렌, 폴리염화바이닐, 아크릴 수지
② 폴리에틸렌, 폴리염화바이닐, 페놀 수지
③ 폴리에틸렌, 멜라민 수지, 아크릴 수지
④ 페놀 수지, 요소(우레아) 수지, 멜라민 수지

해설 **열가소성 수지**

폴리에틸렌(PE), 폴리프로필렌(PP), 폴리염화바이닐(PVC), 폴리스타이렌(PS), 폴리에틸렌테레프탈레이트(PET), 폴리염화바이닐리덴(PVDC), 폴리카보네이트(PC), 폴리페닐렌설파이드(PPS), ABS 등

열경화성 수지

페놀 수지, 요소 수지, 멜라민 수지, 에폭시 수지, 불포화 폴리에스터 수지, 우레탄 수지(폴리우레탄), 열경화성 폴리이미드(polyimide), 알키드 수지, 규소 수지 등

정답 ①

2017 지방직 9급 공업화학

07 압출(extrusion)로 성형할 수 없는 것은?

① 폴리염화바이닐(polyvinyl chloride)
② 폴리에틸렌 테레프탈레이트(polyethylene terephthalate)
③ 폴리프로필렌(polypropylene)
④ 페놀 수지(phenol resin)

해설
- 압출 성형 : 재료에 열과 고압을 가해 원하는 모양으로 만드는 것
- 압출 성형은 열가소성 수지만 가능하다.

④ 페놀 수지는 열경화성이므로 압출성형을 할 수 없다.

정답 ④

2018 지방직 9급 공업화학

08 결정화가 가장 어려운 폴리올레핀(polyolefin) 구조는?

① CH_3 H CH_3 H H CH_3 H CH_3 CH_3 H H CH_3

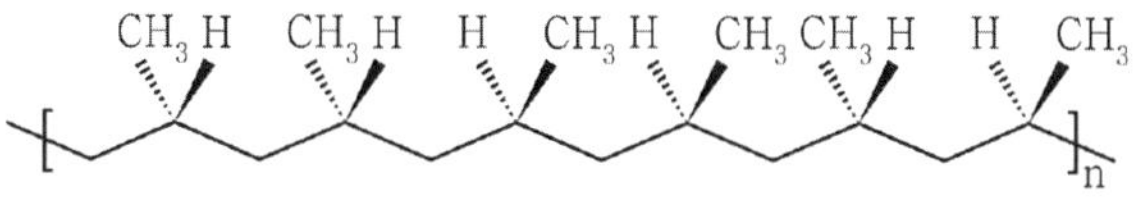

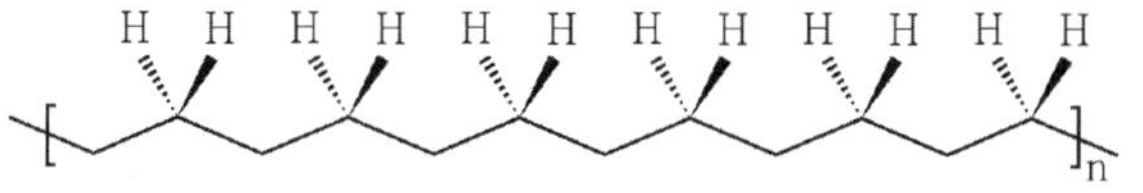

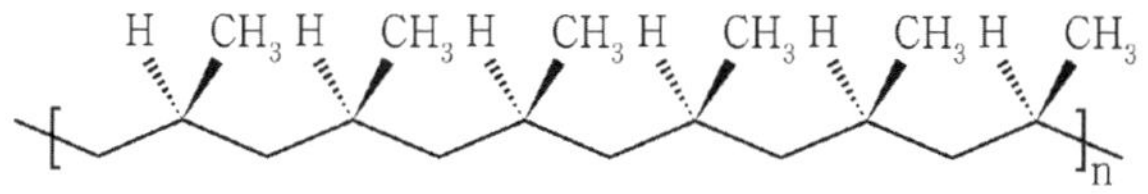

② H H H H H H H H H H H H

③ H CH_3 H CH_3 H CH_3 H CH_3 H CH_3 H CH_3

④ H CH_3 CH_3 H H CH_3 CH_3 H H CH_3 CH_3 H

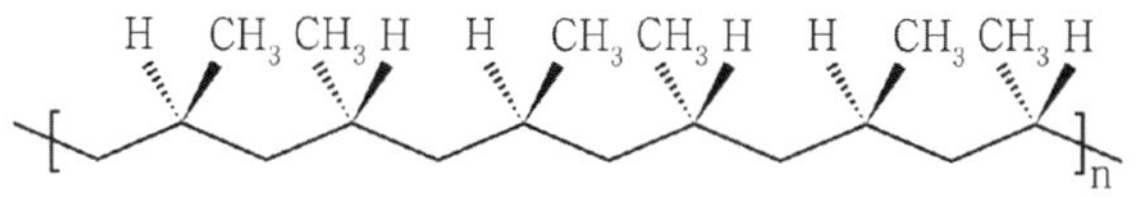

해설 배열이 불규칙하면, 결정화가 어렵다.
①은 규칙성이 없으므로, 결정화가 가장 어렵다.

정리 **폴리올레핀** : 알켄의 첨가 축합체(폴리에틸렌, 폴리프로필렌)

정답 ①

2016 서울시 9급 공업화학

09 다음 중 고밀도 폴리에틸렌(HDPE)에 대한 설명으로 가장 옳은 것은?

① 인장강도가 크지 않다.
② 구조는 선형이고, 결정화도는 약 90% 정도이다.
③ 반응 온도는 200~300℃이고, 고압 반응을 한다.
④ 연신율은 500% 정도이고, 밀도는 0.915~0.925g/cm^3이다.

해설 **폴리에틸렌의 분류 : 밀도**

구분	저밀도 폴리에틸렌(LDPE)	고밀도 폴리에틸렌(HDPE)
생성 방법	고압법	저압법(지글러나타 촉매법)
반응 온도(℃)	200~300	60~80
구조	그물망(가지, 네트워크) 구조	선형(사슬) 구조
밀도(g/cm^3)	작음 0.915~0.925	큼 0.94~0.97
결정화도	작음 (55%)	큼 (85~95%)
강도	작음	큼
연신율	큼	낮음
신축성 및 유연성	큼	낮음
특징	**비결정성** 고분자 상온에서 투명한 고체 방수성, 보온력 우수	**결정성** 고분자 상온에서 불투명 고체
용도	포장용 투명 필름, 종이컵 코팅재, 절연성 피복 등	페트병 뚜껑, 용기, 파이프 등

정답 ②

2017 국가직 9급 공업화학

10 **다음 ㉠~㉢에 들어갈 용어가 바르게 연결된 것은?**

> 폴리스타이렌(polystyrene)의 원료인 스타이렌(styrene)은 (㉠)으로부터 제조되고, (㉠)의 원료 물질은 (㉡)과 (㉢)이다.

	㉠	㉡	㉢
①	에틸벤젠(ethylbenzene)	에틸렌(ethylene)	벤젠(benzene)
②	큐멘(cumene)	프로필렌(propylene)	벤젠(benzene)
③	큐멘(cumene)	에틸렌(ethylene)	톨루엔(toluene)
④	페놀(phenol)	에탄올(ethanol)	벤젠(benzene)

해설 에틸렌 + 벤젠 → 에틸벤젠 → 스타이렌 → 폴리스타이렌(첨가 중합체)

정답 ①

2015 서울시 9급 공업화학

11 고분자의 반복 단위에 다음의 관능기를 갖는 고분자는?

$$-NH-\overset{\overset{\displaystyle O}{\|}}{C}-O-$$

① 폴리카보네이트(polycarbonate) ② 폴리아마이드(polyamide)
③ 폴리우레아(polyurea) ④ 폴리우레탄(polyurethane)

해설 ① 폴리카보네이트(polycarbonate)
- 폴리에스터의 하나
- 카보네이트 결합(탄산에스터 결합, -O-R-O-CO-)을 주 사슬로 가진 중합체
- 제법

다이페놀(비스페놀A)	+	포스겐	→	폴리카보네이트
HO-R-OH		$COCl_2$		R-COO-R′

$$HO-C_6H_4-C(CH_3)_2-C_6H_4-OH + Cl-\overset{\overset{\displaystyle O}{\|}}{C}-Cl \longrightarrow \left[O-C_6H_4-C(CH_3)_2-C_6H_4-O-\overset{\overset{\displaystyle O}{\|}}{C}\right]_n + HCl$$

② 폴리아마이드(polyamide, PA)
- 정의 : 아마이드 결합(-CONH-)으로 연결된 중합체의 총칭
- 제법 : 다이아민(NH_2-R-NH_2)과 2가산(HOOC-R-COOH)의 축합 중합

$$-COOH + -NH_2 \rightarrow -R-CONH-$$

③ 폴리우레아(polyurea)

$$\underset{\text{isocyanate}}{-NCO} + \underset{\text{amine}}{-NH_2} \rightarrow \underset{\text{polyurea}}{-R-NHCO-NH-R'-}$$

④ 폴리우레탄(polyurethane)
- 정의 : 우레탄 결합(-OCONH-)을 가진 중합체의 총칭
- 제법 : 다이아이소사이안산염과 글리콜의 첨가 중합

$$\underset{\text{isocyanate}}{-NCO} + \underset{\text{diol}}{OH-R'-OH} \rightarrow \underset{\text{polyurethane}}{[-R-NHCOO-]_n}$$

정답 ④

2016 지방직 9급 공업화학

12 단계 중합법(step-polymerization)에 의해 제조되는 폴리우레탄(polyurethane)의 원료는?

① 알코올과 아민
② 알코올과 카복실산
③ 알코올과 아이소시아네이트
④ 아민과 아이소시아네이트

해설 폴리우레탄

$$-NCO + OH-R'-OH \rightarrow [-R-NHCOO-]_n$$

isocyanate diol polyurethane

① 알코올과 아민 : 반응 안 함
② 알코올과 카복실산 : 폴리에스터
④ 아민과 아이소시아네이트 : 폴리우레아

정답 ③

2017 지방직 9급 공업화학

13 비스페놀A(bisphenol A)와 에피클로로하이드린(epichlorohydrin)의 반응에 의해 얻어지는 합성수지는?

① 폴리우레탄(polyurethane)
② 에폭시 수지(epoxy resin)
③ 아미노 수지(amino resin)
④ 폴리카보네이트(polycarbonate)

해설 축합 중합체

① 폴리우레탄(polyurethane) : 알코올과 아이소시아네이트의 축합 중합체
② 에폭시 수지(epoxy resin) : 비스페놀A와 에피클로로하이드린의 축합 중합체
③ 아미노 수지(amino resin) : 요소 수지(요소와 폼알데하이드의 축합 중합체), 멜라민 수지(멜라민과 폼알데하이드의 축합 중합체)
④ 폴리카보네이트(polycarbonate) : 비스페놀A와 포스겐의 축합 중합체

정답 ②

2016 지방직 9급 공업화학

14 고분자의 물리적 특성과 재활용 가능성은 분자 사슬 형태에 크게 의존한다. 다음 중 분자 사슬 형태가 나머지 셋과 다른 것은?

① 페놀(phenol)과 폼알데하이드(formaldehyde)가 염기 촉매 하에서 반응하여 생성되는 페놀 수지

② 아디프산(adipic acid)과 헥사메틸렌다이아민(hexamethylenediamine)이 반응하여 생성되는 나일론-6,6(nylon-6,6)

③ 테레프탈산(terephthalic acid)과 1,4-부탄다이올(1,4-butanediol)이 반응하여 생성되는 폴리뷰틸렌 테레프탈레이트(PBT)

④ 테레프탈산(terephthalic acid)과 에틸렌 글리콜(ethylene glycol)이 반응하여 생성되는 폴리에틸렌 테레프탈레이트(PET)

해설 열가소성 수지와 열경화성 수지의 구분

① 페놀 수지는 열경화성 수지(그물 구조)이고,

②, ③, ④는 열가소성 수지(사슬 또는 선형 구조)이다.

정답 ①

2016 서울시 9급 공업화학

15 다음의 화학식을 가지는 합성고무에 해당하는 것은?

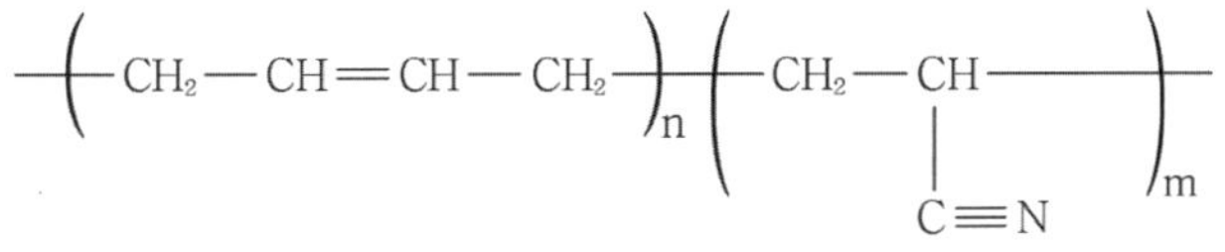

$$-\!\left(CH_2-CH=CH-CH_2\right)_n\!\left(CH_2-\underset{\underset{C\equiv N}{|}}{CH}\right)_m\!-$$

① 스타이렌-부타디엔 고무　　② 부타디엔 고무

③ 나이트릴 고무　　④ 클로로프렌 고무

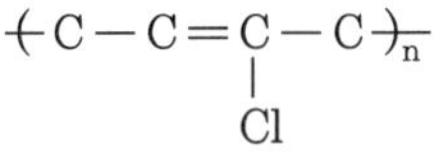

해설 ① 스타이렌-부타디엔 고무 : $\left(C-C=C-C\right)_n\left(C-\underset{\underset{C_6H_5}{|}}{C}\right)_n$

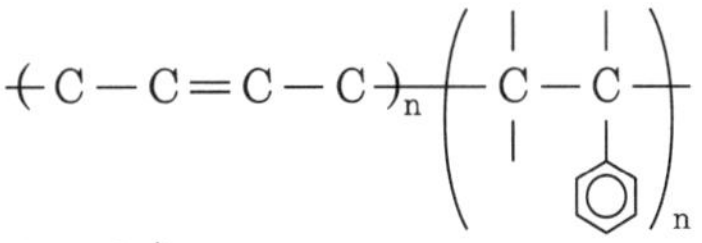

② 부타디엔 고무 : $\left(C-C=C-C\right)_n$

③ 나이트릴 고무 : $\left(C-C=C-C\right)_n\left(C-\underset{\underset{CN}{|}}{C}\right)_m$

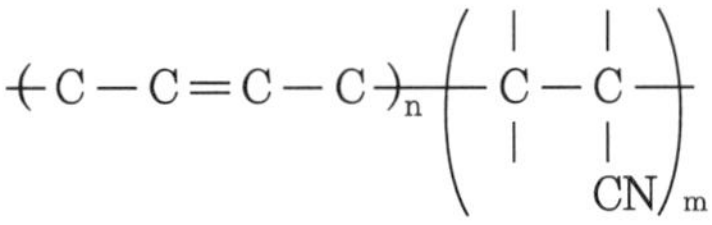

④ 클로로프렌 고무 : $\left(C-C=\underset{\underset{Cl}{|}}{C}-C\right)_n$

정답 ③

Chapter 3 합성섬유공업

1 3대 합성섬유

① 폴리에스터(폴리에스테르) 섬유
② 폴리아마이드 섬유(나일론)
③ 폴리아크릴로나이트릴(아크릴 섬유)

2 폴리에스터(폴리에스테르) 섬유(polyester)

1 개요

정의	• **에스터 결합(-CO-O-)** 또는 카복실 에스터기를 가지는 중합체의 총칭 • 테레프탈산과 에틸렌글리콜의 공중합물에서 생성된 섬유
특징	• 초기 탄성회복률이 커서, 신축, 구김, 틀어짐이 잘 생기지 않음 • 촉감이 뻣뻣함 • 열가소성 우수 • 흡수성이 낮음, 땀 흡수 어려움 – 레이온 혼방으로 흡수성 증가시킴 • 정전기 발생 큼 • 염색이 어려움

2 종류

(1) 폴리에틸렌 테레프탈레이트(PET)

구분	내용
제법	• 테레프탈산(terephthalic acid)과 에틸렌글리콜(ethylene glycol)의 탈수 축합 테레프탈산 + 에틸렌글리콜 $\xrightarrow{\text{탈수 축합}}$ 폴리에틸렌 테레프탈레이트(PET) $HOOC-C_6H_4-COOH + HO-CH_2CH_2-OH \xrightarrow{-H_2O} \left[-\overset{O}{\overset{\Vert}{C}}-C_6H_4-\overset{O}{\overset{\Vert}{C}}-O-CH_2CH_2-O- \right]_n$
특징	• 내수성 좋음 • 주름 잘 안 생김
용도	섬유, 사진용 필름, 녹음 테이프, 전기절연성 테이프

(2) 폴리뷰틸렌 테레프탈레이트(poly butylene terephthalate, PBT)

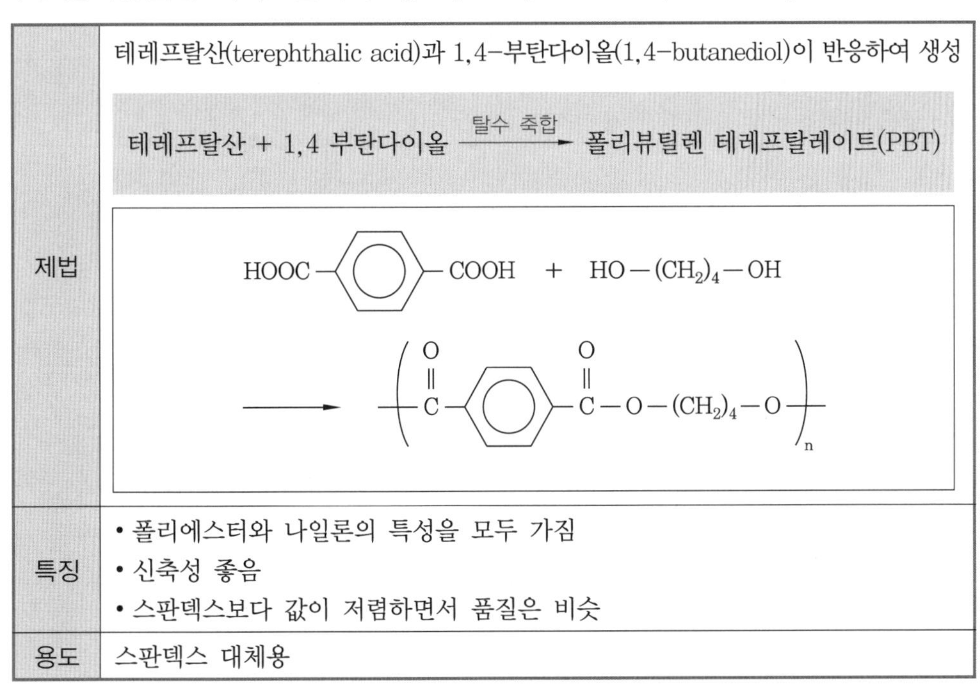

구분	내용
제법	테레프탈산(terephthalic acid)과 1,4-부탄다이올(1,4-butanediol)이 반응하여 생성 테레프탈산 + 1,4 부탄다이올 $\xrightarrow{\text{탈수 축합}}$ 폴리뷰틸렌 테레프탈레이트(PBT) $HOOC-C_6H_4-COOH + HO-(CH_2)_4-OH \longrightarrow \left[-\overset{O}{\overset{\Vert}{C}}-C_6H_4-\overset{O}{\overset{\Vert}{C}}-O-(CH_2)_4-O- \right]_n$
특징	• 폴리에스터와 나일론의 특성을 모두 가짐 • 신축성 좋음 • 스판덱스보다 값이 저렴하면서 품질은 비슷
용도	스판덱스 대체용

3 폴리아마이드(폴리아미드) 섬유(polyamide, PA, 나일론)

1 개요

구분	내용
정의	• 아마이드 결합(-CONH-)으로 연결된 중합체의 총칭 • 나일론 : 폴리아마이드 섬유의 제품명
제법	• 다이아민(NH_2-R-NH_2)과 2가산(HOOC-R-COOH)의 탈수 축합 중합 $H_2N-R_1-NH_2 + HOOC-R_2-COOH \xrightarrow{-H_2O} -(R_1-NHOC-R_2-CONH)_n$ 다이아민 2가산 폴리아마이드
종류	• 지방족 폴리아마이드 : 나일론-6,6, 나일론-6 • 방향족 폴리아마이드(aramid) : 케블라, 노맥스(방향족 골격 때문에 내열성 좋음) • 지방족 고리 폴리아마이드
특징	• 내열성, 기계적 성질, 전기전도성, 내약품성 우수 • 흡수성 작음 • 건조 쉬움 • 형태 안정성 우수 • 열가소성이 커서, 다림질 후 형태가 오래 유지됨 • 양모나 레이온 등과 혼방하여 사용 – 면 혼방 : 형태 안정성, 내마모성 증가 – 양모 혼방 : 인장강도, 습강도, 내마모성
용도	• 여성용 스타킹, 속옷(란제리) • 금속 대체용 - 엔지니어링 · 플라스틱, 섬유

2 종류

(1) 나일론-6,6(nylon-6,6)

구분	내용
제법	헥사메틸렌다이아민(hexamethylenediamine)과 아디프산(adipic acid)의 탈수 축합 중합체 $H_2N-(CH_2)_6-NH_2 + HOOC-(CH_2)_4-COOH \xrightarrow{\text{탈수 축합}} [NH(CH_2)_6NHCO(CH_2)_4CO]_n$
용도	섬유, 로프, 타이어 벨트, 천

(2) 나일론-6(nylon-6)

제법	**ε-카프로락탐의 개환 중합**(ring-opening) 반응 $(CH_2)_5-CONH + H_2O \xrightarrow{\text{개환 중합}} [NH(CH_2)_5CO]_n$ ε-카프로락탐 $\xrightarrow[\text{ring opening}]{+H_2O}$ $H_2N-(CH_2)_5-C(=O)-OH \longrightarrow -[NH-(CH_2)_5-C(=O)]_n-$ 나일론-6
특징	나일론-6,6과 비슷하나 더 부드럽고 덜 질김
용도	대부분 섬유 생산에 사용, 타이어, 플라스틱

(3) 기타 나일론

① 나일론 6,10 : 헥사메틸렌다이아민과 세바크산의 반응

② 나일론 6,9 : 헥사메틸렌다이아민과 아젤라산(azelaic acid)의 반응

③ 나일론 12 : 라우릴락탐의 개환 중합 반응

4 폴리아크릴로나이트릴(아크릴 섬유)

정의	• 아크릴로나이트릴의 첨가 중합체
제법	아크릴로나이트릴(CH_2-CHCN)의 현탁 중합 반응 $CH_2=CH(CN) \xrightarrow{\text{첨가 중합}} -(CH_2-CH(CN))_n-$ 아크릴로나이트릴 → 폴리아크릴로나이트릴
특징	• 강도 우수 • 양모와 성질이 비슷함(양모와 촉감이 비슷함) • 곰팡이가 생기지 않음
용도	겨울 의류, 카펫, 인조모피, 텐트, 이불솜, 무명, 스웨터, 가발, 탄소섬유

5 폴리바이닐알코올(PVA) 섬유(비닐론, vinylon)

제법	1. 바이닐아세테이트의 첨가 중합으로 폴리바이닐아세테이트 생성 2. 폴리바이닐아세테이트의 비누화 반응으로 폴리바이닐알코올 생성 – NaOH, KOH 등의 알칼리(강염기)와 메탄올을 첨가함
용도	직물 섬유, 수요성 접착제, 유화제, 수용성 포장 필름

$$CH_2=CH(OCOCH_3) \xrightarrow{\text{첨가 중합}} -[CH_2-CH(OCOCH_3)]_n-$$

바이닐아세테이트 → 폴리바이닐아세테이트

$$\xrightarrow[\text{강염기 (NaOH, KOH)} + CH_3OH]{\text{비누화 반응}} -[CH_2-CH(OH)]_n- + CH_3COOH$$

폴리바이닐알코올 + 아세트산

폴리바이닐알코올의 제법

3. 합성섬유공업

2015 국가직 9급 공업화학

01 테레프탈산과 에틸렌글리콜의 반응에 의해 합성되는 물질은?

① 폴리에스터 ② 폴리아크릴
③ 폴리올레핀 ④ 폴리우레탄

해설 • 테레프탈산과 에틸렌글리콜의 반응으로 폴리에틸렌 테레프탈레이트(PET)가 생성됨

폴리에스터(polyester)
폴리에틸렌 테레프탈레이트(PET), 폴리뷰틸렌 테레프탈레이트(PBT)

정답 ①

2016 지방직 9급 공업화학

02 나일론-4,6(nylon-4,6)과 폴리에스터(polyester)를 제조할 때 사용하는 중합 반응은?

① 자유 라디칼 중합 반응 ② 첨가 중합 반응
③ 축합 중합 반응 ④ 개환 중합 반응

해설 **중합 반응과 대표 물질**
① 자유 라디칼 중합 반응 : 바이닐
② 첨가 중합 반응(사슬 중합, 부가 중합) : 폴리에틸렌, 폴리프로필렌, 폴리스타이렌, 폴리염화바이닐 등
③ 축합 중합 반응(단계 성장 중합) : 폴리에스터, 폴리카보네이트, 폴리우레탄 등
④ 개환 중합 반응 : 나일론 6(ε-카프로락탐의 개환 중합)

정답 ③

2017 국가직 9급 공업화학

03 ε - 카프로락탐(ε-caprolactam)의 개환 중합으로 합성할 수 있는 것은?

① 나일론 6
② 나일론 11
③ 나일론 6,6
④ 나일론 6,10

해설 ③ 나일론 6,6 : 카디프산과 헥사메틸렌다이아민의 축합 중합

정답 ①

2018 국가직 9급 공업화학

04 나일론의 화학식이 옳게 표현된 것만을 모두 고른 것은?

ㄱ. 나일론 6 $[NH(CH_2)_4CO]_n$
ㄴ. 나일론 6,6 $[NH(CH_2)_6NHCO(CH_2)_4CO]_n$
ㄷ. 나일론 6,10 $[NH(CH_2)_6NHCO(CH_2)_{10}CO]_n$

① ㄴ
② ㄷ
③ ㄱ, ㄴ
④ ㄱ, ㄷ

해설 ㄱ. 나일론 6 $[NH(CH_2)_5CO]_n$
ㄷ. 나일론 6,10 $[NH(CH_2)_6NHCO(CH_2)_8CO]_n$

정답 ①

Chapter

4 생명체와 고분자

§ 1. 아미노산과 단백질

1-1 아미노산

1 아미노산의 개요

한 분자 안에 염기성인 아미노기($-NH_2$)와 산성인 카복시기($-COOH$)를 가지고 있는 양쪽성 물질

양쪽성 물질	• 산, 염기와 모두 반응 • 완충용액(pH 변화에 저항성을 가짐) • 산이므로 금속과 반응하여 수소기체 발생
수소 결합을 가짐	• 극성 큼 • 끓는점 높음 • 물에 잘 녹음(이온화)

$$\begin{array}{c} H \\ | \\ R-C-NH_2 \\ | \\ COOH \end{array}$$

아미노산 구조식

$$\begin{array}{ccc} \begin{array}{c} H \\ | \\ R-C-COO^- \\ | \\ NH_3^+ \end{array} & \begin{array}{c} H \\ | \\ R-C-COO^- \\ | \\ NH_2 \end{array} & \begin{array}{c} H \\ | \\ R-C-COOH \\ | \\ NH_3^+ \end{array} \\ \text{중성} & \text{염기성 용액 내} & \text{산성 용액 내} \end{array}$$

수용액 액성별 아미노산의 이온화 반응

2 아미노산의 분류

구분	산성(acidic) 아미노산	염기성(basic) 아미노산
특징	• 곁사슬에 카복실기(−COOH) 존재 • 중성 pH에서 carboxylate($-COO^-$) 형태 • 음전하	• 곁사슬에 아미노기($-NH_2$) 존재 • 중성 pH에서 ammonium($-NH_3^+$) 형태 • 양전하
종류	아스파르트산(aspartic acid, aspartate) 글루탐산(glutamic acid, glutamate)	라이신(lysine) 아르기닌(arginine) 히스티딘(histidine)

아스파르트산 (aspartic acid)

글루탐산 (glutamic acid)

산성(acidic) 아미노산

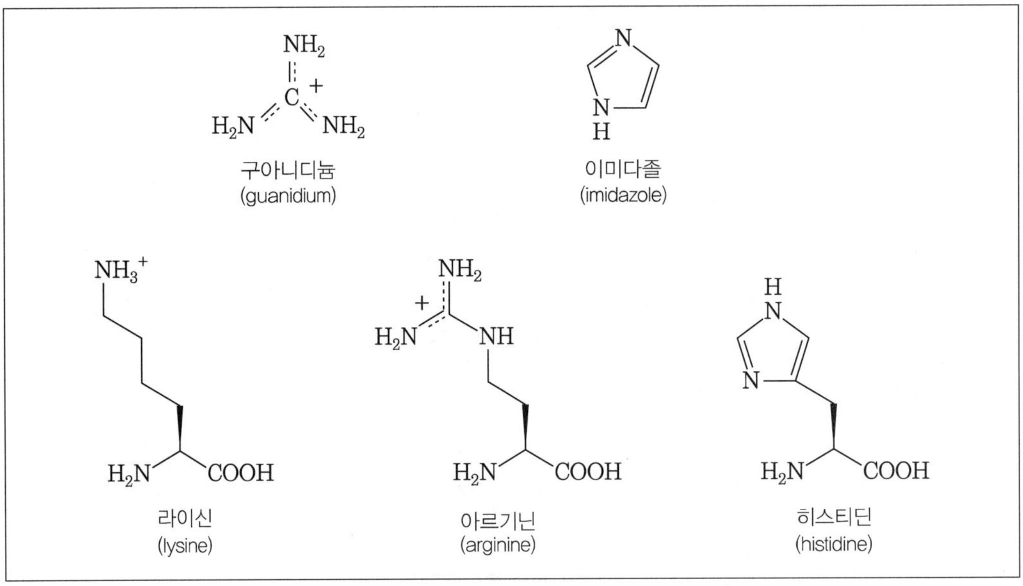

구아니디늄 (guanidium)

이미다졸 (imidazole)

라이신 (lysine)

아르기닌 (arginine)

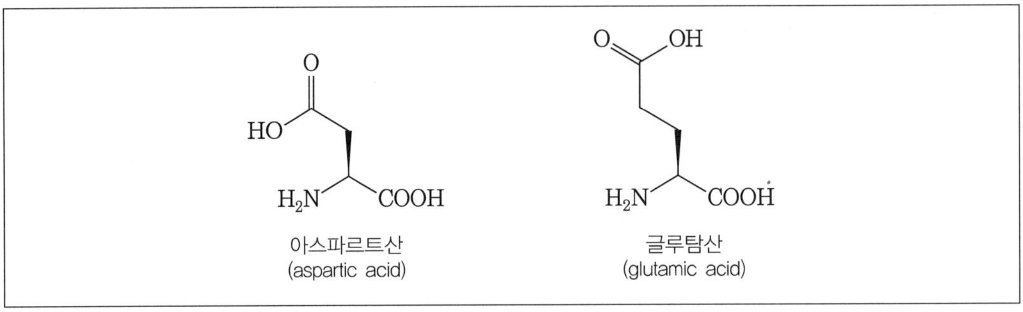

히스티딘 (histidine)

염기성(basic) 아미노산

1-2 단백질

1 정의

① 아미노산 축합 중합체(폴리펩타이드)

② 여러 종류의 아미노산 사이에 축합 중합 반응으로 이루어진 고분자 화합물

2 제법

① 아미노산 **탈수 축합 중합 반응**으로 생성

② 하나의 아미노산 $-COOH$와 다른 아미노산의 $-NH_2$가 축합 반응을 하여 **펩타이드 결합**($-CONH-$)을 만들고, 이 펩타이드 결합이 반복적으로 이루어져 폴리펩타이드를 형성

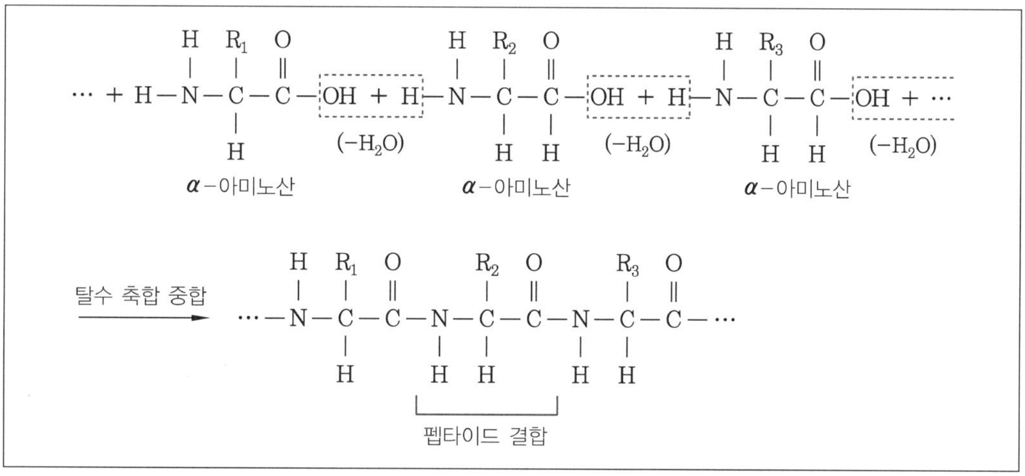

```
           H  R1  O            H  R2  O            H  R3  O
           |  |   ||           |  |   ||           |  |   ||
… + H─N─C─C─[OH + H]─N─C─C─[OH + H]─N─C─C─[OH + …
              |                   |   |               |   |
              H     (−H2O)        H   H    (−H2O)     H   H    (−H2O)
        α−아미노산           α−아미노산           α−아미노산

                 H  R1  O      R2  O      R3  O
탈수 축합 중합   |  |   ||     |   ||     |   ||
──────────→  …─N─C─C─N─C─C─N─C─C─…
                    |    |  |       |  |
                    H    H  H       H  H
                         └──────┘
                        펩타이드 결합
```

아미노산의 탈수 축합 반응

3 특징

① C, H, O, N 등의 원소를 포함한 고분자화합물

② 묽은 산을 가하여 가열하면 여러 종류의 α−아미노산이 생성

③ 분자 내 수소 결합으로 나선 구조를 이룸

④ 열이나 산성 물질 등에 의해 수소 결합이 끊어지면 구조가 변형되어 단백질 변성이 일어남

α-나선 구조	• 폴리펩타이드에서 -COOH와 $-NH_2$ 사이에 수소 결합으로 구성되는 나선 구조
단백질 변성	• 단백질을 가열하거나 알코올 또는 중금속 이온에 의해 수소 결합이 끊어지면서 α-나선 구조가 제 기능을 잃게 되는 현상
단백질 응고	• 단백질에 열을 가했을 때 응고되는 것
단백질 검출 방법 (정색 반응)	• 뷰렛 반응 – 단백질에 NaOH와 $CuSO_4$ 수용액을 몇 방울 가하면 보라색 또는 붉은색이 나타나는 반응 • 밀론 반응 – 단백질에 밀론 시약(HNO_3 + Hg)을 넣고 가열하면 붉은색이 나타나는 반응 • 닌히드린 반응 – 단백질에 닌히드린 수용액을 넣고 끓인 후 냉각시키면 푸른 보라색을 나타내는 반응 • 크산로프로테인 반응 – 단백질에 진한 질산을 가하면 노란색 침전이 생성됨 – 여기에 암모니아수를 가하면 오렌지색으로 변화하는 반응

§ 2. 탄수화물

2-1 탄수화물

1 탄수화물의 개요

정의	• 탄소(carbon)의 의미와 물(hydrate)의 의미가 합쳐진 용어 • 탄소, 수소, 산소로 구성된 고분자화합물
특징	우리 몸에서 에너지를 얻을 때 주로 이용되는 물질
일반식	$C_n(H_2O)_m$

2 탄수화물의 분류

(1) 결합당 수에 따른 분류

종류	정의 및 특징	종류
단당류	탄수화물의 구성 단위	포도당, 과당, 갈락토스 등
이당류	단당류 2개가 결합한 것	엿당, 젖당, 설탕 등
다당류	수백에서 수천 개의 단당류가 결합한 것	셀룰로스 녹말 글리코젠

(2) 크기에 따른 분류

단당 (Monosaccharide)	• 당의 기본 단위 • 종류 : 5탄당, 6탄당
올리고당 (Oligosaccharide)	• 단당이 글리코사이드 결합(Glycosidic bond)을 한 것 • 보통 2~10개의 적은 수의 단당류를 포함한 분자 • 종류 : 이당(Disaccharide), 삼당(Trisaccharide), 사당(Tetrasaccharide) 등
다당 (Polysaccharide)	• 20개 이상의 단당이 연결된 중합체

탄수화물의 분류 및 특성

종류	분자식	이름	가수분해 생성물	환원성	수용성	단맛
단당류	$C_6H_{12}O_6$	포도당 과당 갈락토스	가수분해 안 됨	있음	녹음	있음
이당류	$C_{12}H_{22}O_{11}$	**엿당** **젖당** **설탕**	**포도당 + 포도당** **포도당 + 갈락토스** **포도당 + 과당**	있음 있음 없음	녹음	있음
다당류	$(C_6H_{10}O_5)_n$	녹말(전분) 셀룰로스 글리코젠	포도당	없음	잘 녹지 않음	없음

2-2 주요 당류

1 단당류(Monosaccharide)

(1) 5탄당(Pentose)

탄소가 5개인 당

리보스 (Ribose)	• **RNA의 구성물질** • 2번 탄소에 -OH기, 3번 탄소에 -OH기가 있음
디옥시리보스 (DeoxyRibose)	• **DNA의 구성물질** • 2번 탄소에 −H기, 3번 탄소에 -OH기가 있음

```
      5                    5
      C                    C
      |  O                 |  O
    4C     C1            4C     C1
     \3  2/               \3  2/
      C—C                  C—C
      |  |                 |  |
     OH OH                OH  H
```

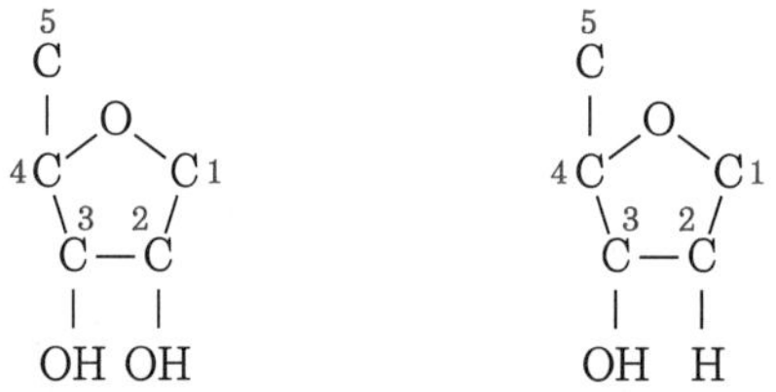

리보스와 디옥시리보스

(2) 6탄당(Hexose)

탄소가 6개인 당($C_6H_{12}O_6$)

포도당 (Glucose)	• 분류 − α−포도당 : 가열하면 단맛 감소 − β−포도당 : 가열하면 단맛 증가 • 생명체의 주 에너지 발생원 • **환원성을 가짐** − 은거울 반응, 펠링용액 반응에 반응함
과당 (Fluctose)	• 과일에 많은 당 • 포도당의 이성질체
갈락토스 (Galactose)	• 포도당의 이성질체

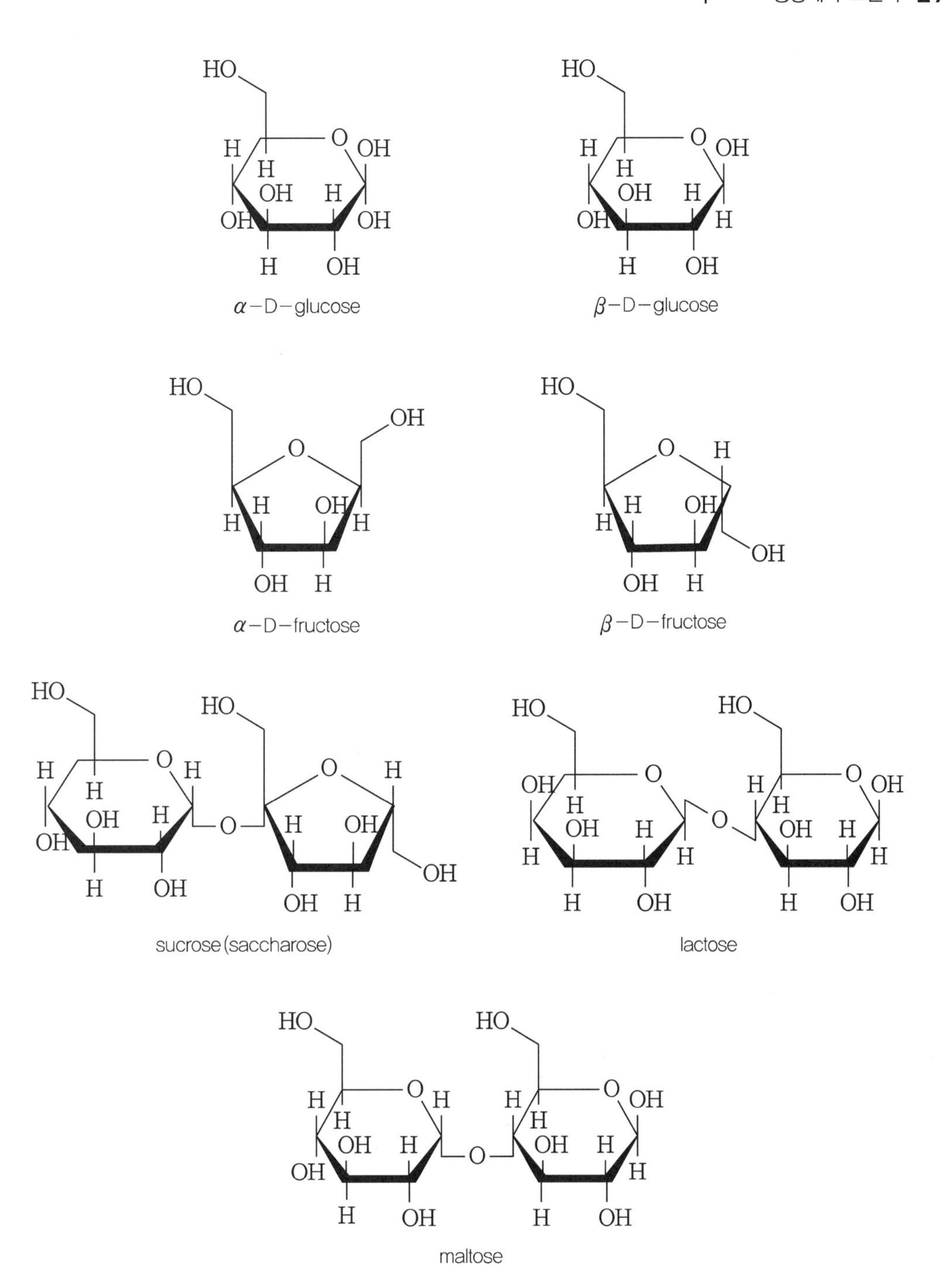
α-D-glucose
β-D-glucose
α-D-fructose
β-D-fructose
sucrose(saccharose)
lactose
maltose

단당류의 구조

2 이당류(Disaccharide, $C_{12}H_{22}O_{11}$)

종류	단당류(가수분해 생성물)	가수분해 효소	환원성
엿당(Maltose, 맥아당)	포도당+포도당	Maltase(말테이스)	있음
젖당(Lactose, 유당)	포도당+갈락토스	Lactase(락테이스)	있음
설탕(Sucrose, 자당)	포도당+과당	Sucrase(수크레이스)	없음

The 알아보기 천연 고분자화합물 가수분해 효소

구분	가수분해 효소
탄수화물	• 말테이스 : 엿당 → 포도당 + 포도당 • 락테이스 : 젖당 → 포도당 + 갈락토스 • 수크레이스 : 설탕 → 포도당 + 과당 • 아밀레이스 : 녹말(전분) → 포도당
단백질	• 펩신, 펩티데이스, 트립신
지질	• 라이페이즈 : 지방 → 지방산 + 모노글리세라이드

3 다당류(Polysaccharide, $(C_6H_{10}O_5)_n$)

(1) 식물의 다당류

녹말 (Starch, 전분)	• **α-포도당의 축합 중합체** (여러 개의 포도당이 글루코시드 결합으로 결합된 다당류) • **식물의 에너지 저장 탄수화물** • 잎에 탄수화물을 저장할 때 녹말의 형태로 저장함 • 곡물에 의해 사용되는 포도당의 저장형 • 종류 : 아밀로오스, 아밀로펙틴 • 분자 내의 수소 결합으로 나선 구조를 이룸 • 아이오딘-녹말 반응(청남색)으로 검출
셀룰로스 (Cellulose)	• **β-포도당의 축합 중합체** • **식물의 구조 탄수화물**(세포벽을 이루는 구성 성분)

(2) 동물의 다당류

글리코젠 (Glycogen)	• **동물의 저장 탄수화물** • 글리코젠의 형태로 간과 근육에 저장

2-3 핵산

1 핵산

(1) 핵산의 종류

① DNA(디옥시리보핵산)

② RNA(리보핵산)

(2) 뉴클레오티드

① 핵산을 이루고 있는 기본 단위

② 인산, 당, 염기가 1 : 1 : 1의 비율로 결합하여 이루어진 화합물
(인산 : 오탄당 : 염기 = 1 : 1 : 1)

구분	구성(인산 - 오탄당 - 염기)
DNA의 뉴클레오티드	인산기 - 디옥시리보스 - 염기(A, T, G, C)
RNA의 뉴클레오티드	인산기 - 리보스 - 염기(A, U, G, C)

(3) 인산

① 인산에 있는 3개의 $-OH$ 중 2개는 위아래로 당과 결합하여 당-인산 골격을 형성

② 하나의 $-OH$는 수소가 이온화하여 핵산 표면이 (−)전하를 띠게 됨

(4) 염기

① DNA 구성 염기 : 아데닌(A)과 구아닌(G), 티민(T), 사이토신(C)

② RNA 구성 염기 : 아데닌(A)과 우라실(U), 티민(T), 사이토신(C)

③ 아데닌은 티민과 2개의 수소 결합을 형성

④ 구아닌은 사이토신과 3개의 수소 결합을 형성

(5) 5탄당

① DNA를 구성하고 있는 뉴클레오티드의 5탄당 : 디옥시리보스

② RNA를 구성하고 있는 뉴클레오티드의 5탄당 : 리보스

2 염색체의 구성

염기 < 뉴클레오티드 < 핵산(DNA, RNA) < 유전자 < 염색사 < 염색체

4. 생명체와 고분자

2018 지방직 9급 공업화학

01 단백질의 2차 구조(secondary structure)를 결정하는 데 가장 중요한 결합력은?

① 공유 결합(covalent bond)
② 수소 결합(hydrogen bond)
③ 이온 결합(ionic bond)
④ 분산력(dispersion force)

해설 **단백질 1차 구조**

- 2개의 아미노산의 결합
- 펩타이드 결합
- 공유 결합

단백질 2차 구조

- 실제 폴리펩타이드 골격 사슬 상의 매우 규칙적인 국소 구조
- 알파 결합, 베타 결합
- 수소 결합

정답 ②

2017 지방직 9급 공업화학

02 디옥시리보핵산(DNA)은 아데닌(A), 구아닌(G), 사이토신(C) 및 티민(T)이 결합된 뉴클레오티드(nucleotide)로 구성되며 이중 나선 구조를 갖는다. 두 가닥에 있는 염기들은 A와 T, G와 C의 쌍으로 이루어져 있다. 이때 염기쌍을 이루는 결합은?

① 이온 결합　　② 배위 결합
③ 공유 결합　　④ 수소 결합

해설 **핵산**

(1) 핵산의 종류
- DNA(디옥시리보핵산)
- RNA(리보핵산)

(2) 뉴클레오티드

- 핵산을 이루고 있는 기본 단위
- 인산, 당, 염기가 1 : 1 : 1의 비율로 결합하여 이루어진 화합물
  (인산 : 오탄당 : 염기= 1 : 1 : 1)

구분	구성(인산 - 오탄당 - 염기)
DNA의 뉴클레오티드	인산기 - 디옥시리보스 - 염기(A, T, G, C)
RNA의 뉴클레오티드	인산기 - 리보스 - 염기(A, U, G, C)

(3) 인산

- 인산에 있는 3개의 -OH 중 2개는 위아래로 당과 결합하여 당-인산 골격을 형성
- 하나의 -OH는 수소가 이온화하여 핵산 표면이 (-)전하를 띠게 됨

(4) 염기

- DNA를 구성하고 있는 염기에는 아데닌(A)과 구아닌(G), 티민(T)과 사이토신(C)이 있음
- 아데닌은 티민과 2개의 **수소 결합**을 형성
- 구아닌은 사이토신과 3개의 **수소 결합**을 형성

(5) DNA와 RNA

- DNA를 구성하고 있는 뉴클레오티드의 5탄당 : 디옥시리보스
- RNA를 구성하고 있는 뉴클레오티드의 5탄당 : 리보스

정답 ④

2016 지방직 9급_공업화학-A

03 리보핵산(RNA)을 형성하는 리보뉴클레오티드(ribonucleotide)에 해당하지 않는 것은?

① 구아닌 ② 사이토신
③ 티민 ④ 우라실

해설 **핵산의 염기**

- DNA(디옥시리보핵산) : 아데닌(A), 티민(T), 구아닌(G), 사이토신(C)
- RNA(리보핵산) : 아데닌(A)과 우라실(U), 티민(T), 사이토신(C)

정답 ③

1과목 유기공업화학

2017 지방직 9급 추가채용 공업화학

04 분자의 크기가 작은 것부터 순서대로 바르게 나열한 것은?

① 아데닌 < 뉴클레오티드 < 유전자 < 염색체
② 유전자 < 염색체 < 뉴클레오티드 < 아데닌
③ 유전자 < 아데닌 < 뉴클레오티드 < 염색체
④ 아데닌 < 유전자 < 염색체 < 뉴클레오티드

해설 **염색체를 구성하는 단위의 크기**

염기 < 뉴클레오티드 < 핵산(DNA, RNA) < 유전자 < 염색사 < 염색체

정답 ①

2018 지방직 9급 공업화학

05 효모의 반응에 의해 바이오에탄올을 생산할 때 가장 적합한 기질은?

① 글루코오스(glucose)
② 아세트산(acetic acid)
③ 퍼퓨랄(furfural)
④ 페놀(phenol)

해설 글루코오스(포도당)를 발효시키면 에탄올이 생성됨

정답 ①

2018 서울시 9급 공업화학

06 녹말에 대한 설명으로 가장 옳지 않은 것은?

① 전분이라 하며, 곡물에 의해 사용되는 포도당의 저장형이다.
② 덱스트린(dextrine)은 동물의 간장이나 근육 등에 녹말이 흡수되어 바뀐 것이다.
③ 녹말을 묽은 산으로 가수분해하면 엿당을 거쳐 포도당이 된다.
④ 녹말의 수용액은 아이오딘과 아이오딘-녹말 반응을 하여 푸른 보라색을 띠나, 펠링 용액을 환원시키지 못한다.

해설 ② 동물의 다당류는 글리코젠이다.

글리코젠(Glycogen)
- 동물의 저장 탄수화물
- 주로 간과 근육에 저장할 때 글리코젠의 형태로 저장

탄수화물의 종류와 특성

종류	분자식	이름	가수분해 생성물	**환원성**	수용성	단맛
단당류	$C_6H_{12}O_6$	포도당 과당 갈락토스	가수분해 안 됨	**있음**	녹음	있음
이당류	$C_{12}H_{22}O_{11}$	설탕 엿당 젖당	포도당 + 과당 포도당 + 포도당 포도당 + 갈락토스	없음 **있음** **있음**	녹음	있음
다당류	$(C_6H_{10}O_5)_n$	녹말(전분) 셀룰로스 글리코젠	포도당	없음	잘 녹지 않음	없음

정답 ②

PART 4 유기정밀화학공업

Chapter 1 유지화학공업

1 유지(지방, fat and oil)

1 유지의 개요

주성분	• 트라이글리세라이드
특징	• 생명체의 구성분 중 하나(단백질, 탄수화물, 유지) • 물보다 비중이 작음
용도	• 계면활성제, 가소제, 도료, 합성수지, 합성왁스 등

2 트라이글리세라이드(triglyceride, triacylglycerol)

긴 사슬의 지방산(고급 지방산)과 글리세롤(글리세린)의 에스터 화합물

(1) 제법

지방산의 직접 에스터 반응

$$\text{글리세린 1분자} + \text{지방산 3분자} \underset{\text{가수분해}}{\overset{\text{에스터 결합}}{\rightleftharpoons}} \text{트라이글리세라이드} + 3H_2O$$

$$\begin{matrix} CH_2-OH \\ | \\ CH-OH \\ | \\ CH_2-OH \end{matrix} + \begin{matrix} RCOOH \\ R'COOH \\ R''COOH \end{matrix} \rightleftharpoons \begin{matrix} CH_2-O-C(=O)-R \\ | \\ CH-O-C(=O)-R' \\ | \\ CH_2-O-C(=O)-R'' \end{matrix} + 3H_2O$$

글리세롤 3유리 지방산 트라이글리세라이드

트라이글리세라이드의 생성 반응

(2) 구조

글리세롤에 3분자의 지방산이 에스터(ester) 결합을 한 구조

(3) 지방산(RCOOH)

(가) 지방산의 분류

구분	포화 지방산 (saturated fatty acid)	불포화 지방산 (unsaturated fatty acid)
정의	탄소-탄소 간 결합이 모두 단일 결합인 지방산	탄소-탄소 간 결합이 이중 결합을 1개 이상 가지는 지방산
상태	실온에서 **고체**로 존재	실온에서 **액체**로 존재
특징	• 주로 동물성 지방 • 천연 포화 지방산은 – 대부분 탄소 수가 짝수임 – C_{16}–C_{18}이 가장 많이 존재함	• 주로 식물성 지방 • 자연계에 존재하는 불포화 지방산은 대부분 **시스(cis–)형**임 • 트랜스(trans–)형 불포화 지방산은 포화 지방산과 비슷한 3차원 구조를 가짐 • **수소 첨가 반응**을 함
녹는점	높음	낮음
분자간의 힘 (분자간의 인력)	큼	작음
불포화도	작음	높음

(나) 대표적인 지방산의 종류

일반명	탄소 수	포화/불포화 (이중 결합 수)	구조식
뷰티르산(Butyric acid)	4	포화	$n-C_3H_7COOH$
카프로산(Caproic acid)	6	포화	$n-C_5H_{11}COOH$
카프릴산(Caprylic acid)	8	포화	$n-C_7H_{15}COOH$
테칸산(Decanoic acid)	10	포화	$n-C_9H_{19}COOH$
라우르산(Lauric acid)	12	포화	$n-C_{11}H_{23}COOH$
미리스트산(Myristic acid)	14	포화	$n-C_{13}H_{27}COOH$
팔미트산(Palmitic acid)	16	포화	$n-C_{15}H_{31}COOH$
스테아르산(Stearic acid)	18	포화	$n-C_{17}H_{35}COOH$
올레산(Oleic acid)	18	불포화(1개)	$CH_3(CH_2)_7CH=CH(CH_2)_7COOH$ ($C_{17}H_{33}COOH$)
리놀레산(Linoleic acid)	18	불포화(2개)	$C_{17}H_{31}COOH$
리놀렌산(Linolenic acid)	18	불포화(3개)	$C_{17}H_{29}COOH$

① 올레산(oleic acid) : 생물 중 가장 풍부한 지방산

② 리놀레산(linoleic acid) : 생물 중 가장 풍부한 불포화 지방산

2 유지의 반응

1 가수분해

고온 고압에서 유지를 물과 반응시키거나, 산 또는 알칼리 촉매를 사용하면 가수분해되어 글리세린과 지방산이 생성됨

트라이글리세라이드 + $3H_2O$ → 글리세린 + 지방산

$$\begin{array}{l} CH_2-OCOR \\ | \\ CH-OCOR' \\ | \\ CH_2-OCOR'' \end{array} + 3H-OH \longrightarrow \begin{array}{l} CH_2-OH \\ | \\ CH-OH \\ | \\ CH_2-OH \end{array} + \begin{array}{c} RCOOH \\ + \\ R'COOH \\ + \\ R''COOH \end{array}$$

2 에스터 교환 반응

염기성 촉매 하에서 유지의 지방산이나 글리세린이 다른 지방산 또는 알코올과 치환하는 반응

$$\begin{array}{l} CH_2-OCOR \\ | \\ CH-OCOR \\ | \\ CH_2-OCOR \end{array} + 3C_2H_5OH \longrightarrow \begin{array}{l} CH_2-OH \\ | \\ CH-OH \\ | \\ CH_2-OH \end{array} + 3C_2H_5COOR$$

3 비누화 반응

유지를 강염기(NaOH 또는 KOH)와 반응시키면 가수분해되어 글리세린과 비누가 생성됨

$$\text{유지} + \text{강염기(NaOH 또는 KOH)} \xrightarrow{\text{비누화 반응}} \text{글리세린} + \text{비누}$$

$$\begin{array}{l} CH_2-OCOR \\ | \\ CH-OCOR' \\ | \\ CH_2-OCOR'' \end{array} + 3NaOH \longrightarrow \begin{array}{l} CH_2-OH \\ | \\ CH-OH \\ | \\ CH_2-OH \end{array} + \begin{array}{c} RCOONa \\ + \\ R'COONa \\ + \\ R''COONa \end{array}$$

4 수소 첨가 반응(경화)

① 불포화 유지(지방산)에 니켈 촉매 하에 수소 첨가시키면, 녹는점이 높은 포화 유지(지방산)가 생성되는 반응

② 불포화 유지(액체)가 포화 유지(고체)가 되므로, 수소 첨가 반응으로 경화유를 제조함

③ 경화유의 특징

수소 첨가로 불포화 결합이 포화 결합으로 전환되면서,
- 액체 유지가 고체 유지(경화유)로 전환
- 녹는점(융점) 증가
- 색, 맛, 냄새 개선
- 산화 및 열에 강해져 안정성과 보존성 향상

5 산화 반응(베타 산화)

① 불포화 지방산은 쉽게 산화되어 과산화물(peroxide)이 생성됨

② 유지의 산패(rancidification) : 유지가 공기와 접촉하여 산화(산패)되면, 신맛과 악취가 발생

6 환원 반응

(1) 지방산 또는 지방산 에스터(에스테르) 수소에 의한 접촉 환원

$$RCOOH + H_2 \rightarrow RCH_2OH + H_2O$$

$$RCOOR' + 2H_2 \rightarrow RCH_2OH + R'OH$$

(2) 금속 소듐에 의한 환원(Bouvealt-Blanc법)

$$\begin{array}{l} CH_2-OCOR \\ | \\ CH-OCOR \\ | \\ CH_2-OCOR \end{array} + 12Na + 6R'OH \longrightarrow \begin{array}{l} CH_2-ONa \\ | \\ CH-ONa \\ | \\ CH_2-ONa \end{array} + 3RCH_2ONa + 6R'ONa$$

3 유지의 분석

구분	내용
산가	• 시료 1g 속에 들어있는 **유리 지방산을 중화**시키는 데 필요한 KOH의 mg 수
비누화가	• 유지 시료 1g을 완전히 **비누화**시키는 데 필요한 KOH의 mg 수 • 유지의 순도와 그 구성 지방산 분자량의 지표 • **유지의 특성**으로, 유지 종류마다 다른 일정한 값을 가짐
에스터화가	• 비누화가와 산가의 차이
아이오딘가 (요오드가)	• 유지 시료 100g에 흡수되는 **아이오딘** g 수 • 유지의 **불포화도** 지표(불포화도↑ → 아이오딘가↑)
아세틸가	• 아세틸화한 유지나 납 1에 결합하고 있는 초산을 중화시키는 데 필요한 KOH의 mg 수

연습문제

1. 유지화학공업

2018 지방직 9급 공업화학

01 유지(fatty oil)의 최소 단위는?

① 아크릴로나이트릴(acrylonitrile)
② 뷰틸알데하이드(butylaldehyde)
③ 클로로프렌(chloroprene)
④ 트라이글리세라이드(triglyceride)

해설 유지의 기본단위는 트라이글리세라이드(triglyceride)이다.

정답 ④

2016 국가직 9급 공업화학

02 지방(fat)의 구조를 옳게 나타낸 것은?

①
$CH_2-C(=O)-R$
$CH-C(=O)-R'$
$CH_2-C(=O)-R''$

②
$CH_2-O-C(=O)-R$
$CH-O-C(=O)-R'$
$CH_2-O-C(=O)-R''$

③
$CH_2-C(=O)-OR$
$CH-C(=O)-OR'$
$CH_2-C(=O)-OR''$

④
$CH_2-(CH_2)_n-C(=O)-OR$
$CH-(CH_2)_n-C(=O)-OR'$
$CH_2-(CH_2)_n-C(=O)-OR''$

해설 **유지(지방)의 구조**

글리세롤에 3분자의 지방산이 에스터(ester) 결합을 한 구조

글리세린 1분자 + 지방산 3분자 $\underset{\text{가수분해}}{\overset{\text{에스터 결합}}{\rightleftharpoons}}$ 트라이글리세라이드 + $3H_2O$

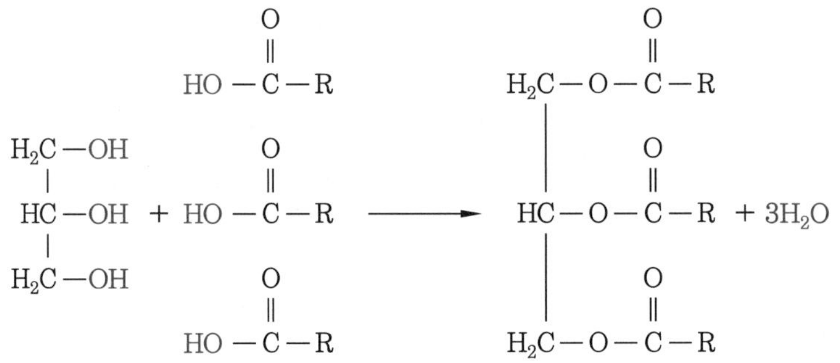

$$
\begin{array}{ccccc}
 & HO-\overset{\overset{\displaystyle O}{\|}}{C}-R & & H_2C-O-\overset{\overset{\displaystyle O}{\|}}{C}-R & \\
H_2C-OH & & & | & \\
| & & & | & \\
HC-OH & + \; HO-\overset{\overset{\displaystyle O}{\|}}{C}-R & \longrightarrow & HC-O-\overset{\overset{\displaystyle O}{\|}}{C}-R & + \; 3H_2O \\
| & & & | & \\
H_2C-OH & & & | & \\
 & HO-\overset{\overset{\displaystyle O}{\|}}{C}-R & & H_2C-O-\overset{\overset{\displaystyle O}{\|}}{C}-R & \\
\text{글리세롤} & \text{3유리 지방산} & & \text{트라이글리세라이드} &
\end{array}
$$

정답 ②

2015 국가직 9급 공업화학

03 니켈 촉매 상에서 수소를 첨가시켜 경화유를 제조할 수 있는 지방산은?

① 라우르산(Lauric acid)
② 올레산(Oleic acid)
③ 팔미트산(Palmitic acid)
④ 스테아르산(Stearic acid)

해설 불포화 지방산이어야 수소 첨가 반응으로 경화유(포화) 지방산을 제조할 수 있다.

정리 **수소 첨가 반응**

- 불포화 유지(지방산)에 니켈을 촉매 하에 수소 첨가시키면 녹는점이 높은 포화 유지(지방산)가 생성되는 반응
- 불포화 유지(액체)가 포화 유지(고체)가 되므로, 수소 첨가 반응으로 경화유를 제조함

정답 ②

2016 국가직 9급 공업화학

04 비누화가(saponification value)에 대한 설명으로 옳은 것은?

① 유지 1g을 완전히 비누화하는 데 필요한 NaOH의 mg 수
② 유지 1g을 완전히 비누화하는 데 필요한 KOH의 mg 수
③ 유지 1g을 완전히 비누화하는 데 필요한 HCl의 mg 수
④ 유지 1g을 완전히 비누화하는 데 필요한 H_2SO_4의 mg 수

해설 **유지의 분석**

구분	내용
산가	• 시료 1g 속에 들어있는 **유리 지방산을 중화**시키는 데 필요한 KOH의 mg 수
비누화가	• 유지 시료 1g을 완전히 **비누화**시키는 데 필요한 KOH의 mg 수 • 유지의 순도와 그 구성 지방산 분자량의 지표 • **유지의 특성**으로, 유지 종류마다 다른 일정한 값을 가짐
에스터화가	• 비누화가와 산가의 차이
아이오딘가 (요오드가)	• 유지 시료 100g에 흡수되는 **아이오딘** g 수 • 유지의 **불포화도** 지표(불포화도↑ → 아이오딘가↑)
아세틸가	• 아세틸화한 유지나 납 1에 결합하고 있는 초산을 중화시키는 데 필요한 KOH의 mg 수

정답 ②

2017 지방직 9급 공업화학

05 유지의 화학적 특성에서 불포화도를 측정하는 유지의 시험법은?

① 산가(acid value)
② 비누화가(saponification value)
③ 아이오딘가(iodine value)
④ 수산기가(hydroxyl value)

정답 ③

2017 지방직 9급 추가채용 공업화학

06 **유지의 수소 첨가에 대한 설명으로 옳지 않은 것은?**

① 수소 첨가 후에 유지의 아이오딘가(iodine value)는 증가한다.
② 불포화 유지에 존재하는 이중 결합을 단일 결합으로 변화시킨다.
③ 액상인 유지가 굳어지는 경화가 발생하며, 이를 경화유라고 한다.
④ 백금, 니켈 등의 촉매를 사용할 수 있다.

해설 ① 수소를 첨가하면 불포화도가 감소하므로, 유지의 아이오딘가(iodine value)는 감소한다.

정답 ①

2016 지방직 9급 공업화학

07 **유지류에 대한 설명으로 옳지 않은 것은?**

① 유지의 가수분해 생성물은 비누와 글리세린이다.
② 유지의 불포화도는 아이오딘가로 측정된다.
③ 불포화 유지에 수소를 첨가하여 경화유를 얻을 수 있다.
④ 유지의 불포화 지방산은 공기와의 접촉에 의해 산화된다.

해설 ① 유지의 가수분해 생성물은 지방산과 글리세린이다.

$$\text{글리세린 1분자} + \text{지방산 3분자} \underset{\text{가수분해}}{\overset{\text{에스터 결합}}{\rightleftharpoons}} \text{트라이글리세라이드} + 3H_2O$$

③ 불포화 유지(액체)에 수소를 첨가하여 포화 유지(경화유, 고체)를 얻을 수 있다.
④ 유지의 불포화 지방산은 공기와의 접촉에 의해 산화(베타 산화)된다.

정리 **유지의 비누화 반응**

$$\text{유지} + \text{강염기}(NaOH \text{ 또는 } KOH) \xrightarrow{\text{비누화 반응}} \text{비누}$$

정답 ①

2018 국가직 9급 공업화학

08 식물성 오일의 경화(hardening)에 대한 설명으로 옳은 것은?

① 식물성 오일의 이중 결합을 수소화하여 고체 식물성 지방으로 변환하는 과정이다.

② 식물성 오일을 알칼리와 함께 가열하여 글리세롤과 지방산의 염으로 변환하는 과정이다.

③ 식물성 오일을 수소화하여 비누를 얻는 과정이다.

④ 식물성 오일을 가수소분해하여 글리세롤을 얻는 과정이다.

해설 경화 : 수소 첨가 반응으로 불포화 지방산을 포화 지방으로 만드는 과정

② 비누화 과정

정답 ①

2016 서울시 9급 공업화학

09 다음 중 유지에 대한 설명으로 가장 옳은 것은?

① 라우르산(lauric acid)은 불포화 지방산이다.

② 올레산(oleic acid)은 Ni 촉매 하에서 수소화 반응을 통해 포화 지방산인 스테아르산(stearic acid)으로 전환할 수 있다.

③ 실온에서 유지 100g 속에 들어있는 유지산을 중화하는 데 필요한 KOH의 mg 수를 산가라 한다.

④ 포화 지방산은 탄소 수가 홀수로 되어 있으며, 천연 유지 중에는 $C_{17}-C_{19}$의 성분이 가장 많이 존재한다.

해설 ① 라우르산(lauric acid)은 포화 지방산이다.

② **수소 첨가 반응**으로 불포화 지방산은 포화 지방산으로 전환된다.
올레산(불포화, C18) → 스테아르산(포화, C18)

③ 실온에서 유지 **1g** 속에 들어있는 유지산을 중화하는 데 필요한 KOH의 mg 수를 산가라 한다.

④ 포화 지방산은 탄소 수가 **짝수**로 되어 있으며, 천연 유지 중에는 $C_{16}-C_{18}$의 성분이 가장 많이 존재한다.

정리 **대표적인 지방산**

- 포화 지방산 : 라우르산, 팔미트산, 스테아르산
- 불포화 지방산 : 올레산, 리놀레산, 리놀렌산

정답 ②

Chapter 2

계면활성제

1 계면활성제(surface active agent, surfactant)의 개요

1 정의

액체에 용해하거나 계면에 흡착해서, 계면에너지(계면의 자유에너지)를 낮추어 계면장력을 감소시키고, 계면의 성질을 현저히 변화시키는 물질

2 구조

① 한 분자 내에 친수기와 소수기(친유기)가 합쳐진 구조(양친매성 물질)
② 물에 녹으면 친수기는 물 쪽으로, 소수기는 기름(또는 공기) 쪽으로 향하여 계면에 흡착됨

구분	소수기	친수기
정의	물과 친하지 않은 작용기	물과 친한 작용기
특징	미셀 안쪽 부분에 위치 물과 만나지 않는 부분	미셀 바깥쪽 부분에 위치 물과 만나서 용해되는 부분
예	alkyl기(RH) alkenyl기($R_2C{=}CR'_2$) alkylaryl기($RC{\equiv}CR'$) fluoroalkyl기(RF) polydimethylsiloxane기(−Si−O−)	$-SO_4^-$ $-SO_3^-$ $-COO^-$ $-(OCH_2CH_2)_n-OH$ $-(OH)_n$

3 계면활성제의 메커니즘

① 계면에의 흡착(adsorption)
② 고체 물질의 분산(dispersion)
③ 기포 형성(foaming)
④ 표면장력(surface tension) 및 계면장력(interfacial tension)의 저하
⑤ 가용화(solubilization)
⑥ 미셀(micelle) 형성
⑦ 습윤(wetting of solids)
⑧ 유화 작용(emulsifying)

4 용도

① 섬유, 도료, 식품, 화장품, 의약품 등 여러 공업 분야에서 널리 사용됨
② 성질과 용도에 따라 유화제, 가용화제, 분산제, 습윤제, 기포제, 소포제, 세정제, 정전기 방지제, 응집제, 보습제 등 여러 명칭으로 사용됨

식품	• 세척제, 유화제
의약품	• 유화제, 타블렛 분산제
살충제, 제초제	• 분산제(농약 성분의 농도를 묽게 하고, 골고루 분산시키는 역할)
섬유	• 세정제(기름때 제거), 습윤제, 염색제
화학제품	• 유화제로 사용하여, 반응의 속도 증가
플라스틱	• 플라스틱 분산제, 기포제, 거푸집 이탈제, 미세 캡슐화제 (microencapsulation), 유화제
페인팅	• 주로 양이온 계면활성제 사용(염료의 고른 분산) • 습윤제, 정전기 방지제
제지	• 송진 제거, 발포 방지, 종이 재생, 사이징 시 사용
가죽제품	• 가죽을 부드럽게 하기 위한 습윤제
사진제품	• 습윤제, 윤활제, 감광제, 유화제, 정전기 방지제
건축재	• 시멘트 분산제, 자갈 유화제, 방열 및 방전용 계면활성제, 기포방지제, 공기부유제

2 계면활성제의 원리

1 미셀(micelle)

정의	계면활성제 농도가 증가하다가 일정 농도 이상에서 계면활성제 분자집합체가 생성되는데, 이것을 미셀이라 함
크기	이온성 계면활성제 미셀 < 비이온성 계면활성제 미셀
모양	• 계면활성제 함량이 늘어나면서 미셀 농도가 점점 증가하면, 집합체의 크기가 커지면서 미셀 모양이 바뀜 • 구형 → 봉형(실린더형) → 층상형(라멜라 형태)

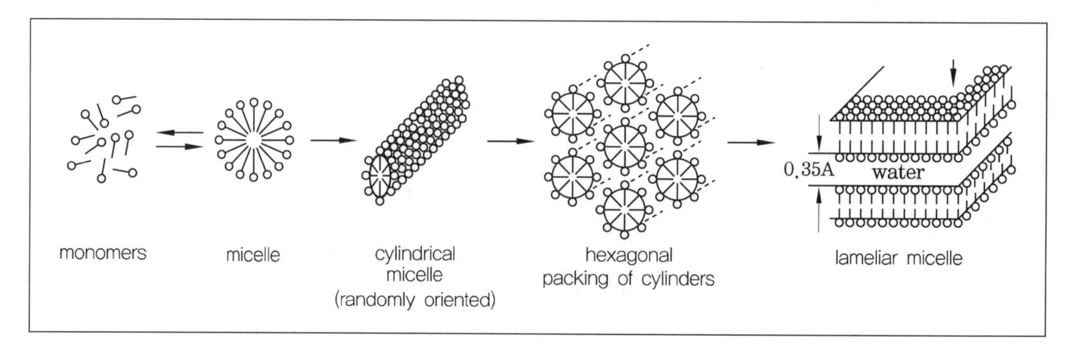

미셀의 모양

2 임계 미셀 농도(critical micelle concentration, CMC)

정의	미셀이 형성되는 최소 농도
특징	• 보통 10^{-2}~10^{-4}mol/L • 수용성이 클수록 CMC 증가 • CMC가 작을수록, 소수기가 클수록, 큰 미셀 형성 • 계면활성제 농도↑, CMC↓ → 표면장력(계면에너지)↓ • 음이온성 > 양이온성 > 양쪽성 > 비이온성 계면활성제
측정 방법	• 표면장력의 측정 • 광산란법 • 전기전도도의 측정 • 색소의 가용화

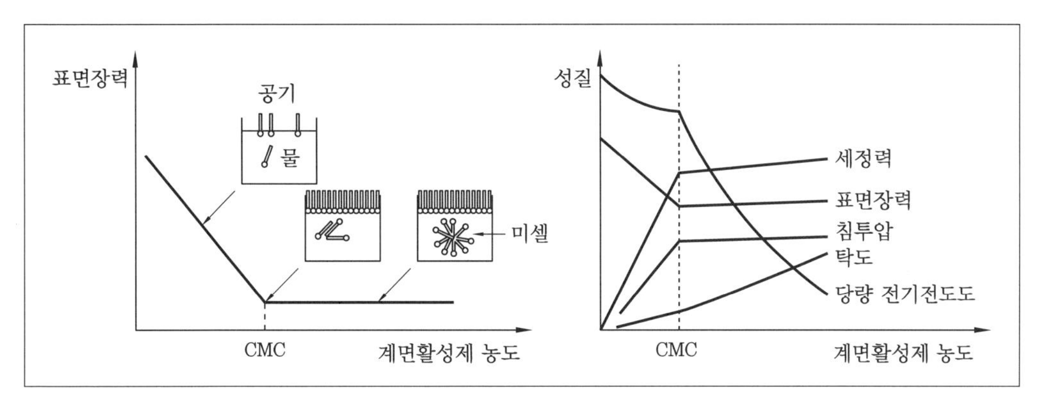

미셀의 생성과 CMC

3 회합 수

① 미셀을 형성할 때 필요한 계면활성제의 개수

② 이온성 계면활성제의 회합 수 < 비이온성 계면활성제의 회합 수

- 이온성 계면활성제는 미셀 형성이 쉬움
  분자의 극성 강함 → 분자 간 인력 강함 → 적은 회합 수로 미셀 형성(미셀 형성 쉬움)
- 비이온성 계면활성제는 미셀 형성이 어려움
  분자의 극성 약함 → 분자 간 인력 약함 → 많은 회합 수로 미셀 형성(미셀 형성 어려움)

4 원리 – 가용화(용해화, solubilization)

정의	• 물(용매)에 대한 용해성이 아주 적은 물질이 계면활성제(가용화제)에 의해 그 용해도 이상으로 용해되는 현상
과정	• **계면활성제**가 물에 녹아 일정 농도 이상이 되면, 소수성 부분은 핵을 형성하고, 친수성 부분은 물과 닿는 표면을 형성함 • 미셀이 물에서 형성될 때, 기름과 같은 소수성 물질은 미셀의 안쪽 부분에 위치하여 안정화 되고 물에 녹게 되는데 이를 가용화(용해화, solubilization)함
특징	• 유화와는 달리 열역학적으로 안정한 계 • 계면활성제 용액과 유화의 중간 상태 • 계면활성제의 미셀에 의해 발생함 • 임계미셀농도(CMC) 이상에서 가용화가 활발하게 발생

3 HLB(Hydrophile–Lipophile Balance, 친수성–친유성 밸런스)

1 HLB의 개요

정의	• 계면활성제의 친수성 및 친유성 정도(균형)를 나타내는 척도
특징	• 계면활성제를 구성하고 있는 친수기와 친유기의 균형에서 계면활성제의 용도와 성질이 결정됨 • 계면활성제의 용도 예측 가능 • HLB↑ → 친수기 비율↑ → 물에 잘 녹음

2 공식

$$HLB = \frac{\text{친수성기의 분자량}}{\text{전체 분자량}} \times 20$$

3 HLB와 수용성 및 용도

HLB	수용성	HLB	계면활성제의 용도
1~3	분산하지 않음	1~3	소포제(거품 제거)
3~6	약간 분산	3~4	드라이클리닝 세제
6~8	강하게 교반하면 유탁함	4~8	유화제(W/O)
8~10	안정한 유탁물이 됨	8~13	유화제(O/W)
10~13	반투명 또는 투명한 분산	13~15	세탁용 세제
13~20	투명한 용해	15~20	가용화(물 속에 기름 분산)

• W/O : Water in Oil(기름 속에 물 분산)
• O/W : Oil in Water(물속에 기름 분산)

4 크래프트점(kraft point)

① 이온성 계면활성제가 물에 대한 용해도가 현저하게 증가하기 시작하는 온도
② 고체상 계면활성제의 녹는점(융점)에 해당함
③ 친수성↑, 소수성(친유성)↓ → 크래프트점↓ → 미셀 형성↑
④ 계면활성제 수용성의 척도
⑤ 칼슘염 > 소듐염(나트륨염) > 포타슘염(칼륨염)

5 담점(cloud point)

비이온계 계면활성제 중에서 폴리옥시에틸렌계 계면활성제 용액은 온도 상승 시 어떤 온도 이상이 되면 투명하던 용액이 백탁이 되는데, 이 온도를 담점이라고 함

4 계면활성제의 분류

물에서 해리되었을 때 친수성 부분의 전하에 따라
음이온성, 양이온성, 양쪽성, 비이온성, 특수 계면활성제로 분류함

1 음이온성 계면활성제

구분	내용
정의	• 극성기(친수기)가 음이온인 것 • 물에 해리되면 음이온 부분이 계면활성을 나타냄
특징	• 가장 일반적인 계면활성제 • 가장 많이 사용되는 계면활성제
극성기	• 황산염(설폰산염)형($-SO_3^--$) 예 알킬벤젠설폰산염(LAS), 알킬황산에터염(AS), α-올레핀 설폰산염(AOS) • 황산에스터형($-OSO_3^--$) • 카복실산염형($-COO^--$) 예 **비누, 라우린산소듐** • 폴리알킬페놀
용도	비누, 세탁세제, 섬유공업 및 고분자공업 등

2 양이온성 계면활성제

구분	내용
정의	• 극성기(친수기)가 양이온인 것 • 물에 해리되면 양이온 부분이 계면활성을 나타냄
특징	• 계면활성 : 유화제, 분산제, 흡착력, 침투력 등 • 대전 방지 작용 있음 • 산성에서는 안정적이나, 염기나 음이온 활성제와 배합하면 계면활성을 잃음 • 4급 암모늄염이 가장 많이 사용됨

극성기	• 아민염형(RCH_2-NH_2) 예 폴리옥시에틸렌알킬아민 • **암모늄염형**($R_4N^+-Cl^-$) 예 **테트라알킬암모늄형, 피리디늄형**
용도	린스, 섬유 염색 조제, 섬유유연제, 분산제, 살균소독제, 트리트먼트, 대전방지제

3 양쪽성 계면활성제

정의	• 극성기(친수기)가 양이온, 음이온인 것 • 염기성에서는 음이온, 산성에서는 양이온, 중성에서는 비이온 계면활성을 나타냄
특징	• 살균력이 매우 강함 • 가용화성, 유화성, 습윤성 우수 • 양이온, 음이온 및 비이온 계면활성제보다 세정력이 약함
극성기	• **아미노산형** • 베타인형 • 레시틴 • 타우린
용도	화장품, 샴푸, 섬유유연제, 살균소독제, 금속방지제, 연료유 첨가제

4 비이온성 계면활성제

정의	• 물속에서 이온을 생성하지 않는 계면활성제
특징	• 음이온 계면활성제 다음으로 많이 사용됨 • 생성 거품 및 기포력 적음 • 독성 작음
극성기	• **폴리에텔렌글리콜** • 에스터형 • 아마이드형
용도	침투제, 식품 및 의약품의 유화제, 섬유 마무리제, 저기포성 세정제, 소포제

5 특수 계면활성제

① 플루오르계 계면활성제

② 실리콘계 계면활성제

③ 고분자계 계면활성제

연습문제

2. 계면활성제

2015 국가직 9급 공업화학

01 계면활성제는 HLB 값에 따라 용도가 나뉜다. 다음 중에서 가장 작은 HLB 값을 가진 계면활성제의 용도로 적합한 것은?

① 소포(defoaming)
② 세정(washing)
③ 침투(penetrating)
④ 가용화(solubilizing)

해설 HLB 크기별 용도

HLB	1~4	3~7	7~15	7~18	12 이상	15~20
계면활성제의 용도	소포 (거품 제거)	유화 작용 (W/O)	침투	유화 작용 (O/W)	세정	가용화

W/O : Water in Oil
O/W : Oil in Water

정리 HLB(Hydrophile-Lipophile Balance, 친수성-친유성 밸런스)

정의	• 계면활성제의 친수성 및 친유성 정도(균형)를 나타내는 척도
특징	• 계면활성제를 구성하고 있는 친수기와 친유기의 균형에서 계면활성제의 용도와 성질이 결정됨 • HLB↑ → 친수기 비율↑

정답 ①

2017 지방직 9급 공업화학

02 대부분 질소 유도체인 아민염 및 암모늄계 화합물이고, 세제 용도보다는 섬유처리제, 분산제, 부유선광제, 살균소독제 등의 용도로 활용되는 계면활성제는?

① 음이온성 계면활성제
② 양이온성 계면활성제
③ 비이온성 계면활성제
④ 양쪽성 계면활성제

해설 **계면활성제의 종류별 용도**

구분	종류	용도
음이온성 계면활성제	• 황산염(설폰산염)형($-SO_3^--$) 예 **알킬벤젠설폰산염(LAS), 알킬황산에스터염(AS)** α-올레핀 설폰산염(AOS) • 황산에스터형($-OSO_3^--$) • 카복실산염형($-COO^--$) 예 **비누, 라우린산소듐** • 폴리알킬페놀	비누, 세탁세제, 섬유공업 및 고분자공업 등
양이온성 계면활성제	• 아민염형(RCH_2-NH_2) 예 폴리옥시에틸렌알킬아민 • 암모늄염형($R_4N^+-Cl^-$) 예 **테트라알킬암모늄형, 피리디늄형**	린스, 섬유 염색 조제, 섬유유연제, 분산제, 살균소독제, 트리트먼트, 대전방지제
양쪽성 계면활성제	• **아미노산형**, 베타인형 • 레시틴, 타우린	화장품, 샴푸, 섬유유연제, 살균소독제, 금속방지제, 연료유 첨가제
비이온성 계면활성제	• **폴리에텔렌글리콜** • 에스터형 • 아마이드형	침투제, 식품 및 의약품의 유화제, 섬유 마무리제, 저기포성 세정제, 소포제

정답 ②

2017 지방직 9급 추가채용 공업화학

03 이온형 계면활성제가 아닌 것은?

① 황산염형 계면활성제
② 폴리에틸렌글리콜형 계면활성제
③ 암모늄염형 계면활성제
④ 카복실산염형 계면활성제

해설 ① 음이온성 계면활성제
② 비이온성 계면활성제
③ 양이온성 계면활성제
④ 음이온성 계면활성제

정답 ②

2016 지방직 9급 공업화학

04 계면활성제에 대한 설명으로 옳지 않은 것은?

① 한 분자 내에 친수기와 소수기를 모두 갖는다.
② 일정 농도 이상에서 미셀(micelle)을 형성한다.
③ 모든 계면활성제는 물에서 이온으로 해리된다.
④ 세제, 유화제, 보습제 등으로 이용된다.

해설 ③ 비이온성 계면활성제는 물에서 이온으로 해리되지 않는다.

정리 **미셀(micelle)**

- 계면활성제 농도가 증가하다가 일정 농도 이상에서 계면활성제 분자집합체가 생성되는데, 이것을 미셀이라 함
- 한 분자 내에 친수기와 소수기를 모두 가지고 있음
- 미셀의 크기 : 이온성 계면활성제 미셀 < 비이온성 계면활성제 미셀

정답 ③

2016 서울시 9급 공업화학

05 다음 중 계면활성제에 대한 설명으로 가장 옳은 것은?

① 임계 미셀 농도(CMC)가 작은 것이 미셀이 크다.
② 소수기가 작을수록 미셀이 커지는 경향이 있다.
③ 이온성 계면활성제가 비이온성 계면활성제보다 회합 수가 많다.
④ 계면활성제 수용액의 농도가 CMC보다 커지면 표면장력은 급격히 증가한다.

해설 ② 소수기가 클수록 미셀이 커지는 경향이 있다.
③ 이온성 계면활성제보다 비이온성 계면활성제가 회합 수가 많다.
④ 계면활성제 수용액의 농도가 CMC보다 커지면 표면장력은 급격히 감소한다.

정리 **임계 미셀 농도(CMC : Critical Micelle Concentration)**

- 미셀이 형성되는 최소 농도
- **CMC가 작을수록, 소수기가 클수록, 큰 미셀 형성**
- **계면활성제 농도 > CMC → 표면장력(계면에너지) ↓**

정답 ①

2017 국가직 9급 공업화학

06 비누에 대한 설명으로 옳지 않은 것은?

① 비누 분자의 양쪽 끝은 각각 친수성과 소수성으로 이루어진다.
② 비누 분자의 긴 탄화수소 사슬은 친수성이다.
③ 일정 농도 이상에서 물에 분산되어 마이셀(micelle)을 형성한다.
④ 지방을 염기에 의해 가수분해하여 얻는 혼합물이다.

해설 ② 비누 분자의 긴 탄화수소 사슬은 소수성이다.

정답 ②

2018 서울시 9급 공업화학

07 세제 화합물의 하나인 알킬 폴리글루코사이드(APG)에 대한 설명으로 가장 옳지 않은 것은?

보기

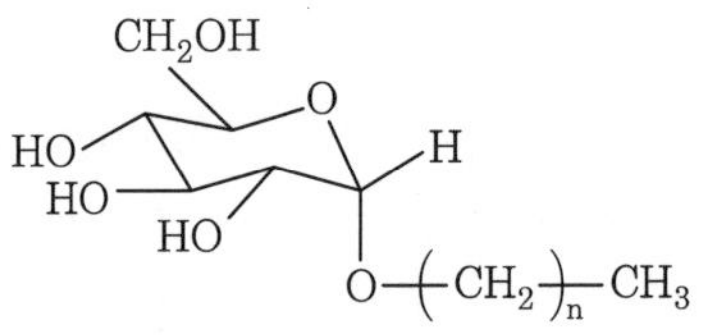

CH_2OH
O
HO
HO
HO
H
$O{-}\!\!\left(CH_2\right)_n\!\!{-}CH_3$
n = 9~13

① 양쪽성 계면활성제이다.
② 아세탈그룹을 함유하고 있다.
③ 당이 포함되어 있다.
④ 생분해성이다.

해설 ① 비이온성이다.

정답 ①

Chapter

3 목재화학 및 제지공업

1 목재의 조성

1 개요

① 목재의 3대 주성분 : 셀룰로스, 헤미셀룰로스, 리그닌
② 목재의 부성분 : 수지(resin), 정유(oil), 추출물(탄닌 등), 무기물 등
③ 목재의 3대 주성분의 구성 비율

주성분	성분 비율
셀룰로스	50~55%
헤미셀룰로스	10~20%
리그닌	20~30%

2 셀룰로스(cellulose)

① 글루코오스의 β결합(β-1,4-글루코오사이드 결합)으로 구성된 다당류(β포도당의 중합체)
② 탄수화물의 한 종류
③ 셀룰로스 합성 시 중합이 선형으로 일어남
④ 목재, 목면, 마 등의 주성분
⑤ 펄프의 주성분(셀룰로스의 함량이 높을수록 좋은 펄프임)

3 헤미셀룰로스(hemicellulose)

① 세포벽을 구성하는 다당류
② 산에 의해 쉽게 가수분해되어 추출되는 다당류의 총칭

③ 목재 세포막을 구성하는 물질
④ 식물 세포벽의 구성 성분 중 펙틴질을 제외한 성분

4 리그닌(lignin)

① 목재의 섬유와 세포를 강하게 결합시키는 물질(접착제 역할, 목질화 물질)
② 페닐프로판을 골격으로 하는 단량체의 축합 고분자
③ 지용성 페놀 고분자(방향족 화합물)
④ 염기성에서는 약하나, 산성에서는 안정함

2 펄프

1 펄프

① 종이 등을 만들기 위해 나무 등의 섬유 식물에서 뽑아낸 재료
② 종이의 원료
③ **목재에서 물리적 및 화학적 방법으로 비섬유질(셀룰로스 이외의 성분)을 제거하고 섬유질(셀룰로스)만을 남게 한 것**

2 펄프 제조 순서

박피(debarking) – 조각 만들기(chipping) – 스크리닝 – 펄프화(화학적, 기계적)

3 펄프화(pulping)

① 펄프를 만드는 것
② 아릴에터(aryl ether) 구조를 분해하여 저분자화시키는 것
③ **펄프화로 분해 제거하려는 주성분은 리그닌**임
– 리그닌은 펄프의 백색도를 떨어뜨려 펄프의 품질을 저하시킴
– 크래프트 펄핑공정(kraft pulping)에서 증해폐액인 흑액의 형태로 분리됨

4 펄프화 방법

(1) 기계화 펄프화법

화학처리 없이 기계적으로 분쇄시켜 펄프를 제조하는 방법

(가) 특징

① 침엽수재가 적당함
② 조작 간단
③ 비용 저렴
④ 생산성 좋음(수율 좋음)

(나) 기계 펄프

① 펄프 내에 셀룰로스뿐만 아니라 헤미셀룰로스와 리그닌과 같은 목재 성분이 대부분 포함되어 있음
② 펄프 품질이 낮음
③ 기계 펄프로 만든 종이는 불투명도가 낮음
④ 빠른 인쇄에 적합(신문지)

쇄목 펄프	쇄목기(맷돌)로 나무에 압력을 가하여 만든 펄프
열기계 펄프	목재 칩을 증기 열처리한 다음, 리파이너로 분쇄시켜 제조한 펄프
화학기계 펄프	목재 칩을 화학약품으로 전처리한 다음, 리파이너로 분쇄시켜 제조한 펄프
화학열기계 펄프	목재 칩을 화학약품으로 전처리한 다음, 열기계 펄프법으로 만든 펄프

(2) 화학적 펄프화법

화학약품으로 비섬유질(헤미셀룰로스, 리그닌)을 제거하여 섬유질(셀룰로스)만 남기는 방법

㈎ 특징

① 강한 약품 사용으로 사용 수종에 제약이 없음
② 고급 인쇄용지 제조에 사용
③ 기계적 펄프화법보다 생산성 낮음(수율 낮음)

㈏ 화학 펄프

구분	내용
황산염 펄프	• 황화소듐(Na_2S)과 수산화소듐(NaOH)을 약품으로 생산된 펄프 • 크래프트 펄프(kraft pulp)라고도 함 • 현재 가장 많이 생산 및 소비되는 펄프
아황산염 펄프	• 아황산과 혼합액을 약제로 하여 생산하는 펄프 • pH 범위가 넓음
소다 펄프	• 수산화소듐(NaOH)과 탄산칼슘($CaCO_3$)을 약제로 하는 펄프 • 최초의 화학 펄프화법 • 주로 활엽수의 펄프화에 사용됨

(3) 반화학적 펄프화법

가벼운 약품처리를 통해 목재 성분 중 비섬유질(헤미셀룰로스나 리그닌)의 일부를 제거한 후, 리파이너로 분쇄시켜 제조하는 펄프임

3 제지 공업(종이 제조 공정)

1 종이 제조 순서

펄프 → 표백 → 고해(비팅) → 충전 → 사이징 → 초지 → 종이

2 종이 제조 공정

구분	내용
고해 (beating)	• 수중에서 펄프의 섬유 성분을 절단, 해리, 팽윤, 콜로이드화시켜서 **용도에 알맞은 종이의 성질을 발현시키는 공정** • 펄프에 물을 가해 펄프 섬유를 절단하는 과정 • 종이의 **질을 균일하고 질기게 만드는 과정**
충전 (충진, loading)	• 종이의 다공성인 부분을 메우는 공정 • 종이 중량 증가 • 충전 효과 – 종이가 불투명해짐 – 조직이 균일해져 고른 종이질을 얻음 – 습기에 의한 신축성 감소 – 종이가 유연하여 인쇄하기 좋아짐 • **충전제 : 백토, 활석, 탄산석회, 탄산마그네슘, 황산바륨 등**
사이징 (sizing)	• 내수성이 있는 콜로이드 물질(사이즈제, 보류 향상제 및 기타 첨가제)을 혼합해 종이 표면이나 섬유 사이의 간격을 채워 **내수성을 갖도록 하는 공정** • 종이에 액체 침투 방지 • 목적 : 종이 내수성 향상, 잉크 번짐 방지
착색	• 색료를 주입하여 종이에 색을 입히는 공정
정선	• 섬유가 초지기로 이동하기 전 섬유의 크기를 고르게 하고 이물질을 걸러주는 공정
초지	• 조제된 펄프를 초지기로 섬유를 얇게 떠서 종이를 제조하는 공정
캘린더링 (calendering)	• 캘린더를 사용하여 시트를 성형, 광택을 내는 공정

3. 목재화학 및 제지공업

2015 국가직 9급 공업화학

01 목재 구조의 결합을 깨뜨려 섬유상 물질로 전환시키는 작업을 펄프화라고 한다. 다음 중에서 화학적 펄프화법에 의해 분해 제거시키고자 하는 주성분으로, 목재의 섬유와 세포를 강하게 결합시키는 물질은?

① 셀룰로스(cellulose)
② 헤미셀룰로스(hemicellulose)
③ 리그닌(lignin)
④ 수분(water)

해설 **리그닌** : 목재의 섬유와 세포를 강하게 결합시키는 물질

정답 ③

2017 지방직 9급 추가채용 공업화학

02 목재의 조성에 대한 설명으로 옳지 않은 것은?

① 가장 많은 성분은 셀룰로스이다.
② 셀룰로스의 주요 성분은 글루코오스이다.
③ 헤미셀룰로스는 세포벽에 존재하는 단당류이다.
④ 리그닌은 목재의 섬유와 세포를 강하게 결합시켜 준다.

해설 ③ 헤미셀룰로스는 세포벽에 존재하는 다당류이다.

정답 ③

2017 국가직 9급 공업화학

03 셀룰로스(cellulose)에 대한 설명으로 옳은 것만을 모두 고른 것은?

ㄱ. 탄수화물의 일종으로서 다당류이다.
ㄴ. 글루코오스만으로 구성된 고분자이다.
ㄷ. 셀룰로스 합성 시 고분자 결합은 방사형으로 일어난다.
ㄹ. 셀룰로스 분자는 결정 영역과 비결정 영역으로 이루어져 있다.

① ㄱ, ㄴ, ㄷ
② ㄱ, ㄴ, ㄹ
③ ㄱ, ㄷ, ㄹ
④ ㄴ, ㄷ, ㄹ

해설 ㄷ. 셀룰로스 합성 시 고분자 결합은 선형으로 일어난다.

정답 ②

2017 지방직 9급 공업화학

04 최근 목질계 바이오매스(biomass)의 효율적 이용을 위해 리그닌(lignin)의 활용에 대한 관심이 급증하고 있다. 리그닌에 대한 설명으로 옳지 않은 것은?

① 리그닌은 목질계 단백질로, 세포와 세포를 결합시키는 역할을 한다.
② 리그닌은 목재 내에 대략 20~30%의 중량으로 존재한다.
③ 리그닌은 펄프의 백색도를 떨어뜨려 펄프의 품질을 저하시킨다.
④ 리그닌은 크래프트 펄핑 공정(kraft pulping)에서 증해 폐액인 흑액의 형태로 분리된다.

해설 ① 리그닌은 목질계 다당류(탄수화물)로, 세포와 세포를 결합시키는 역할을 한다.

정답 ①

2015 서울시 9급 공업화학

05 **수중에서 펄프의 섬유 성분을 절단, 해리, 팽윤, 콜로이드화시켜서 용도에 알맞은 종이의 성질을 발현시키는 공정은?**

① 초지
② 고해(beating)
③ 충진
④ 캘린더링(calendering)

해설 **종이 제조 공정**

펄프 → 표백 → 고해(비팅) → 충전 → 사이징 → 초지 → 종이

공정	설명
고해 (beating)	• 수중에서 펄프의 섬유 성분을 절단, 해리, 팽윤, 콜로이드화시켜서 용도에 알맞은 종이의 성질을 발현시키는 공정 • 펄프에 물을 가해 펄프 섬유를 절단하는 과정 • 종이의 질을 균일하고 질기게 만드는 과정
충전 (충진, loading)	• 종이의 다공성인 부분을 메우는 공정 • 종이 중량 증가 • 충전제 : 백토, 활석, 탄산석회, 탄산마그네슘, 황산바륨 등
사이징 (sizing)	• 내수성이 있는 콜로이드 물질(사이즈제, 보류 향상제 및 기타 첨가제)을 혼합해 종이 표면이나 섬유 사이의 간격을 채워 내수성을 갖도록 하는 공정 • 목적 : 종이 내수성 향상, 잉크 번짐 방지
착색	• 색료를 주입하여 종이에 색을 입히는 공정
정선	• 섬유가 초지기로 이동하기 전 섬유의 크기를 고르게 하고 이물질을 걸러주는 공정
초지	• 조제된 펄프를 초지기로 섬유를 얇게 떠서 종이를 제조하는 공정
캘린더링 (calendering)	• 캘린더를 사용하여 시트를 성형, 광택을 내는 공정

정답 ②

2 과목

무기공업화학

PART 1

산 · 알칼리 공업

Chapter 1 산 공업

§ 1. 황산 공업

1-1 황산의 성질과 용도

1 황산의 명칭

삼산화황과 결합한 결합수에 따라 황산($mSO_3 \cdot nH_2O$)을 구분함

구분	$mSO_3 \cdot nH_2O$	H_2SO_4(%)
보통 황산 (묽은 황산, 황산수화물)	$m < n$	60~80
진한 황산	$m = n$	90~100
발연 황산	$m > n$	유리 SO_3 13~35

2 황산의 성질

① 상온에서 무색의 액체
② 농도가 증가할수록 점도가 증가함
③ **97.85%** H_2SO_4**의 비중(1.8415)이 가장 큼**
④ **98.3%** H_2SO_4**의 끓는점(338℃)이 가장 높음**
⑤ 고농도의 발연 황산은 공기 중에서 흰색 연기를 발생
⑥ **진한 황산은 탈수성**이 있음
⑦ **묽은 황산은 강산**이므로, 금속을 부식시킴

⑧ 묽은 황산은 금속과 반응하여 환원됨(황산은 산화제로 작용)
수소보다 이온화 경향이 큰 금속은 묽은 황산과 반응하여 금속 황산염과 수소가 발생

$$Zn + H_2SO_4 \rightarrow ZnSO_4 + H_2\uparrow$$

⑨ 수소보다 이온화 경향이 작은 금속은 진한 황산과 반응하여 금속 황산염과 이산화황을 발생

$$Cu + 2H_2SO_4 \rightarrow CuSO_4 + 2H_2O + SO_2\uparrow$$

⑩ 진한 황산은 수소보다 이온화 진한 황산에 물을 가하면 발열로 폭발의 위험이 있으므로, 묽은 황산을 만들 때는 물에 황산을 조금씩 첨가해야 함

3 농도의 표시

(1) 황산 농도의 표시

① 황산은 비중으로 농도를 표시하며, 공업적으로는 보메도(°Be′)를 사용함
② 93% 미만의 황산은 보메도(°Be′)를 사용함
③ 93% 이상의 진한 황산은 % 농도(백분율)를 사용함

(2) 보메도(°Be′)

$$°Be' = 144.3\left(1 - \frac{1}{d}\right)$$

$$d = \frac{144.3}{144.3 - °Be'}$$

d : 진비중(밀도)

4 황산의 용도

구분	용도
묽은 황산	비료, 섬유, 무기약품
진한 황산	비료, 섬유, 무기약품, 석유 정제, 농약, 의약품, 금속제련, 축전지
발연 황산	화약, 도료, 유기 합성

1-2 황산 제조 원료

1 황산의 원료

황(sulfur)	• frasch법으로 암석에서 황을 채취 – 과열 수증기로 암석 중 황을 녹이고, 압축 공기를 주입하여 용융된 황을 채취 • 황 순도 99.5~99.9%
황화철광(FeS_2)	• 황 함량 53.46%
자황화철광 (자류철광, Fe_5S_6 ~ $Fe_{16}S_{17}$)	• 황 함량 25~35%
금속제련 폐가스 (부생 SO_2)	• 비철금속(Cu, Zn, Pb 등) 황화물광에서 금속을 제련(황화광 배소)할 때 SO_2가 부생됨
기타	• 황화수소와 석고 함유 원료 예 시멘트 제조 공정 부생 SO_2, 석유정제 시 부생 H_2S

The 알아보기 황산 제조 공정 순서

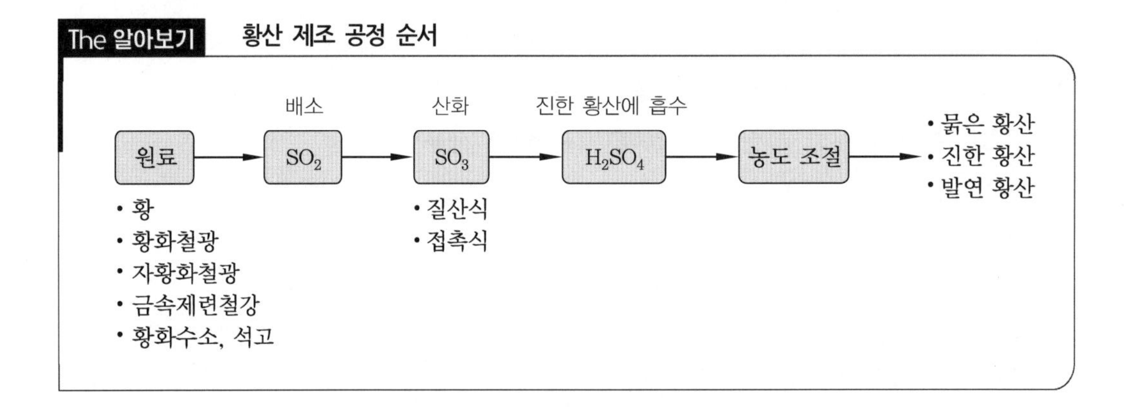

2 이산화황(SO_2)의 제조 및 정제

(1) 이산화황(SO_2)의 제조

(가) 황의 연소

① 황의 연소 반응

$$S + O_2 \rightarrow SO_2 + 71\text{kcal}$$

$$SO_2 + \frac{1}{2}O_2 \rightarrow SO_3 + 23\text{kcal}$$

② 황의 연소 반응은 가역 반응이고, 발열 반응임

③ 고온일수록, 공기가 적을수록 SO_3 생성 감소(르 샤틀리에 원리)

(나) 황화금속광의 배소(roasting)

① 배소 반응에서 SO_2가 부생

- 황화철광 $4FeS_2 + 11O_2 \rightarrow 2Fe_2O_3 + 8SO_2$
- 자황철광 $4Fe_7S_8 + 53O_2 \rightarrow 14Fe_2O_3 + 32SO_2$
- 삼아연광 $2ZnS + 3O_2 \rightarrow 2ZnO + 2SO_2$

② 황화철광을 배소하여 이산화황을 제조하는 경우, 분진과 휘발성 불순물이 다량 포함되어, 황산 제조과정에서 촉매독으로 작용할 수 있으므로, 반드시 정제하여 회수하여야 함

(다) 황화수소의 연소

$$H_2S + O_2 \rightarrow SO_2 + H_2O$$

(2) 이산화황(SO_2)의 정제

① 배소로에서 생성된 SO_2 가스 중에는 분진(먼지), 비소, 셀레늄 등의 불순물이 함유되어 정제가 필요함

② 집진장치로 분진(먼지)을 제거함

장치	설명
장해판 (중력 집진장치)	• 자연 침강시켜 분진(먼지)을 제거
사이클론 (원심력 집진장치)	• 원심력을 이용하여 분진(먼지)을 제거
Cottrell 집진기 (전기 집진장치)	• 코로나 방전, 전기영동을 이용하여 분진(먼지)을 제거
세정	• 분진(먼지)을 흡수액에 용해시켜 제거
여과	• 여과포(필터)로 분진(먼지)을 걸러서 제거

③ 비소와 셀레늄을 황화수소를 이용하여 제거함

1-3 황산 제조 공정

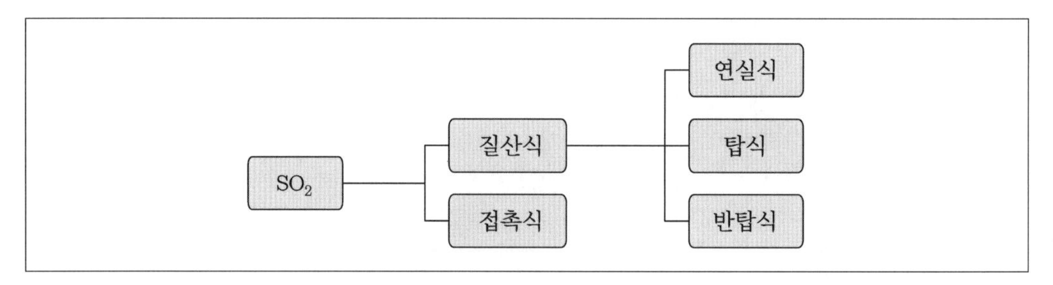

황산 제조 공정의 개요

1 질산식 황산 제조법

정의	• **산화질소 촉매** 하에 SO_2, O_2, H_2O를 반응시켜 황산을 제조하는 방법
종류	• 연실식, 탑식, 반탑식

탑식, 반탑식은 연실식 개량 방식임

(1) 연실식(lead chamber process)

방식	연실 바닥으로 SO_2, N_2, NO_2, O_2 등을 주입하고 상부에서 물을 분무하는 방식
반응	• 촉매 : 산화질소(NOx) • 균일 촉매 반응 • 기상 반응
구성	**글로버탑 → 연실 → 게이뤼삭탑**
특징	• 생성된 황산 제품의 농도와 순도가 낮고, 불순물이 많음 • 일부의 산화질소가 회수되지 않음 • 기상 반응이므로 연실의 부피가 큼, 공장 부지가 큼 • 현재는 잘 사용되지 않는 방식

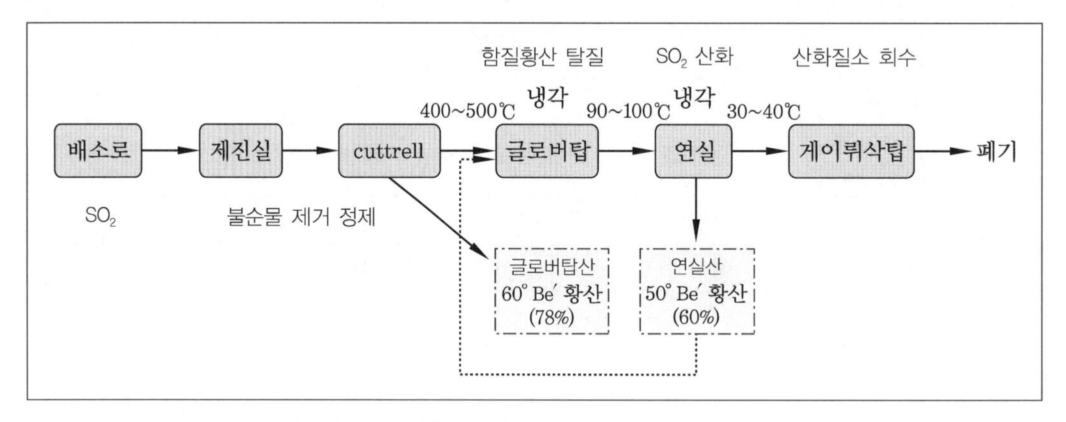

연실식 황산 제조 공정

(가) 글로버탑(glover tower)

① 배소로에서 나온 SO_2 가스(노가스)를 제진실에서 분진을 제거한 후, 400~500℃로 냉각하여 글로버탑 하부로 도입

② 탑상부에 연실산과 나이트로실 황산($HSO_4 \cdot NO$)이 주입되어, 연실산의 농축과 나이트로실 황산이 분해되어, 글로버탑산(60°Be′ 황산, 78%)이 생성됨

역할	• **함질황산(질소를 함유한 황산)의 탈질** • **연실산 농축** : 50°Be′연실황산을 가열 농축함 • **질산의 환원** : $HNO_3 \rightarrow NO$
반응	• 나이트로실 황산의 분해 • 탈질 반응 : $2HSO_4 \cdot NO + H_2O \rightarrow H_2SO_4 + NO + NO_2$ • 황산 생성 반응 : $2HSO_4 \cdot NO + SO_2 + 2H_2O \rightarrow 2H_2SO_4 \cdot NO + H_2SO_4$
특징	• 탑 하부 : 노가스는 400~500℃로 하부로 공급됨 • 탑 상부 : 연실 산과 함질가스(나이트로실 황산)가 공급됨 • 글로버탑산(60°Be′황산, 78%) 생성 • 노가스의 냉각 : 400~500℃ → 90~100℃로 냉각 • 노가스의 세척 : 분진이 산으로 세척됨

(나) 연실(lead chamber)

역할	• **글로버탑에서 들어오는 가스 혼합** • **SO_2 산화** • SO_2 산화 반응의 반응열 발산 • 생성된 산무(산알갱이)의 응축을 위한 표면을 부여
반응	• SO_2 산화 반응 $SO_2 + NO_2 + H_2O \rightarrow H_2SO_4 + NO$ $NO + \frac{1}{2}O_2 \rightarrow NO_2$
특징	• 가스 냉각 : 90~100℃ → 30~40℃로 냉각 • 연실 산(50°Be′황산, 60%) 생성

(다) 게이뤼삭탑(Gay-Lussac tower)

역할	• **산화질소의 회수**
반응	• 산화질소의 회수(함질황산의 생성) $2H_2SO_4 + NO + NO_2 \rightarrow 2HSO_4 \cdot NO + H_2O$
특징	• 산화질소를 함질황산(나이트로실 황산)으로 회수하여 글로버탑으로 돌려보냄

(2) 연실식을 개량한 방식

연실식의 단점을 개량한 방식

(가) 연실식의 단점

① 황산 제품의 순도 낮음

② 일부 산화질소 회수 어려움

③ 연실실 크기가 커서, 장치 설치면적이 큼

(나) 탑식

방식	연실을 생략하고 탑을 늘려, 탑을 주체로 하는 황산의 제조 방법
특징	• 연실식을 개량한 방식 • 주반응이 기상-액상 반응이므로 큰 부피의 연실을 생략하여 전체 장치부피가 작음 • 내순환 역할 : 황산 생성 • 외순환 역할 : 질소산화물 흡수
종류	• Opl법 • Petersen법 • Meyer법

(다) 반탑식

방식	연실은 최소화하고, 최종 연실과 게이뤼삭탑 사이에 연실 조정탑 (Petersen tower)을 설치한 방식
특징	• 연실식과 탑식를 합친 방식

(라) 연실식과 탑식의 비교

구분	연실식	탑식
장치부피 및 공장부지	큼	작음
SO_2 산화속도	작음	큼
효율, 장치능률	낮음	높음
제품 농도 및 순도	낮음	높음
냉각방식	자연 냉각	인공 냉각
기타 특징	• 인건비 큼 • 일부의 산화질소 회수 어려움	• 냉각수의 순환 및 산 운반 동력 큼 • 순환 산의 양 큼 • 장치 손실 큼

(3) 정제 및 농축

질산식으로 제조된 황산은 불순물이 함유되어 때에 따라 정제가 필요함

부유물질	모래여과 처리
비소, 셀레늄	H_2S로 황화물 형태로 침전 처리
질소산화물	$(NH_4)_2SO_4$ 또는 $(NH_2)_2CO$로 가열분해 처리

2 접촉식 황산 제조법(Monsanto식)

정의	고체 산화 촉매로 SO_2을 SO_3으로 산화·전화한 후 98% 진한 황산에 흡수시켜 황산을 제조
촉매	**오산화바나듐(V_2O_5)**, 백금(Pt)
공정	배소로 → 세척탑 → 건조탑 → 촉매 전화기 → 흡수탑 • 배소로 : 원료 S를 SO_2로 산화 • 세척탑 : 불순물을 세척 제거 • 건조탑 : 건조 • 촉매 전화기 : 촉매 산화 반응(SO_2을 SO_3으로 산화) • 흡수탑 : 진한 황산에 흡수시켜 발열 황산을 제조
특징	발연 황산, 100% 황산이 생성됨

(1) 산화 공정(전화 공정)

배소 → 세척 → 건조 → 촉매 전화

(가) SO_2의 산화 반응

$$SO_2 + \frac{1}{2}O_2 \rightarrow SO_3 + 23\text{kcal}$$

① 발열 반응이므로, 저온에서 전화율 증가(정반응 우세, 르샤틀리에 원리)

② 그러나 저온에서는 반응속도가 느리므로, 촉매를 사용하여 반응속도를 높임

③ 압력을 증가시키면 전화율이 증가하나 장치가 복잡해짐

④ 따라서, **410~440℃, 상압에서 촉매를 사용하여 반응함**

⑤ 운전 시 온도 조절이 가장 중요함

(2) 흡수 공정

① 전화기에서 생성된 SO_3 가스를 흡수탑에 흡수시켜 발연 황산과 진한 황산을 제조

② SO_3 가스 중에 수분이 많거나, 물 또는 묽은 황산에 흡수시키면 황산미스트(mist)가 생성되어 흡수가 어려움

③ **가스에 수분을 적게 하거나 진한 황산에 흡수**시킴

④ **98.3% 농도의 황산에서 증기압이 최저**이지만, 탈수력이 있어 미스트를 파괴함

⑤ 따라서, 실제 흡수 공정에서는 SO_3 가스를 **98% 황산에 흡수**시켜 발연 황산이나 100% 황산을 제조

(3) 촉매 반응

㈎ 촉매 반응식

$$\overset{+5}{\underline{V}}_2O_5 + SO_2 \rightarrow \overset{+4}{\underline{V}}_2O_4 + SO_3$$

$$2SO_2 + O_2 + V_2O_4 \rightarrow 2VOSO_4$$

$$2VOSO_4 \rightarrow SO_2 + SO_3 + V_2O_5$$

㈏ 바나듐 촉매의 역할

① 원자가(산화수) 변화 : +5 → +4(환원)

② 색 변화 : 원자가 변화로 적갈색(V_2O_5) → 녹갈색(V_2O_4)으로 색 변화

③ 중간생성물($VOSO_4$)의 생성

④ 흡수 작용

㈐ 바나듐 촉매 담체

규산염(규산겔, 실리카겔), 백금 촉매 담체, 석면, 황산마그네슘

㈑ 바나듐 촉매의 특징

① V_2O_5 주촉매, K_2SO_4 조촉매, 실리카겔 담체로 구성

② 다공성 → 비표면적 큼

③ 수명이 긺(10년 이상)

④ 촉매독에 저항이 큼(피독 작용 적음)

⑤ 고온에 강함(고온에서도 활성이 떨어지지 않아, 전화율이 95% 이상으로 높음)

⑥ 가격 비쌈

The 알아보기

- 촉매독(catalyst poison) : 피독 현상을 일으켜 촉매작용을 방해하는 물질
- 피독 현상(poisoning) : 촉매에 극소량의 다른 물질이 들어가서 촉매에 강하게 흡착하거나 결합하여 촉매의 활성을 감소시키는 현상

§ 2. 질산 공업

2-1 질산의 성질과 용도

1 질산의 성질

① 상온에서 무색의 발연성 액체
② 빛에 광분해하므로, 갈색병에 보관함
③ 강산이므로, 대부분의 금속을 부식시킴
④ 알루미늄이나 크로뮴을 질산에 담그면, 산화물 피막을 생성시켜 부동태가 되어 부식되지 않음
⑤ 왕수(질산과 염산 혼합물)의 원료로, 왕수는 금이나 백금을 녹임
⑥ 강한 산화제

2 질산의 용도

구분	농도	용도
묽은 질산	50~70%	비료 제조, 인광석 분해
진한 질산	98%	나이트로 화합물 합성, 염료, 화약, 의약품, 로켓 연료

2-2 질산 제조 공정

공업적으로 질산을 제조하는 방법 3가지가 있으며, 암모니아 산화법(Ostwald법)이 주로 사용됨

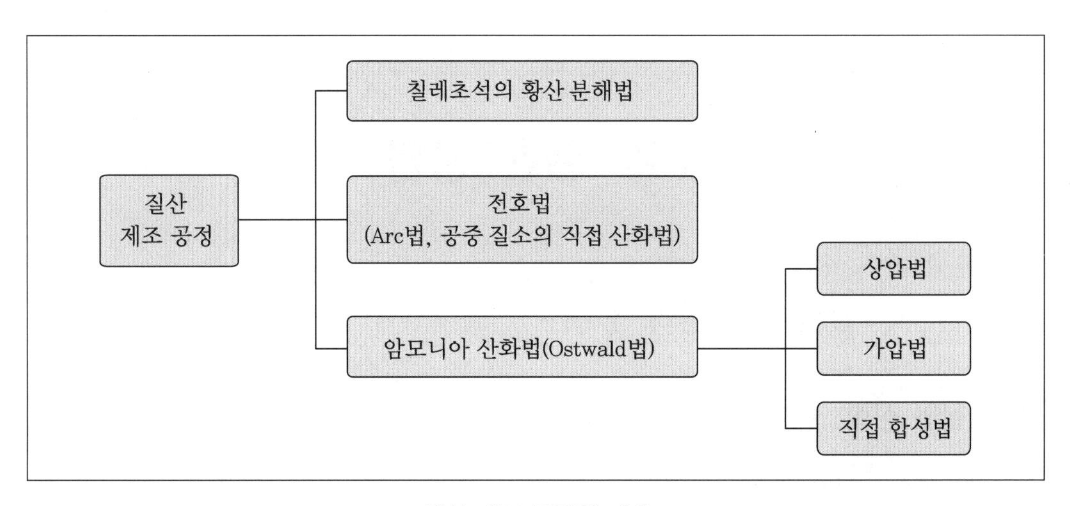

질산 제조 공정의 개요

1 칠레초석의 황산 분해법

정의	칠레초석(구아노 초석, $NaNO_3$)을 **황산**으로 분해하여 질산을 얻는 방법
반응	1단계 : $NaNO_3 + H_2SO_4 \rightarrow NaHSO_4 + HNO_3$ 2단계 : $NaHSO_4 + NaNO_3 \rightarrow Na_2SO_4 + HNO_3$ 전체 : $2NaNO_3 + H_2SO_4 \rightarrow Na_2SO_4 + 2HNO_3$
특징	• 초석은 비료와 화약원료임 • 전력 소모가 커서, 잘 사용하지 않음

2 전호법 (Arc법, 공중 질소의 직접 산화법)

정의	고전압의 Arc 방전으로 대기 중 **질소(N_2)를 산화**하고, **물에 흡수**시켜 질산을 생성하는 방법
반응	• 전체 반응식 $N_2 + O_2 \xrightarrow[3,000℃]{Arc} 2NO \xrightarrow{O_2} 2NO_2 \xrightarrow{흡수} HNO_3$ • 1단계 : 불꽃 방전(Arc 방전)으로 대기 중 질소(N_2)를 일산화질소(NO)로 산화 $N_2 + O_2 \xrightarrow[3,000℃]{Arc} 2NO$ • 2단계 : 일산화질소(NO)를 이산화질소(NO_2)로 산화 $2NO + O_2 \longrightarrow 2NO_2$ • 3단계 : 물에 흡수시켜 질산을 생성 $3NO_2 + H_2O \longrightarrow 2HNO_3 + NO$
특징	전력 소모가 큼

3 암모니아 산화법 (오스트발트법, Ostwald법)

정의	• 촉매 존재 하에 **암모니아를 산화**시켜 물에 흡수하여 질산을 만드는 것
전체 반응식	$NH_3(g) \xrightarrow[Pt, Rh(cat)]{+O_2} NO(g) \xrightarrow{+O_2} NO_2(g) \xrightarrow{+H_2O} HNO_3(aq)$
특징	• 질산 제조법 중 가장 많이 사용 • 각 단계는 모두 발열 반응임 • 암모니아 산화법을 통해 **68% 이하 질산 생성**

(1) 반응 단계

㈎ 1단계 : 암모니아 산화 반응

정의	Pt 촉매 하에서 암모니아를 산화(공기)시켜 일산화질소(NO)를 생성하는 단계
반응	$4NH_3(g)+5O_2(g) \xrightarrow[\text{Pt, Rh(cat)}]{} 4NO(g)+6H_2O(g)+216.4kcal$ • 질소 산화 : −3 → +2로 산화 수 증가
촉매	• 백금(Pt), 로듐(Rh), 코발트 산화물(Co_3O_4) • Pt−Rh(10%) 촉매가 가장 많이 사용됨
특징	• 암모니아 산화율 영향인자 : 온도, 압력 • 온도 발열 반응이므로, 저온에서 생성률이 증가하지만, 온도가 감소하면 반응속도가 낮아지고, 부반응이 발생하므로, 700~1000℃로 운전함 • 압력 감소 → 생성률(산화율) 증가 • 암모니아의 혼합비 $\left(\frac{O_2}{NH_3}\right)$ = 2.2~2.3일 때 산화율 최대 • 암모니아와 산소의 혼합가스의 반응은 폭발적이므로 수증기를 함유시켜 산화함

The 알아보기 **백금-로듐 촉매의 특징**

- 백금 또는 산화코발트 촉매보다
  - 수명이 길고, 내열성이 강함
  - 촉매 활성 큼
- 같은 온도에서는 로듐(Rh) 양이 많을수록, 전화율 증가
- 촉매독 : 비소, 유황 등

The 알아보기 **암모니아 산화 반응의 부반응**

- $2NH_3(g) \rightarrow N_2(g)+3H_2(g)$
- $2NO(g) \rightarrow N_2(g)+O_2(g)$

(나) 2단계 : NO 산화 반응

정의	일산화질소(NO)를 산화시켜 이산화질소(NO_2)를 생성하는 단계
반응	$2NO(g) + O_2(g) \rightarrow 2NO_2(g) + 32.2kcal$
특징	• 발열 반응이므로, 온도↓ → 발열 반응 = 정반응 우세 → 생성률 증가 • 압력 증가 → 몰수 감소 반응 = 정반응 우세 → 생성률 증가 • **저온, 고압**으로 운전 • 흡수탑으로 가기 전에 NO는 NO_2로 완전히 산화되어야 함

(다) 3단계 : NO_2 흡수 반응

정의	이산화질소(NO_2)를 물에 흡수시켜 질산(HNO_3)을 생성하는 단계
반응	$3NO_2(g) + H_2O(l) \rightarrow 2HNO_3(aq) + NO(g) + 32.2kcal$
특징	• 발열 반응 • 가압, 저온 운전 시 질산 생성률 증가 • 약 40~60% 농도의 묽은 질산을 제조 – 상압법 : 묽은 질산(약 50%) – 가압법 : 묽은 질산(약 60%) • 흡수탑에서 나온 NOx는 탈색탑(표백탑)에서 제거됨
흡수탑	• 흡수탑(흡수장치)의 조건 – NO가 재산화할 수 있는 시간과 공간 제공해야 함 – 반응열을 빨리 제거해야 함 – 흡수액과 완전히 접촉할 수 있어야 함

The 알아보기 **질소산화물(NOx) 처리방법**

흡수탑에서 NOx는 탈색탑(표백탑)에서 흡수 제거되지만, 흡수 제거 후에도 배기가스 중 NOx가 0.1~0.2% 존재하므로 처리해야 함

촉매 환원법	백금이나 백금-로듐 촉매로 NOx를 N_2로 환원함
흡수법	NaOH로 흡수하여 NOx를 아질산소듐($NaNO_2$)으로 회수함 $NO_2 + NO + NaOH \rightarrow 2NaNO_2 + H_2O$

(2) 제조 공정의 분류

상압법, 가압법, 직접 합성법

(가) 상압법

방식	전체 반응과 공정을 상압(대기압) 조건에서 진행
종류	Frank–Caro법, Frischer법, Uhde법 등
특징	• 40~50% 질산 생성 • 촉매 소모량 적음 • 흡수용적 큼 • 효율 나쁨 • 공기 대신 순산소를 사용하면, 고농도의 질산 생성 가능

(나) 전가압법

방식	전체 반응과 공정을 가압(고압) 조건에서 진행
종류	Du Pont법, Pauling법, Chemico법 등
특징	• 50~60% 질산 생성되므로, 농축비 절감 • 상압법보다 흡수율 높음 • 상압법보다 산화율 낮고, 촉매 소모량 큼

(다) 반가압법

방식	암모니아 산화는 상압(대기압) 조건에서, 흡수는 가압 조건에서 진행
종류	Fauser법, Uhde법 등
특징	• 50~60% 질산 생성 • 촉매 소모량 작음

㈃ 직접 합성법

방식	암모니아를 이론 양의 공기로 산화시킨 후, 물을 제거하여 78% 질산을 제조하는 방법
반응	• NO_2를 액화시켜, 진한 질산과 액체 N_2O_4를 산소 가압 하에 반응시킴 $4NO_2 \rightarrow 2N_2O_4$ $2N_2O_4 + O_2 + 2H_2O \rightarrow 4HNO_3$ • 암모니아를 이론 양의 공기로 산화시킨 후, 물을 제거하여 고농도의 질산 제조 $NH_3(g) + 2O_2(g) \rightarrow HNO_3(aq) + H_2O(l)$
종류	New Fauser법, Hoko법 등
특징	• 상압법과 가압법으로 고농도 질산(98% 농질산)을 얻을 수 없기 때문에, 고농도 질산 제조 시에는 직접 합성법을 사용 • **78% 질산 생성** • **가장 고농도의 질산을 얻음** • **물 대신 진한 질산을 사용**

2-3 질산의 농축

질산은 68%에서 최고 공비점을 가지므로, 탈수제를 넣어 공비점을 제거한 후 진한 질산을 얻음

구분	Pauling식	Maggie식
탈수제	진한 황산(H_2SO_4)	질산마그네슘($Mg(NO_3)_2$)
운전비	작음	큼
시설비(설비비)	큼	작음
수율 및 품질	낮음	높음

§ 3. 염산 공업

3-1 염산의 성질 및 용도

1 염산의 성질

① 상온에서 무색의 기체
② 자극적인 냄새가 나는 유독한 기체
③ 공기보다 무거움
④ 10% 이하이면 묽은 염산, 35% 이상이면 진한 염산
⑤ 강산
- 부식성이 강함
- 수소보다 이온화 경향이 큰 금속과 반응하여 수소 기체 발생

$$Zn + 2HCl \rightarrow ZnCl_2 + H_2 \uparrow$$

- 수소보다 이온화 경향이 작은 금속은 반응하지 않음

⑥ 암모니아와 반응하여 염화암모늄(흰 연기)이 생성됨

$$NH_3(g) + HCl(g) \rightarrow NH_4Cl(s)$$

⑦ 공기 중 수분과 반응하여 흰색 증기가 발생
⑧ 물과 접촉하면 발열됨
⑨ 밀폐용기 내에서 열에 노출되면 폭발 가능
⑩ 열분해로 염소 생성

2 염산의 용도

① 식용 염산과 공업 염산으로 구분
② 식품, 의약품, 약품, 염료, 농약, 아미노산 조미료(글루탐산소듐, 간장 등) 제조

3-2 염산 제조 원료

염산의 제조 공정	원료	제법
황산 분해법	식염(소금, NaCl)	–
합성 염산법	염소(Cl_2)와 수소(H_2)	소금물의 전기분해

The 알아보기 **소금물의 전기분해**

소금물을 전기분해하면 양극에는 염소 기체가, 음극에는 수소 기체가 발생한다.

구분	양극	음극
반응	염소의 산화 $2Cl^- \rightarrow Cl_2 + 2e^-$	소듐의 산화 $2Na^+ + 2H_2O + 2e^- \rightarrow 2NaOH + H_2$
특징	염소 기체 생성	수소 기체 생성

3-3 염산 제조 공정

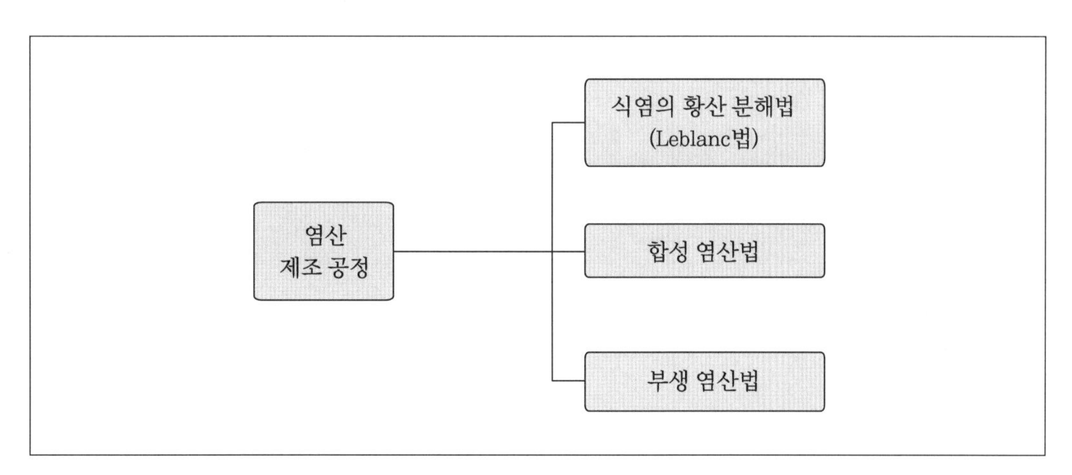

염산 제조 공정의 개요

1 식염의 황산 분해법(Le blanc법)

방식	식염(소금, NaCl)을 황산 분해하여 염산을 제조
반응	• 르블랑법 1단계를 통해 염산을 제조 – 소금과 진한 황산을 넣고 가열하면 황산소듐(무수망초)과 염산을 제조 $NaCl + H_2SO_4 \xrightarrow{150℃} NaHSO_4 + HCl$ −1.2kcal $NaHSO_4 + NaCl \xrightarrow{800℃} Na_2SO_4 + HCl$ −15.8kcal
종류	• 비연속식 : Leblanc법 • 연속식 : Mannheim법, Laury법 • Hargreaves법 – 황산 대신 직접 황(SO_2)을 사용하는 방법 $2NaCl + 2SO_2 + O_2 + 2H_2O \longrightarrow 2Na_2SO_4 + 4HCl$
특징	• 20°Be′(30~31%)의 염산 생성 • 수율 90~95%

2 합성 염산법

정의	H_2, Cl_2를 직접 합성하여 HCl을 제조하는 방법
전체 반응식	$H_2 + Cl_2 \xrightarrow{700℃} 2HCl$ + 44kcal
특징	35% HCl이 생성됨

(1) 공정의 개요

공정	장치	개요
1단계	연소탑	Cl_2와 H_2의 반응으로 HCl(g) 생성
2단계	흡수탑	HCl(g)를 물에 흡수

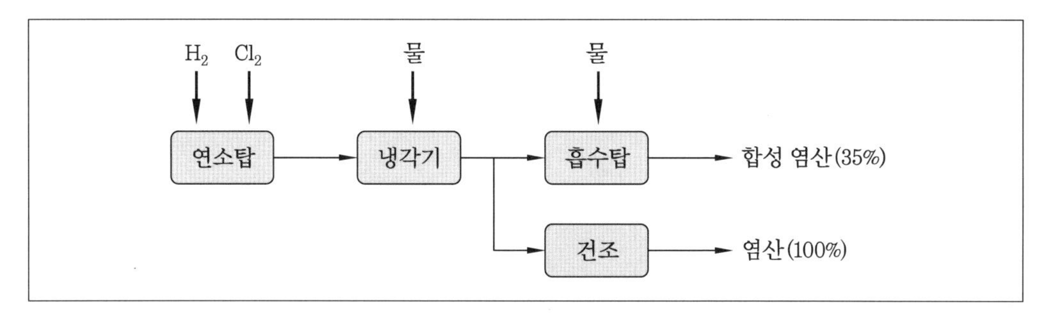

합성 염산법 공정도

(2) 1단계 : 연소탑

정의	Cl_2와 H_2의 반응으로 HCl(g) 생성
특징	• 저온·저압 조건과 고온·고압 조건에서 반응이 다름 – 저온·저압에서 라디칼 반응 – 고온·고압에서 폭발적 반응

㈎ 저온·저압에서 라디칼 반응

$$Cl_2 + E \rightarrow 2Cl\cdot$$
$$Cl\cdot + H_2 \rightarrow HCl + H\cdot$$
$$H\cdot + Cl_2 \rightarrow HCl + Cl\cdot$$

㈏ 고온·고압에서 폭발적 반응

$$Cl_2 + E \rightarrow 2Cl_2^*$$
$$Cl_2^* + H_2 \rightarrow 2HCl^*$$
$$2HCl^* + 2Cl_2 \rightarrow 2HCl + 2Cl_2^*$$

· : 라디칼 분자, * : 활성 분자

(3) 2단계 : 흡수탑

정의	흡수탑에서 HCl(g)를 물에 흡수
특징	• 흡수탑에서 H_2O과 병류 접촉하고, 미흡수된 가스는 회수탑에서 향류 접촉 • 온도↓, 압력↑ → 기체 용해도↑ → 흡수율↑

(가) 흡수속도

단위시간당 흡수되는 HCl 가스 질량

$$\frac{dw}{d\theta} = kA\Delta P$$

$\frac{dw}{d\theta}$: 흡수속도(kg·mol/hr)

k : HCl가스의 흡수계(kg·mol/hr·m^2·atm)

A : 가스와 액체의 접촉면적(m^2)

ΔP : 기상 HCl 분압과 액상 HCl 증기압(atm)

(나) 흡수장치 재료 - karbate(불침투성 탄소 합성관)

① 탄소와 흑연을 성형하여 푸랄계 및 페놀계 수지를 침투시켜 불침투성으로 만든 것

② 빛이 투과되지 않아 안전함

③ 내식성 큼

④ 열전도율, 전기전도성 큼

⑤ 열팽창성 적음

⑥ 합성관, 흡수관, 냉각기 장치 재료로 우수함

⑦ 합성 염산법 흡수장치로 사용됨

(4) 폭발 방지를 위한 조업 시 주의사항

폭발 원인	Cl_2와 H_2는 가열하거나 빛(자외선)을 쬐어주면 폭발적으로 반응
대책	• Cl_2와 H_2의 몰비를 1 : 1.2로 주입 (H$_2$를 과잉으로 넣어 Cl_2가 미반응 상태로 남지 않도록 함) • 불활성가스나 HCl가스를 넣어 Cl_2를 희석함 • 반응 완화 촉매 사용 • 연소 시 H_2에 먼저 점화한 후 Cl_2와 연소시킴 • 내열, 내염소성의 석영유리 또는 합성수지 함침 불침투 흑연재료의 반응기를 사용하여 빛 차단

3 부생 염산법

(1) 부생 염산

각종 유기화학 반응에서 부산물로 생성되는 염산

(2) 부생 염산 생성의 예

① 에틸렌의 염소화 반응

$$CH_2=CH_2+Cl_2 \rightarrow CH_2=CHCl+HCl$$

② 황산포타슘 생성

$$2KCl+H_2SO_4 \rightarrow K_2SO_4+HCl$$

③ TDI(toluene diisocyanate), MDI(methylene diphenyldiisocyanate) 제조

$$\underset{\text{다이아민}}{NH_2-R-NH_2}+\underset{\text{포스겐}}{2COCl_2} \rightarrow \underset{\text{TDI or MDI}}{NCO-R-NCO}+4HCl$$

④ 에피클로로하이드린(epichlorohydrine) 제조

- $\underset{\text{프로필렌}}{CH_2=CHCH_3}+Cl_2 \rightarrow \underset{\text{알릴 클로라이드}}{CH_2=CHCH_2Cl}+HCl$
- $CH_2=CHCH_2Cl+Cl_2+H_2O \rightarrow \underset{\text{글리세롤 다이클로라이드}}{HO-CH_2CHClCH_2Cl}+HCl$

$$2(HO)CH_2CHClCH_2Cl+Ca(OH)_2 \rightarrow \underset{\text{에피클로로하이드린}}{2(CH_2)_2O-CH_2Cl}+2H_2O+CaCl_2$$

(3) 부생 염산으로부터 Cl_2의 제조

Deacon법	$CuCl_2$ 촉매 존재 하 HCl과 산소를 반응시켜 염소 생성 $4HCl+O_2 \xrightarrow[CuCl_2]{450℃} 2Cl_2+H_2O$
Welden법	HCl과 이산화망간을 반응시켜 염소 생성 $4HCl+MnO_2 \rightarrow MnCl_2+Cl_2+2H_2O$
Nitrosyl법	소금을 질산 분해시켜 염소 생성 $3NaCl+4HNO_3 \rightarrow 3NaNO_3+Cl_2+NOCl+2H_2O$

4 무수 염산 제조

(1) 무수 염산

물이 없는 염산

(2) 무수 염산 제조 방법

방법	내용
진한 염산 증류법 (농염산 증류법)	• 합성 염산을 가열, 증류하여 생성된 염산가스를 냉동 탈수하여 제조
직접 합성법	• 전해법에 의해 발생된 Cl_2와 H_2가스를 진한 황산으로 탈수하여 무수 염산을 제조
흡착법	• HCl 가스를 흡수탑에 주입하여 흡착제로 흡착한 후, 가열하여 방출되는 HCl가스를 포집 • 흡착제 : 황산염($CuSO_4$, $PbSO_4$)과 인산염($Fe(PO_4)_2$)을 담체와 혼합한 입상물

§ 4. 인산 공업

4-1 인산의 성질 및 용도

1 인산의 성질

① 무색, 무취, 투명한 점성이 있는 액체

② 비휘발성, 조해성 있음

③ 농도 증가 시, 결정화하기 쉬움

④ 약산

⑤ Fe, Al, Zn 등의 금속과 반응하여 염과 수소 기체를 발생시킴

⑥ 인산염은 물에 안 녹고, 금속 표면에 보호 피막을 형성함

2 인산의 용도

비료, 금속 표면 처리제, 공업용 세척제, 부식 억제제, 세제, 가축 사료용 영양제, 식품 가공, 촉매, 의약품, 수처리제 등

4-2 인산 제조 원료

인회석[$Ca_5F(PO_4)_3$], 구아노질 **인광석**, 해조분, 골분류

4-3 인산 제조 공정

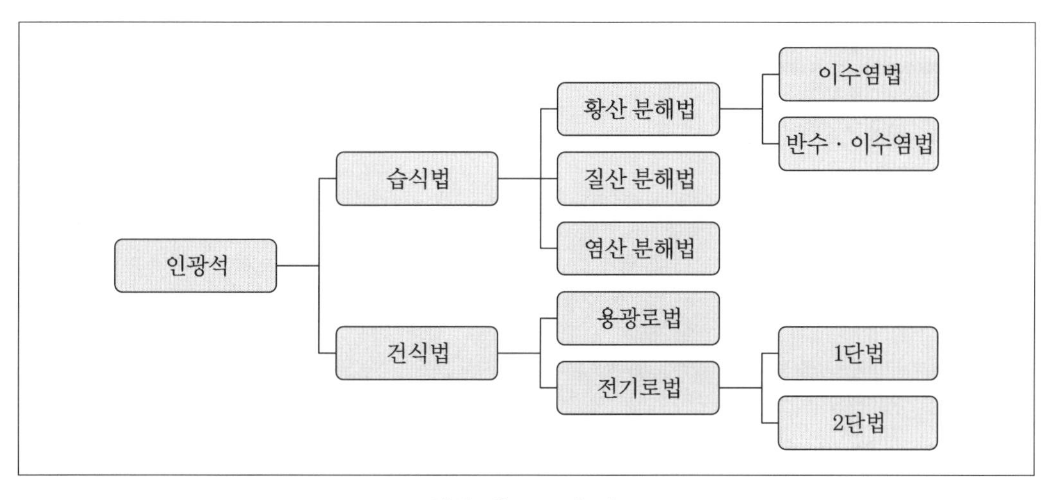

인산 제조 공정 개요

1 습식법

(1) 습식법의 개요

정의	인광석을 질산, 염산, 황산 등으로 분해하여 인산(습식 인산)을 제조하는 방법
습식 인산	• 인광석을 산(질산, 염산, 황산) 분해하여 생성한 석고를 여과시켜 얻은 인산 • 생성된 인산의 불순물이 많아, 질이 낮음 • 불순물의 영향이 적은 인산비료 제조, 사료 첨가제에 사용됨
특징	• 부생 석고가 발생 • 석고의 결정을 크게 성장시키면, 여과와 세정이 쉽고, 석고의 품질이 향상됨

(가) 반응식

$$Ca_5F(PO_4)_3 + 5H_2SO_4 + 10H_2O \rightarrow H_3PO_4 + 5(CaSO_4 \cdot 2H_2O) + HF$$

$$3Ca_3(PO_4)_2 \cdot CaF_2 + 10H_2SO_4 + 20H_2O \rightarrow 6H_3PO_4 + 10(CaSO_4 \cdot 2H_2O) + 2HF$$

인광석 또는 인회석 황산 인산 이수화물(부생 석고)

(나) 부생 석고

정의	인산 제조 공정의 부생성물로 생성되는 석고
특징	반응 온도, 인산(P_2O_5) 농도, 과잉 황산량에 따라 부생 석고 종류가 결정됨 • 온도↑, 인산(P_2O_5) 농도↑ → 무수물 생성↑ **• 온도↓, 인산(P_2O_5) 농도↓ → 이수화물 생성↑**

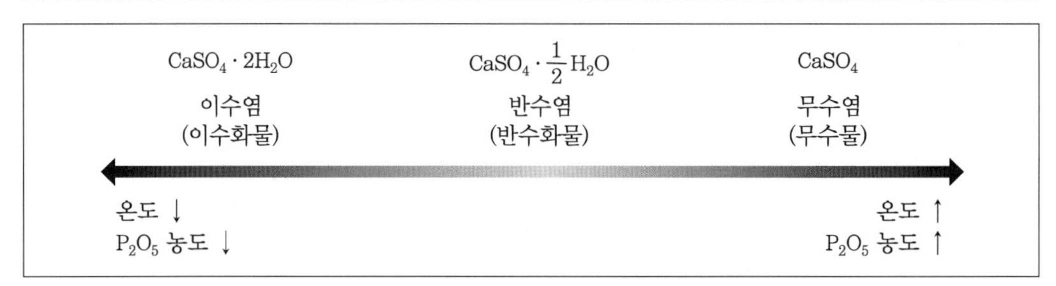

온도와 P_2O_5 농도에 따른 부생 석고의 수화물 형태 변화

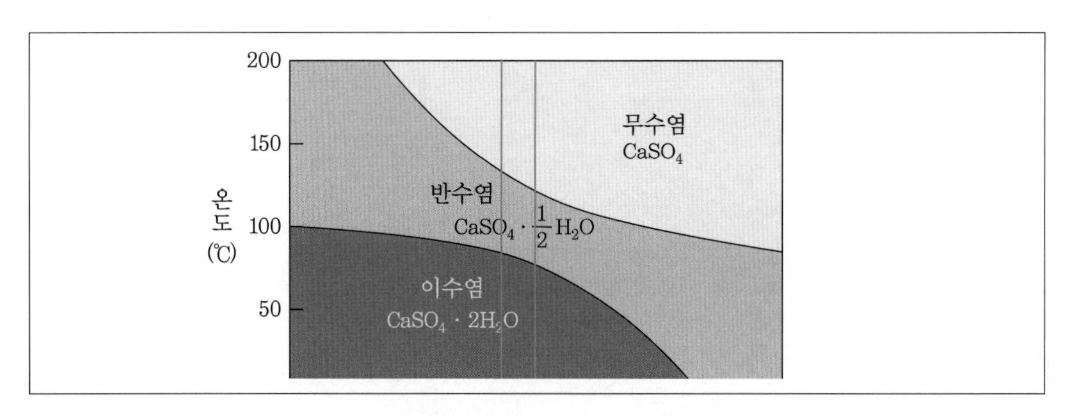

인산 농도와 온도에 따른 석고의 형태

온도별 안정한 석고의 형태

안정 영역의 온도 조건	석고의 형태
75~80℃	이수염($CaSO_4 \cdot 2H_2O$)
80~120℃	반수염$\left(CaSO_4 \cdot \frac{1}{2}H_2O\right)$
125℃ 이상	무수염($CaSO_4$)

(다) 인회석에 불순물이 존재할 때 영향

① 황산 소비량 증가
② 스케일(scale) 생성
③ 인산 순도 저하

(2) 습식법의 종류

(가) 이수염법

구분	내용
방식	• 저온 반응(황산 분해 반응)으로 이수염($CaSO_4 \cdot 2H_2O$)을 생성하고, 생성 석고를 이수화물로 분리하는 방법 • 분쇄한 인광석을 순환되는 묽은 인산과 슬러리와 묽은 황산을 첨가 혼합하여, 이수염 석고를 얻음
종류	Dorr 공정, Chemico 공정, Prayon 공정 등
특징	• 습식 인산법의 표준법 • 반응 온도 : **저온(65~75℃)** • 생성 인산 농도 : 30~33% P_2O_5 • 슬러리를 순환시켜 결정 성장을 촉진

(나) 반수·무수염법

구분	내용
방식	• 95℃ 고온 반응(황산 분해 반응)으로 반수염$\left(CaSO_4 \cdot \frac{1}{2}H_2O\right)$을 생성하고, 냉각하여 이수염($CaSO_4 \cdot 2H_2O$)으로 변형시켜, 인산을 분리하는 방법
종류	• 교반식 : 슬러리 순환 있음 • 탑식 : 슬러리 순환 없음
특징	• 반응 온도 : **고온(95℃)** • 냉각 온도 : 50~60℃

2 건식법

(1) 건식법의 개요

구분	내용
방식	• 인광석을 환원하여 원소 인을 만들고, 공기 산화하여 인산(P_2O_5)을 생성한 후, 생성된 인산을 물에 흡수하여 인산(H_3PO_4)을 생성함
공정 순서	인광석 $\xrightarrow{\text{환원}}$ P_2 $\xrightarrow{\text{산화}}$ P_2O_5 $\xrightarrow[+H_2O]{\text{흡수}}$ H_3PO_4
종류	• 전기로법 : 1단법, 2단법 • 용광로법

(2) 1단법

전기로에서 얻은 인 증기와 CO 혼합가스를 직접 공기 산화하고, 수화하여 인산 제조

장치	• 전기로 - 연소기 - 수화기
특징	• 냉각 응축 과정이 없음(응축기 저장실을 사용하지 않음) • 장치가 큼 • 저순도의 인산 생산 • 거의 사용되지 않는 방법

• 전기로 (인 환원)

$$2Ca_5F(PO_4)_3 + 9SiO_2 + 15C \rightarrow 3P_2 + 15CO + \underline{9CaSiO_3 + CaF_2}$$

인광석 또는 인회석 / 규사 / 코크스 / 원소 인 / 슬래그

• 연소실 (산화)

$$P_2 + \frac{5}{2}O_2 \rightarrow P_2O_5$$

• 수화기 (흡수, 인산 제조)

$$P_2O_5 + 3H_2O \rightarrow 2H_3PO_4$$

(3) 2단법

장치	• 전기로 - 응축기(냉각기) - 연소기 - 수화기(흡수탑)
특징	• 냉각 응축 과정이 있음 • 인의 기화 응축과 산화를 별도로 진행 • 장치가 작아, 건설비가 저렴 • 고순도 고농도 인산 생산(85~115% H_3PO_4) • 전기로에서 나오는 CO가스 이용 가능(연료, 수소가스 및 합성가스 제조)

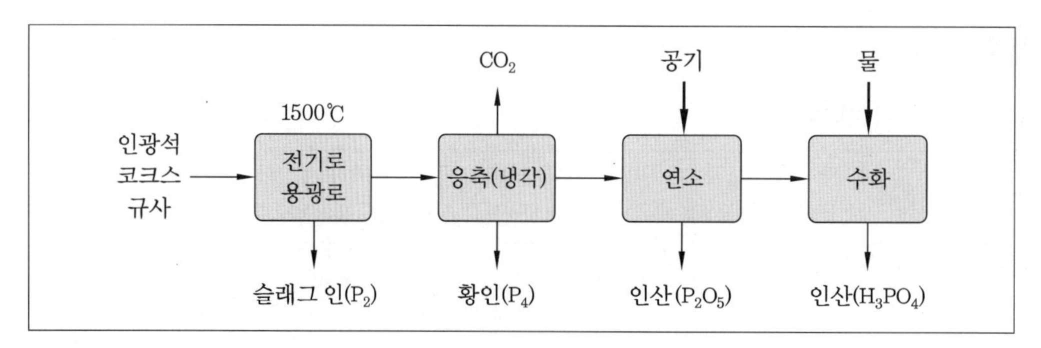

건식 인산법-2단법 공정도

(가) 공정 순서

전기로	인광석과 규사, 코크스를 전기로에서 1,500℃로 가열하면, • 인광석 중 **인은 환원**되어 원소 인 증기와 CO가스 생성 • 규사는 인광석 중 석회와 반응하여 **규산칼슘(슬래그)을 생성** $2Ca_5F(PO_4)_3 + 9SiO_2 + 15C \xrightarrow{1,500℃} 3P_2 + 15CO + \underline{9CaSiO_3 + CaF_2}$ 인광석 또는 인회석 　규사 　코크스 　원소 인 　슬래그
응축기	• 인 증기를 냉각 응축시켜 **불순물을 제거**하고, 응축시켜 **황인 생성**
연소실	• 황인(P_4)을 공기 산화하여 **인산**(P_2O_5) **생성** $P_4 + 5O_2 \rightarrow 2P_2O_5$
수화기	• 인산(P_2O_5)을 물에 흡수시켜 **인산**(H_3PO_4) **생성** $P_2O_5 + 3H_2O \rightarrow 2H_3PO_4$

3 습식법과 건식법 비교

구분	습식 인산법	건식 인산법
생성 인산	저순도, 저농도 인산 제조	고순도, 고농도 인산 제조
사용 원료	고품위 인광석	저품위~고품위 인광석
종류	황산 분해법 염산 분해법 질산 분해법	전기로법 용광로법
특징	• 생성된 인산의 불순물이 많아, 질이 낮음 • 주로 비료로 이용 • 건식법보다 저렴 • 여과성이 좋은 석고를 얻음	• 인의 기화와 산화 공정을 별도로 진행 가능 • 생성 슬래그는 시멘트의 원료로 사용 • 응축기와 저장 탱크 사용 • 부생 CO는 이용 가능

4-4 인산의 농축

1 진공 증발법(Swenson 공정)

① 증기원 및 열교환기를 사용하여, 불화물의 회수가 쉬움
② 산무 발생이 적어 인산의 손실이 적음
③ 대기오염 문제 발생 적음

2 고온법

① 액중 연소법
② Drum 공정
③ Prayon 공정

연습문제

1. 산 공업

2016 서울시 9급 공업화학

01 다음 중 황산에 대한 설명으로 가장 옳은 것은?

① 황산은 부피로 농도를 표시하며, 공업적으로는 보메도(°Be′)를 사용한다.
② 93% 이상의 황산은 농도에 따른 비중의 변화가 적어 이 범위 이상의 농도는 백분율로 표시한다.
③ 진비중(d)과 보메도(°Be′)의 상호 관계는 °Be′=144.3$\left(d-\frac{1}{d}\right)$이다.
④ 이온화 경향이 수소보다 작은 금속은 묽은 황산과 반응하여 금속 황산염을 생성시키고, 수소를 발생한다.

해설 ① 황산은 비중으로 농도를 표시하며, 공업적으로는 보메도(°Be′)를 사용한다.
③ **보메도**

$$°Be' = 144.3\left(1-\frac{1}{d}\right) \qquad d : 진비중$$

④ 이온화 경향이 수소보다 큰 금속은 묽은 황산과 반응하여 금속 황산염을 생성시키고, 수소를 발생한다.

$$Cu + 2H_2SO_4 \rightarrow CuSO_4 + 2H_2O + SO_2\uparrow$$

정답 ②

2017 국가직 9급 공업화학

02 질산의 제조법이 아닌 것은?

① 이수염법 ② 전호법 ③ 칠레초석법 ④ 암모니아 산화법

해설 ① 이수염법 : 인산 제조법(습식법 중 1종류)

정리 **질산 제조법**
- 칠레초석의 황산 분해법
- 전호법(Arc법, 공중 질소의 직접 산화법)
- 암모니아 산화법(Ostwald법)

정답 ①

2018 서울시 9급 공업화학

03 질산 제조에 사용되는 암모니아 산화법(Ostwald법)에 대한 설명으로 옳은 것을 〈보기〉에서 모두 고른 것은?

보기

ㄱ. 암모니아 산화 단계에서 Pt 촉매를 이용한다.
ㄴ. 암모니아 산화 과정은 산화 반응이다.
ㄷ. 암모니아 산화 단계에서 생성된 NO 기체를 물에 흡수시켜 질산을 제조한다.
ㄹ. 암모니아 산화법을 통해 농축 공정 없이도 90% 이상의 고농도 질산을 제조할 수 있다.

① ㄱ, ㄴ
② ㄱ, ㄹ
③ ㄴ, ㄹ
④ ㄷ, ㄹ

해설 **암모니아 산화법(Ostwald법)**

- 암모니아를 촉매 존재 하에 산화시켜 질산을 만드는 것
- 질산 제조법 중 가장 많이 사용
- 암모니아 산화법을 통해 63% 이상의 질산은 제조 어려움
- 반응 단계

$$NH_3 \xrightarrow[\text{Pt, Rh 촉매}]{O_2} NO \xrightarrow{O_2} NO_2 \xrightarrow{+H_2O} HNO_3$$

– 1단계(암모니아 산화 반응) : Pt 촉매 하에서 암모니아를 산화(공기)시켜 일산화질소를 만드는 공정
– 2단계(NO의 산화 반응) : NO를 더욱 산화시켜 이산화질소를 만드는 공정
– 3단계(NO_2의 흡수 반응) : NO_2를 물에 흡수시켜 질산을 생성시키는 공정
– 각 단계 모두 발열 과정임

ㄷ. 암모니아 산화 단계에서 생성된 NO_2 기체를 물에 흡수시켜 질산을 제조한다.
ㄹ. 암모니아 산화법을 통해 63% 이상의 질산은 제조 어려움(공비혼합물)

정답 ①

정리 ■ 산 공업 - 제조법

분류	제조법
황산	• 질산식 황산 제조법 : 연실식, 탑식, 반탑식 • 접촉식 황산 제조법
질산	• 칠레초석의 황산 분해법 • 전호법(Arc법, 공중 질소의 직접 산화법) • 암모니아 산화법(Ostwald법) : 상압법, 가압법, 직접 합성법
염산	• 식염의 황산 분해법 : 르블랑(Leblanc)법, Mannheim법, Laury법, Hargreaves 법 • 합성 염산법 • 부생 염산법 • 무수 염산 제조법 : 진한 염산 증류법, 직접 합성법, 흡착법
인산	• 습식법 : 황산 분해법, 질산 분해법, 염산 분해법 • 건식법 : 용광로법, 전기로법

■ 알칼리 공업 - 제조법

분류	제조법
탄산소듐 (소다회, Na_2CO_3)	• 르블랑(Leblanc)법 • 솔베이(Solvay)법 : 암모니아 소다법 • 솔베이법 개량법 : 염안 소다법, 액안 소다법 • 천연 소다회 정제법
가성소다 (NaOH)	• 가성화법 : 석회법, 산화철법 • 식염 분해법 : 격막법, 수은법, 종형(성층식) 전해법 • 이온교환막법

Chapter 2 알칼리 공업

§ 1. 제염 공업

1-1 소금의 원료

1 암염

① 소금 암석
② 매장량이 무한함
③ 소금 생산량으로 보면, 대부분 암염에서 소금을 얻음

2 해수

해수 중 소금(염분)은 2.7%임

(1) 염분의 성분

성분	• 약 30종류 (Cl^-, Na^+, K^+, Ca^{2+}, Mg^{2+}, SO_4^{2-}, HCO_3^- 등)
주 성분 (Holy seven)	• Holy seven : 해수의 주성분을 이루고 있는 대표적인 7가지 원소 • 성분 농도 순서 : $Cl^- > Na^+ > SO_4^{2-} > Mg^{2+} > Ca^{2+} > K^+ > HCO_3^-$

(2) 염분 중 석출 순서(용해도 작은 순서)

해수를 건조 농축하여 석출될 때, 용해도가 작은 순서로 석출됨

$$CaCO_3 < CaSO_4 < NaCl < MgSO_4 < MgCl_2$$

1-2 소금의 용도

① 식용
② 수소 및 염소 공업 원료

The 알아보기 **NaCl을 원료로 하는 제조 공정**

- 암모니아 소다법(Solvay법) – 소다회(Na_2CO_3) 생성
- 식염의 황산 분해법(Le blanc법) – 소다회(Na_2CO_3) 생성
- 식염의 질산 분해법(Nitrosyl법) – 염소(Cl_2) 생성

1-3 제염 공업

1 천연 제염법

염전에서 태양열로 해수를 증발시켜 소금을 얻음

원리	해수 중 염의 용해도 차이를 이용하여 소금(NaCl)을 석출
염전의 구조	저수지 → 증발지 → 결정지
특징	• 자연환경(기후, 토질 등) 영향을 크게 받음 • 기온이 높고, 습도가 낮고, 강우량이 적고, 바람이 강한 지역이 유리 • 해수 증발농축으로 석출되는 소금이 농도는 26°Be′ • **우리나라에서 많이 이용되는 제염법**

(1) 염전의 구조

제1증발지	• 13°Be′로 농축 • 대부분의 $CaCO_3$과 $CaSO_4$ 일부가 석출
제2증발지	• 25°Be′로 농축 • 대부분의 $CaSO_4$ 석출 • NaCl 포화용액에 가까움
결정지	• 26~28°Be′로 농축 • 증발로 NaCl 석출
조절지	소금을 석출한 모액과 증발지에서 온 함수를 섞어 농도를 조절

2 기계식 제염법(해수 농축법)

증발법(진공 증발법, 가압 증발법), 동결법(냉동법), 용매추출법, 이온교환법

(1) 진공 증발법

① 감압하면 끓는점이 낮아지는 것을 이용하여, 연속적인 감압을 통해 증기를 연속적으로 이용하는 방식(감압 증류)

② 증발 증기의 잠열을 이용하여 열효율을 증가시키는 방법

③ 다중 효용 진공 증발관 사용

(2) 가압 증발법(증기 압축식 증발법)

증발기에서 발생한 증기를 단열 압축하면 온도가 증가하므로,
이 과열증기를 반응로(가열기)에 보내어 응축 잠열로 계속 가열하는 방식

(3) 동결법(냉동법)

냉매(프로페인 또는 뷰테인)로 해수를 냉동시켜, 얼음($H_2O(s)$)과 소금을 분리

(4) 이온교환법

① 이온교환수지의 **선택적 투과성**을 이용하여 NaCl을 추출

② 선택적 투과성 : 양이온은 양이온 교환막을 통해서 이동할 수 있지만,
음이온은 통과하지 못하는 것

③ **전기 투석 장치 이용**

④ **해수의 97%인 수분을 제거하는 대신 3%인 염분을 직접 추출하는 방법**

(5) 액중 연소법

① 해수를 가열하여 농축된 슬러리를 건조기에 보낸 후 소금을 얻는 방식

② 각종 미네랄 및 흡습방지 성분이 포함

③ 식탁염 : NaCl 99% 이상의 것으로, 응고 방지를 위해 염기성 탄산마그네슘이나 탄산칼슘을 가하여 입자 상태 소금

1-4 간수 (고즙)

1 간수 (고즙)

정의	해수로부터 소금을 얻은 후 남은 모액
조성	$MgSO_4$, $MgCl_2$, $MgBr_2$, KCl, NaCl
용도	• 두부 간수 • 포타슘(칼륨)비료 공업 • 마그네시아 시멘트 • 수산화 마그네슘 및 금속 마그네슘 제조

2 브로민 제조

해수 직접법	• 해수에 황산을 가하여 pH 3~4로 조절한 후, 발생탑에서 $Cl_2(g)$를 불어넣어 $Br_2(g)$를 얻고, 흡수탑에서 $Br_2(g)$을 NaOH에 흡수시키고, 중화탑에서 H_2SO_4으로 중화시켜 $Br_2(l)$을 얻음
직접 증류법	• 간수를 냉각하여 KCl을 회수하고 남은 모액에 황산을 가하여 산성으로 pH 조절 후, 연속 증류탑에서 $Cl_2(g)$와 수증기를 직접 불어넣어 탑상부에서 $Br_2(g)$을 얻은 후, 정제하여 $Br_2(g)$을 얻음

§ 2. 소다회(탄산소듐, 탄산나트륨, Na_2CO_3)

2-1 소다회의 성질 및 용도

1 성질

① 소다회는 무수탄산소듐(Na_2CO_3)의 일반 명칭임

② 흡습성이 강함

③ 약알칼리성
④ 입자 크기와 비중으로 중회(dense ash), 경회(light ash) 분류

2 용도

① **유리 공업**, 비누 세제, 가성소다, 도자기, 법랑, 식품 등의 원료
② 유리 제조 원료로 가장 많이 사용됨

3 제품

분자식	명칭
Na_2CO_3	무수탄산소듐(소다회)
$Na_2CO_3 \cdot 10H_2O$	세탁소다
$NaHCO_3$	탄산수소소듐(중조)
$Na_2CO_3 \cdot NaHCO_3 \cdot 2H_2O$	세스키탄산소다
$Na_2CO_3 \cdot NaOH$	가성화회

2-2 소다회 제조 공정

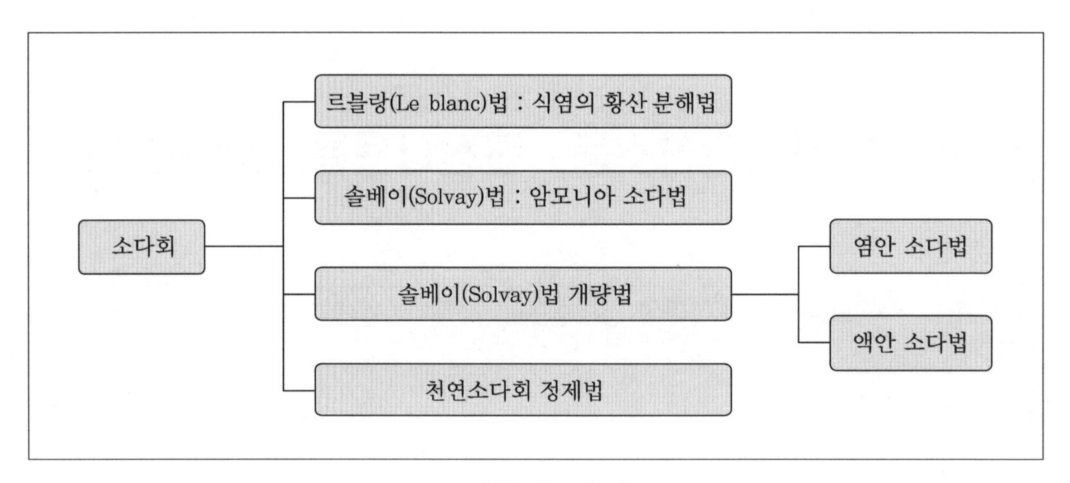

소다회 제조 공정

1 르블랑(Le blanc)법 : 식염의 황산 분해법

정의	황산소다(망초, Na_2SO_4)를 중간생성물로 하여 소금(식염)을 소다회로 전환시키는 방법
특징	• 2단계 공정 • 중간생성물로 $NaHSO_4$, Na_2SO_4 생성 • 부생되는 HCl을 물에 흡수시켜 염산 제조 • 녹액을 가성화하여 가성소다 제조 • 경제성이 낮고 유독 폐기물이 발생하여 현재는 사용하지 않는 방법

$$\underset{\text{소금(식염)}}{NaCl} \rightarrow \underset{\text{무수망초}}{Na_2SO_4} \rightarrow \underset{\text{소다회}}{Na_2CO_3}$$

(1) 1단계

① 소금을 황산 분해시켜 무수망초(Na_2SO_4)를 제조

② 부산물로 염산(HCl) 생성

$$\underset{\text{소금(식염)}}{NaCl} + H_2SO_4 \xrightarrow{150℃} NaHSO_4 + HCl$$

$$NaHSO_4 + NaCl \xrightarrow{800℃} \underset{\text{무수망초}}{Na_2SO_4} + HCl$$

(2) 2단계

① 황산소듐(무수망초)에 석회석과 코크스(석탄)를 2 : 2 : 1로 혼합하여 반사로 또는 회전로에서 900~1,000℃로 가열하여 융해, 환원 및 복분해로 흑회 생성

$$\underset{\text{무수망초}}{Na_2SO_4} + \underset{\text{코크스}}{2C} \rightarrow \underset{\text{황화소듐}}{Na_2S} + 2CO_2$$

$$Na_2S + \underset{\text{석회석}}{CaCO_3} \rightarrow \underset{\text{흑회}}{\underline{\overset{\text{소다회}}{Na_2CO_3} + CaS}}$$

② 흑회(black ash)
- 2단계 반응 생성물의 회흑색 융해물
- Na_2CO_3 + CaS + 미반응물

③ 흑회를 35℃ 물에 녹이면, Na_2CO_3은 용해되고, 나머지를 증류·농축·탈수하여 소다회를 얻음

④ 녹액 (green liquor)
- 흑회를 약 35℃ 온수로 추출하여 얻은 침출액
- Na_2CO_3 용액
- 녹액을 가성화하여 가성소다(NaOH)를 제조

2 솔베이(Solvay)법 : 암모니아 소다법

정의	**함수(소금물)**에 **NH_3가스**를 흡수시켜 암모니아 함수를 만들고, CO_2가스로 불어넣어 중조($NaHCO_3$)를 만든 후(탄산화 공정), 중조($NaHCO_3$)를 가소화하여 소다회(Na_2CO_3)를 제조하는 방법
특징	• 중간생성물로 중조(탄산수소소듐, $NaHCO_3$) 생성 • 부산물로 불필요한 $CaCl_2$ 생성 • 고가의 염소가 회수되지 않고 $CaCl_2$ 형태로 폐기됨(염소 회수가 어려움) • 가소로에서 나온 CO_2를 회수하여 흡수탑에서 재이용 • 석회유로 **암모니아를 회수** • **식염(NaCl) 이용률이 75% 미만**

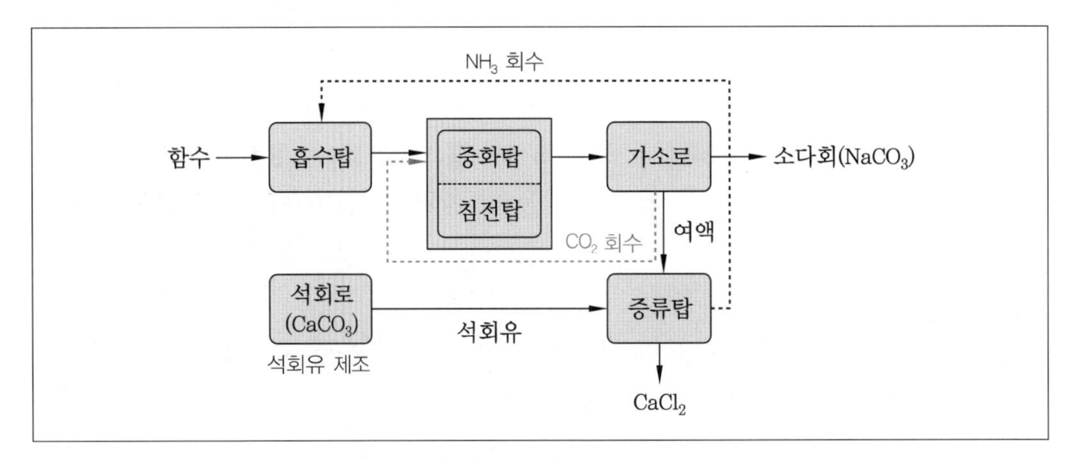

솔베이(Solvay)법의 공정도

- 탄산화 $\underline{NaCl(aq) + NH_3(aq) + H_2O(l)} + CO_2(g) \rightarrow NaHCO_3(aq) + NH_4Cl(aq)$
  암모니아 함수 / 중조 / 염안
- 가소 $2NaHCO_3 \xrightarrow[\Delta]{200℃} Na_2CO_3 + H_2O + CO_2$
  중조 / 소다회
- 암모니아 회수 $2NH_4Cl + Ca(OH)_2 \rightarrow 2NH_3 + 2H_2O + CaCl_2$

(1) 흡수탑

① 정제된 함수(소금물)에 암모니아(NH_3) 가스를 흡수시켜 암모니아 함수를 생성

$$NH_3(g) \rightarrow NH_3(aq) + 8.4kcal$$

② 암모니아(NH_3) 가스는 증류탑에서 회수한 것을 사용함

③ 발열량이 크므로 냉각하여 60℃ 이상이 되지 않도록 함

(2) 탄산화탑(탄화탑, 솔베이탑, 탄산화 공정)

(가) 반응

① 전체 반응

$$\underbrace{NaCl(aq) + NH_3(aq) + H_2O(l)}_{\text{암모니아 함수}} + CO_2(g) \rightarrow \underbrace{NaHCO_3(aq)}_{\text{중조}} + \underbrace{NH_4Cl(aq)}_{\text{염안}}$$

② 세부 반응

- 중화 $2NH_3(aq) + CO_2(aq) \rightarrow (NH_4)_2CO_3(aq) + 2H_2O(l)$
- 가수분해 $(NH_4)_2CO_3(aq) + 2H_2O(l) + CO_2(aq) \rightarrow 2NH_4HCO_3(aq)$
  $NH_4HCO_3(aq) + NaCl \rightarrow NaHCO_3(aq) + NH_4Cl(aq)$

(나) 중화탑

① 암모니아 함수를 탄산화탑 상부(중화탑)에 주입하고, CO_2가스를 탄산화탑 하부에서 주입

② 암모니아 함수에 CO_2가스를 흡수시켜 중조(중탄산소다, $NaHCO_3$)를 생성

③ 중화탑의 주역할 : 암모니아 함수의 탄산화

(다) 침전탑

중조를 침전·분리

(3) 가소로(가소)

① 200℃에서 중조를 가소(하소, 열분해)하여 소다회(탄산소다, 경회–비중 0.7~0.8)와 CO_2가스(탄산가스)를 얻음

(가소 반응) $2NaHCO_3 \xrightarrow[\triangle]{200℃} Na_2CO_3 + H_2O + CO_2$

② 생성된 CO_2가스는 탄산화탑으로 돌려보내 재사용

③ 경회의 중질화 : 경회를 온수와 혼합하여 $Na_2CO_3 \cdot 10H_2O$ 결정을 얻고, 재가소하여 중회(비중 1.2 이상, Na_2CO_3 함량 99.5%)를 얻음

(4) 증류탑(암모니아 회수)

① 모액의 성분 : 대부분 NH_4Cl이고, $NaCl$, NH_4HCO_3, $NaHCO_3$가 용해되어 있음

② 중조를 여과한 모액(NH_4Cl)에 석회유($Ca(OH)_2$)를 넣어 증류하면, 암모니아와 부산물로 $CaCl_2$를 얻음

(암모니아 회수 반응) $2NH_4Cl + Ca(OH)_2 \rightarrow 2NH_3 + 2H_2O + CaCl_2$

가열부	NH_4OH, NH_4HCO_3, $(NH_4)_2CO_3$에서 NH_3 분리 회수
증류부	• 석회유에 도입 $2NH_4Cl + Ca(OH)_2 \rightarrow 2NH_3 + 2H_2O + CaCl_2$ $2NH_4Cl + NaCO_3 \rightarrow NH_3 + 2H_2O + NaCl + CO_2$

③ 회수된 암모니아는 흡수탑을 순환 재사용

(5) 석회로(석회석의 배소)

석회석과 코크스, 무연탄을 혼합하여 반응시켜 석회유를 얻음

(가) 석회석의 배소

① 코크스와 무연탄 등을 연료로, 석회석을 배소하여 탄산가스를 얻음

$$CaCO_3 \xrightarrow[\Delta]{} CaO + CO_2$$

(나) 석회유의 제조

① 생석회(CaO)에 온수를 넣어 석회유($Ca(OH)_2$)를 얻어, 암모니아 회수에 사용

$$CaO(s) + H_2O(l) \rightarrow Ca(OH)_2 + 15.9kcal$$

② 생성된 탄산가스는 암모니아 함수 탄산화에 사용함

The 알아보기 **석회유의 이용**

- 원염의 정제 : $Mg^{2+} + Ca(OH)_2 \rightarrow Mg(OH)_2(s) \downarrow + Ca^{2+}$
- 암모니아 회수 : $2NH_4Cl + Ca(OH)_2 \rightarrow 2NH_3 + 2H_2O + CaCl_2$
- 가성화 반응

(6) 원염의 정제

① 1차 함수의 제조

원염 중 Mg^{2+}, SO_4^{2-}을 제거하여 1차 함수 제조

$$\underline{Mg^{2+}} + Ca(OH)_2 \rightarrow Mg(OH)_2(s) \downarrow + Ca^{2+}$$
$$Ca^{2+} + \underline{SO_4^{2-}} \rightarrow CaSO_4 \cdot 2H_2O$$

② 2차 함수의 제조

1차 함수 중 Ca^{2+}을 제거하여 2차 함수 제조

$$\underline{Ca^{2+}} + (NH_4)_2CO_3 \rightarrow CaCO_3(s) \downarrow + 2NH_4^+$$

3 솔베이(Solvay)법의 개량법

(1) 염안 소다법

여액에 남아있는 식염의 이용률을 높이고, 소다회(Na_2CO_3)와 염안(NH_4Cl)을 얻는 방법

공정	• 중조를 여과한 모액에서 염안(NH_4Cl) 결정을 분리하고, 여액은 순환시켜 재사용 • 중조를 분리한 여액에 먼저 암모니아를 흡수시킨 후 식염을 더 용해시키면, 중조의 석출을 막고 염안만 석출이 가능함
특징	• 식염(NaCl) 이용률 100% • 석회로와 암모니아 증류탑이 필요 없음 • 염안 정출 장치 필요 • NaCl을 정제한 고체 상태로 사용 • 암모니아 손실이 큼 • 생산된 염안(염화암모늄)은 대부분 비료로 사용

(2) 액안 소다법

NaCl이 액체 암모니아(액안)에 상당히 용해하는 점을 이용하여 소다회를 제조하는 방법

공정	• 소금을 액체 암모니아에 용해하면 $CaCl_2$, $MgCl_2$, $CaSO_4$, $MgSO_4$ 등은 용해도가 작아 잔류하므로, 용해와 정제를 동시 진행 가능 • 여기에 20atm의 CO_2를 주입하면 나트륨카바메이트($NaCO_2NH_2$)와 염안(NH_4Cl) 생성 $NaCl + 2NH_3 + CO_2 \rightarrow NaCO_2NH_2 + NH_4Cl$ • 나트륨카바메이트($NaCO_2NH_2$)는 불용성이므로 분리한 후 과열 수증기(100 ~300℃)를 작용시켜 중조($NaHCO_3$)와 암모니아를 얻음 $NaCO_2NH_2 + H_2O \rightarrow NaHCO_3 + NH_3$
특징	• 식염(NaCl) 이용률 99% • 암모니아 회수 • 솔베이법보다 제품 순도 높음, 전력 소비량 8배, 장치비 큼

4 천연 소다회 정제법

① 천연에 탄산염의 고체나 용액으로 존재하는 자원을 정제하여 소다회(탄산소다)를 얻는 방법
② 천연 소다회 광물(원광석) 중에 함유된 물에서 불용성인 물질을 제거한 후, 물에 가용성 불순물을 분리 정제하여 소다회를 얻음

§ 3. 가성소다(수산화소듐, NaOH)

3-1 가성소다의 성질과 용도

1 가성소다의 성질

① 수산화소듐(NaOH)
② 순도가 높으면 무색투명한 결정이나, 보통은 약간 불투명한 흰색 고체
③ 녹는점 328℃, 끓는점 1,390℃
④ 비중은 2.13
⑤ 조해성 : 공기 중 습기를 흡수하여 스스로 녹는 성질
⑥ 공기 중 방치하면, 수분과 이산화탄소를 흡수하여 탄산소듐이 되므로, 공기와 접촉을 차단하여 보관해야 함
⑦ 물에 잘 녹고, 용해 시 다량의 열 발생
⑧ 수용액은 강염기

2 가성소다의 용도

① 비누, 제지, 펄프, 섬유, 염료, 고무 공업 등 모든 분야에서 사용되어 사용범위가 매우 넓음
② 인조 섬유 및 화학약품 공업에 가장 많이 사용

3-2 가성소다 제조 공정

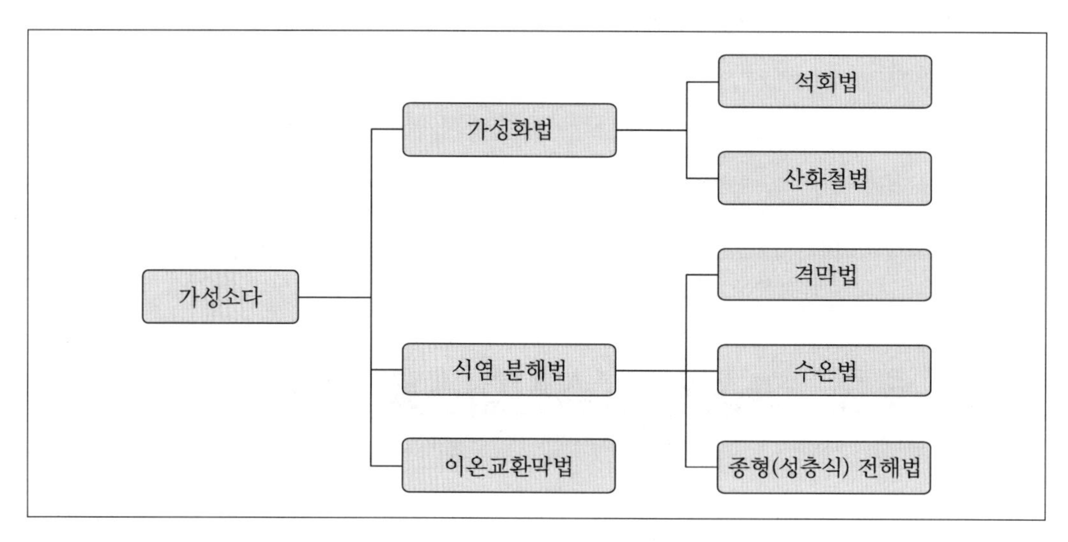

가성소다 제조 공정 개요

1 가성화법

(1) 석회법

(가) 르블랑법의 흑회에서 얻은 탄산소듐용액에 석회유를 반응시키는 방법

$$\underset{\text{소다회}}{Na_2CO_3} + \underset{\text{석회유}}{Ca(OH)_2} \xrightarrow{\text{가성화}} \underset{\text{가성소다}}{2NaOH} + CaCO_3$$

(나) 솔베이법에서 생성된 탄산소듐을 석회유로 반응시키는 방법

① 탄산화탑(솔베이탑)에서 생성된 탄산수소소듐($NaHCO_3$)을 수증기로 분해하여 12~13% 탄산소듐용액을 얻음

$$2NaHCO_3 \xrightarrow{\text{수증기 분해}} Na_2CO_3 + H_2O + CO_2$$

② 이것을 가성화 탱크에 넣고 석회유($Ca(OH)_2$ 용액)와 반응시켜 탄산칼슘은 침전 분리하고, 10%의 수산화소듐 용액을 얻음

$$Na_2CO_3 + Ca(OH)_2 \xrightarrow{\text{가성화}} 2NaOH + CaCO_3$$

(2) 산화철법

① 탄산소듐과 Fe_2O_3의 고상 반응으로 소듐 페리트(sodium ferrite) 생성

$$\underset{\text{소다회}}{Na_2CO_3} + \underset{\text{산화철}}{Fe_2O_3} \rightarrow \underset{\text{sodium ferrite}}{Na_2Fe_2O_4} + CO_2$$

② 온수로 가수분해하여 NaOH 용액 얻음

$$Na_2Fe_2O_4 + H_2O \xrightarrow{40 \sim 50℃} 2NaOH + Fe_2O_3$$

③ 순도가 낮은 고농도 NaOH 제조

2 식염수 전기분해법(식염분해법, 전해법)

소금물을 전기분해하여 가성소다를 얻음

(1) 격막법

식염수(소금물)를 전기분해하고, 건조시켜 수산화소듐을 얻음

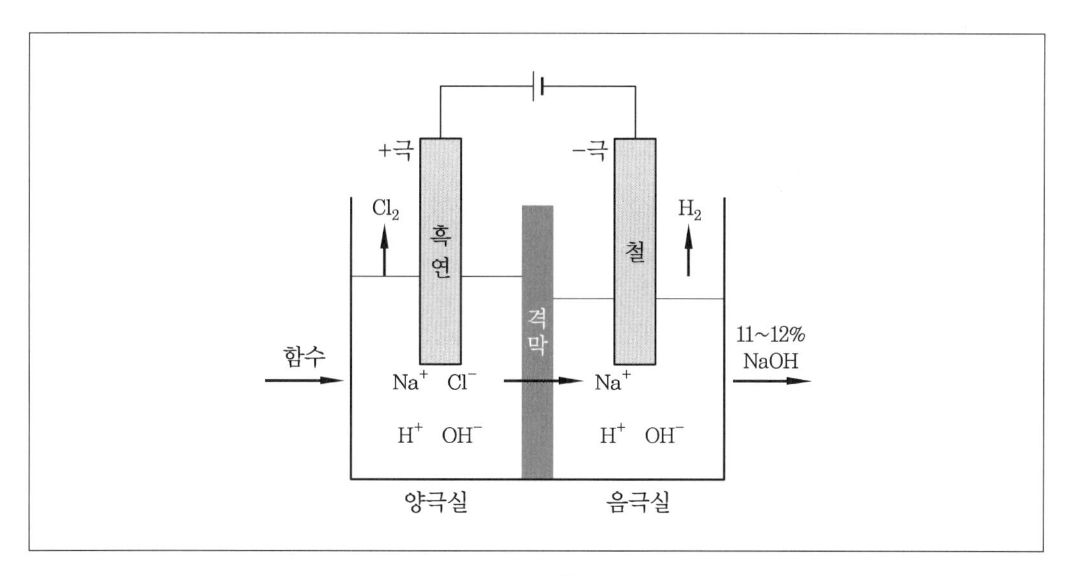

격막법

(가) 반응

- (+) 극(산화) : $2Cl^- \rightarrow Cl_2(g) + 2e^-$
- (−) 극(환원) : $2H_2O + 2e^- \rightarrow H_2(g) + 2OH^-$
- 전체 반응식 : $2Na^+ + 2Cl^- + 2H_2O \rightarrow H_2(g) + Cl_2(g) + 2Na^+ + 2OH^-$
- 구경꾼 이온 : Na^+

(나) 특징

구분	재료	특징
(−)극 (음극, anode)	**철** (다공판철, 철망 등)	• **환원** • **수소 기체 생성** • **NaOH 생성** • **pH 증가**
(+)극 (양극, cathode)	**흑연**	• **산화** • **염소 기체 생성** • 양극의 부반응 $2HOCl + OCl \rightarrow ClO_3^- + 2Cl^- + 2H^+$
다공성 격막 (멤브레인)	**석면**(석면포, 석면 종이), $BaSO_4$ 도포물	• **음극과 양극 분리 역할**

① 불순물을 정제한 함수(전해액)는 60~70℃로 예열하고, pH 3.0~4.0으로 맞춘 후 양극실에서 음극실로 이동

② 흐름 방향 : 양극 → 격막 통과 → 음극

(다) 격막의 기능(부반응 방지)

① 음극액(알칼리성 용액)과 양극액(산성 용액)을 분리하여 중화 반응 방지

② 양극 부반응 방지

③ 역류 방지

(라) 음극에서 발생된 수소가 염소에 혼입되는 이유

① 음극의 구멍이 막힘

② 양극액과 음극액의 낙차가 불충분할 때

③ 격막을 잘못 부착한 경우

④ 막이 파손된 경우

염소 중 수소량이 4% 이상 혼입되면 폭발 발생

(2) 수은법

양극은 백금이나 흑연(탄소), 음극은 수은으로 하여 전기분해로 수산화소듐을 생성

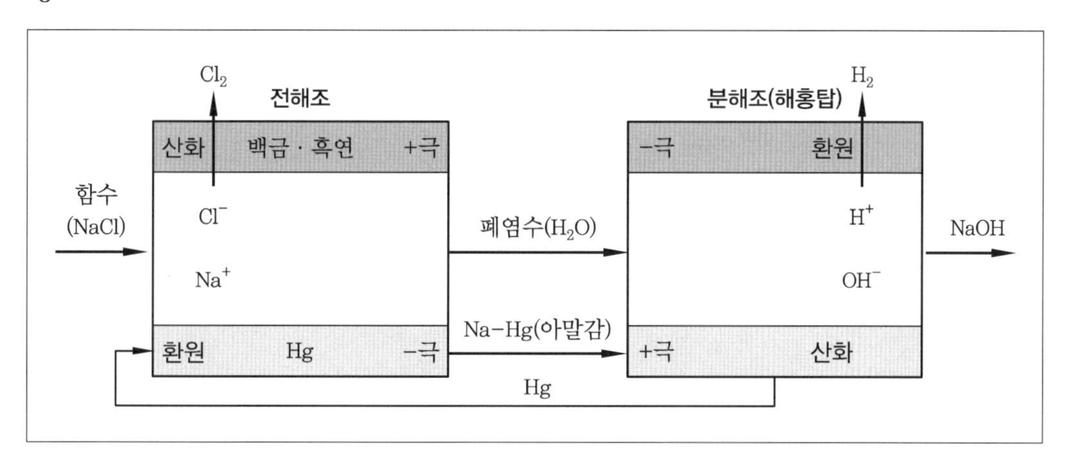

수은법

(가) 개요

장치 구성	• **전해조(전해실)와 분해조(해홍탑)**
재료	• 양극 : 백금 또는 흑연(탄소) • 음극 : 수은
특징	• 전해질 음극에서 **소듐아말감(Na−Hg)** 생성 • 소듐아말감을 분해조(해홍탑)로 보내어, 분해하여 수산화소듐과 수소를 생성 • **고순도, 고농도**의 수산화소듐 생성 • 격막을 사용하지 않음 • **수은**은 **회수**되어 재사용 가능

(나) 반응

① 전해조에서의 반응

• (+) 극 : (산화) $2Cl^- \rightarrow Cl_2(g) + 2e^-$
• (−) 극 : (환원) $2Na^+ + 2e^- + Hg \rightarrow 2Na\text{-}Hg$

② 분해조에서의 반응

• (+) 극 : (산화) $2Na\text{-}Hg \rightarrow 2Na^+ + Hg + 2e^-$
• (−) 극 : (환원) $2H_2O + 2e^- \rightarrow 2OH^- + H_2(g)$

③ 전체 반응

• 전체 반응식 : $2Na^+ + 2Cl^- + 2H_2O \rightarrow 2Na^+ + 2OH^- + Cl_2(g) + H_2(g)$

(다) 특징

전해조 (전해실)	• (+)극(양극, cathode)에서 염소 기체 생성 • (−)극(음극, anode)에서 석출된 소듐이 수은(Hg)에 녹아 소듐아말감(Na−Hg) 생성 • 소듐 농도가 너무 높으면 유동성이 낮아지므로, 0.2% 소듐 농도로 조정함
분해조 (해홍탑, 해홍조)	• 소듐아말감(Na−Hg)이 분해되어 수은 생성 • 이 수은은 전해조에서 재사용함 • (−)극에서 수소 생성
특징	• 아말감 중의 Na 함유량이 높으면, 유동성이 저하되어 굳어지면서 분해되어, 전해조 내에서 수소가스가 발생 • 함수 중 Fe, Ca^{2+}, Mg^{2+}는 전처리로 제거해야 함

(라) 전해조에서 수소가 생성되어 염소가스 중에 혼입되는 원인

① 아말감 중의 Na 함유량이 높을 경우 : 아말감 중의 Na 함유량이 높으면, 유동성이 저하되어 굳어지면서 분해되어, 전해조 내에서 수소가스가 발생

② 함수 중 Fe, Ca^{2+}, Mg^{2+} 등 불순물이 존재할 경우 : Ca^{2+}, Mg^{2+}이 있으면, 형성된 아말감이 분해되어 $Ca(OH)_2$, $Mg(OH)_2$가 침전되면서, 수소가스 H_2가 생성됨

(3) 격막법과 수은법의 비교

구분	격막법	수은법
순도(품질)	낮음	높음
농도	낮음 (11~12%)	높음 (50~73%)
농축비	높음	낮음
전력비 (전력 소모)	낮음	높음
이론 분해 전압	낮음 (3.2~4.0V)	높음 (3.9~4.5V)
전류 밀도	낮음	높음
특징	• 양극액과 음극액의 pH가 다름 • 제품 중 염화물 함유, 불순물 많음	• 대기오염(수은) 발생 • 제품 불순물 적음

The 알아보기 **전해조 효율**

- 전력효율 = 전류효율 × 전압효율
- 전류효율(%) = $\frac{\text{실제생성량}}{\text{이론생성량}} \times 100\%$
- 전압효율(%) = $\frac{\text{이론분해 전압}}{\text{전해조 전압}} \times 100\%$

3 이온교환막법

NaCl 수용액(염수, 함수)을 원료로, 격막으로 양이온 교환수지를 사용하여 수산화소듐을 제조하는 방법

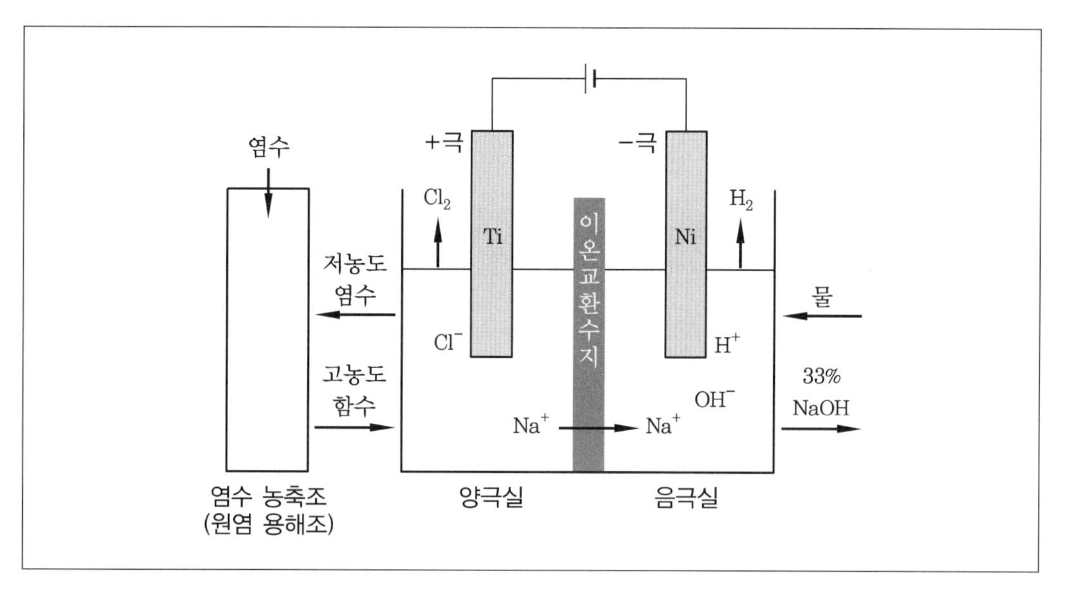

이온교환법

(가) 반응

- (+) 극 : (산화) $2Cl^- \rightarrow Cl_2(g) + 2e^-$
- (−) 극 : (환원) $2H_2O + 2e^- \rightarrow H_2(g) + 2OH^-$
- 전체 반응식 : $2Na^+ + 2Cl^- + 2H_2O \rightarrow H_2(g) + Cl_2(g) + 2Na^+ + 2OH^-$

(나) 특징

구분	특징
흐름 방향	• 염수 농축조(원염 용해조) → 양극실 → Na^+이 양이온 교환막 통과 → 음극실
염수 농축조 (원염 용해조)	• 염수가 유입되어, 고농도의 염수가 생성됨 • 고농도의 염수는 양극실로 주입 • 양극실에서 저농도의 염수가 들어옴
양극실	• 전기분해로, Cl^-이 산화되어 염소 기체 생성 • Na^+는 양이온 교환막을 통괄하여 음극으로 이동함 • 저농도의 함수가 배출되어 다시 염수 농축조(원염 용해조)로 돌아감
음극실	• H_2, OH^- 동시 발생 • H^+가 산화되어 수소 기체 발생 • OH^-는 양극실에서 이동해온 Na^+와 결합하여 NaOH 수용액 생성
이온교환 수지	• **양이온 교환수지** 사용 – 양이온만을 통과시키고, 음이온은 통과시키지 않음 • Nafion(perfluorosulfonic acid), perfluorocarboxylic acid 등

3-3 수산화소듐의 농축과 정제

수은법으로 제조한 것은 농도가 진하며 불순물이 적어 그대로 사용할 수 있으나 격막법 제품의 경우, 순도가 낮아 농축 및 정제가 필요함

1 농축법

증류로 농축함

원료(NaOH 농도)	농축법
50% 이하	• 다중 효용관 사용
50~75%	• 강제순환식 단일 효용관에서 고압 수증기로 가열 증발
75% 이상	• 직화식

2 정제법

① 냉동법

② 황산소듐법 : 50% NaOH 수용액에 황산소듐을 넣어 염화소듐 복염 형태 ($NaOH \cdot NaCl \cdot Na_2SO_4$)로 정제

③ 액안 추출법

연습문제

2. 알칼리 공업

2015 서울시 9급 공업화학

01 황산소듐을 중간 생성물로 하여 소금을 소다회로 전환시키는 방법은?

① Leblanc법 ② Solvay법 ③ 황안 소다법 ④ 암모니아 산화법

해설 ① 르블랑(Leblanc)법

$$NaCl \rightarrow Na_2SO_4 \rightarrow Na_2CO_3$$

소금(식염) 무수망초 소다회

• 1단계 : 소금을 황산 분해시켜 황산소듐(무수망초)을 제조

$$NaCl + H_2SO_4 \xrightarrow{150℃} NaHSO_4 + HCl$$

$$NaHSO_4 + NaCl \xrightarrow{800℃} Na_2SO_4 + HCl$$

• 2단계 : 황산소듐(무수망초)에 석회석과 코크스(석탄)를 2 : 2 : 1로 혼합하여 반사로 또는 회전로에서 900~1,000℃로 가열하여 융해, 환원 및 복분해로 흑회 생성

$$Na_2SO_4 + 2C \rightarrow Na_2S + 2CO_2$$

무수망초 코크스 황화소듐

$$Na_2S + CaCO_3 \rightarrow \underbrace{\overset{\text{소다회}}{Na_2CO_3} + CaS}_{\text{흑회}}$$

석회석

정답 ①

2017 지방직 9급 추가채용 공업화학

02 소금을 원료로 한 탄산소다의 공업적 제법으로 옳지 않은 것은?

① Haber법 ② Leblanc법 ③ Solvay법 ④ 염안 소다법

해설 ① Haber법 : 암모니아 제조법(암모니아 합성법)

정답 ①

PART 2

암모니아 및 비료 공업

Chapter 1 암모니아 공업

§ 1. 암모니아 공업의 개요

1-1 암모니아의 성질과 용도

1 암모니아의 성질

① 상온, 상압에서는 자극이 강한 냄새를 가진 무색의 기체
② 수소 결합을 가짐
③ 물에 잘 녹음
④ 산이나 할로겐과 반응 잘함
⑤ 물에 녹으면 알칼리성인 수산화암모늄이 생성됨
⑥ 냉각으로 액화되기 쉬움

2 암모니아의 용도

질산, 요소, 황산암모늄의 원료, 질소비료의 원료, 폭발물 원료, 고분자 화학공업에 사용

1-2 암모니아 공업

1 암모니아 제조 원료

암모니아 제조 원료	제조법
질소(N_2)	• Linde식 • Claude식 • Heyland식
수소(H_2)	• 물의 전기분해법 • 중유 또는 원유의 가스화법 : 나프타 개질법, Texaco식 가압법, Fauser식 상압법 • 수성가스 제조법 : 수증기 개질법, 접촉 개질법, 부분 산화법

2 제조 방법별 암모니아의 종류

합성 암모니아	• 질소와 수소의 직접 합성으로 얻는 암모니아 $N_2 + 3H_2 \rightarrow 2NH_3$ • 공업적 제조법 : 하버-보슈법, Claude법, Casale법, Fauser법, Uhde법
변성 암모니아	• 석회질소를 수증기로 분해하여 얻는 암모니아 $CaCN_2 + 3H_2O \rightarrow CaCO_3 + 2NH_3$
부생 암모니아	• 석탄이 고온 건류될 때, 석탄 중 질소가 변환되어 생성된 암모니아

§ 2. 암모니아 원료

2-1 공중 질소 고정

1 질소 고정의 정의

공기 중의 질소가스를 암모니아, 황산암모늄, 질산 등의 질소화합물로 변환하는 것

2 질소 고정 방법

(1) 자연적 질소 고정

① 질소 동화 : 콩과식물에 붙은 뿌리혹박테리아나 질화세균 등의 질소 동화 세균이 공기 중 질소를 유기 질소로 변환하는 것

② 번개 방전

(2) 공업적 질소 고정

공기 질산법 (전호법)	• 공기 중의 질소와 산소를 고온에서 직접 반응시켜 산화질소를 얻고, 이것을 물에 흡수시켜 질산을 제조 $N_2 + O_2 \rightarrow 2NO \xrightarrow{+O_2} 2NO_2 \xrightarrow{H_2O\ \text{흡수}} HNO_3$
합성 암모니아법	• 질소와 수소를 고온(약 500℃), 고압(200~300atm), 촉매 하에서 암모니아를 직접 합성하는 방법 $N_2 + 3H_2 \rightarrow 2NH_3$ • 하버-보슈법
석회 질소법	• 칼슘카바이드(CaC_2)에 질소를 작용시켜 석회질소를 제조하는 방법 $CaC_2 + N_2 \rightarrow CaCN_2 + C$

2-2 질소의 제법

① 합성 암모니아의 원료인 액화 질소를 제조하는 방법

② 질소(비점 -196℃)와 산소(비점 -183℃)의 비점차를 이용하여, 공기에서 질소를 분리하여 액화 질소를 얻음

린데(Linde)식	• 200atm 고압 공기의 단열팽창에 의한 Joule-Thomson 효과를 이용하여 질소가스를 액화하는 방법
클로드(Claude)식	• 40atm 저압 공기의 단열팽창으로 외부에 일하면서, 공기가 액화되는 것을 이용
하이랜드(Heylandt)식	• Linde식과 Claude식을 절충한 방법

2-3 수소의 제법

1 물의 전기분해

① 물에 전해질(20% NaOH 또는 25% KOH)을 주입하여 전기분해로 수소를 얻음

$$2H_2O \rightarrow 2H_2 + O_2$$

② 음극 : 철판

③ 양극 : 니켈 도금 철판

2 수성가스법

수성가스(water gas)에서 수소가스를 얻음

(1) 수성가스 (water gas)

① 석탄(또는 코크스)과 수증기에서 얻는 가스

$$C + H_2O \rightarrow CO + H_2$$

② 암모니아 합성용 수성가스의 주성분은 $CO + H_2$

③ 수성가스의 구성은 $CO : H_2 = 1 : 1$

(2) 수성가스법

(가) 수성가스 생성 반응(run 조작)

① 흡열 반응이므로 고온에서 반응해야 정반응이 진행되어, 수소 기체를 얻을 수 있음

② run 조작은 흡열 반응이므로, 반응이 진행되면서, 온도가 감소됨

(나) 산화 반응(blow 조작)

① run 조작은 반응이 진행되면서, 온도가 감소되면 정반응 진행이 떨어짐

② 이 때문에 발열 반응인 blow 조작을 진행하여 온도를 증가시켜, run 조작이 계속 진행되도록 함

(다) blow-run 반응

run 조작과 blow 조작을 교대로 진행하여 흡열 반응을 평형을 유지시켜, 연속적으로 수성가스를 제조함

수성가스 생성 반응 (run 조작)	• 약 5~6분 • 흡열 반응이므로 반응이 진행되면서, 온도 감소 $C + H_2O \leftrightarrow CO + H_2 - Q$ (흡열 반응) $CO + H_2O \leftrightarrow CO_2 + H_2 - Q$ (흡열 반응)
산화 반응 (blow 조작)	• 약 2분 • 발열 반응이므로 반응이 진행되면서, 온도 증가 $C + O_2 \leftrightarrow CO_2 + Q$ (발열 반응)

3 석탄 가스화법

코크스로 가스를 통해 수소를 얻음

4 수소 개질법

(1) 수증기 개질법

(가) 공정 순서

나프타 예열 및 증발 → 탈황(황화합물 제거) → 수증기 개질 → CO 전환 → CO_2 제거 → 메테인화 → H_2의 생성

(나) 탈황 공정(황화합물 제거)

① 탈황의 필요성

- 수증기 개질 시 황이 촉매독(피독 작용을 일으킴)으로 작용하므로 미리 제거함
- 황은 대기오염물질이므로 미리 제거해야 함

② 탈황 과정

예비 탈황	• Co–Mo계 촉매를 이용하는 수소 첨가 탈황 $R-SH \xrightarrow[Co-Mo\ 촉매]{350 \sim 400℃} RH + H_2S$
마감 탈황	• Co–Mo계 촉매와 ZnO 촉매의 조합에 의한 흡착 탈황 $H_2S + ZnO \xrightarrow{350 \sim 400℃} ZnS + H_2O$

㈐ 수증기 개질(수성가스의 전화)

나프타에 수증기를 혼합하여 수성가스(수소와 일산화탄소)를 생성

<table>
<tr><td>수증기 개질
1차 공정</td><td>• 주반응
$$C_mH_n + nH_2O \rightarrow nCO + \left(\frac{m}{2} + n\right)H_2 - Q$$
$$CH_4 + H_2O \rightarrow CO + 3H_2$$
– 일산화탄소와 수소가 생성됨
– 흡열 반응
• 부반응
$$CO + 3H_2 \rightarrow CH_4 + H_2O$$
– 수소 대신 메테인이 생성됨
• 부반응이 발생하지 않도록 촉매를 사용함
• 나프타에 대한 수증기 비율을 높이면 메테인이 감소함</td></tr>
<tr><td>수증기 개질
2차 공정</td><td>• 1차 공정에서 나온 가스에 7~9%의 메테인가스가 존재함
• 2차 공정으로 메테인가스를 공기로 부분 연소하여 메테인을 0.3% 이하로 감소시킴
$$CH_4 + \frac{1}{2}O_2 \rightarrow CO + 2H_2 + Q$$
• 공기 중 산소가 2차 공정에 소비되고, 질소는 생성된 수소에 도입됨</td></tr>
</table>

㈑ CO 전환

① 개질로에서 나온 가스의 폐열로 고압증기를 발생함

② 개질로에서 나온 가스와 증기가 만나 수소가스가 발생

$$CO + H_2O \rightarrow H_2 + CO_2 + 9.6\text{kcal}$$

㈒ CO_2 제거

흡수제로 이산화탄소를 흡수하여 제거

(바) 메테인화(CO, CO_2 제거)

CO와 CO_2가 촉매독으로 작용하므로 미리 제거함

$$CO + 3H_2 \rightarrow CH_4 + H_2O + 49.3kcal$$

$$CO_2 + 4H_2 \rightarrow CH_4 + 2H_2O + 39.5kcal$$

(2) 접촉 개질법(CCC법)

천연가스와 수증기를 Ni 촉매(조촉매 Cu) 존재 하에서 반응시키는 방법

$$CH_4 + H_2O \rightarrow CO + 3H_2$$

(3) 부분 산화법

탄화수소를 불완전 연소시켜 CO와 H_2를 얻는 반응

(가) 공정 순서

중질유분의 불완전 연소 → 코크 제거 → 탈황(황화합물 제거)
→ CO 전환 → CO_2 제거 → 메테인화 → H_2의 생성

(나) 중질유분의 불완전 연소

$$C_mH_n + \frac{n}{2}O_2 \rightarrow nCO + \frac{m}{2}H_2 + Q$$

5 중유 및 원유의 가스화법

정의	• 중유 또는 원유에서, 고체나 액체로 잔류되는 탄화수소는 최대한 줄이고 $CO + H_2$ 양이 많은 가스를 많이 생성하는 방법
종류	• Fauser식 상압법 • Texaco식 가압법 • 나프타 개질법

§ 3. 암모니아 합성법

3-1 암모니아 합성 원리

1 평형 이동의 법칙(르샤틀리에의 원리)

가역 반응이 평형 상태에 있을 경우 농도·온도·압력 중에서 하나를 변화시키면, **그 변화를 감소시키는 쪽**으로 반응이 진행하여 새로운 평형 상태에 도달함

르샤틀리에 원리의 적용

변화의 구분	반응식의 지표	조건	진행 방향
온도	흡열 반응 VS 발열 반응	온도 증가	온도 감소 방향(흡열 반응 방향)
		온도 감소	온도 증가 방향(발열 반응 방향)
압력	생성물 몰수 VS 반응물 몰수	압력 증가	몰수 감소 방향
		압력 감소	몰수 증가 방향
농도	반응물 농도	반응물 농도 증가	정반응(반응물 농도 감소 방향)
		반응물 농도 감소	역반응(반응물 농도 증가 방향)
	생성물 농도	생성물 농도 증가	역반응(생성물 농도 감소 방향)
		생성물 농도 감소	정반응(생성물 농도 증가 방향)

진행 방향에 따른 농도의 변화

진행 방향	반응물 농도	생성물 농도
정반응	감소	증가
역반응	증가	감소

2 암모니아 합성 반응

(1) 반응식

① 반응식

$$N_2(g) + 3H_2(g) \leftrightarrow 2NH_3(g) + 22\text{kcal}$$

② 평형상수

$$K_P = \frac{[NH_3(g)]^2}{[N_2(g)][H_2(g)]^3} = \frac{(P_{NH_3})^2}{P_{N_2} \cdot (P_{H_2})^3}$$

(2) 암모니아 합성 최적 조건(암모니아 수득률 증가 방법)

르샤틀리에의 원리를 이용하여, 정반응이 우세하여 암모니아의 수득률을 증가시킴

① **온도 낮을수록**

② **압력 높을수록**

③ **암모니아 평형농도 낮을수록**

④ **불활성가스 양 적을수록**

⑤ **혼합비율이 N_2 : H_2 = 1 : 3일 때**

암모니아 수득률 증가

3 실제 암모니아 합성

합성 조건	• 정반응이 우세하도록 하려면, 르샤틀리에 원리에 따라 압력은 증가시키고, 온도는 감소시켜야 함 • 그러나, 온도가 너무 낮으면 반응속도가 느려지고, 압력이 너무 높으면 고압장치를 만들기 힘듦 • 따라서, 실제로는 **촉매 하**에서, **500±50℃, 150~220기압**에서 반응시켜 암모니아 수득률을 증가시킴
촉매	• 촉매 : Fe_3O_4 • 조촉매 : Al_2O_3, K_2O, CaO
공간속도	• 0℃, 1기압에서 촉매 $1m^3$당 매시간 통과하는 원료가스의 m^3수 • 단위 : m^3 원료가스 / m^3 촉매
공시득량	• 촉매 $1m^3$당 1시간에 생성되는 암모니아 ton 수 • 단위 : ton NH_3/m^3촉매·hr

3-2 ∘ 암모니아 합성 공정

1 암모니아 합성 공법

① 하버-보쉬(Habor-Bosch)법
② 클로드(Claude)법
③ 카살레(Casale)법
④ 파우저(Fauser)법
⑤ 우데(Uhde)법

2 암모니아 합성 시 온도 조절 방식

암모니아 합성은 촉매를 이용한 고온·고압 반응이므로, 온도 조절이 필요함

촉매층 간 냉각방식	• 촉매층을 다단으로 나누어 촉매층에서 가열된 반응가스를 적당한 온도까지 냉각하여 다음 촉매층으로 보내는 방식
촉매층 내 냉각방식	• 촉매층 내에서 가열된 반응가스를 적당한 온도까지 냉각하는 방식
차가운 가스 혼합식	• 차가운 원료가스를 반응가스로 직접 혼합하여 온도를 조절하는 방식
열교환식	• 냉각관을 층간에 배치하여 온도를 조절하는 방식

연습문제

1. 암모니아 공업

2016 국가직 9급 공업화학

01 수소의 공업적 제조법인 수증기 개질법에 대해 설명한 것으로 옳지 않은 것은?

① 원료로는 나프타, 천연가스 등이 사용된다.
② 탄화수소의 수증기 개질 반응은 발열 반응이다.
③ 탄화수소의 탄소 수가 많을수록 코크(coke)가 석출되기 쉽다.
④ 황화합물이 많이 포함된 원료는 촉매의 피독(poisoning)을 막기 위한 탈황 과정을 거쳐야 한다.

해설 ② 탄화수소의 수증기 개질 반응은 흡열 반응이다.

정리 **피독 현상** : 황이 촉매 활성점에 작용해 촉매 효과가 떨어지는 현상

정답 ②

2017 지방직 9급 추가채용 공업화학

02 다음 반응에 대한 설명으로 옳지 않은 것은?

$$N_2(g) + 3H_2(g) \rightleftarrows 2NH_3(g) + \text{열}$$

① 산화철 촉매를 사용하면 반응 속도가 빨라진다.
② 평형 혼합물에서 암모니아를 제거하면 평형은 오른쪽으로 이동한다.
③ 압력이 높을수록 암모니아의 생성에 유리하다.
④ 온도가 낮을수록 평형은 왼쪽으로 이동한다.

해설 ② 생성물(암모니아) 감소 → 정반응(평형 오른쪽으로 이동)
③ 압력 증가 → 몰수 감소 방향 = 정반응(평형 오른쪽으로 이동)
④ 온도 감소 → 온도 증가 = 발열 반응 = 정반응(평형 오른쪽으로 이동)

정리 **평형 이동의 법칙(르샤틀리에의 원리)**
가역 반응이 평형 상태에 있을 경우 농도 · 온도 · 압력 중에서 하나를 변화시키면, 그 변화를 감소시키는 쪽으로 반응이 진행하여 새로운 평형 상태에 도달함

르샤틀리에 원리의 적용

변화의 구분	반응식의 지표	조건	진행 방향
온도	흡열 반응 VS 발열 반응	온도 증가	온도 감소 방향(흡열 반응 방향)
		온도 감소	온도 증가 방향(발열 반응 방향)
압력	생성물 몰수 VS 반응물 몰수	압력 증가	몰수 감소 방향
		압력 감소	몰수 증가 방향
농도	반응물 농도	반응물 농도 증가	정반응(반응물 농도 감소 방향)
		반응물 농도 감소	역반응(반응물 농도 증가 방향)
	생성물 농도	생성물 농도 증가	역반응(생성물 농도 감소 방향)
		생성물 농도 감소	정반응(생성물 농도 증가 방향)

진행 방향에 따른 농도의 변화

진행 방향	반응물 농도	생성물 농도
정반응	감소	증가
역반응	증가	감소

촉매

정의	• 반응속도만 변화시키고 자신은 반응 전후에서 변화가 없는 물질
특징	• 활성화 에너지 크기를 변화시킴 – 정촉매 : 활성화 에너지 감소 – 부촉매 : 활성화 에너지 증가 • 적은 양으로도 촉매 역할 가능 • 촉매 사용으로 변하는 것 : 반응 속도, 반응 경로, 활성화 에너지

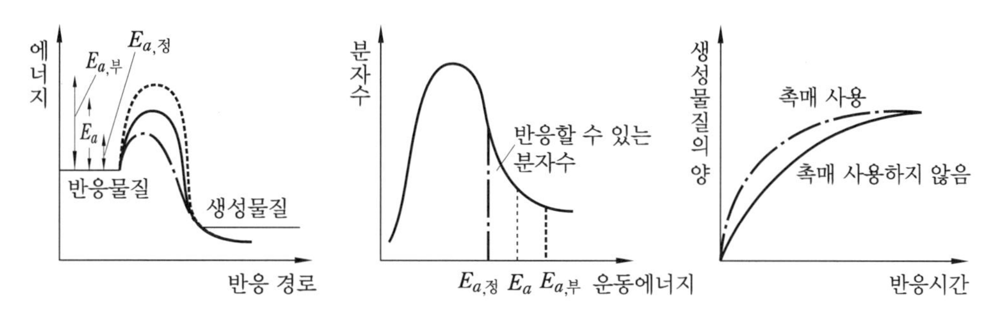

E_a : 촉매가 없을 때의 활성화 에너지

$E_{a,정}$: 정촉매가 있을 때의 활성화 에너지

$E_{a,부}$: 부촉매가 있을 때의 활성화 에너지

정답 ④

Chapter 2 비료 공업

§ 1. 비료의 개요

1-1 비료의 3요소

① 질소(N)
② 인(P_2O_5)
③ 포타슘(칼륨, K_2O)

1-2 비료의 분류

1 성분별 비료의 분류

(1) 비료의 분류와 성분

① 단일 비료 : 비료의 3대 성분 중 1가지로 구성된 비료
② 복합 비료 : 비료의 3대 성분 중 2가지 이상으로 구성된 비료

대분류	소분류	비료	함량(%)		
			N	P_2O_5	K_2O
단일 비료	질소 비료	요소	46	0	0
		질산암모늄(질안)	35	0	0
		염화암모늄(염안)	25	0	0
		석회질소	21.2	0	0
		황산암모늄(황안)	20.9	0	0
		질산칼슘(질산석회)	13	0	0
	인산 비료	인산칼슘	0	61	0
		중과린산석회	0	40	0
		소성인비	0	37	0
		용성인비	0	20	0
		과린산석회	0	17	0
	포타슘 비료	염화포타슘	0	0	54
		황산포타슘	0	0	50
복합 비료	–	화성 비료	12	14	12
		배합 비료	9	9	9
		액체 비료	9	5	5

(2) 질소 비료

질산 형태	• 초석(질산포타슘, KNO_3), 칠레초석($NaNO_3$), 노르웨이초석(질산칼슘, $Ca(NO_3)_2$) • 질산암모늄(NH_4NO_3)
암모니아 형태	• 황산암모늄($(NH_4)_2SO_4$), 질산암모늄(NH_4NO_3), 염화암모늄(NH_4Cl), 암모니아수
사이안아마이드 형태	• 석회질소($CaCN_2$)
요소 형태	• 요소($CO(NH_2)_2$)
유기질 형태	• 동·식물질 비료 중 질소 성분

(3) 인산 비료

(가) 무기 형태

수용성 인산	• 물에 녹는 인산 • 과린산석회, 중과린산석회, 인산일석회($Ca(H_2PO_4)\cdot H_2O$ 형태)
구용성 인산	• 구연산이나 구연산 암모니아 용액에 용해되는 인산 • 용성인비, 토마스인비, 인산이석회, 인산삼석회
불용성 인산	• 물과 구연산에 모두 녹지 않는 인산

가용성 인산(유효 인산) : 수용성 인산 + 구용성 인산

(나) 유기 형태

동·식물질 비료 중 인산질 성분

(4) 포타슘(칼륨) 비료

수용성 포타슘염	• 탄산염, 황산염, 염화물
불용성 포타슘염	• 규산염
유기 형태 포타슘염	• 동·식물질 비료 중 포타슘염 성분

2 액성별 비료의 분류

(1) 화학적 액성

① 산성 비료 : 비료를 물에 녹였을 때 액성이 산성인 비료
② 중성 비료 : 비료를 물에 녹였을 때 액성이 중성인 비료
③ 염기성 비료 : 비료를 물에 녹였을 때 액성이 염기성인 비료

액성	비료
산성	• 과린산석회($Ca(H_2PO_4)_2\cdot H_2O$) • 중과린산석회($Ca(H_2PO_4)_2\cdot H_2O$)
중성	• 요소($CO(NH)_2$) • 황산암모늄(황안, $(NH_4)_2SO_4$) • 염화암모늄(염안, NH_4Cl) • 염화포타슘(KCl) • 황산포타슘(K_2SO_4)
염기성	• 석회 • 석회질소($CaCN_2$) • 용성인비

(2) 생리적 액성

생리적 산성 비료	• 식물이 비료의 영양분을 흡수하고 남은 토양이 산성인 비료 • 황산암모늄($(NH_4)_2SO_4$), 질산암모늄(NH_4NO_3), 염화암모늄(NH_4Cl), 황산포타슘(K_2SO_4), 염화포타슘(KCl)
생리적 중성 비료	• 식물이 비료의 영양분을 흡수하고 남은 토양이 중성인 비료 • 요소, 과린산석회, 중과린산석회, 석회질소
생리적 염기성 비료	• 식물이 비료의 영양분을 흡수하고 남은 토양이 염기성인 비료 • 칠레초석($NaNO_3$), 용성인비, 석회질 비료

3 완효성 비료와 속효성 비료

(1) 완효성 비료(slow release fertilizer)

특징	• 효과가 천천히 나타나는 비료 • 물에 대한 용해도가 낮고 분해속도 느림 • NO_3^- 혹은 NH_4^+ 등의 이온을 서서히 공급함 • 산림용 비료에 적합
종류	폼알데하이드 요소 비료(우레아포름,) 황산구아닐 요소, isobutylidene 2 요소(IB), crotonylidene 2요소(CDU) 등

(2) 속효성 비료

특징	• 효과가 빨리 나타나는 비료 • 물에 대한 용해도가 크고, 분해속도 빠름
종류	황안

1-3 비료의 원료

① 질소 비료 : 칠레초석, 석회질소, 요소 등

② 인산 비료 : 인광석, 인화석, 골분 등

③ 포타슘 비료 : 간수, 해수, 초목재, 용광로 더스트, 시멘트 더스트, 포타슘광물 등

1-4 비료별 성분 순서

① 질소 성분 순서

요소 > 질안 > 염안 > 석회질소 > 황안 > 질산칼슘

② 인산 성분 순서

인산칼슘 > 중과린산석회 > 소성인비 > 용성인비 > 과린산석회

③ 포타슘 성분 순서

염화포타슘 > 황산포타슘

§ 2. 질소 비료

2-1 황산암모늄(황안, $(NH_4)_2SO_4$)

1 특징

① 질소 성분 21%

② 속효성 비료

③ SO_4^{2-}로 토양을 산성화함

2 이론적 질소 함유량

$$\frac{2N}{(NH_4)_2SO_4} = \frac{28}{132} = 0.212 = 21.2\%$$

3 제법

합성 황안법	• 70% 황산과 암모니아를 반응시킨 후, 반응열로 농축하고 황산암모늄 결정을 석출시켜 원심 분리 $2NH_3 + H_2SO_4 \rightarrow (NH_4)_2SO_4 + 65.9\text{kcal}$
부생 황안법	• 석탄의 건류로 가스나 코크스를 제조할 때 발생하는 부생 암모니아를 황산에 흡수시켜 황산암모늄을 제조 • 중유 탈황 공정에서 생산 • 나일론 제조 공정에서 부생하는 황안 • 석유화학공업 등에서 부생하는 황안
변성 황안법	• 석회질소를 과열 수증기로 분해하여 변성 암모니아를 얻고, 이것을 황산에 흡수시켜 황산암모늄을 제조 $CaCN_2 + 3H_2O \rightarrow CaCO_3 + 2NH_3$
석고법	$CaSO_4 + 2NH_3 + CO_2 + H_2O \rightarrow CaCO_3 + (NH_4)_2SO_4$
아황산법	$(NH_4)_2SO_3 + 2NH_4HSO_3 \rightarrow 2(NH_4)_2SO_4 + S + H_2O$

2-2 염화암모늄(염안, NH_4Cl)

1 특징

① 섬유질 식물 성장에 효과적

② 생리적 산성 비료 – 토양 산성화 유발

③ 황산암모늄보다 질산화가 천천히 진행되어, 비료 지속성이 좋음

④ 토양의 석회 성분과 만나면 $CaCl_2$가 되어 유실되기 쉬움

2 이론적 질소 함유량

$$\frac{N}{NH_4Cl} = \frac{14}{53.5} = 0.262 = 26.2\%$$

3 제법

① 솔베이법(암모니아 소다법)에서 얻음

$$\underbrace{NaCl(aq) + NH_3(aq) + H_2O(l)}_{\text{암모니아 함수}} + CO_2(g) \rightarrow \underbrace{NaHCO_3(aq)}_{\text{중조}} + \underbrace{NH_4Cl(aq)}_{\text{염안}}$$

② 탄산소다 제조법 중 염안 소다법(솔베이법의 개량형)의 부산물로 얻음

2-3 질산암모늄(질안, NH_4NO_3)

1 특징

① 흡습성이 강하여 밭농사에는 적합하나 논농사에 부적합함
② 토양을 산성화시키지 않음

2 이론적 질소 함유량

$$\frac{2N}{NH_4NO_3} = \frac{2 \times 14}{80} = 0.35 = 35\%$$

3 제법

질산을 암모니아로 중화하여 제조

$$\underset{\text{염기}}{NH_3} + \underset{\text{산}}{HNO_3} \xrightarrow{\text{중화}} NH_4NO_3$$

2-4 인산암모늄(인안, $(NH_4)_2HPO_4$)

① 질소 대 인산비를 미리 알맞게 조절하여 제조하며, 상온에서 안정하기 때문에 비료 생산에 적합
② 양이온(NH_4^+)과 음이온(HPO_4^{2-}) 모두 비료로 이용 가능

2-5 질산소듐(칠레초석, $NaNO_3$)

칠레초석에서 질산소듐을 추출

2-6 질산칼슘(노르웨이초석, 질산석회, $Ca(NO_3)_2$)

1 특징

① 흡습성 강함
② 속효성 비료
③ 토양 중 칼슘이 잔류하므로, 석회분이 부족한 토양에 적합
④ 강우량이 크고 습한 지역에는 부적합

2 제법

① 전호법에서 제조된 HNO_3을 석회석($CaCO_3$)으로 중화시켜 질산칼슘용액을 제조한 후, 질산암모늄을 첨가하여 작은 입자로 고화시켜 제조

② 질산암모늄의 역할
질산암모늄을 주입하면, 과포화 질산칼슘용액에서 질산칼슘이 쉽게 석출됨

2-7 요소(urea, $CO(NH_2)_2$)

1 특징

① 무색 결정질 고체
② 용융점 132℃
③ 질소 함량 45% 이상
④ 흡습성이 매우 강함
⑤ 석고를 첨가하여 용융점 이하 온도로 가열하면 요소석고[$CaSO_4 \cdot 4CO(NH_2)_2$]로 만들면 흡습성이 감소함

⑥ 토양 중에서 분해되면 탄산암모늄이 됨

$$CO(NH_2)_2 + 2H_2O \rightarrow (NH_4)_2CO_3$$

⑦ 여러 종류의 화합물과 복염 제조가 쉬움

2 이론적 질소 함유량

$$\frac{2N}{CO(NH_2)_2} = \frac{2 \times 14}{60} = 0.467 = 46.7\%$$

3 제법

합성 반응	• **액체 혹은 기체 상태의 이산화탄소와 액체 암모니아를 180~200℃, 140~250atm에서 반응시켜 요소를 제조** • 가장 일반적인 요소 제법 • 중간체 : 카바민산암모늄(NH_2COONH_4) • 2단계 반응 • **1단계 : 카바민산암모늄 생성 반응** $2NH_3 + CO_2 \rightarrow NH_2COONH_4 + Q$(발열 반응) • **2단계 : 카바민산암모늄의 분해로 요소 생성 반응** $NH_2COONH_4 \rightarrow CO(NH_2)_2 + H_2O$
사이안산암모늄 합성	• 사이안산암모늄(NH_4OCN)으로 요소를 합성하는 방법
석회질소의 가수분해	• 석회질소($CaCN_2$)를 가수분해하여 요소를 제조 $CaCN_2 + CO_2 + H_2O \rightarrow CaCO_3 + H_2CN_2$ $H_2CN_2 + H_2O \rightarrow CO(NH_2)_2$

4 합성 반응의 공정 방법

(1) 비순환법

(가) 방식

① NH_3과 CO_2를 압축하면 카바민산암모늄(NH_2COONH_4) 결정이 되어 관과 압축기가 막히게 됨

② 이것을 방지하기 위해 미반응 가스를 순환시키지 않고 황산과 반응시켜 황안을 제조하는 방법

(나) 특징

① 요소가 과잉으로 생산됨

② 부산물로 황안이 생성됨

③ 탄산가스 손실이 커서 거의 실용되지 않음

(2) 반순환법

① 분해를 단계적으로 실시하여 가스의 일부만 순환시키고,
나머지는 황안으로 제조하는 방법

② 경제성 낮음

(3) 완전 순환법

미반응 가스를 전부 순환하는 방법

종류	특징
Du Pont 공정	• 카바민산암모늄을 암모니아성 수용액으로 회수 순환시키는 방식
C.C.C법 (chemico 공정)	• 모노에탄올아민(MEA)으로 미반응 가스 중의 CO_2를 흡수시키고, 분리된 NH_3를 압축순환시키는 방식
Inventa 공정	• 미반응 NH_3를 NH_4NO_3 용액에 흡수 분리하여 순환시키는 방식
Pechiney 공정	• 카바민산암모늄을 분리시켜 광유에 흡수시킨 후 암모늄카바메이트의 작은 입자가 현탁하는 슬러리로 만들어 반응관에 재순환시키는 방식

2-8 석회질소($CaCN_2$)

1 특징

① 염기성 비료 – 산성토양 개량에 효과적
② 살균 및 살충효과(잡초, 해충, 병원균 제거)
③ 석회질소가 분해하면 다이사이안아마이드가 생성되어, 식물에 유해함(사이안기가 독성이 있음)
④ 배합 비료로는 사용하지 않음
⑤ 질소 비료 및 사이안화물 제조에 사용됨
⑥ 저장 중 이산화탄소, 물을 흡수하여 부피가 증가함
⑦ $CaCN_2$는 H_2O과 반응하여 요소와 탄산암모늄이 생성됨

$$\underset{\text{석회질소}}{CaCN_2} \xrightarrow{+H_2O} \underset{\text{다이사이안다이아마이드}}{(CN \cdot NH_2)_2} \xrightarrow{+H_2O} \underset{\text{탄산암모늄}}{(NH_4)_2CO_3}$$

2 제법

$$\underset{\text{생석회}}{CaO} + \underset{\text{무연탄}}{3C} \xrightarrow{1900 \sim 2200℃} \underset{\text{칼슘카바이드}}{CaC_2} + CO$$

$$\underset{\text{칼슘카바이드}}{CaC_2} + N_2 \rightarrow \underset{\text{석회질소}}{CaCN_2} + C$$

• 생석회와 무연탄을 1,900~2,200℃로 용융시켜 칼슘카바이드(CaC_2, 탄화칼슘)을 얻음
• 칼슘카바이드를 질소와 1000℃에서 반응한 후 냉각시켜 석회질소를 얻음

§ 3. 인산 비료

3-1 인산 비료의 분류

1 습식 인산과 건식 인산

분류	인산 비료의 명칭	제조 방식	인광석 분해제	인산 비료의 조성
습식 인산	과린산석회	황산 분해	H_2SO_4(황산)	$Ca(H_2PO_4) \cdot H_2O + CaSO_4$
	중과린산석회	인산 분해	H_3PO_4(인산)	$Ca(H_2PO_4) \cdot H_2O$
건식 인산	용성인비	용융	$MgO \cdot xSiO_2 \cdot yH_2O$	$CaO \cdot MgO \cdot P_2O_5 \cdot CaSO_4 \cdot SiO_2$
	소성인비	소성	$Na_2CO_3 + H_3PO_4$	$Ca(PO_4)_2 \cdot 2CaNaPO_4$

2 용해성에 따른 분류

수용성 인산	• 물에 녹는 인산 • 과린산석회, 중과린산석회, 인산일석회($Ca(H_2PO_4) \cdot H_2O$ 형태)
구용성 인산	• 구연산(시트르산)이나 구연산 암모니아 용액에 용해되는 인산 • 용성인비, 토마스인비, 인산이석회, 인산삼석회
불용성 인산	• 물과 구연산에 모두 녹지 않는 인산

3-2 과린산석회

1 특징

성분	인산이수소칼슘($Ca(H_2PO_4) \cdot H_2O$)
인산 함유량	• 인산(P_2O_5) 함유량 15~20% • 인산 비료 중 인 함량이 가장 적음
특징	• 산성 비료 • 부생석고가 생성됨 • 수용성

2 제법

인광석을 황산 분해하여 얻음

$$Ca_3(PO_4)_2 + 2H_2SO_4 + 5H_2O \leftrightarrow Ca(H_2PO_4)_2 \cdot H_2O + 2(CaSO_4 \cdot 2H_2O)$$

인광석 황산 과린산석회

$$[3Ca_3(PO_4)_2 \cdot CaF_2] + 7H_2SO_4 + 3H_2O \leftrightarrow 3[Ca(H_2PO_4)_2 \cdot H_2O] + 7CaSO_4 + 2HF$$

인광석 황산 과린산석회

3-3 중과린산석회

1 특징

성분	인산이수소칼슘 ($Ca(H_2PO_4) \cdot H_2O$)
인산 함유량	**인산 (P_2O_5) 함유량 30~50%**
특징	• 산성 비료 • 부생석고($CaSO_4$)가 생성되지 않으므로, 과린산석회보다 생산량이 큼

2 제법

인광석을 인산 분해하여 얻음

$$Ca_3(PO_4)_2 + 4H_3PO_4 + 3H_2O \leftrightarrow 3[Ca(H_2PO_4)_2 \cdot H_2O]$$

인광석 인산 중과린산석회

$$Ca_5(PO_4)_3F + 7H_3PO_4 + 5H_2O \leftrightarrow 5[Ca(H_2PO_4)_2 \cdot H_2O] + HF$$

3-4 용성인비

1 특징

성분	$CaO \cdot MgO \cdot P_2O_5 \cdot CaSO_4 \cdot SiO_2$ • CaO : 30~35% • MgO : 15~20% • P_2O_5 : 20~24% • SiO_2 : 20~30%
인산 함유량	**인산(P_2O_5) 함유량 20~24%**
특징	• 염기성 비료 • 구용성 – 인광석의 아파타이트 구조를 파괴시켜 구용성 비료로 만듦

2 제법

인광석에 사문암 또는 감람암을 섞고 **용융시켜 플루오린(불소)을 제거**하여 얻음

3 토마스인비

성분	$4CaO \cdot P_2O_5$ 또는 $5CaO \cdot P_2O_5 \cdot SiO_2$
인산 함유량	인산(P_2O_5) 함유량 약 18%
제법	인 성분이 많은 선철(P_2O_5 2%)에 생석회를 가해 공기 산화하여 생성되는 slag에서 얻음
특징	• 용성인비의 한 종류 • 구용성

3-5 소성인비

1 특징

성분	$Ca(PO_4)_2 \cdot 2CaNaPO_4$
인산 함유량	**인산(P_2O_5) 함유량 약 40%**
특징	• 구용성 – 가열처리로 인광석의 아파타이트 구조를 파괴시켜 구용성 비료로 만듦

2 제법

① 인광석에 인산과 소다회를 혼합한 후, 수증기를 불어넣어 1,350℃로 가열처리(소성)하여 플루오린을 제거하여 제조

$$Ca_5(PO_4)_3F + H_3PO_4 + Na_2CO_3 \rightarrow Ca_3(PO_4)_2 \cdot 2CaNaPO_4 + HF + H_2O + CO_2$$

인광석 인산 소다회 소성인비

$$3[Ca_3(PO_4)_2 \cdot CaF_2] + 2H_3PO_4 + 2Na_2CO_3 \rightarrow 2[Ca_3(PO_4)_2 \cdot 2CaNaPO_4] + 2HF + 2H_2O + 2CO_2$$

② 인광석 : 인산 : 소다회 = 1 : 0.1 : 0.15 비율로 혼합

③ 플루오린은 HF 형태로 휘발됨

3-6 인산암모늄

주성분	• $NH_4 \cdot H_2PO_4$, $(NH_4)_2HPO_4$ 형태만 비료로 사용됨
특징	• $\frac{N}{P_2O_5}$이 작아, 황산암모늄이나 황산포타슘을 첨가 배합하여 사용함

§ 4. 포타슘 비료

4-1 염화포타슘(KCl)

성분	KCl
원료	실비나이트(sylvinite, $KCl \cdot NaCl$), 카널나이트(carnallite, $KCl \cdot MgCl_2 \cdot 6H_2O$) 등의 광물
제법	KCl과 NaCl의 용해도 차이를 이용하여, KCl을 석출하여 얻음(재결정)
특징	• 수용성 포타슘 함유율 60% • 포타슘 비료 중 생산량이 가장 큼 • 중성 비료 • 생리적 산성 비료 • 약한 흡습성이 있음 – 흡습성이 큰 요소나 질산암모늄과는 배합을 피해야 함 • 섬유 작물에 효과적

4-2 황산포타슘(K_2SO_4)

성분	K_2SO_4
원료	피크로메라이트(picromerite, $K_2SO_4 \cdot MgSO_4 \cdot 6H_2O$), 시에나이트(syenite), 랑베나이트(langbeinite, $K_2SO_4 \cdot 2MgSO_4$) 등 광물
제법	• 원료 광물을 복분해하여 원심분리 후 건조하여 얻음 $2[K_2SO_4 \cdot MgSO_4 \cdot 6H_2O] + 4KCl \rightarrow 4K_2SO_4 + 2MgCl_2$
특징	• 수용성 포타슘 함유율 48% • 산성 비료 • 흡습성이 작음

The 알아보기 석회 비료

종류	생석회(CaO), 소석회($Ca(OH)_2$), 탄산칼슘 비료($CaCO_3$) 등 가용성 석회
특징	• 염기성 비료 • 주목적 : **산성 토양의 중화** • 칼슘은 비료의 3요소(N, P, K) 다음 4번째로 중요한 원소

§ 5. 복합 비료

5-1 복합 비료의 개요

1 정의

비료의 3요소인 질소(N), 인(P_2O_5), 포타슘(K_2O) 중 2성분 이상을 포함하는 비료

2 복합 비료의 분류

배합 비료	• 단일 비료를 2종류 이상 혼합해서 만든 비료
화성 비료	• 비료의 3요소 중 2종류 이상을 하나의 화합물 형태로 한 비료 • 비료를 혼합하는 과정에서 화학 반응이 일어나 입자화가 이루어진 비료

3 복합 비료의 특징

① 식물에게 필요한 원소를 복합한 형태
② 단일 비료보다 비료 효과가 매우 큼
③ 시판되는 대부분의 비료는 복합 비료임

2-2 배합 비료(blend fertilizer)

1 배합 비료 제조 시 유의사항

배합 비료 제조 시 다음의 경우 비료 효능이 감소하므로 혼합을 피해야 한다.

(1) 산성 비료와 염기성 비료

산성 비료와 염기성 비료를 혼합하면, 중화 반응으로 비료 효능이 감소하므로 피해야 함

(2) 암모늄질 비료 + 석회나 석회질소

암모늄질 비료에 석회나 석회질소를 배합하면, $NH_3(g)$이 **생성되고 탈기되어 비료** 효능이 감소하므로 **피해야 함**

$$(NH_4)_2SO_4 + Ca(OH)_2 \rightarrow CaSO_4(s) + 2H_2O + 2NH_3(g)$$

(3) 과린산석회와 석회질 비료

과린산석회에 석회질 비료를 배합하면, 불용성의 인산칼슘($Ca_3(PO_4)_2$)이 생성되어, 비료 효능이 감소하므로 피해야 함

(4) 질산암모늄(질안)과 요소

질산암모늄과 요소를 배합하면 흡습성이 급격하게 증가하여 비료 효과가 저하되어 식물에 영향을 줌

5-3 화성 비료

1 화성 비료의 제법

인광석 가공물을 만들고 여기에 N염, K염을 첨가하여 제조

$$\text{인광석} + \text{분해제} \xrightarrow{\text{분해}} \text{인광석 가공물} \xrightarrow{+\text{N염}+\text{K염}} \text{화성 비료}$$

2 화성 비료의 분류

고도 화성 비료	N, P_2O_5, K_2O의 함량 합계가 30% 이상인 것
저도 화성 비료	N, P_2O_5, K_2O의 함량 합계가 30% 이하인 것

연습문제

2. 비료 공업

2018 지방직 9급 공업화학

01 비료의 3요소가 아닌 것은?

① 질소(N) ② 인(P) ③ 마그네슘(Mg) ④ 포타슘(K)

해설 비료의 3요소

질소(N), 인(P_2O_5), 포타슘(K_2O)

정답 ③

2016 서울시 9급 공업화학

02 다음 중 중성 비료들로만 나열된 것은?

① 황안, 요소, 석회
② 염안, 석회, 중과린산석회
③ 용성인비, 석회, 요소
④ 염안, 염화포타슘, 요소

해설 비료의 분류 – 액성

액성	비료
산성	과린산석회($Ca(H_2PO_4)_2 \cdot H_2O$), 중과린산석회($Ca(H_2PO_4)_2 \cdot H_2O$)
중성	요소($CO(NH)_2$), 황산암모늄(황안, $(NH_4)_2SO_4$), 염화암모늄(염안, NH_4Cl), 염화포타슘(KCl), 황산포타슘(K_2SO_4)
염기성	석회, 석회질소($CaCN_2$), 용성인비

정답 ④

2017 국가직 9급 공업화학

03 중성 비료에 해당하는 것은?

① 석회질소 ② 용성인비 ③ 과인산석회 ④ 요소

해설 비료의 분류 – 액성

① 염기성 ② 염기성 ③ 산성

정답 ④

2015 서울시 9급 공업화학

04 화학 비료는 비료가 수용액 중에서 나타내는 산도에 따라 산성, 염기성, 중성으로 분류된다. 다음에서 염기성 비료가 아닌 것은?

① 요소 ② 석회질소
③ 용성인비 ④ 석회

해설 **비료의 분류 – 액성**
① 요소 : 중성

정답 ①

2016 국가직 9급 공업화학

05 수용액 상태에서 염기성을 나타내는 비료가 아닌 것은?

① 염화포타슘 ② 석회질소
③ 용성인비 ④ 목초의 재

해설 **비료의 분류 – 액성**
① 염화포타슘 : 중성

정답 ①

2017 지방직 9급 추가채용 공업화학

06 염기성 비료에 해당하는 것으로만 묶은 것은?

① 염안, 염화포타슘(KCl) ② 요소, 과린산석회
③ 석회질소, 용성인비 ④ 황안, 중과린산석회

해설 **비료의 분류 – 액성**

액성	비료
산성	과린산석회($Ca(H_2PO_4)_2 \cdot H_2O$), 중과린산석회($Ca(H_2PO_4)_2 \cdot H_2O$)
중성	요소($CO(NH)_2$), 황산암모늄(황안, $(NH_4)_2SO_4$), 염화암모늄(염안, NH_4Cl), 염화포타슘(KCl), 황산포타슘(K_2SO_4)
염기성	석회, 석회질소($CaCN_2$), 용성인비

정답 ③

2015 국가직 9급 공업화학

07 비료에 대한 설명으로 옳지 않은 것은?

① 고도 화성 비료는 N, P_2O_5, K_2O의 함량 합계가 30% 이상인 화성 비료를 의미한다.
② 황안, 요소, 염안은 인산 비료에 해당한다.
③ 화성 비료는 비료를 혼합하는 과정에서 화학 반응이 일어나 입자화가 이루어진 비료를 의미한다.
④ 복합 비료는 비료의 3요소인 N, P_2O_5, K_2O 중 2성분 이상을 포함하는 비료를 의미한다.

해설 ② 황안, 요소, 염안은 질산 비료에 해당한다.

정리 **비료의 분류 - 성분**

대분류	소분류	비료
단일 비료	질소 비료	요소, 질산암모늄(질안), 염화암모늄(염안), 석회질소, 황산암모늄(황안), 질산칼슘
	인산 비료	인산칼슘, 중과린산석회, 소성인비, 용성인비, 과린산석회
	포타슘 비료	염화포타슘, 황산포타슘
복합 비료		화성 비료, 배합 비료, 액체 비료

정리 **복합 비료**

(1) 정의
- 비료의 3요소인 N, P_2O_5, K_2O 중 2성분 이상을 포함하는 비료

(2) 복합 비료의 분류
- **배합 비료** : 단일 비료를 2종 이상 혼합해서 만든 비료(혼합물)
- **화성 비료** : 비료의 3요소 중 2종 이상을 하나의 화합물 형태로 한 비료(화합물)
  - 고도 화성 비료 : N, P_2O_5, K_2O의 함량 합계가 30% 이상인 것
  - 저도 화성 비료 : N, P_2O_5, K_2O의 함량 합계가 30% 이하인 것

정답 ②

2016 국가직 9급 공업화학

08 비료에 대한 설명으로 옳은 것은?

① 비료의 3요소는 질소, 인, 칼슘이다.
② 과린산석회와 탄산칼슘을 혼합하면 화성 비료가 얻어진다.
③ 질산암모늄에 요소를 배합하면 흡습성이 감소된다.
④ 황산암모늄에 석회를 배합하면 비료의 효능이 감소된다.

해설 ① 비료의 3요소는 질소, 인, 포타슘이다.
② 과린산석회와 탄산칼슘을 배합하면 배합 비료가 얻어진다.
③ 질산암모늄에 요소를 배합하면 흡습성이 증가된다.
④ 황산암모늄 : 산성, 석회 : 염기성이므로 서로 섞으면 비료 효능이 감소된다.

정리 **배합 비료 제조 시 유의사항(비료 배합으로 비료 효과가 떨어지는 경우)**
비료의 화학성에 산성, 염기성, 중성 등의 차이가 있기 때문에 각 비료의 화학적 성질을 알고 혼합 여부를 결정해야 한다.
배합 비료 제조 시 다음의 경우 비료 효능이 감소하므로 혼합을 피해야 한다.

- 산성 비료와 염기성 비료 : 중화 반응으로 비료 효능이 감소하므로 피해야 함
- 암모늄질 비료+석회나 석회질소 : $NH_3(g)$의 생성과 탈기로 비료 효능이 감소하므로 피해야 함
- 과린산석회와 석회질 비료 : 불용성의 인산칼슘[$Ca_3(PO_4)_2$]이 생성되어, 비료 효능이 감소하므로 피해야 함
- 질산암모늄(질안)과 요소 : 흡습성이 급격하게 증가하여 비료 효과가 저하되어 식물에 영향을 줌

정답 ④

2017 지방직 9급 공업화학

09 다음 비료에 대한 설명으로 옳은 것만을 모두 고른 것은?

ㄱ. 비료의 3요소는 질소(N), 인(P), 포타슘(K)이다.
ㄴ. 용성인비는 염기성 비료이므로 산성토양에 적합하다.
ㄷ. 배합 비료는 비료의 3요소를 모두 혼합함으로써 성립된다.
ㄹ. 합성 비료의 주원료인 암모니아는 질소와 수증기를 반응시키는 하버-보슈(Haber-Bosch)법으로 대량 생산될 수 있다.

① ㄱ, ㄴ
② ㄱ, ㄷ
③ ㄱ, ㄷ, ㄹ
④ ㄴ, ㄷ, ㄹ

해설 **복합 비료**

ㄷ. 배합 비료는 비료 2종류 이상을 혼합함으로써 성립된다.

ㄹ. 합성 비료의 주원료인 암모니아는 질소와 수소를 반응시키는 하버－보슈(Haber– Bosch)법으로 대량 생산될 수 있다.

정답 ①

2016 지방직 9급 공업화학

10 질소 비료로 사용되는 요소에 대한 설명으로 옳지 않은 것은?

① 암모니아와 이산화탄소의 반응으로 얻을 수 있다.

② 질소 함량은 45% 이상이다.

③ 중성 비료로 분류된다.

④ 흡습성이 적다.

해설 ④ 요소는 흡습성이 매우 크다. 특히, 암모니아와 요소를 혼합하면 흡습성이 더 커진다.

정리 **요소(urea, $CO(NH)_2$)**

- 질소 비료 중 하나(질소 함량은 45% 이상)
- 요소는 액체 혹은 기체 상태의 이산화탄소와 액체 암모니아를 180~200℃, 140~250atm에서 반응시켜 얻음
- 흡습성이 매우 큼

정답 ④

2016 지방직 9급 공업화학

11 석회질소의 주성분인 칼슘사이안아마이드($CaCN_2$)가 토양의 수분과 반응하여 단계적으로 생성해내는 물질에 해당하지 않는 것은?

① 요소($CO(NH_2)_2$)
② 질산칼슘($Ca(NO_3)_2$)
③ 탄산암모늄($(NH_4)_2CO_3$)
④ 다이사이안다이아마이드($(CN \cdot NH_2)_2$)

해설

$$CaC_2 + N_2 \rightarrow CaCN_2 + C \xrightarrow{+H_2O} (CN \cdot NH_2)_2 \xrightarrow{+H_2O} CO(NH_2)_2 \xrightarrow{+H_2O} (NH_4)_2CO_3$$

칼슘카바이드 석회질소 다이사이안다이아마이드 요소 탄산암모늄

정답 ②

2015 국가직 9급 공업화학

12 질소 비료의 효과를 지속시키는 완효성 비료(slow release fertilizer)에 대한 설명으로 옳지 않은 것은?

① 물에 대한 용해도가 낮고, 분해 속도가 빠르다.
② 산림용 비료에 적합하다.
③ 우레아포름, 황산구아닐요소 등이 있다.
④ NO_3^- 혹은 NH_4^+ 등의 이온을 서서히 공급할 수 있어야 한다.

해설 **완효성 비료(slow release fertilizer)**

- 효과가 천천히 나타나는 비료
- 물에 대한 용해도가 낮고 분해 속도 느림
- NO_3^- 혹은 NH_4^+ 등의 이온을 서서히 공급함
- 산림용 비료에 적합
- 종류 : 폼알데하이드 요소(우레아포름), 황산구아닐요소, isobutylidene 2요소(IB), crotonylidene 2요소(CDU) 등

정답 ①

2017 지방직 9급 추가채용 공업화학

13 단일 비료 중 인산 비료에서 인 함량을 나타낼 때, 그 기준으로 사용하는 것은?

① PO_3 ② P_2O_3
③ P_2O_5 ④ PO_4

해설 **비료의 3요소**

질소(N), 인(P_2O_5), 포타슘(K_2O)

정답 ③

2015 서울시 9급 공업화학

14 **인광석에 소다염을 혼합하고, 인산액을 뿌려 입자로 만들어 열처리하여 제조한 것으로 전인산의 96% 이상이 구용성인 인산 비료는 무엇인가?**

① 토마스인비 ② Rhenania인비
③ 소성인비 ④ 용성인산 3칼슘

해설 ① 토마스인비
- 용성인비의 일종
- 인분이 비교적 많은 선철(P 1.5~2.0%)에 생석회를 가해 공기 산화하여 제조함

정리
- **용성인비** : **인광석**에 사문암 또는 **감람암**을 섞고 **용융**시켜 시트르산 용액, 또는 물에 녹을 수 있는 인산 비료로 만든 것
- **소성인비** : **인광석**에 **소다염(소다회)을 혼합**하고, **인산**액을 뿌려 입자로 만들어 열처리하여 제조한 것

정답 ③

2018 서울시 9급 공업화학

15 **복합 비료 중 화성 비료를 제조하고자 할 때, 적합하지 않은 비료 성분의 혼합은?**

① $Ca(H_2PO_4)_2 \cdot H_2O + (NH_4)_2SO_4$
② $(NH_4)_2SO_4 + Ca(OH)_2$
③ $(NH_4)_2SO_4 + 2KCl$
④ $CaSO_4 + K_2SO_4 + H_2O$

해설 ② 암모늄질소 비료 + 염기성 비료(석회 비료)는 $NH_3(g)$이 생성되어 탈기되므로 비료 효과 감소

$$(NH_4)_2SO_4 + Ca(OH)_2 \rightarrow CaSO_4 + 2H_2O + 2NH_3(g)$$

정답 ②

PART 3

전기화학공업

Chapter 1 전기화학의 원리

1 산화와 환원

1 정의

산화	• 산소와 결합하거나, 수소를 잃는 반응 • 전자를 잃어서 산화수가 증가하는 반응
환원	• 산소를 잃거나, 수소를 얻는 반응 • 전자를 얻어 산화수가 감소하는 반응

산화와 환원 반응

반응의 종류	전자	산소	수소	산화수
산화	잃음	얻음	잃음	증가
환원	얻음	잃음	얻음	감소

2 산화와 환원의 동시성

① 어느 물질이 산화하여 전자를 내놓으면, 다른 물질이 그 전자를 받아 환원함
② 산화와 환원 반응은 동시에 발생

2 산화수

1 정의

화합물을 구성하고 있는 원자에 전체 전자를 일정하게 배분하였을 때, 각 원자가 가진 전하의 수로 원자의 산화 또는 환원되는 정도를 나타내는 수

2 산화수의 주기성

① 산화수는 그 원자의 전자배치와 관련되어 있으므로 산화수도 주기성을 나타냄
② 원자가 가지는 가장 높은 산화수는 그 원자의 족의 번호와 일치함

족과 산화수

족	1	2	13	14	15	16	17
산화수	+1	+2	+3	−4 ~ +4	−3 ~ +5	−2 ~ +6	−1 ~ +7

3 산화수 결정 규칙

순서	산화수 결정 규칙	예	
		물질	산화수
1	• 홑원소 물질 원자의 산화수=0	C(s)	0
2	• 중성 화합물의 산화수 총합=0	H_2O	0
3	• 원자단 이온의 산화수 총합=이온의 전하수	NH_4^+	+1
4	• 이온의 산화수=이온의 전하수	Ba^{2+}	+2
5	• 수소의 산화수 – 비금속 화합물일 때 수소의 산화수=+1, – 금속 화합물일 때 수소의 산화수=−1	HF LiH	+1 −1
6	• 산소 원자의 산화수=−2 • 예외) 과산화물일 때 −1	H_2O H_2O_2	−2 −1
7	• 금속 원자의 산화수 1족=+1, 2족=+2, 13족=+3	Na_2O MgO Al_2O_3	+1 +2 +3
8	• 할로겐족의 산화수=−1	HCl	−1

예제 ▶ 산화수

1. 다음 물질의 산화수를 구하시오.

(1) $H\underline{Cl}O_3$

(2) $K_2\underline{Cr}_2O_7$

정답 (1) +5, (2) +6

2. 다음 반응에서 산화제 환원제로 작용한 반응물을 찾고 산화수 변화를 구하시오.

$$Cl_2 + H_2S \rightarrow S + 2HCl$$

정답 • 산화제 : Cl_2, 산화수 1 감소
• 환원제 : H_2S, 산화수 2 증가

3 산화제와 환원제

1 산화제

정의	• 자신은 환원되면서 다른 물질을 산화시키는 물질
산화력	• 전자 얻기 쉬움 = 산화성이 큼 = 산화력이 큼
특징	• 같은 원자가 여러 가지 산화수를 가질 경우, 산화수가 가장 큰 원자를 가진 화합물일수록 산화력이 강함 예 $\underline{Mn}_2O_3$, $\underline{Mn}O_2$, $\underline{Mn}Cl_2$, $K\underline{Mn}O_4$에서 가장 강한 산화제는 $KMnO_4$ (+3) (+4) (+2) (+7)

2 환원제

정의	• 자신은 산화되면서 다른 물질을 환원시키는 물질
환원력	• 전자 잃기 쉬움 = 환원성이 큼 = 환원력이 큼
특징	• 같은 원자가 여러 가지 산화수를 가질 경우, 산화수가 가장 낮은 원자를 가진 화합물일수록 환원력 강함

3 산화제와 환원제의 상대성

① 산화·환원 반응에서 전자를 내어놓으려는 경향과 전자를 얻으려는 경향이 상대적임

② 따라서 산화제와 환원제의 세기도 상대적임

산화제가 얻은 전자수(mol) = 환원제가 잃은 전자수(mol)
증가한 산화수 = 감소한 산화수

4 산화·환원 반응식의 완성

1 반쪽 반응식을 이용하는 방법

산화 및 환원 반쪽 반응식을 이용하여, 산화·환원 반응 시 이동하는 전자수가 같음을 이용하여 반응식을 완성함

$$Cu + H^{+} + NO_3^{-} \rightarrow Cu^{2+} + NO + H_2O$$

(1) 반쪽 반응식(산화 반응식과 환원 반응식으로 나눔)

산화 반응 : $Cu \rightarrow Cu^{2+}$ (산화수 증가)

환원 반응 : $NO_3^{-} \rightarrow NO$ (산화수 감소)

(2) 두 반쪽 반응식의 원자수와 전하량이 같도록, 반응 전후에 계수를 맞춤

① O 계수 : H_2O로 맞춤

② H 계수 : H^{+}로 맞춤

산화 반응 : $Cu \rightarrow Cu^{2+} + 2e^{-}$

환원 반응 : $NO_3^{-} + 4H^{+} + 3e^{-} \rightarrow NO + 2H_2O$

(3) 산화와 환원 반응에 이동하는 전자수가 같도록 산화 반응과 환원 반응의 계수를 조절

산화 반응 : $3Cu \rightarrow 3Cu^{2+} + 6e^-$

환원 반응 : $2NO_3^- + 8H^+ + 6e^- \rightarrow 2NO + 4H_2O$

(4) 두 반쪽 반응을 합침(전자를 소거)

$$3Cu + 2NO_3^- + 8H^+ \rightarrow 3Cu^{2+} + 2NO + 4H_2O$$

(5) 양쪽의 전하수를 계산하여 맞춘 계수가 같은지를 확인함

① 왼쪽(반응물질) 전하수 : $(+1) \times 8 + (-1) \times 2 = +6$

② 오른쪽(생성 물질) 전하수 : $(+2) \times 3 = +6$

2 산화수를 이용하는 방법

증가하는 산화수와 감소하는 산화수가 같다는 관계를 이용하여 반응식을 완성함

$$MnO_4^- + Fe^{2+} + H^+ \rightarrow Mn^{2+} + Fe^{3+} + H_2O$$

(1) 반응물과 생성물의 산화수를 구하고, 산화수 변화를 계산함

산화수 +1

+2 → +3

$$\underline{Mn}O_4^- + \underline{Fe}^{2+} + H^+ \rightarrow \underline{Mn}^{2+} + \underline{Fe}^{3+} + H_2O$$

+7 → +2

산화수 −5

(2) 산화로 증가된 산화수와 환원으로 감소된 산화수가 같도록 반응식의 계수를 조정

(산화수 +1)× 5

+2 → +3

$$\underline{Mn}O_4^- + 5\underline{Fe}^{2+} + H^+ \rightarrow \underline{Mn}^{2+} + 5\underline{Fe}^{3+} + H_2O$$

+7 → +2

(산화수 −5)×1

(3) Mn과 Fe의 원자수는 같기 때문에 다른 원자의 계수 조정

① O가 왼쪽에 4개 있으므로 H_2O의 계수는 4

② H가 오른쪽에 8개 있으므로 왼쪽 H^+의 계수는 8

$$\underline{Mn}O_4^- + 5\underline{Fe}^{2+} + 8H^+ \rightarrow Mn^{2+} + 5\underline{Fe}^{3+} + 4H_2O$$

예제 ▸ 산화·환원 반응식

3. 다음 산화 환원 반응식의 계수를 맞추어 완성하시오.

$$Cr_2O_7^{2-} + Fe^{2+} + H^+ \rightarrow Cr^{3+} + Fe^{3+} + H_2O$$

정답 $Cr_2O_7^{2-} + 6Fe^{2+} + 14H^+ \rightarrow 2Cr^{3+} + 6Fe^{3+} + 7H_2O$

4. 다음 조건에서 산화 환원 반응식을 완성하시오.

$$Sn^{2+} + MnO_4^- \rightarrow Sn^{4+} + Mn^{2+}$$

(1) 산성 용액
(2) 염기성 용액

정답 (1) $5Sn^{2+} + 2MnO_4^- + 16H^+ \rightarrow 5Sn^{4+} + 2Mn^{2+} + 8H_2O$
(2) $5Sn^{2+} + 2MnO_4^- + 8H_2O \rightarrow 5Sn^{4+} + 2Mn^{2+} + 16OH^-$

5 산화·환원 반응성 순서

1 금속의 반응성 순서

금속의 반응성이 클수록,

① 전자를 잘 잃고, 양이온이 되기 쉬움

② **산화되기 쉬움**

③ 환원력이 큼

④ 산이나 물과 반응성이 증가

⑤ 표준 환원 전위(표준 전극 전위 감소)

금속의 반응성

K > Ca > Na > Mg > Al > Zn > Fe > Ni > Sn > Pb > (H) > Cu > Hg > Ag > Pt > Au

큼 ←——————————————————→ 작음

2 비금속의 반응성 순서

비금속의 반응성이 클수록,

① 전자를 잘 얻고, 음이온이 되기 쉬움

② **환원되기 쉬움**

③ 산화력이 큼

할로겐 분자의 반응성 순서

$F_2 > Cl_2 > Br_2 > I_2$

Chapter 2 화학전지

§ 1. 화학전지

1-1 전기화학

1 용어

전극 전위	• 전극 내 전자의 에너지
전압	• 두 점의 전극 전위의 차이 • 도선을 통하여 전류를 흐르게 하는 힘 • 전기에너지의 양 • 단위 : V(볼트) • 전압 = 전위차 = 기전력
전류	• 전하의 연속적인 이동 현상(전하의 흐름) • 단위시간당 흐른 전하량 • 단위 : A(암페어)

2 관련 공식

(1) 전압

$$\text{전압(V)} = \frac{\text{전기에너지(J)}}{\text{전하량(C)}}$$

(2) 전류

$$\text{전류(A)} = \frac{\text{전하량(C)}}{\text{시간(sec)}}$$

(3) 전기에너지

$$\begin{aligned} \text{전기에너지(J)} &= \text{전압(V)} \times \text{전하량(C)} \\ &= \text{전압(V)} \times \text{전류(A)} \times \text{시간(sec)} \\ &= \text{출력(P)} \times \text{시간(sec)} \end{aligned}$$

(4) 출력

$$\text{출력(P)} = \text{전압(V)} \times \text{전류(A)}$$

3 전기화학 반응의 특징

① 전류는 전기화학 반응의 반응속도에 비례함
② 전기화학 반응은 전자가 이동하는 전극의 표면에서만 진행됨
③ 전기화학 반응은 여러 단계를 거쳐 진행됨
④ 전기화학 반응의 반응속도는 전극 전위로 조절됨
⑤ 전류와 전압은 비례하므로, 전극 전위와 전류를 동시에 조절할 수 없음

1-2 화학전지의 개요

1 화학전지의 정의

산화·환원 반응을 이용하여 물질의 화학에너지를 전기에너지로 바꿔주는 장치

2 전지의 구조

(−)극	전해질 용액	(+)극
(−) Zn	$H_2SO_4(aq)$	Cu (+)

① Zn판 : (−)극, 전자(e^-) 내놓음(산화)
② Cu판 : (+)극, 전자(e^-) 받음(환원)

③ 전해질 용액 : 전자 이동 통로
④ 전자 : (–)극에서 (+)극으로 흐름
⑤ 전류 : (+)극에서 (–)극으로 흐름

3 전지의 원리

전극	산화 전극(양극, anode) (–)극	환원 전극(음극, cathode) (+)극
전극 금속의 반응성 (이온화 경향)	반응성 큰 금속	반응성 작은 금속
전자의 흐름	전자를 내놓음	전자를 받음
전류의 흐름	전류가 흘러 들어옴	전류가 흘러 나감
반응의 종류	산화 반응	환원 반응

1-3 화학전지의 종류

1 볼타전지

(1) 정의

Zn판과 Cu판을 묽은 황산에 담그고 도선으로 연결한 전지

(2) 볼타전지의 구조

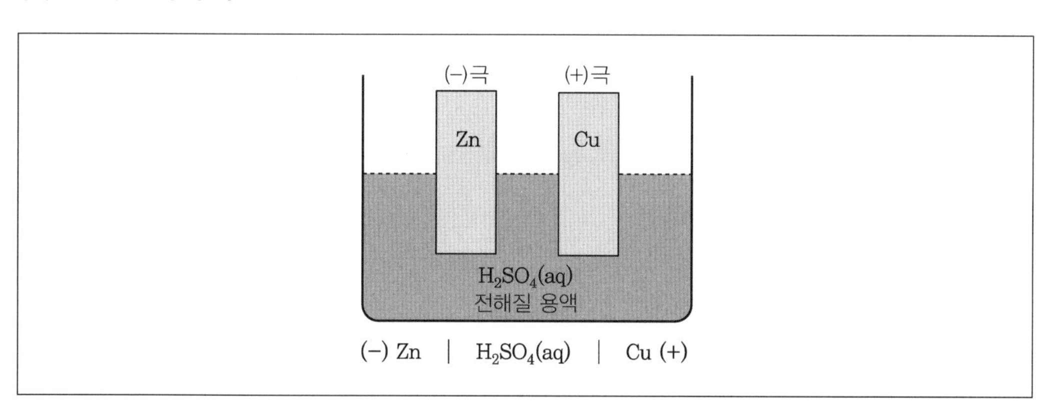

볼타전지

(3) 전극에서의 반응

전극	반응식	전극판	반응	전극판 변화
(−)극	$Zn(s) \rightarrow Zn^{2+} + 2e^-$	아연판	산화	전극판 녹음 질량 감소
(+)극	$2H^+ + 2e^- \rightarrow H_2(g)$	구리판	환원	수소 기체 발생 질량 불변

전체 반응식	• $Zn(s) + 2H^+ \rightarrow Zn^{2+} + H_2(g)$
기전력(E°)	• 0.76V

(4) 분극 현상

정의	• (+)극에서 발생한 수소 기체가 구리 전극을 둘러싸면서, 볼타전지의 기전력이 떨어지는 현상 (기전력 0.76V → 0.4V)
원인	• H_2가 H^+의 환원을 방해하거나 H_2가 많으면, $H_2 \rightarrow 2H^+ + 2e^-$ 반응이 일어나 역기전력이 발생
감극제	• 수소의 발생으로 생기는 분극 작용을 없애기 위해 사용되는 산화제 • 수소를 산화시켜 수소 기체(H_2)를 감소시킴 $\left(H_2 + \frac{1}{2}O_2 \xrightarrow{\text{감극제}} H_2O\right)$ • 종류 : H_2O_2, MnO_2, $K_2Cr_2O_7$ 등

2 다니엘전지

(1) 정의

① 아연 전극을 황산아연 수용액에, 구리 전극을 황산구리 수용액에 담그고 두 용액을 염다리로 연결한 전지

② 볼타전지의 분극 현상을 보완한 전지

(2) 다니엘전지의 구조

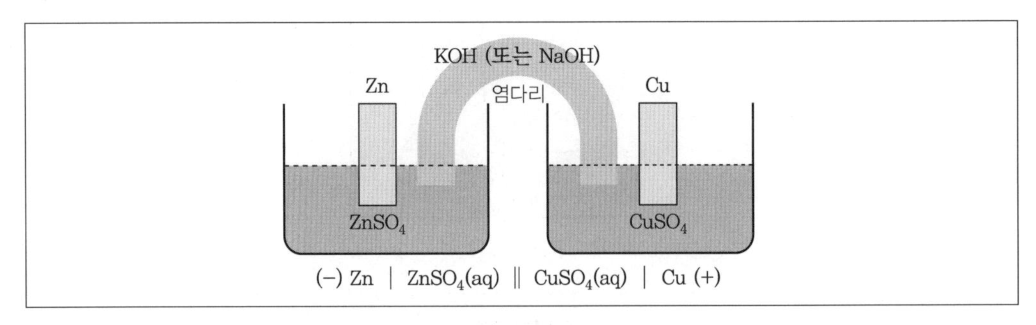

다니엘전지

(3) 전극에서의 반응

전지	반응식	전극판	반응	전극판 변화
(−)극	$Zn(s) \rightarrow Zn^{2+} + 2e^-$	아연판	산화	전극판 녹음 질량 감소
(+)극	$Cu^{2+} + 2e^- \rightarrow Cu(s)$	구리판	환원	구리 석출 질량 증가

전체 반응식	$Zn(s) + Cu^{2+} \rightarrow Zn^{2+} + Cu(s)$
기전력(E°)	1.1V
염다리 역할	전자 수용체인 이온의 이동 통로 이온 균형을 맞춰주는 역할(전자 이동 통로 아님)
분극 현상	분극 현상 없음

1-4 표준 전극 전위

1 전극 전위의 측정

① 전지의 기전력은 2개의 반쪽 전지를 도선으로 연결했을 때 전지의 이동으로 발생하므로, 전극 전위를 단독으로 측정할 수는 없음

② 따라서 전극 전위는 반쪽 전지의 전극 전위를 기준(표준)으로 정하여, 이것의 전극 전위와 상대적 전위를 측정하여 구함

2 표준 수소 전극

$$2H^+(aq) + 2e^- \rightarrow H_2(g), \qquad E° = 0.00V$$

(1M, 1기압, 25℃)　　(1기압)

① 표준 상태(25℃, 1기압) 1M의 H^+용액과 접촉하고 있는 1기압의 H_2 기체로 이루어진 반쪽 전지가 나타내는 전위차를 기준으로 하여 0.00V로 정함

② 표준 수소 전극은 모든 표준 전극 전위의 기준이 됨

3 표준 전극 전위

표준 상태(25℃, 1기압)에서 반쪽 전지의 수용액의 농도가 1M일 때, 표준 수소 전극을 (−)극으로 하여 얻은 반쪽 전지의 전위

4 표준 환원 전위

① 반쪽 반응이 환원 반응일 때의 표준 환원 전위
② 표준 환원 전위값이 (−)이면 수소보다 산화되기 쉽고, (+)이면 수소보다 환원되기 쉬움
③ **표준 전극 전위값이 클수록 환원되기 쉬움**

반쪽 반응식의 기전력(표준 환원 전위)

반쪽 반응식	E°[V]
$Li^+ + e^- \rightarrow Li$	−3.05
$K^+ + e^- \rightarrow K$	−2.92
$Mg^{2+} + 2e^- \rightarrow Mg$	−2.37
$Al^{3+} + 3e^- \rightarrow Al$	−1.66
$Zn^{2+} + 2e^- \rightarrow Zn$	−0.76
$Fe^{2+} + 2e^- \rightarrow Fe$	−0.44
$Ni^{2+} + 2e^- \rightarrow Ni$	−0.25
$Sn^{2+} + 2e^- \rightarrow Sn$	−0.14
$2H^+ + 2e^- \rightarrow H_2$	0.00
$Cu^{2+} + 2e^- \rightarrow Cu$	+0.34
$O_2 + 2H_2O + 4e^- \rightarrow 4OH^-$	+0.40
$Ag^+ + e^- \rightarrow Ag$	+0.80
$Pt^{2+} + 2e^- \rightarrow Pt$	+1.20
$Cl_2 + 2e^- \rightarrow 2Cl^-$	+1.36

예제 ▸ 표준 전극 전위

5. [표] 반쪽 반응식의 기전력(표준 환원 전위)에서 가장 산화되기 쉬운 물질은?

정답 Li

6. [표] 반쪽 반응식의 기전력(표준 환원 전위)에서 가장 산화력이 강한 물질은?

정답 Cl_2

5 기전력

정의	• 두 반쪽 전지의 전극 전위값의 차
계산	• 표준 전극 전위값을 알면 기전력을 계산할 수 있음 • 전지의 기전력(V) = $E°_{환원} - E°_{산화}$
세기 성질	• 금속판(Zn, Cu 등) 양을 증가시켜도 기전력 크기는 변하지 않음

예제 ▶ 기전력

7. 다음 두 반응식이 각각 산화 반응식인지, 환원 반응식인지 답하고, + 극인지 − 극인지 답하시오. 그리고 표준 상태에서 두 반응식에 의한 화학전지의 기전력의 크기를 구하시오.

$Zn^{2+} + 2e^- \rightarrow Zn$, $E° = -0.76V$ (산화 / 환원) (+극 / −극)
$Cu^{2+} + 2e^- \rightarrow Cu$, $E° = +0.34V$ (산화 / 환원) (+극 / −극)

해설 (1) 산화 전극 및 환원 전극

전극	(−)극	(+)극
전극 금속의 반응성 (이온화 경향)	반응성 큰 금속	반응성 작은 금속
반응의 종류	산화 반응	환원 반응
표준 환원 전위(E°)	작음	큼
반응의 종류	산화 전극	환원 전극

$Zn^{2+} + 2e^- \rightarrow Zn$, $E° = -0.76V$ (<u>산화</u> / 환원) (+극 / <u>−극</u>)
$Cu^{2+} + 2e^- \rightarrow Cu$, $E° = +0.34V$ (산화 / <u>환원</u>) (<u>+극</u> / −극)

(2) $Zn + Cu^{2+} \rightarrow Zn^{2+} + Cu$의 기전력(V) 계산

$$V = E°_{환원} - E°_{산화} = 0.34 - (-0.76) = 1.10V$$

정답 해설 참고

6 산화·환원 반응의 자발성

(1) 네른스트 식

산화·환원 반응의 표준 깁스 자유에너지($G°$)

$\Delta G° = -nFE°$	$G°$: 표준 깁스 자유에너지 $E°$: 표준 환원 전위 n : 이동하는 전자의 mol 수 F : 패러데이 상수

(2) 표준 상태에서 산화·환원 반응의 진행 방향

① 산화·환원 반응의 깁스 자유에너지(ΔG)

표준 상태가 아닌 일반적인 깁스 자유에너지

$$\Delta G = \Delta G° + RT\ln Q \qquad \text{(식 1)}$$

② 산화·환원 반응의 표준 환원 전위

평형 상태일 때, $\Delta G = 0$, $Q = K$이므로, (식 1)에 대입하면,

$\Delta G° = -RT\ln K$

네른스트 식에서,

$\Delta G° = -nFE°$이므로

$-RT\ln K = -nFE°$

$$\therefore E° = \frac{RT\ln K}{nF} = \frac{0.0592\log K}{n}$$

$E° = \dfrac{RT\ln K}{nF} = \dfrac{0.0592\log K}{n}$	$E°$: 표준 환원 전위 K : 평형상수 n : 이동하는 전자의 mol 수 F : 패러데이 상수 R : 이상기체 상수(8.31J/mol·K)

③ 표준 상태에서 산화·환원 반응의 진행 방향

$\Delta G°$	$E°$	K	반응의 진행 방향
−	+	$K > 1$	환원 반응이 자발
0	0	$K = 1$	산화·환원 반응 평형
+	−	$K < 1$	환원 반응이 비자발 (산화 반응이 자발)

(3) 일반적인 경우의 산화·환원 반응의 진행 방향

① 산화·환원 반응의 기전력

$$\Delta G = \Delta G° + RT\ln Q$$

$$-nFE = -nFE° + RT\ln Q$$

$$E = E° - \frac{0.0592}{n}\log Q$$

$$E = \frac{0.0592}{n}\log K - \frac{0.0592}{n}\log Q$$

$$E = -\frac{0.0592}{n}\log(Q/K)$$

$$E = E° - \frac{0.0592}{n}\log Q = -\frac{0.0592}{n}\log(Q/K)$$

E : 기전력(V)
K : 평형상수
Q : 반응지수
n : 이동하는 전자의 mol 수
F : 패러데이 상수
R : 이상기체 상수(8.31J/mol·K)

② 산화·환원 반응의 진행 방향

ΔG	E	K/Q	반응의 진행 방향
−	+	$K > Q$	환원 반응이 자발
0	0	$K = Q$	산화·환원 반응 평형
+	−	$K < Q$	환원 반응이 비자발 (산화 반응이 자발)

§ 2. 실용 전지

2-1 실용 전지의 개요

1 전지의 조건

① 출력 밀도 및 에너지 밀도가 높을 것
② 크기와 무게는 작을 것(휴대 쉬움)
③ 수명이 길 것(방전시간이 길 것)
④ 충전시간이 짧을 것

2 전지의 분류

(1) 1차 전지

정의	• 충전이 불가능한 전지 • 한번 사용하고 나면 재사용이 불가능
종류	건전지, 알카라인(알칼리) 전지, 망간 전지, 산화은 전지, Hg-Zn 전지, 리튬 1차 전지

(2) 2차 전지

정의	• 충전이 가능한 전지 • 충전으로 재사용이 가능
종류	납축전지, Ni-Cd 전지, Ni-MH(metal hybride) 전지, 리튬 2차 전지

(3) 기타 전지

연료전지, 태양전지 등

2-2 1차 전지

1 건전지(망간 전지, 아연-탄소 전지)

(1) 건전지의 구조

(−) Zn(아연통) | NH_4Cl | MnO_2, C(탄소 막대) (+)

전해질 용액	NH_4Cl 포화 용액
감극제	MnO_2
(−)극 산화 전극(양극)	아연통
(+)극 환원 전극(음극)	탄소 막대(C), MnO_2
기전력(E°)	1.5V

(2) 전극에서의 반응

구분	반응식
(−)극 산화 전극(양극)	$Zn(s) \rightarrow Zn^{2+} + 2e^-$
(+)극 환원 전극(음극)	$2MnO_2(s) + 2NH_4^+ + 2e^- \rightarrow Mn_2O_3(s) + NH_3(g) + H_2O$
전체 반응	$Zn(s) + 2MnO_2(s) + 2NH_4^+ \rightarrow Zn^{2+} + Mn_2O_3(s) + NH_3(g) + H_2O$

(3) 특징

① 염다리가 필요 없음

② 전해질이 약산이므로, 건전지 수명이 짧음

2 알카라인 전지(알칼리 전지)

망간-아연 건전지의 전해질인 NH_4Cl 대신 강염기인 KOH을 넣은 건전지

(1) 전지의 구조

(−) Zn(아연통) | KOH | MnO_2 (+)

전해질 용액	KOH
(−)극 산화 전극(양극)	아연판
(+)극 환원 전극(음극)	탄소 막대(MnO_2)
기전력(E°)	1.5V

(2) 전극에서의 반응

구분	반응식
(−)극 산화 전극(양극)	$Zn(s) + 2OH^- \rightarrow Zn(OH)_2 + 2e^-$
(+)극 환원 전극(음극)	$2MnO_2 + H_2O + 2e^- \rightarrow Mn_2O_3 + 2OH^-$
전체 반응	$Zn + 2MnO_2 + H_2O \rightarrow Zn(OH)_2 + Mn_2O_3$

(3) 특징

① 망간-아연 건전지보다 수명이 길

② 물에 녹는 물질이 없어 안정한 전압을 얻을 수 있음

3 대표적인 1차 전지

1차 전지	(−)극 산화 전극(양극)	(+)극 환원 전극(음극)	전해질
건전지 (망간 전지)	Zn	C, MnO_2	NH_4Cl 또는 $ZnCl_2$
알카라인 전지 (알칼리 전지)	Zn	C, MnO_2	KOH
산화은 전지	Zn	C, Ag_2O	KOH, NaOH
수은 아연 전지 (Hg−Zn 전지)	Zn	HgO, MnO_2	KOH, NaOH
리튬 1차 전지	Li	C, $SOCl_2$	$SOCl_2$ 또는 $LiAlCl_4$

2-3 2차 전지

1 납축전지

비중이 1.25 정도의 묽은 황산 용액에 (−)극은 Pb, (+)극은 PbO_2로 한 전지

(1) 전지의 구조

(−) Pb | H_2SO_4 | PbO_2 (+)

전해질 용액	황산 용액
(−)극 산화 전극(양극)	Pb판
(+)극 환원 전극(음극)	PbO_2판
기전력(E°)	2.0V

(2) 전극에서의 반응

구분	반응식
(−)극	$Pb(s) + SO_4^{2-} \rightarrow PbSO_4(s)\downarrow + 2e^-$
(+)극	$PbO_2(s) + 4H^+ + SO_4^{2-} + 2e^- \rightarrow PbSO_4(s)\downarrow + 2H_2O(l)$
전체 반응	$Pb(s) + 2H_2SO_4 + PbO_2(s) \underset{\text{충전}}{\overset{\text{방전}}{\rightleftarrows}} 2PbSO_4(s) + 2H_2O$

(3) 방전 반응과 충전 반응

구분	전극의 질량	용액의 농도(비중)
방전 반응	증가	감소
충전 반응	감소	증가

(4) 특징

① 2차 전지 : 기전력이 감소하면 충전하여 다시 사용할 수 있음

② 방전이 정반응이면, 충전은 역반응임

③ (+)극인 PbO_2는 감극제 역할을 함

④ **자동차 배터리**로 이용

2 니켈 카드뮴(Ni-Cd) 전지

(1) 전지의 구조

(−) Cd | KOH | NiO(OH) (+)

전해질 용액	수산화포타슘(KOH) 수용액
(−)극 산화 전극(양극)	카드뮴(Cd)
(+)극 환원 전극(음극)	산화수산화니켈(NiO(OH))
기전력(E°)	1.2V

(2) 전극에서의 반응

구분	반응식
(−)극 산화 전극(양극)	$Cd(s) + 2OH^-(aq) \underset{충전}{\overset{방전}{\rightleftarrows}} Cd(OH)_2(s) + 2e^-$
(+)극 환원 전극(음극)	$2NiO(OH) + 2H_2O + 2e^- \underset{충전}{\overset{방전}{\rightleftarrows}} 2Ni(OH)_2(s) + 2OH^-$
전체 반응	$2NiOOH(s) + Cd + 2H_2O \underset{충전}{\overset{방전}{\rightleftarrows}} 2Ni(OH)_2 + Cd(OH)_2$

(3) 특징

① 전지 수명이 길
② 저온 특성 우수
③ 독성 중금속인 카드뮴을 사용하여 환경오염문제로, 매립지에 폐기가 어려움
④ 메모리 효과(완전 방전이 필요)
⑤ 음극에서 수소 발생을 억제하기 위해 $Cd(OH)_2$을 과량으로 첨가함
⑥ 휴대용 소형 기기 전지로 사용
⑦ 니켈수소 전지와 리튬이온 전지의 등장으로, 현재는 잘 사용하지 않음

3 니켈수소 전지(Ni-MH, nickel metal hydride battery)

니켈카드뮴 전지에서 카드뮴 대신 수소 저장 금속(MH)으로 대체한 전지

(1) 전지의 구조

(−) MH | KOH | NiO(OH) (+)

전해질 용액	수산화포타슘(KOH) 수용액
(−)극 산화 전극(양극)	수소 저장 금속(MH)
(+)극 환원 전극(음극)	산화수산화니켈(NiO(OH))
기전력(E°)	1.2V

(2) 전극에서의 반응

구분	반응식
(−)극 산화 전극(양극)	$MH + OH^- \underset{충전}{\overset{방전}{\rightleftarrows}} M + H_2O + e^-$
(+)극 환원 전극(음극)	$NiO(OH) + H_2O + e^- \underset{충전}{\overset{방전}{\rightleftarrows}} Ni(OH)_2(s) + OH^-$
전체 반응	$NiOOH(s) + MH + H_2O \underset{충전}{\overset{방전}{\rightleftarrows}} Ni(OH)_2 + M$

(3) 수소 저장 금속(MH)

단일 금속이나 합금이 사용됨

단일 금속	텅스텐(W), 티타늄(Ti), 팔라듐(Pd) 등
합금	MNi_5(M은 란타넘계 금속)

(4) 특징

① 수소 저장 금속(MH) 용량의 카드뮴보다 1.5~2배 큼
→ 니켈카드뮴 배터리보다 에너지 밀도가 1.5~2배, 고용량화 가능
② 니켈카드뮴 전지와 기전력이 같으나 에너지 밀도가 높아 대체 전지로 사용됨
③ 급속 충전 가능
④ 저온 특성 우수
⑤ 과충전 및 과방전에 강함
⑥ 환경오염물질 없음
⑦ 충·방전 사이클이 긺
⑧ 메모리 효과가 약간 있음
⑨ 활용 : 하이브리드 자동차 및 전기 자동차, 스마트폰, 태블릿, 노트북 등의 배터리

4 리튬 2차 전지(리튬이온 전지)

(1) 전지의 구조

전해질 용액	리튬염
(−)극 산화 전극(양극)	• 리튬 금속 • 탄소에 흡수된 리튬
(+)극 환원 전극(음극)	• 산화코발트(CoO_2) • 산화망간(MnO_2)
기전력(E°)	3.5~4.5V

(2) 특징

① 고전압 및 고에너지 밀도
② 메모리 효과 없음
③ 환경오염 없음
④ 휴대기기 소형 경량화에 가장 적합한 전지
⑤ 원재료와 생산 장비가 비쌈

§ 3. 연료전지

3-1 연료전지의 정의

① 외부에서 연료와 공기를 공급하여 연속적으로 전기를 생산하는 전지
② 3차 전지 : 반응물이 외부에서 공급되는 전지

3-2 연료전지의 원리

물의 전기분해를 역이용하여 수소와 산소에서 전기에너지를 얻음

1 물의 전기분해

전기에너지로, 물을 산소와 수소로 분해

① 물의 이온화

$$H_2O \rightarrow H^+ + OH^-$$

② 전극에서의 반응

전극	(−)극 환원 전극(음극)	(+)극 산화 전극(양극)
반대 이온	H^+	OH^-
반응	$2H^+ + 2e^- \rightarrow H_2(g)$ $2H_2O + 2e^- \rightarrow H_2 + 2OH^-$	$OH^- \rightarrow \frac{1}{2}O_2(g) + 2H^+ + 2e^-$ $H_2O \rightarrow \frac{1}{2}O_2 + 2H^+ + 2e^-$

2 연료전지의 원리

① 물의 전기분해 반응의 역반응

② 산소와 수소로 물을 생성하면서, 전기에너지를 얻음

③ 연료(산소와 수소)만 계속 공급하면, 계속 전기에너지를 얻을 수 있음

④ H^+가 전해질에 포함되어 있는 경우의 반응식

전극	(−)극 산화 전극(양극)	(+)극 환원 전극(음극)
반응	$H_2 \rightarrow 2H^+ + 2e^-$	$\frac{1}{2}O_2 + 2H^+ + 2e^- \rightarrow H_2O$

- **전체 반응** : $H_2 + \frac{1}{2}O_2 \rightarrow H_2O$

⑤ 전해질이 KOH인 경우의 연료전지 반응

전극	(−)극 산화 전극(양극)	(+)극 환원 전극(음극)
반응	$H_2 + 2OH^- \rightarrow 2H_2O + 2e^-$	$\frac{1}{2}O_2 + H_2O + e^- \rightarrow 2OH^-$

- **전체 반응** : $H_2 + \frac{1}{2}O_2 \rightarrow H_2O$

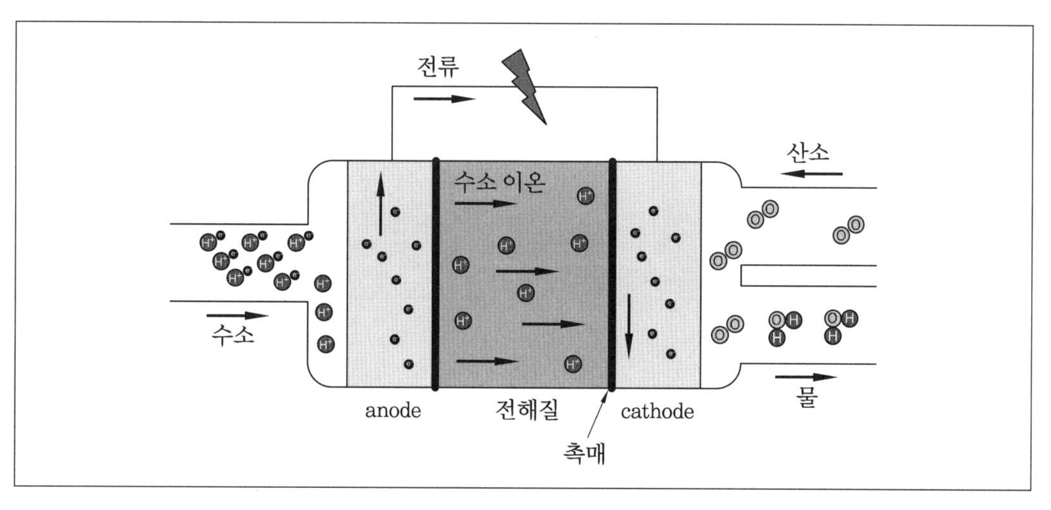

연료전지 작동 원리 및 기본 구조

3-3 연료전지의 특징

반영구적 연료	• 연료만 계속 공급하면, 계속 전기에너지를 얻을 수 있음
연료의 다양성	• 천연가스, 도시가스, 나프타, 메탄올, 폐기물 가스 등
고효율	• 중간에 발전기를 사용하지 않고, 수소와 산소의 반응으로 전기를 직접 생산하므로, 효율이 높음 • 기존의 화력발전보다 효율이 높아 화력발전을 대체 • 분산 전원용 발전, 열병합 발전, 무공해 자동차 전원 등에 적용 가능
설치의 간편성	• 독립적인 설치와 운전 가능 – 고립된 지역(도서산간지역 등)에 설치 가능 – 도심지역 및 건물 내 설치 가능 • 소요면적이 작음 • 냉각수 공급이 불필요 • 부지 선정 용이 • 발전장치 규모가 작아 소규모로 여러 곳에 설치 가능 → 송전 비용 저감 가능
청정에너지	• 생성물질이 물뿐이므로, 공해가 없음 • 배기가스 배출량 적음
저소음·저진동	• 기계적 구동 부분이 없고, 가스 공급기에서 약간의 소음 및 진동이 발생 • 소음 및 진동 적음
용도	• 열병합 발전, 복합 발전, 자동차 등

3-4 연료전지의 분류

구분	저온형			고온형		
종류	알칼리형 (AFC)	고분자 전해질형 (PEMFC)	직접 메탄올형 (DMFC)	인산형 (PAFC)	용융 탄산염형 (MCFC)	고체 산화물형 고체 전해질형 (SOFC)
작동 온도 (℃)	상온 ~ 80	상온 ~ 80	상온 ~ 80	150 ~ 200	600 ~ 700	800 ~ 1,000
전해질	KOH	고분자막 (고분자 전해질막)	고분자막 (이온 교환막)	인산 (H_3PO_4)	탄산염 (Li_2CO_3, K_2CO_3)	고체 산화물 ($Y_2O_3-ZrO_2$)
이온 전도체	OH^-	H^+	H^+	H^+	CO_3^{2-}	O_2
연료극 (음극, anode)	백금 또는 다공성 니켈	백금	백금 – 루테늄	백금	니켈– 크로뮴	니켈
공기극 (양극, cathode)	백금 또는 은	백금	백금	백금	산화 니켈	금속 산화물 (페롭스카이트)
발전 효율 (%)	35 이하	35~42	35 이하	35~42	50~65	50~65
산화제	공기	공기	공기	공기	공기 + CO_2	공기
연료	수소	수소	메탄올	수소	수소	수소
주원료	수소	수소	메탄올	천연가스, 메탄올	천연가스, 석탄가스	천연가스, 석탄가스
용도	우주선, 잠수함 등 특수 용도	가정용, 자동차, 열병합 발전, 특수 목적	휴대용 전자기기	분산 전원 건물용 발전 시스템	발전 플랜트 (열병합 발전, 복합 발전)	발전 플랜트 (열병합 발전, 복합 발전)

(1) 알칼리 연료전지(AFC : Alkaline Fuel Cell)

① 1960년대 우주선에 전력과 물을 공급하기 위해 개발된 연료전지

② 전해질 : 수산화포타슘과 같은 알칼리를 사용

③ 연료 : 순수 수소

④ 산화제 : 순수 산소

⑤ 가장 오래된 연료전지

(2) 고분자 전해질 연료전지(PEMFC : Polymer Electrolyte Membrane Fuel Cell)

① 최초에 우주선이나 군사용의 목적으로 사용되었으나, 1970년대 초의 오일 파동 이후 본격적으로 민간용 개발이 진행됨

② 단위 셀은 고분자 전해질막(polymer electrolyte membrane)에 의하여 분리된 연료극(음극, anode)과 공기극(양극, cathode)의 두 전극으로 구성

③ 각 셀은 분리판(separator)으로 분리됨

④ 저온에서 작동 가능

⑤ 높은 전류밀도를 유지 가능

⑥ 소형의 가벼운 전지로 생성 가능

⑦ 적용 분야 다양

⑧ 가장 널리 사용되는 고분자는 플루오린계 양이온 교환수지 Nafion

(3) 직접 메탄올 연료전지(DMFC : Direct Methanol Fuel Cell)

① 고분자 전해질 연료전지(PEMFC)에서, 연료를 수소 대신 메탄올을 사용한 것

② 메탄올을 직접, 전기화학 반응시켜 발전하는 시스템

(4) 인산형 연료전지(PAFC : Phosphoric Acid Fuel Cell)

① 연료전지 중 가장 먼저 상용화

② 운전 온도가 비교적 저온임

③ 전기 생산에 비교적 순수한 수소(70% 이상)가 필요함

(5) 용융 탄산염 연료전지(MCFC : Molten Carbonate Fuel Cell)

① 전해질 원료 : 낮은 용융점을 가지는 탄산리튬(Li_2CO_3)과 탄산포타슘(K_2CO_3)의 혼합물을 사용

② 전극 원료 : 다공성 니켈

③ 운전 온도 약 650℃

(6) 고체 산화물형 연료전지(SOFC : Solid Oxide Fuel Cell)

① 전해질 : 지르코니아(ZrO_2)의 고체 산화물

② 운전 온도가 1,000℃로 높음

연습문제

2. 화학전지

2018 지방직 9급 공업화학

01 **전기화학 반응에 대한 설명으로 옳은 것만을 모두 고른 것은?**

ㄱ. 반응속도는 전류에 비례한다.
ㄴ. 전극 전위는 전극 내 전자의 에너지를 의미한다.
ㄷ. 전류와 전극 전위를 동시에 조절할 수 없다.
ㄹ. 전기화학 반응은 전극의 표면 근처에서만 가능하다.

① ㄱ, ㄴ ② ㄴ, ㄷ ③ ㄱ, ㄷ, ㄹ ④ ㄱ, ㄴ, ㄷ, ㄹ

해설 **전기화학 반응의 특징**

- 전류는 전기화학 반응의 반응속도에 비례함
- 전기화학 반응은 전자가 이동하는 전극의 표면에서만 진행됨
- 전기화학 반응은 여러 단계를 거쳐 진행됨
- 전기화학 반응의 반응속도는 전극 전위로 조절됨
- 전류와 전압은 비례하므로, 전극 전위와 전류를 동시에 조절할 수 없음

정답 ④

2018 서울시 9급 공업화학

02 **금속 구리(Cu)와 철(Fe)이 수용액 내에서는 서로 분리되어 있으나 외부 회로를 통하여 연결되어 있다. 이때 예측되는 거동에 대한 설명으로 가장 옳은 것은? (단, 수용액의 Cu^{+2}, Fe^{+2}의 농도는 1M이며, 표준 전극 전위는 〈보기〉와 같다.)**

보기

$$Cu^{+2} + 2e^- \rightarrow Cu, \quad 0.34V \text{ vs. NHE}$$
$$Fe^{+2} + 2e^- \rightarrow Fe, \quad -0.44V \text{ vs. NHE}$$

① 철은 증착되고 구리는 용해된다.
② 두 전극을 이용하여 전기에너지를 만들 수 있다.
③ 두 전극 사이의 전압은 −0.78V이다.
④ 깁스 자유에너지 변화는 0보다 크다.

해설 ① ② ③

- NHE : 표준 수소 전극 전위가 클수록, 환원되기 쉬움(환원 전극)
- 환원 전극 : $Cu^{+2} + 2e^- \rightarrow Cu(s)$
- 산화 전극 : $Fe(s) \rightarrow Fe^{2+} + 2e^-$
- 전지의 기전력(V) = $E°_{환원} - E°_{산화} = 0.34 - (-0.44) = 0.78V$

④ 화학전지는 자발적 반응이므로, $\Delta G < 0$

전기분해는 비자발적 반응이므로, $\Delta G > 0$

정리 **전지의 원리**

전극	산화 전극(양극)	환원 전극(음극)
전극 금속의 반응성 (이온화 경향)	반응성 큰 금속	반응성 작은 금속
전자의 흐름	전자를 내놓음	전자를 받음
전류의 흐름	전류가 흘러들어옴	전류가 흘러나감
반응의 종류	산화 반응	환원 반응

전지의 기전력(V) = $E°_{환원} - E°_{산화}$

정답 ②

2015 국가직 9급 공업화학

03 전기화학적 방법을 이용하여 Cu 금속을 용출($Cu \rightarrow Cu^{2+} + 2e^-$)시키고자 한다. 10A의 전류를 1시간 동안 인가할 때 용출시킬 수 있는 Cu의 몰(mol) 수는? (단, 1Faraday는 96,500C이고, 몰수는 소수점 이하 넷째 자리에서 반올림한다.)

① 0.187
② 0.373
③ 0.746
④ 1.492

해설 (1) 전하량(C) = A × sec = 10A × 3,600sec = 36,000C

(2) 용출시킬 수 있는 Cu의 몰(mol) 수

$$\frac{36{,}000C}{} \cdot \frac{1mol\,e^-}{96{,}500C} \cdot \frac{1mol\,Cu}{2mol\,e^-} = 0.1865\,mol\,Cu$$

정리 **패러데이 상수(F)**

(1) 전하량

- 어떤 물체 또는 입자가 띠고 있는 전기의 양

❷과목 무기공업화학

(2) 쿨롱(C)

- 전하량의 단위
- 1초 동안 1A(암페어)의 전류가 흐를 때 이동하는 전하의 양

전하량 = 전류 × 시간 1C = 1A × sec	C : 전하량(C) A : 전류(A) t : 전류가 흐른 시간(sec)

(3) 패러데이 상수(F)

- 1mol의 전하를 이동시킬 수 있는 전하량

$$1\text{mol } e^- = 96{,}500\text{C} = 1\text{F}$$

정답 ①

2016 서울시 9급 공업화학

04 다음 중 고분자 전해질 연료전지의 양극과 음극에서 일어나는 반응식으로 가장 옳은 것은?

① 양극 반응 : $H_2 \rightarrow 2H^+ + 2e^-$

음극 반응 : $\frac{1}{2}O_2 + 2H^+ + 2e^- \rightarrow H_2O$

② 양극 반응 : $H_2 + O^{2-} \rightarrow H_2O + 2e^-$

음극 반응 : $\frac{1}{2}O_2 + 2e^- \rightarrow O^{2-}$

③ 양극 반응 : $H_2 + 2OH^- \rightarrow 2H_2O + 2e^-$

음극 반응 : $\frac{1}{2}O_2 + H_2O + 2e^- \rightarrow 2OH^-$

④ 양극 반응 : $H_2 + CO_3^{2-} \rightarrow CO_2 + H_2O + 2e^-$

음극 반응 : $CO_2 + \frac{1}{2}O_2 + 2e^- \rightarrow CO_3^{2-}$

해설 **고분자 전해질 연료전지 – 전극에서의 반응**

구분	반응식	반응
산화 전극(양극)	$H_2 \rightarrow 2H^+ + 2e^-$	수소의 산화
환원 전극(음극)	$\frac{1}{2}O_2 + 2H^+ + 2e^- \rightarrow H_2O$	산소의 환원

정답 ①

2018 지방직 9급 공업화학

05 연료전지와 전해질의 연결이 옳지 않은 것은?

① 알카라인 연료전지(AFC) − $KHCO_3$
② 인산염 연료전지(PAFC) − H_3PO_4
③ 고체 전해질 연료전지(SOFC) − Y_2O_3/ZrO_2
④ 용융 탄산염 연료전지(MCFC) − Li_2CO_3/K_2CO_3

해설 ① 알카라인 연료전지(AFC) − KOH

연료전지의 분류

구분	작동 온도 (℃)	전해질	주원료	적용 대상
알칼리형 (AFC)	상온 ~ 100	수산화포타슘(KOH)	수소	특수 목적
고분자 전해질형 (PEMFC)	상온 ~ 100	이온(H^+) 전도성 고분자막	수소, 메탄올	자동차, 열병합 발전, 특수 목적
인산형 (PAFC)	150 ~ 200	인산(H_3PO_4)	천연가스, 메탄올	분산 전원
용융 탄산염형 (MCFC)	600 ~ 700	용융 탄산염 (Li_2CO_3–K_2CO_3)	천연가스, 석탄가스	열병합 발전, 복합 발전
고체 산화물형 고체 전해질형 (SOFC)	700 ~ 1,000	고체 산화물 (Y_2O_3/ZrO_2)	천연가스, 석탄가스	열병합 발전, 복합 발전

정답 ①

Chapter

3 전기분해

§ 1. 전기분해

1-1 전기분해의 개요

화학전지와 전기분해

구분	화학전지	전기분해
에너지 변환	화학에너지 → 전기에너지	전기에너지 → 화학에너지
(-) 극	산화	환원
(+) 극	환원	산화

1 정의

전해질의 수용액 및 용융 상태에서 전류를 통과시키면 전해질이 두 전극에서 일으키는 화학 변화 현상

2 원리

전해질의 용액에 직류 전류를 흘려보내면, 음이온은 양(+)극으로, 양이온은 음(-)극으로 이동하여 산화·환원 반응이 발생

전극	(-)극 환원 전극(음극)	(+)극 산화 전극(양극)
반대 이온	(+) 이온	(-) 이온
반응	(+) 이온 + e^- → 중성 분자(원자)	(-) 이온 → 중성 분자(원자) + e^-
반응의 종류	환원	산화
반응의 경향성	환원되기 쉬운 물질 (이온화 경향성, 반응성이 작은 물질)	산화되기 쉬운 물질

3 반응의 경향성

(1) 양이온의 환원 반응

① 수소보다 반응성 작은 금속

- 그 금속이 환원되어 석출됨
- 수소보다 반응성 작은 금속

$$H > Cu > Hg > Ag > Pt > Au$$

② 수소보다 반응성 큰 금속

- 물이 환원되어 수소 기체 생성

$$2H_2O(l) + 2e^- \rightarrow H_2(g) + 2OH^-$$

(2) 음이온의 산화 반응

① F^-, NO_3^-, SO_4^{2-}, CO_3^{2-}, PO_4^{3-} 이온

- 물이 산화되어 산소 기체 생성

$$H_2O(l) \rightarrow \frac{1}{2}O_2(g) + 2H^+ + 2e^-$$

② 기타 이온

- 그 이온이 산화

1-2 전기분해 반응

1 NaCl 수용액의 전기분해

① NaCl 수용액의 해리 반응

$$NaCl \rightarrow Na^+ + Cl^-$$
$$H_2O \rightarrow H^+ + OH^-$$

② 전극에서의 반응

(−)극 환원 전극(음극)	$2H_2O(l) + 2e^- \rightarrow H_2(g) + 2OH^-$
(+)극 산화 전극(양극)	$2Cl^- \rightarrow Cl_2(g) + 2e^-$
전체 반응	$2H_2O(l) + 2Cl^- \rightarrow H_2(g) + 2OH^- + Cl_2(g)$

2 $CuSO_4$ 수용액의 전기분해

① $CuSO_4$ 수용액의 해리 반응

$$CuSO_4 \rightarrow Cu^{2+} + SO_4^{2-}$$
$$H_2O \rightarrow H^+ + OH^-$$

② 전극에서의 반응

(−)극 환원 전극(음극)	$Cu^{2+} + 2e^- \rightarrow Cu(s)$
(+)극 산화 전극(양극)	$H_2O(l) \rightarrow \frac{1}{2}O_2(g) + 2H^+ + 2e^-$
전체 반응	$H_2O(l) + Cu^{2+} \rightarrow Cu(s) + \frac{1}{2}O_2(g) + 2H^+$

1-3 패러데이 법칙

1 정의

전기분해할 때 통해준 전기량과 전극에서 생성되는 물질의 양 사이의 관계를 설명하는 법칙

2 원리

(1) 제1법칙

전기분해 시 음극과 양극에서 반응이 일어날 때 석출되는 물질의 양은 통해준 전하량에 비례

(2) 제2법칙

① 용액 내의 전기량에 의해 얻어지는 물질의 양은 전자 1mol이 이동한 수에 비례

② **전자 1mol이 이동하려면 전기량이 1F 필요**

$$1F = \underbrace{(1.602 \times 10^{-19}C)}_{\text{전자 1개의 전하량}} \times \underbrace{(6.02 \times 10^{23})}_{\text{아보가드로 수}} = 96{,}500C$$

3 패러데이 상수(F)

(1) 전하량

어떤 물체 또는 입자가 띠고 있는 전기의 양

(2) 쿨롱(C)

① 전하량의 단위

② 1초 동안 1A(암페어)의 전류가 흐를 때 이동하는 전하의 양

전하량 = 전류 × 시간
1C = 1A × sec

C : 전하량(C)
A : 전류(A)
t : 전류가 흐른 시간(sec)

(3) 패러데이 상수(F)

1mol의 전하를 이동시킬 수 있는 전하량

$$1mol\ e^- = 96{,}500C = 1F$$

4 적용

(1) NaCl 수용액의 전기분해

(−)극 환원 전극(음극)	$2H_2O(l) + 2e^- \rightarrow H_2(g) + 2OH^-$
(+)극 산화 전극(양극)	$2Cl^- \rightarrow Cl_2(g) + 2e^-$
전체 반응	$2H_2O(l) + 2Cl^- \rightarrow H_2(g) + 2OH^- + Cl_2(g)$

$H_2(g)$: $2e^- \rightarrow H_2(g)$: 2F

1mol의 수소 기체를 생성하려면, 2mol의 전자가 이동해야 하고, 2F의 전기량이 필요함

(2) $CuSO_4$ 수용액의 전기분해

(−)극 환원 전극(음극)	$Cu^{2+} + 2e^- \rightarrow Cu(s)$
(+)극 산화 전극(양극)	$H_2O(l) \rightarrow \frac{1}{2}O_2(g) + 2H^+ + 2e^-$
전체 반응	$H_2O(l) + Cu^{2+} \rightarrow Cu(s) + \frac{1}{2}O_2(g) + 2H^+$

$Cu(s)$: $2e^- \rightarrow Cu(s)$: 2F이므로,

1mol의 구리가 석출되려면, 2mol의 전자가 이동해야 하고, 2F의 전기량이 필요함

§ 2. 전기분해의 응용

2-1 물의 전기분해

1 반응

전기에너지로, 물을 산소와 수소 분해

(−)극 환원 전극(음극)	$2H_2O + 2e^- \rightarrow H_2 + 2OH^-$
(+)극 산화 전극(양극)	$H_2O \rightarrow \frac{1}{2}O_2 + 2H^+ + 2e^-$
전체 반응	$H_2O \rightarrow H_2 + \frac{1}{2}O_2$

2 생성물의 활용

① 물의 전기분해로 고순도의 수소와 산소가 생성됨
② 생성된 고순도의 수소는 암모니아 합성, 연료전지, 반도체 제조 등에 사용

2-2 염소–알칼리 공정

진한 소금물(NaCl)을 전기분해하는 공정

1 반응

NaCl 수용액의 전기분해

(−)극 환원 전극(음극)	$2H_2O(l) + 2e^- \rightarrow H_2(g) + 2OH^-$
(+)극 산화 전극(양극)	$2Cl^- \rightarrow Cl_2(g) + 2e^-$
전체 반응	$2H_2O(l) + 2Cl^- \rightarrow H_2(g) + 2OH^- + Cl_2(g)$

① 환원 전극(음극)에서 수소 기체 생성
② 산화 전극(양극)에서 염소 기체 생성
③ 공정이 진행되면, 수용액이 염기성이 됨

2 활용

① 가성소다의 생성 – 식염분해법(격막법, 수은법)
② 고분자막식

2-3 금속의 제련

1 알루미늄의 제련

① 보크사이트광석을 산화알루미늄(Al_2O_3)으로 만들어 용융 전기분해하여 얻음
② 산화알루미늄을 빙정석과 혼합하여 전기로에 넣고, (+)극을 탄소 전극으로 전기분해하면 (−)극에서 알루미늄 석출

$$Al_2O_3 \rightarrow 2Al^{3+} + 3O^{2-}$$

③ 전극에서의 반응

구분	반응
(−)극 환원 전극(음극)	$2Al^{3+} + 6e^- \rightarrow 2Al(s)$
(+)극 산화 전극(양극)	$3O^{2-} + 3C \rightarrow 3CO + 6e^-$
전체 반응	$2Al^{3+} + 3O^{2-} + 3C \rightarrow 2Al(s) + 3CO$

2 구리의 제련

① 불순물이 포함된 구리를 순수한 구리로 만들 때 전기제련법을 사용
② 불순물이 포함된 구리를 (+)극으로 하고, 순수한 구리를 (−)극으로 하여 $CuSO_4$ 수용액에서 전기분해

③ 전극에서의 반응

구분	반응
(−)극 환원 전극(음극)	$Cu \rightarrow Cu^{2+} + 2e^-$
(+)극 산화 전극(양극)	$Cu^{2+} + 2e^- \rightarrow$ Cu(구리 석출)
전체 반응	$2Al^{3+} + 3O^{2-} + 3C \rightarrow 2Al(s) + 3CO$

④ 불순물 중에 포함된 Fe, Zn 등은 용액 속에 녹아 들어가지만, 이온화 경향이 작은 금, 은, 백금 등은 (+)극 밑에 침전

2-4 표면처리

1 전기 도금(전해 도금)

(1) 정의

전기분해의 원리를 이용하여 금속의 표면을 다른 금속의 막으로 얇게 입히는 것

(2) Ag 도금

① 도금할 물체를 음극에 연결하고 금속 Ag는 양극에 연결
도금액은 도금하려는 금속 이온을 포함한 용액($KAg(CN)_2$)을 사용

구분	도금 원리	은도금 반응
(+)극 산화 전극(양극)	**도금 금속**	$Ag \rightarrow Ag^+ + e^-$
(−)극 환원 전극(음극)	**도금 입힐 재료**	$Ag^+ + e^- \rightarrow Ag$
전해질 용액(도금액)	• 도금 금속 이온이 포함된 용액 • 전해질 용액 내 이온 농도 변화 없음	Ag^+ 포함 용액

2 무전해 도금

정의	• 전기에너지를 사용하지 않고 화학 반응으로 도금하는 방식 • 자기 촉매 도금 또는 화학 도금
원리	• 환원제가 도금액에 포함되어 있음 • 환원제가 환원 반응으로 금속 이온을 석출하여 도금
특징	• 표면에서 금속의 환원·석출 반응이 발생 • 환원 석출 반응을 동시에 일으켜 금속의 미립자를 석출시킴 • 정밀도 높음(도금층이 치밀함) • 복잡한 형상 또는 분말상의 재료 표면에도 균일한 도금이 가능 • 금속에서 플라스틱 고분자나 세라믹 재료 등 비금속까지 도금 가능 • 금속 이온 약품을 사용하므로 가격이 비쌈 • 환경오염–폐수처리 어려움
종류	• 무전해 구리 도금 • 무전해 니켈 도금 등

2-5 전기 화학적 유기합성

전기분해로 유기화합물을 대량 합성하는 공정

반응물	생성물
acrylonitrile	adiponitrile
dimethyl sulfide	dimethyl sulfoxide
glucose	gluconic acid
nitrobenzene	aniline sulfate
naphthalene	naphthaquinone
maleic acid	succinic acid

연습문제

3. 전기분해

2018 국가직 9급 공업화학

01 염소-알칼리 공정에 대한 설명으로 옳지 않은 것은?

① 진한 소금물을 전기분해하는 공정이다.
② 공정이 마무리되면 수용액은 염기성이 된다.
③ 수소(H_2) 기체와 염소(Cl_2) 기체가 발생한다.
④ 산화 전극에서는 수소(H_2) 기체가 발생한다.

해설 ④ 환원 전극에서는 수소(H_2) 기체가 발생한다.

정리 **전기분해의 원리**

구분	환원 전극	산화 전극
반대 이온	(+) 이온	(−) 이온
반응	(+) 이온 + e^- → 중성 분자(원자)	(−) 이온 → 중성 분자(원자) + e^-
반응의 종류	환원	산화
반응의 경향성	환원되기 쉬운 물질 (이온화 경향성, 반응성이 작은 물질)	산화되기 쉬운 물질

NaCl 수용액의 전기분해 : 염소-알칼리 공정(CA 공정)의 전극 반응

• NaCl 수용액의 해리 반응

$$NaCl \rightarrow Na^+ + Cl^-$$
$$H_2O \rightarrow H^+ + OH^-$$

• 전극에서의 반응

구분	**환원 전극**	**산화 전극**
반대 이온	Na^+, H^+	Cl^-, OH^-
반응 이온	H^+	Cl^-
반응	$2H^+ + 2e^- \rightarrow H_2(g)$ $2H_2O + 2e^- \rightarrow H_2(g) + 2OH^-$	$2Cl^- \rightarrow Cl_2(g) + 2e^-$
반응의 종류	환원	산화
특징	수소 기체 생성(폭발성 기체)	황록색의 유독한 기체(염소) 생성

정답 ④

Chapter 4 부식 방지

1 부식의 개요

1 부식의 정의

금속이 **공기 중의 산소나 물 또는 화학물질**과 반응하여 **산화**되고, 금속의 질이 낮아지는 현상

2 부식 반응 - 철의 부식

산화 전극(양극)	$Fe(s) \rightarrow Fe^{2+} + 2e^-$
환원 전극(음극)	$H_2O + \frac{1}{2}O_2 + 2e^- \rightarrow 2OH^-$
전체 반응	$Fe(s) + H_2O + \frac{1}{2}O_2 \rightarrow Fe^{2+} + 2OH^- \rightarrow Fe(OH)_2$

3 부식의 원인

공기(산소), 물, 대기의 산성 물질(CO_2, CO, NO_X, SO_X)

4 부식의 영향

① 누출이나 기계 파손으로 인한 상해 위험
② 공정 최종 생산물의 오염 및 손실
③ 장치의 피해, 수리, 교체 등으로 인한 조업정지
④ 작업 효율의 감소

2 부식의 구동력

① 부식 반응이 자발적 반응일 때 부식이 일어남

$$\Delta G° = -nFE° < 0$$

G° : 표준 깁스 자유에너지
E° : 표준 환원 전위
n : 이동하는 전자의 mol 수
F : 패러데이 상수

② 부식의 구동력(E°)

$$E° = \frac{-\Delta G°}{nF}$$

3 부식속도(부식전류)

(1) 부식속도 공식

$$\text{부식속도} = \frac{\text{부식전류밀도}}{nF}$$

부식전류밀도 : A/m^2
n : 이동하는 전자의 mol 수
F : 패러데이 상수(96,500C)

(2) 부식속도 측정 방법

무게 감량법	• 단위면적 단위시간당 무게 감소량 • 단위 : $g/m^2 \cdot d$ • 균일 부식에 적용
부식층의 침투 깊이 측정법	• 일정 기간 동안 부식층의 두께를 측정하여 부식속도로 나타냄 • 균일 및 불균일 부식에 적용

(3) 부식속도별 부식 저항성

부식속도	10mm/yr 미만	10mm/yr	10mm/yr 초과
부식 저항성	좋음	보통	거의 없음

(4) 부식속도(부식전류) 증가 원인

부식 촉진 조건

① 서로 반응성이 다른 금속이 접하고 있을 때
② 용존산소농도가 높을 때
③ 온도가 높을 때 : 100℃ 이상 고온에서 전기화학적 부식보다 화학적 산화 부식이 더 빠르게 진행됨
④ 금속이 전도성이 큰 전해액과 접촉하고 있을 때
⑤ 금속표면의 내부응력 차가 클 때

4 부식 전위

환원 전극(음극)과 산화 전극(양극)의 전위차

$$E = E_{환원} - E_{산화}$$

① 부식의 구동력
② 부식 전위가 큰 것과 부식속도가 빠르다는 것은 다름

5 부식의 방지

① 물, 공기 중 산소와의 접촉 차단 : 코팅, 페인트 칠, 가열한 물 사용, 흡습제, 철에 주석을 도금(양철)
② 음극화 보호 : 반응성 높은 금속과의 연결

반도체 공업 및 촉매

Chapter 1 반도체 공업

§ 1. 반도체

1-1 반도체

1 반도체의 정의

① 도체와 부도체의 중간적 특성을 가지는 물질(준금속)
② 비저항이 10^{-2}~10^{9} Ω·cm인 물질
③ 에너지 대역이 0~3eV인 물질

2 도체·반도체·부도체 비교

전기전도성에 따라 도체, 부도체, 반도체로 분류함

구분	정의 및 특징
도체	• 자유전자가 있어 전류가 통하는 물질
부도체	• 자유전자가 없어서 전류가 통하지 않는 물질
반도체	• 평소에는 부도체이지만, 특정한 조건에서 도체처럼 전류가 통하는 물질 • 열이나 빛을 가하는 등 특정 조건에서 전류가 통함

3 반도체의 결정 구조

(1) 반도체의 결정 구조

단결정 (monorystalline)	• 원자의 배열이 모든 영역에서 규칙성을 띄는 고체 • 1가지 동일한 배열을 가짐 예 Si, Ge 등
다결정 (polycrystalline)	• 비정질과 단결정의 중간 형태 • 부분적으로 규칙성을 띄는 고체 • 2가지 이상의 배열을 가짐 예 Poly-Si
비정질 (amorphose)	• 원자의 배열에 일관된 규칙성이 없는 고체 예 비정질 산화물 반도체, 산화규소(SiO_2), 질화규소(Si_3N_4), 알루미나(Al_2O_3) 등

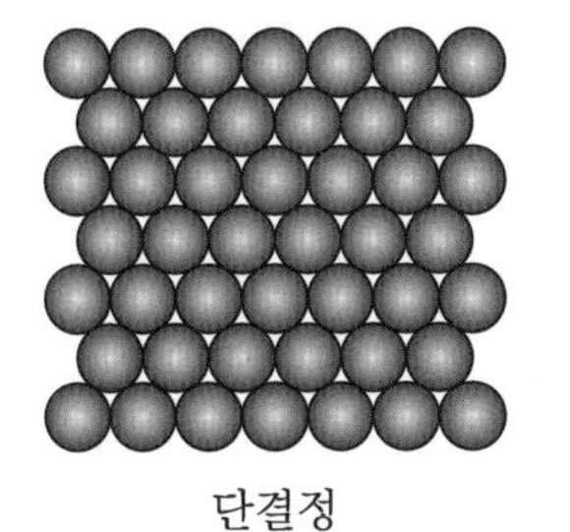
단결정

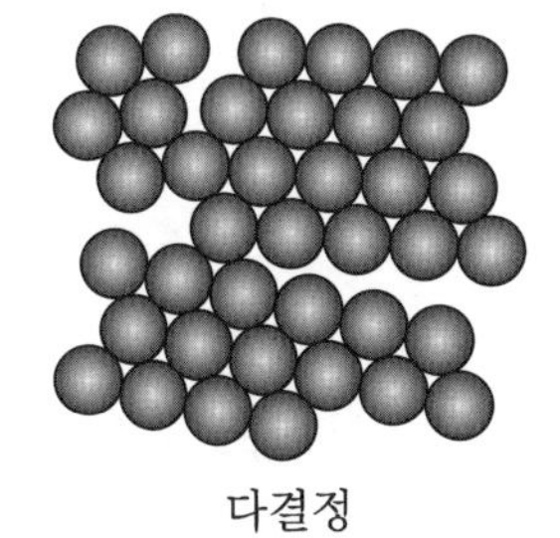
다결정

비정질

반도체의 결정 구조

(2) 실리콘의 결정 구조

① 다이아몬드 구조

② 입방 구조

③ 결정의 방향에 따라 전기적 성질 및 물리적 성질이 달라짐

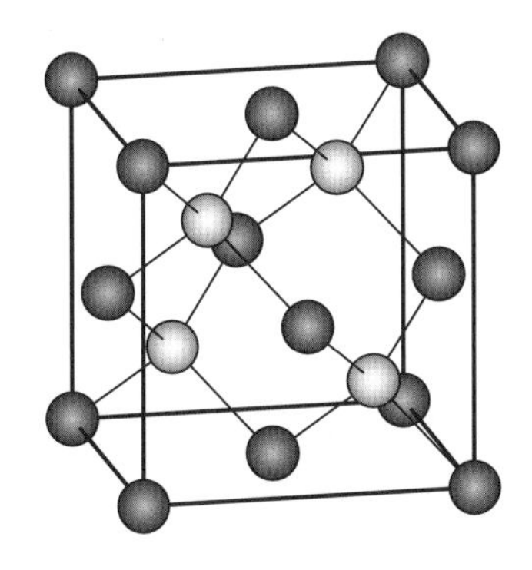

입방 구조

(3) 밀러지수(Miller Index)

실리콘 결정의 방향성을 표시하는 방법

4 반도체 특징

① 도체와 부도체 중간 정도의 전기전도도를 가지는 물질
② 진성 반도체에 불순물을 혼합(도핑)하면 전기전도성이 증가
③ 일정 온도 범위 내에서 온도가 증가하면, 전기전도성이 증가

1-2 반도체의 종류

1 고유 반도체(실리콘 반도체, 진성 반도체)

① 14족 원소(Si, Ge, Sn, Pb)
② 준금속 : 평소에는 비금속이나, 특정한 조건에서 금속과 같이 전기전도성을 가지는 물질
③ 실리콘은 원자가 전자가 4개로, 모두 공유 결합에 묶여 전기가 흐르지 않음
④ 빛이나 열 등에 에너지가 가해지면, 원자가 밴드에 있던 전자들이 전도 밴드로 올라갈 수 있어, 전기가 흐르기 시작함
⑤ 온도가 증가할수록 전기전도도 증가

2 비고유 반도체(불순물 반도체, 도판트)

고유 반도체(진성 반도체)에 불순물을 첨가(도핑)한 반도체

(1) 반도체 도핑

고유 반도체(진성 반도체)에 불순물을 첨가하여 전기전도성을 높이는 과정

(2) 비고유 반도체의 종류

① N형 반도체 : 14족 원소(진성 반도체)에 15족 원소(불순물)를 첨가해 만든 반도체

② P형 반도체 : 14족 원소(진성 반도체)에 13족 원소(불순물)를 첨가해 만든 반도체

구분	운반체	불순물	특징
N형 반도체	전자 (−)	15족 원소(Ⅴ족, 5A) (donor) P, As, Sb, Bi	• donor 1개당 자유전자 1개 발생
P형 반도체	정공 (+)	13족 원소(Ⅲ족, 3A) (acceptor) B, Al, Ga, In, Tl	• 주입 acceptor 1개당 정공(양공) 1개 발생

1-3 에너지 밴드

1 에너지 밴드의 정의

원자와 원자 사이 거리가 가까워지면, 전자들이 서로 영향을 받아서, 서로 다른 여러 개의 에너지 준위를 가지게 되는데, 이 여러 개의 에너지 준위가 형성하는 띠를 에너지 밴드라 함

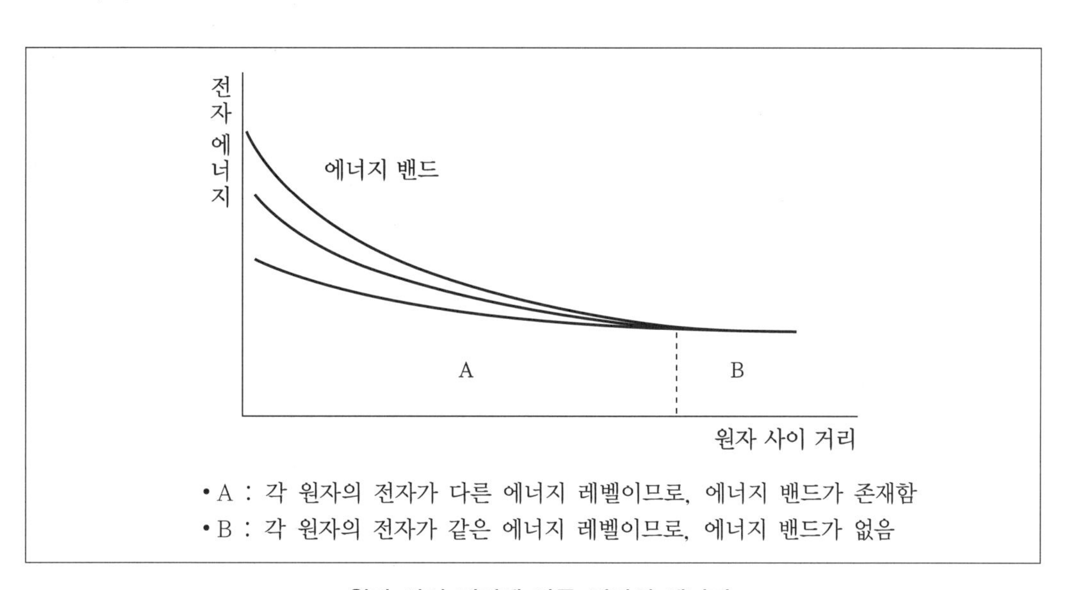

원자 사이 거리에 따른 전자의 에너지

2 에너지 밴드의 종류

전도 대역 (도전 띠, conduction band)	• 양자화되어 있는 에너지 밴드 중 최상위 에너지를 가진 밴드 • 최외각 전자가 원자에서 탈출한 상태로, 자유전자가 자유롭게 돌아다니고 흐를 수 있는 상태
가전자 대역 원자가 띠, valence band)	• 전도 대역 바로 아래의 에너지 밴드 • 자유전자가 원자 인력에 구속되어, 최외각궤도 상에 있는 상태
금지 대역	• 전도 대역과 가전자 대역 사이, 전자가 존재할 수 없는 에너지 밴드

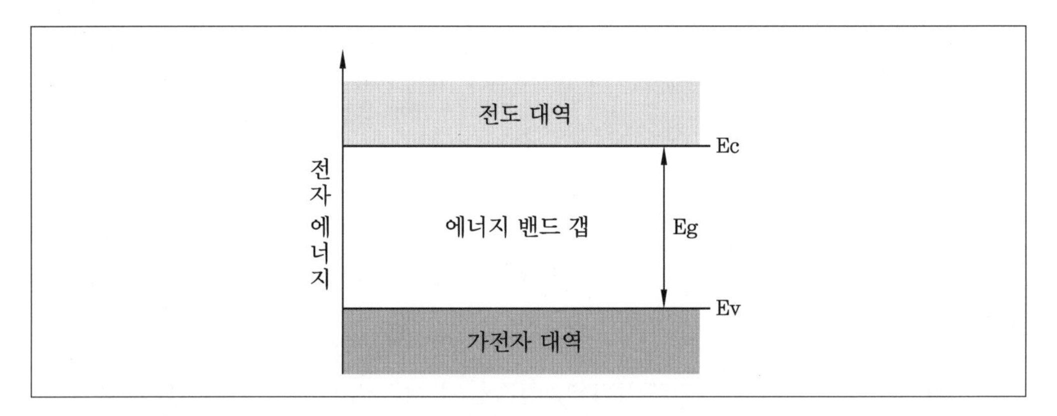

에너지 밴드의 구분

3 밴드 갭 에너지(band gap energy) 또는 에너지 갭(energy gap)

(1) 밴드 갭 에너지

① 전도대와 가전자대 사이의 에너지 밴드

② 에너지 밴드와 밴드를 구분하고 분리하는 역할

③ 전자가 존재할 수 없는 구역(금지 대역)

$$Eg = Ec - Ev$$

Ev : 가전자 대역의 최고 에너지

Ec : 전도 대역의 최저 에너지

Eg : 밴드 갭 에너지

(2) 밴드 갭 에너지로 본 도체·반도체·부도체의 구분

구분	밴드 갭 에너지(eV)	특징
도체	0	밴드 갭이 0이므로, 항상 자유전자가 형성되어 항상 전류가 흐름
반도체	0~3	밴드 갭이 작아, 열과 빛을 가하면 자유전자가 형성되어 항상 전류가 흐름
부도체	5 이상	에너지 갭이 커서, 자유전자가 형성되지 않아 항상 전류가 흐르지 않음

① 실리콘의 밴드 갭은 1.12eV

② 반도체는 이 밴드 갭이 제어 가능한 크기를 가지므로, 제어가 편한 반도체를 이용

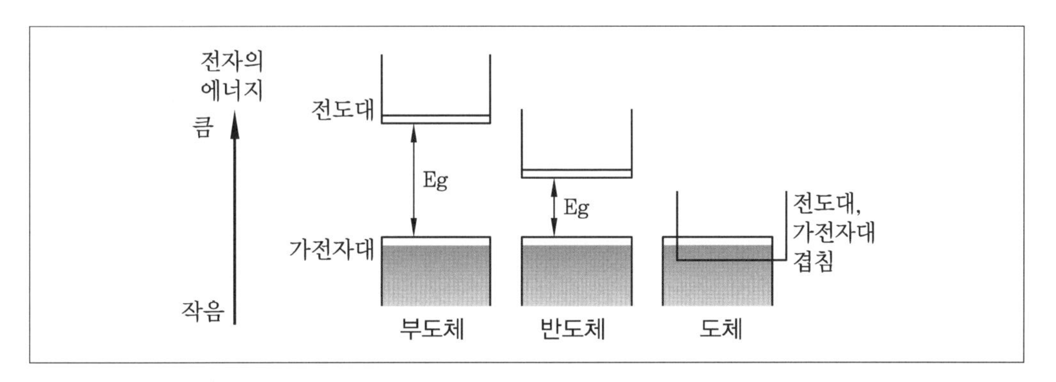

밴드 갭 에너지로 본 도체·반도체·부도체의 구분

1-4 반도체의 용도

1 다이오드

정의	한쪽 방향으로만 전류가 흐르도록 제어(정류)하는 반도체 소자
구조	PN 접합(P형 반도체 - N형 반도체)
용도	정류기, 충전기, 전원 어댑터 등

2 발광 다이오드(Light-Emitting Diode, LED)

정의	• 순방향으로 전압을 가했을 때 발광하는 반도체 소자
구조	• PN 접합(P형 반도체 - N형 반도체)
특징	• 전기를 가했을 때 N형 반도체와 P형 반도체의 접합면에서 발광이 되는 성질을 이용 • 구조가 간단 • 대량생산 가능 • 전구보다 소형이고, 수명이 길고, 응답속도가 빠름
용도	• 디스플레이, TV 액정 등

3 실리콘 태양전지

정의	• 태양광에너지를 직접 전기에너지로 변화시키는 반도체 소자
구조	• PN 접합 • n형 반도체(15족 원소로 도핑된 실리콘) 위에 p형 반도체(13족 원소로 도핑된 실리콘)의 얇은 층을 쌓아 제조함
특징	• 광기전력 효과로 태양에너지를 전기에너지로 변화시킴 • 광기전력 효과 : 빛에 노출될 때, 전해질 속에 담긴 2개의 전극에서 발생되는 전력이 증가하는 현상 • 효율이 높음 • 가격 저렴
종류	• 기판 종류별 : 단결정 실리콘 태양전지, 다결정 실리콘 태양전지 • 구조별: 결정형, 박막형
용도	• 주택용 태양전지

4 반도체 집적 회로 제품

구분	특징	예
D램	• 전원이 공급되는 동안에도 일정 기간 내에 주기적으로 정보를 다시 써넣지 않으면 기억된 내용이 없어짐 • 반응속도 느림 • 집적도 높음 • 전력 소모 작음	• 대용량 메모리 장치 • 컴퓨터 메인 메모리
S램	• 정보를 읽고 쓰는 것이 가능하고 전원이 공급되어 있는 동안에는 기억된 내용이 없어지지 않고 저장됨 • 반응속도 매우 빠름 • 메모리 용량 작음	• 컴퓨터 CASH • 전자오락기기
플래시 메모리	• 전원이 꺼져도 정보가 보존되며, 전기적인 방법으로 정보를 자유롭게 입출력할 수 있음 • 크기 작음 • 전력 소모 작음	• 휴대폰 • 디지털 카메라 • 노트북 PC • 전자수첩
주문형 IC	• 고객의 주문에 맞춰 전용 회로를 반도체 IC로 응용 설계하여 주문자에게 독점 공급 • 특정 응용 분야와 특정한 기기를 위한 주문형 반도체	• 휴대폰 • 컴퓨터 CPU • 자동차 반도체

§ 2. 반도체 제조 원료

2-1 반도체의 원재료

웨이퍼 (wafer)	• 실리콘(Si), 갈륨아세나이드(GaAs) 등의 반도체 물질을 성장시켜 만든 단결정 기둥을 적당한 두께로 얇게 자른 원판 • 주로 실리콘 웨이퍼를 사용 • 반도체 집적 소자의 기판
마스크 (mask)	• 웨이퍼 위에 만들어질 회로 패턴의 모양을 각 층별로 유리판 위에 그려 놓은 것
리드 프레임 (lead frame)	• 조립 공정 시 칩이 놓일 구리판

2-2 반도체 제조 원료

1 다결정 실리콘 제조

천연 규석을 원료로 불순물을 제거하여 다결정 실리콘을 제조하는 과정

① 천연 규석(SiO_2)을 탄소와 가열하여 순도 98%의 금속 실리콘(MGS)을 제조

$$2SiO_2 + 3C \rightarrow Si(s) + SiO(g) + 3CO(g)$$

② 금속 실리콘과 HCl을 고온으로 반응시켜 $SiHCl_3$를 얻음

$$Si(s) + 3HCl(g) \rightarrow SiHCl_3 + H_2(g)$$

③ 분별 증류 분순물을 제거하여 고순도 $SiHCl_3$를 제조

④ $SiHCl_3(g)$를 수소로 환원시켜 초고순도 다결정 실리콘(EGS)을 제조

$$SiHCl_3 + H_2(g) \rightarrow Si(s) + 3HCl(g)$$

2 단결정 실리콘 제조

다결정 실리콘을 원료로 순수 단결정 실리콘을 제조하는 과정

(1) 단결정 실리콘 제조공법

① 초크랄스키(Czochralski)법(CZ법, 인상법)
② 플롯존(float zone)법(FZ법)
③ 냉각도가니(cold crucible)법
④ LECZ(Liquid-encapsulated)법
⑤ 경사 냉각법

(2) 초크랄스키(Czochralski)법(CZ법, 인상법)

공법	• 다결정 실리콘을 석영 도가니에 넣고 용융시킴(다결정 실리콘 용융액) • 실리콘 용융액 안에 실리콘 단결정 씨앗(seed, 종자 결정)을 접촉시킨 상태에서 회전시키면서, 서서히 끌어올리면서 원통형의 단결정 실리콘(실리콘 잉곳)으로 성장시킴
특징	• **가장 널리 사용되는 기술** • 제어 쉬움 • 균질한 단결정 실리콘을 얻을 수 있음 • 산소 불순물 혼입이 많음 • 품질의 공정 변수 : 실리콘 씨앗을 끌어올리는 속도, 실리콘 용융액의 온도, 유입 산소 농도 등 • 실리콘의 전기적 특성 조절을 위해 다결정 실리콘 원료와 함께 도판트(dopant)를 첨가

(3) 플롯존(float zone)법(FZ법)

공법	• **용융상 실리콘** 영역을 **다결정 실리콘 봉**을 따라 천천히 이동시키면서 다결정 실리콘 봉이 단결정 실리콘으로 성장되도록 하는 방법
특징	• 고순도 고저항률의 단결정 실리콘을 얻음

2-3 실리콘 웨이퍼의 제조

① 실리콘 잉곳(원통형 단결정 실리콘)에서 불규칙한 부분과 결합 부분을 제거
② 실리콘 잉곳을 다이아몬드 칼로 얇게 원형으로 절단
③ 웨이퍼 연마 : 웨이퍼 표면을 매끄럽게 함

§ 3. 반도체 제조 기술

3-1 반도체 제조 단계별 공정

단결정 성장 → 실리콘 봉 절단 → 웨이퍼 제조 → 회로 설계 → 마스크 제작 → 산화 공정 → 포토 공정(감광액 도포 → 노광 → 현상 → 식각) → 이온 주입(도핑) → 박막 형성(CVD) → 금속 배선 → 선별 및 성형 → 최종 검사

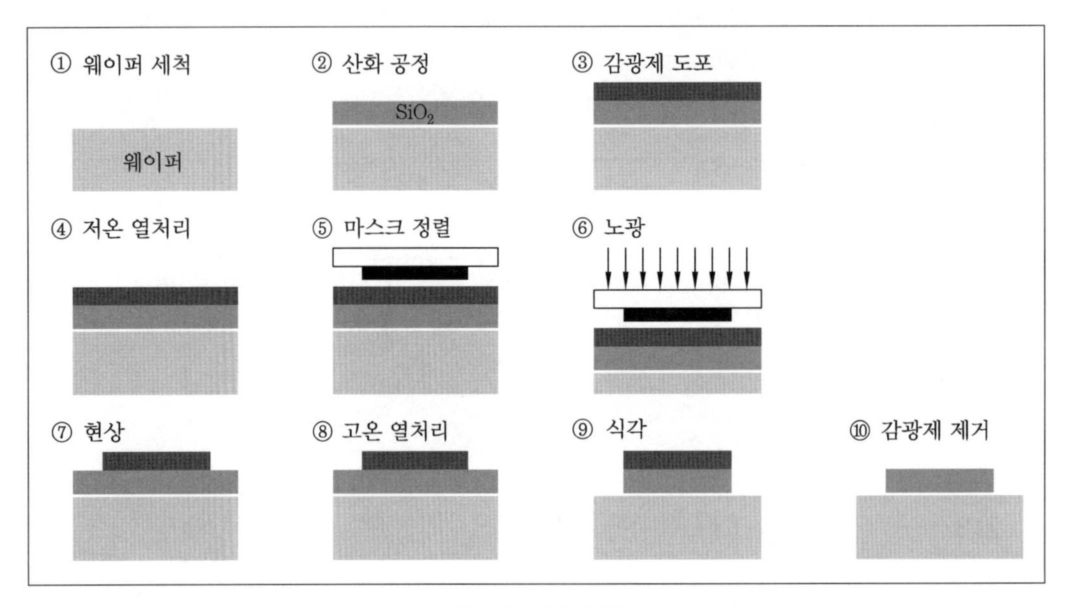

반도체 제조 공정

3-2 웨이퍼 세척

정의	웨이퍼 표면을 세척하여 오염 원인을 제거하는 과정
오염 원인	• 미립자 : 먼지, 보푸라기(lint), 감광제 덩어리(photoresist chunk) • 박테리아 • 막 : 유기막, 금속막, 현상액, 잔류 용매 등
웨이퍼 세척 방법	• 기계적 처리 : 초음파 세척기 또는 고압 스프레이기로 미립자 제거 • 화학적 처리 : RCA법 (유기막 제거 → 수화물 제거 → 이온 및 금속의 탈착 → 건조 → 보관)

3-3 회로 설계 및 마스크 제작

회로 설계	용도에 따른 반도체 회로 패턴을 설계
마스크 제작	웨이퍼에 그려질 회로 패턴을 각 층별로 석영판 위에 그려넣음

3-4 산화 공정

산화 공정 (열산화법)	• 800~1200℃의 고온으로 산소와 수증기를 화학 반응시켜 실리콘 웨이퍼 표면에 얇은 실리콘 산화막(SiO_2)을 형성함
분류	• 건식 산화 – 건조 산소만 주입하는 방식 • 습식 산화 – 수증기를 주입하는 방식 – 건식보다 산화막 형성 속도가 빠르고, 더 두꺼운 산화막을 형성함
산화막 역할	• 이온 주입이나 이물질로부터 **웨이퍼 보호** • 회로와 회로 사이 전류 누설 방지

3-5 사진 공정(포토 공정, photolithography)

사진 공정	마스크의 회로 패턴을 그대로 웨이퍼 표면 위로 옮기는 공정
사진 공정 순서	**감광제 도포 → 저온 열처리 → 노광 → 현상 → 고온 열처리**

1 감광제(PR)의 도포

감광제를 웨이퍼 표면상에 균일한 두께로 도포하는 것(spin coating법)

(가) 영향인자

① 감광제의 점도

② 표면장력

③ 회전속도

(나) **감광제(PR : photo resist)**

① 빛, 방사선에 의해 화학 반응을 일으켜 용해도가 변하는 고분자 재료

② 식각에 저항하는 특성이 있음

③ 감광제의 구성 요소 : 고분자, 용매, 광감음제

④ 감광제의 종류

구분	양성(positive형)	음성(negative형)
정의	• 노광 시, **감광제가 드러난 부분이 용해됨** (마스크가 없어, 빛이 감광제에 닿는 부분이 용해됨)	• 노광 시, **감광제가 드러나지 않는 부분이 용해됨** (마스크로 가려져, 빛이 감광제에 닿지 않는 부분이 용해됨)
노출 속도	느림	빠름
접착성	나쁨	좋음
정밀도 (종횡비, 분해능)	좋음	나쁨
현상액	NaOH Tetramethyl	Xylene 무극성 용매
세척액	H_2O	n-Butylacetate

2 저온 열처리(soft baking)

① 감광제의 용매를 제거하고, 접합 강도를 높이는 과정

② 70~95℃에서 30분 이내 진행

3 정렬과 노광

정렬과 노광에 의해 마스크의 패턴이 감광제 층에 옮겨짐

(1) 정렬(alignment, 마스크 배열)

마스크의 웨이퍼를 정확히 정렬하는 것

(2) 노광(exposure)

정의	빛(주로 UV)에 노출시켜 감광제를 녹이는 과정
노광 공법	접촉형, 근접형, 투사형, 스테퍼, 전파빔 직접 묘화법 등
특징	작은 크기의 패턴을 만들려면, 더 짧은 파장의 광원을 사용함

4 현상(developing)

감광제 중 고분자화가 안 된 부분을 현상액으로 제거하는 공정

5 고온 열처리(hard baking)

남아 있는 현상액을 제거하고, 접합 강도를 높이기 위해 100℃ 이상의 고온으로 열처리하는 과정

3-6 식각(etching)

① 노광 후 감광되지 않는 부분을 제거하는 공정
② 패턴이 형성된 표면에서 원하는 부분을 화학반응 혹은 물리적 공정을 통해 제거하는 공정

구분	습식 식각	건식 식각(플라스마 식각)
식각 방식	• 식각 용액 사용 • 용액의 화학 반응성 이용하여 선택 제거	• 반응성 기체 사용 • 기체, 증기, 플라스마 충격 등을 이용하여 선택 제거
비용	저렴	비쌈
정확도	낮음	높음
식각 속도	빠름	느림
식각 선택도	큼	떨어짐
운전	공정 쉬움	공정 복잡
자동화	자동화 어려움	자동화 쉬움(생산성 좋음)
안정성	안정성 낮음	안정성 높음
대기오염	대기오염 발생	대기오염 없음
등방성	• 수직, 수평 방향으로의 식각 속도가 동일 • 등방성(식각이 모든 방향으로 동일하게 진행)	• 수직, 수평 방향으로의 식각 속도가 다름 • 비등방성(식각이 모든 방향으로 동일하지 않음)

3-7 이온 주입

정의	• 반도체에 불순물인 이온(전하를 띤 원자인 도판트(B, P, As 등)을 직접 기판의 원하는 부분에 주입하는 공정
특징	• 이온을 주입하면 반도체가 전도성을 띠게 됨 • 정확한 도판트 농도 조절이 가능 • 균일한 도핑 가능

3-8 박막 형성 기술

1 물리적 박막 형성 기술

기화법 (evaporation)	• 가장 간단한 박막 형성 기술 • 진공 상태에서 가열되어진 금속이 기화되거나 승화되어 기판에 증착되어 박막을 형성 • 증착속도 빠름 • 단순하여 조작 쉬움 • 단차 피복성(step coverage)이 불량, 박막과 기판의 접합 불량
스퍼터링법 (sputtering)	• 플라스마에서 생성된 고에너지 이온이 원료 물질을 공격하여 원자를 탈착시켜, 증착될 기판으로 이동 및 응축하여 박막을 형성 • 물리적 박막 형성 기술 • 균일한 코딩 가능(웨이퍼 전 면적에 걸친 고른 박막의 증착 가능) • 박막 두께 조절 쉬움 • 합금물질의 증착 조절 가능 • 합금물질을 증착할 표적물질이 많음 • 원료가 제한적임 • 비쌈 • 증착속도 느림 • 불순물에 의한 오염 가능성 큼 • 유기 고분자는 효율이 떨어짐

2 화학적 박막 형성 기술

① 화학기상증착(CVD)

정의	기체, 액체, 고체의 반응물을 기체 상태로 반응기에 공급하여 기판 표면에서 화학 반응을 유도하여 고체 박막을 형성하는 공정
특징	• 다양한 특성의 박막을 원하는 두께로 성장 가능 • 화합물의 박막 조성 조정 가능 • 표면에서 화학 반응을 통해 박막을 형성 • 단차 피복성 매우 우수
종류	• MOCVD : 유기 금속 화합물을 원료로 사용하는 방법 • PECVD : 플라스마를 CVD 공정에 필요한 에너지로 사용하는 방법

② 도금(plating)

③ 솔젤법(sol-gel coating)

연습문제

1. 반도체 공업

2018 서울시 9급 공업화학

01 비고유 반도체로 가장 옳지 않은 것은?

① Ge에 As를 혼입 ② Si에 Ge를 혼입
③ Ge에 In를 혼입 ④ InSb에 B를 혼입

해설 **반도체의 종류**

(1) 고유 반도체(실리콘 반도체, 진성 반도체)
- 14족 원소 : Si, Ge, Sn, Pb
- 준금속 : 평소에는 비금속이나, 특정한 조건에서 금속과 같이 전기전도성을 가지는 물질
- 실리콘은 원자가 전자가 4개로, 모두 공유 결합에 묶여 전기가 흐르지 않음
- 빛이나 열 등에 에너지가 가해지면, 원자가 밴드에 있던 전자들이 전도 밴드로 올라갈 수 있어, 전기가 흐르기 시작함
- 온도가 증가할수록, 전기전도도 증가

(2) 비고유 반도체(불순물 반도체)
- 고유 반도체에 불순물을 첨가(도핑) 반도체
- N형 반도체 : 14족 원소(진성 반도체)에 15족 원소(불순물)를 첨가해 만든 반도체
- P형 반도체 : 14족 원소(진성 반도체)에 13족 원소(불순물)를 첨가해 만든 반도체

구분	운반체	불순물	특징
N형 반도체	전자 (−)	15족 원자(donor) P, As, Sb, Bi	donor 1개당 자유 전자 1개 발생
P형 반도체	정공 (+)	13족 원자(acceptor) B, Al, Ga, In, Tl	주입 acceptor 1개당 정공(양공) 1개 발생

정답 ②

2017 국가직 9급 공업화학

02 실리콘(Si)에 첨가해서 p-형 반도체를 제조할 수 있는 것은?

① 안티몬(Sb) ② 비소(As) ③ 비스무트(Bi) ④ 인듐(In)

해설 ①, ②, ③은 15족이므로 N형 반도체 제조 시 불순물로 사용된다.

정답 ④

2015 국가직 9급 공업화학

03 **반도체에 대한 설명으로 옳지 않은 것은?**

① 고유(intrinsic) 반도체에 Ⅲ족 원소를 불순물로 첨가하여 전기적 특성을 변화시킬 수 있다.
② LED는 전기를 가했을 때 n형 반도체와 p형 반도체의 접합면에서 일어나는 발광 현상을 이용하는 소자이다.
③ 고유(intrinsic) 반도체는 온도가 증가함에 따라 전도도가 감소한다.
④ n형 반도체는 고유(intrinsic) 반도체에 Ⅴ족 원소를 첨가하여 만들어진다.

해설 ③ 고유(intrinsic) 반도체는 온도가 증가함에 따라 전도도가 증가한다.

정답 ③

2018 서울시 9급 공업화학

04 **대표적인 반도체 집적 회로 제품에 대한 설명으로 가장 옳은 것은?**

① 디램 – 정보를 읽고 쓰는 것이 가능하고, 전원이 공급되어 있는 동안에는 기억된 내용이 없어지지 않고 저장됨
② 플래시 메모리 – 전원이 꺼져도 정보가 보존되며, 전기적인 방법으로 정보를 자유롭게 입출력할 수 있음
③ 에스램 – 전원이 공급되는 동안에도 일정 기간 내에 주기적으로 정보를 다시 써 넣지 않으면 기억된 내용이 없어짐
④ 주문형 IC – 고객의 주문에 상관없이 범용 회로를 반도체 IC로 응용 설계하여 주문자에게 독점 공급

해설 **반도체 집적 회로 제품**

① 에스램
③ 디램
④ 주문형 IC – 고객의 주문에 맞춰 전용 회로를 반도체 IC로 응용 설계하여 주문자에게 독점 공급

정답 ②

2018 지방직 9급 공업화학

05 **전자 재료로 많이 사용되는 희토류(rare earth)는?**

① 할로겐족(halogen)
② 알칼리 토금속(alkaline earth metal)
③ 란타넘족(lanthanide)
④ 알칼리 금속(alkaline metal)

해설 **희토류(rare earth)**

- 주기율표의 17개 화학 원소의 통칭
- 란타넘(La)부터 루테튬(Lu)까지의 란타넘족 15개 원소와 스칸듐(Sc)과 이트륨(Y)

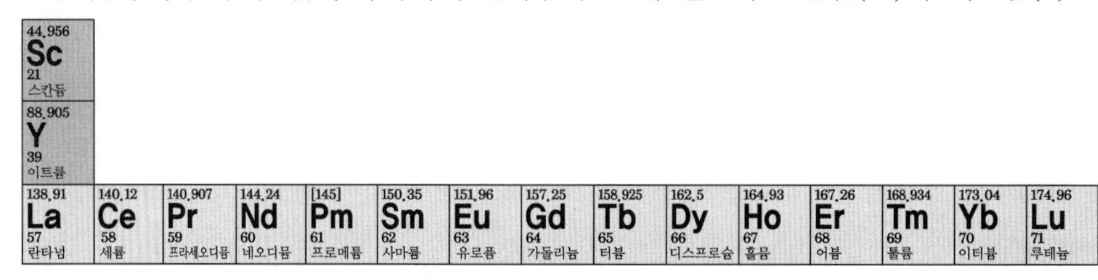

정답 ③

2016 지방직 9급 공업화학

06 **실리콘(Si) 단결정의 제조 방법으로 옳지 않은 것은?**

① 플롯존(float zone)법
② 초크랄스키(Czochralski)법
③ 냉각도가니(cold crucible)법
④ 화학기상증착(chemical vapor deposition)법

해설 **실리콘 단결정 제조 종류**

- 초크랄스키(Czochralski)법
- 플롯존(float zone)법
- 냉각도가니(cold crucible)법
- LECZ(Liquid−encapsulated)법
- 경사 냉각법

정답 ④

2017 지방직 9급 공업화학

07 **반도체 공정 기술에서 박막 형성 공정으로 옳지 않은 것은?**

① 스퍼터링(sputtering) ② 화학기상증착(CVD)
③ 식각(etching) ④ 도금(plating)

해설 **반도체 제조 단계별 공정**

단결정 성장 → 실리콘 봉절단 → 웨이퍼 제조 → 회로 설계 → 마스크 제작 → 산화 공정 → 포토 공정(감광액 도포 → 노광 → 현상 → 식각) → 이온 주입(도핑) → 박막 형성(CVD) → 금속 배선 → 선별 및 성형 → 최종 검사

식각(etching)

- 노광 후 감광되지 않는 부분을 제거하는 공정
- 패턴이 형성된 표면에서 원하는 부분을 화학 반응 혹은 물리적 공정을 통해 제거하는 공정

박막 형성 기술

- 물리적 박막 형성 기술 : 기화법, 스퍼터링법
- 화학적 박막 형성 기술 : 화학기상증착(CVD), 도금(plating), 솔젤법(sol−gel coating)

정답 ③

2017 지방직 9급 추가채용 공업화학

08 **다음은 반도체 사진 공정(photolithography)의 단위 공정들이다. 순서대로 바르게 나열한 것은?**

ㄱ. 감광제 도포(spin coating) ㄴ. 현상(developing)
ㄷ. 노광(exposure) ㄹ. 저온 열처리(soft baking)

① ㄱ → ㄷ → ㄴ → ㄹ ② ㄱ → ㄹ → ㄷ → ㄴ
③ ㄹ → ㄱ → ㄷ → ㄴ ④ ㄹ → ㄷ → ㄴ → ㄱ

해설 **사진 공정(photolithography)**

- 마스크의 회로 패턴을 그대로 웨이퍼 표면 위로 옮기는 공정
- 마스크를 빛에 노출시키면 빛이 웨이퍼 위에 도포된 감광액에 조사되어 광화학 반응을 함
- 순서 : 감광제 도포 → 저온 열처리 → 노광 → 현상 → 고온 열처리

정답 ②

2016 서울시 9급 공업화학

09 다음 중 감광제에 대한 설명으로 가장 옳은 것은?

① 양성 감광제의 노출 속도는 음성 감광제보다 빠르다.
② 양성 감광제의 접착성은 음성 감광제보다 좋다.
③ 양성 감광제의 종횡비(분해능)는 음성 감광제보다 높다.
④ 양성 감광제의 현상액은 용제를 사용한다.

해설 **감광제(PR)**

- 빛, 방사선에 의해 화학 반응을 일으켜 용해도가 변하는 고분자 재료
- 식각에 저항하는 특성이 있음
- 감광제의 구성 요소 : 고분자, 용매, 광감응제
- 감광제의 종류

구분	양성(positive형)	음성(negative형)
정의	빛에 노출되는 부분이 용해되어 마스크 제거	빛에 노출되지 않는 부분이 용해되어 마스크 제거
노출 속도	느림	빠름
접착성	나쁨	좋음
정밀도 (종횡비, 분해능)	좋음	나쁨
현상액	NaOH Tetramethyl	Xylene 무극성 용매
세척액	H_2O	n-Butylacetate

정답 ③

2015 서울시 9급 공업화학

10 반도체 박막 제조에 이용되는 스퍼터링(sputtering)법의 장점이 아닌 것은?

① 웨이퍼 전 면적에 걸친 고른 박막의 증착이 가능하다.
② 다른 불순물에 의한 오염 가능성이 적다.
③ 박막의 두께 조절이 용이하다.
④ 합금물질을 증착하기 위한 많은 표적물질(target)들이 있다.

해설 ② 다른 불순물에 의한 오염 가능성이 크다.

스퍼터링법(sputtering)

- 플라스마에서 생성된 고에너지 이온이 원료물질을 공격하여 원자를 탈착시켜 증착될 기판으로 이동 및 응축하여 박막을 형성
- 물리적 박막 형성 기술

구분	내용
장점	• 균일한 코딩 가능(웨이퍼 전 면적에 걸친 고른 박막의 증착 가능) • 박막 두께 조절 쉬움 • 합금물질의 증착 조절 가능 • 합금물질을 증착할 표적물질이 많음
단점	• 원료가 제한적임 • 비쌈 • 증착 속도 느림 • 불순물에 의한 오염 가능성 큼 • 유기 고분자는 효율이 떨어짐

정답 ②

2016 서울시 9급 공업화학

11 다음 중 반도체 공정에 주로 이용되는 화학기상증착법(CVD)에 관한 설명으로 가장 옳지 않은 것은?

① 원료 화합물을 기체 상태로 반응기 내에 공급하여 기판 표면에서 화학 반응에 의해 박막이 형성된다.
② PECVD는 플라스마를 CVD 공정에 필요한 에너지로 사용하는 방법이다.
③ 유기금속 화합물을 원료로 사용하는 방법을 MOCVD라 부른다.
④ CVD는 일반적으로 물리적 증착 공정에 비해 단차 피복성(step coverage)이 뒤떨어지는 단점이 있다.

해설 ④ CVD는 일반적으로 물리적 증착 공정에 비해 단차 피복성(step coverage)이 우수하다.

정리 **화학기상증착(CVD)**

정의	• 기체, 액체, 고체의 반응물을 기체 상태로 반응기에 공급하여 기판 표면에서 화학 반응을 유도하여 고체 박막을 형성하는 공정
특징	• 다양한 특성의 박막을 원하는 두께로 성장 가능 • 화합물의 박막 조성 조정 가능 • 표면에서 화학 반응을 통해 박막을 형성 • 단차 피복성 매우 우수
종류	• MOCVD : 유기 금속 화합물을 원료로 사용하는 방법 • PECVD : 플라스마를 CVD 공정에 필요한 에너지로 사용하는 방법

정답 ④

Chapter 2

촉매

§ 1. 촉매

1-1 촉매

1 촉매

정의	• 반응속도만 변화시키고 자신은 반응 전후에서 변화가 없는 물질 • 반응에서 다량의 소비 없이 평형을 향해 반응속도를 증가시키는 물질
특징	• 활성화 에너지 크기를 변화시킴 – 정촉매 : 활성화 에너지↓ → 정(역)반응속도↑ – 부촉매 : 활성화 에너지↑ → 정(역)반응속도↓ • 적은 양으로도 촉매 역할 가능 • **촉매 사용으로 변하는 것 : 반응속도, 반응 경로, 활성화 에너지, 반응속도 상수**

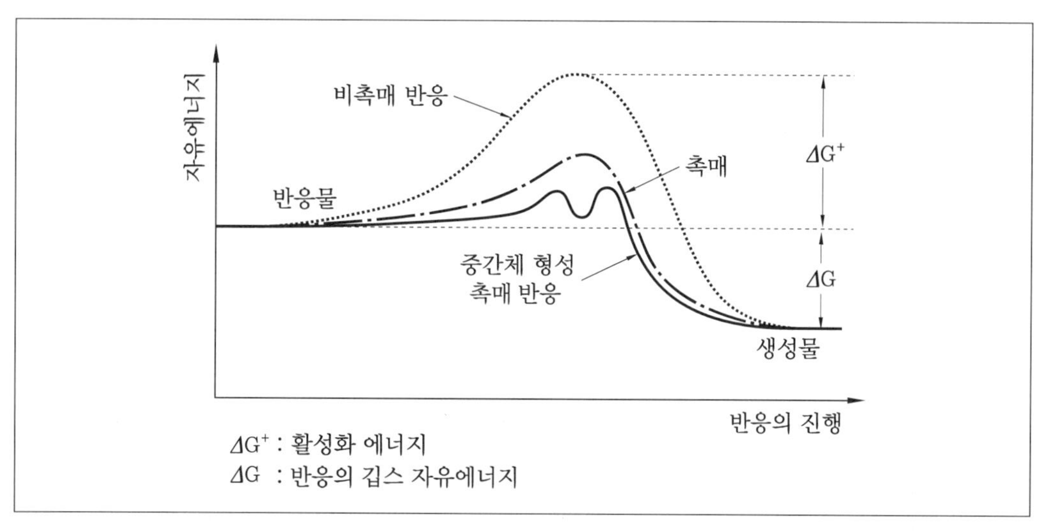

촉매 작용과 반응 에너지

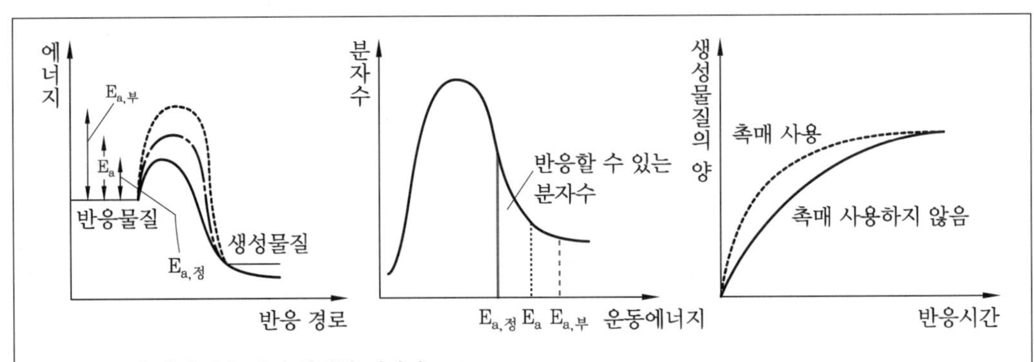

E_a : 촉매가 없을 때의 활성화 에너지
$E_{a,정}$: 정촉매가 있을 때의 활성화 에너지
$E_{a,부}$: 부촉매가 있을 때의 활성화 에너지

촉매의 영향

[OX문제] 촉매

1. 화학 반응에 참여하지만 촉매 스스로가 소모되지는 않는다. (O / X)

2. 촉매는 활성화 에너지를 낮추어서 반응속도를 빠르게 한다. (O / X)

3. 표면적을 최대화할 수 있는 다공성 물질 표면에 지지시켜 촉매 효능을 증가시킬 수 있다. (O / X)

4. 촉매는 평형상수를 변화시켜 평형에 도달하는 속도를 빠르게 한다. (O / X)

5. 촉매를 사용하는 주목적은 열역학적 평형을 변화시키기 위한 것이다. (O / X)

6. 촉매는 반응열에 영향을 미치지 않으나 활성화 에너지에 영향을 준다. (O / X)

7. 촉매는 반응 경로를 바꾸어서 생성물의 선택성을 조절할 수 있다. (O / X)

8. 촉매는 반응의 양론식을 변화시킨다. (O / X)

정답 1. O, 2. O, 3. O, 4. X, 5. X, 6. O, 7. O, 8. X

1-2 촉매의 종류

① 다공성 촉매 : 기공에 비해서 큰 면적을 가진 촉매
② 분자체 : 선택적 투과 반응이 가능한 촉매(점토, 제올라이트)
③ 모노리스 : 압력 강화와 열을 제거하는 공정에 이용되는 비다공성 촉매
④ 담지 촉매 : 담체(표면적이 넓은 물질) 위에 촉매가 미세한 활성물질 입자가 분산된 형태

1-3 촉매의 비활성화

피독 현상 (poisoning)	• **피독 현상**(poisoning) : 촉매에 극소량의 다른 물질이 들어가서 촉매에 강하게 흡착하거나 결합하여 촉매의 활성을 감소시키는 현상 (활성점 상실로 촉매를 비활성화 함) • **촉매독**(catalyst poison) : 피독 현상을 일으켜 촉매 작용을 방해하는 물질
파울링 (fouling)	• 탄소 침적 등에 의한 물리적 막힘 현상
소결 (sintering)	• 용융점 이하의 온도에서 원자의 이동 현상으로 분말 입자가 서로 결합하는 과정 • 금속은 서로 합쳐지려는 성질이 강하여 표면적이 감소함 표면적이 감소하면 촉매 활성이 떨어짐
손실	• 활성 성분이 반응과 함께 서서히 손실되는 현상

§ 2. 촉매의 구성 및 담체의 종류

2-1 담체(carrier, catalyst support)

1 담체의 정의

① 촉매의 지지체 : 비표면적이 큰 담체에 촉매를 고정시켜 **촉매 기능을 향상, 촉진시키는 기능을 함**

② 촉매 담체 자체로는 촉매 작용을 하지 못하지만, 촉매의 지지체로 촉매의 활성을 도와주는 것

2 담체의 기능

담체를 사용하여

① 촉매를 원하는 형태로 만들어 **기계적 강도 증가**

② 촉매를 고정화시켜, 승화하기 쉬운 성분의 **휘산**(volatilization) **방지**

③ 비표면적이 큰 담체에 금속을 미립자상으로 고정, 분리시켜 **소결 억제**

④ 활성점 분산

⑤ 반응열 제거 용이 → 국부 가열 방지

3 담체의 특징

① 비균질계 촉매에서 많이 사용됨

② 비표면적이 크고, 다공성 성질을 갖는 물질이 촉매 담체로서 유리함

4 담체의 종류

알루미나, 실리카, 활성탄, 타이타니아 등

2-2 효소(enzyme)

1 효소의 정의

기질과 결합해서 효소-기질 복합체를 형성하여 화학 반응의 활성화 에너지를 낮춤으로써 물질대사의 **속도를 증가시키는 생체 촉매**

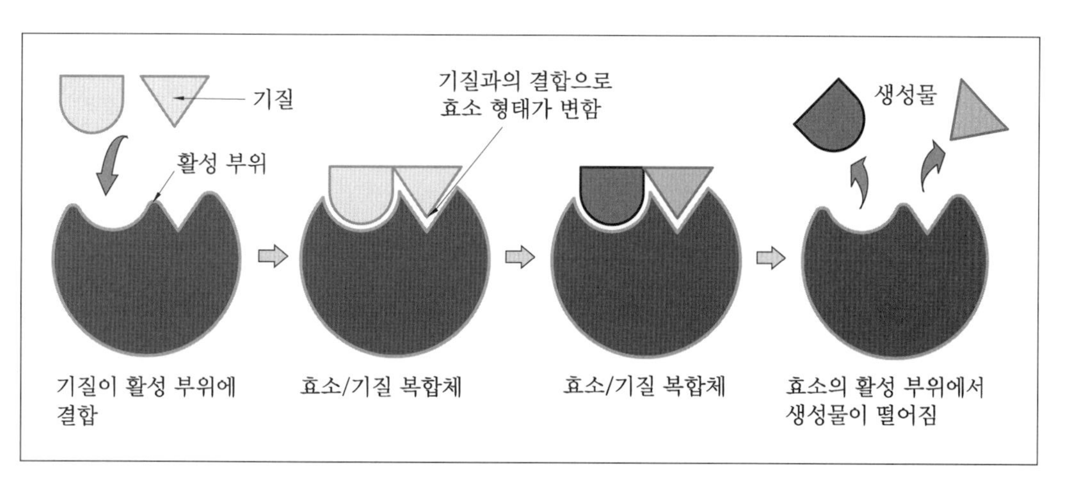

효소 작용의 단계별 과정

2 효소의 특징

① **촉매 활성점에 작용**하여 생체 **반응속도를 증가**시킴
② 주성분 : 단백질, 리보자임(ribozyme, 촉매 기능을 가지는 RNA)
③ 기질 특이성 : 특정 기질에만 결합하여 작용
④ 효소의 활성은 온도와 pH에 영향을 받음(적정 온도와 pH 범위가 존재)
⑤ 주성분이 단백질이므로 열에 의해 변형되면 활성을 잃음

3 관련 용어

① 보조인자 : 효소에 결합하여 활성을 나타내도록 하는 금속 이온
② 조효소 : 효소에 결합하여 활성을 나타내도록 하는 유기물(비타민 C 등)
③ 활성제 : 효소의 활성을 증가시키는 분자
④ 저해제 : 효소의 활성을 감소시키는 분자

4 고정화 효소

정의	• 담체에 효소를 고정한 것
특징	• 효소를 담체에 고정 → 안정성 증가 • 효소의 용해도를 낮춤(운동성 감소) • 효소 촉매 효율 증가 • 반응 후 생성물과 분리 쉬움, 회수 정제 과정 생략 가능 • 재사용 가능 • 연속 반응 가능 • 담체에 고정되어 기질의 물질 전달 저항(확산 저항)이 큼

5 효소 촉매 반응속도

(1) 효소 촉매 반응식

$$E + S \underset{k_{-1}}{\overset{k_1}{\rightleftharpoons}} ES \xrightarrow{k_2} E + P$$

E : 효소
S : 기질
ES : 효소-기질 복합체
P : 생성물

(2) 미하엘리스-멘텐(Michaelis-Menten)식

$$-r_s = r_p = \frac{R_{max} C_s}{K_m + C_s}$$

r_s : 반응물 소모속도
r_p : 생성물 생성속도
R_{max} : 최대반응속도
C_s : 기질 농도
K_m : Michaelis 상수

① 기질 농도 낮을 때($C_s \ll K_m$) : 기질 농도에 비례($-r_s \propto C_s$)

② 기질 농도 높을 때($C_s \gg K_m$) : 초기 기질 농도와 무관, 0차 반응에 가까움

③ 기질 농도가 k_m과 같을 때($C_s = K_m$) : $r = \frac{1}{2} R_{max}$

연습문제

2. 촉매

2015 서울시 9급 공업화학

01 다음 촉매에 대한 설명 중 옳은 것을 모두 고른 것은?

ㄱ. 화학 반응에 참가하지만 촉매 스스로가 소모되지 않는 물질이다.
ㄴ. 활성화 에너지를 낮추어서 반응속도를 빠르게 한다.
ㄷ. 평형상수를 변화시켜 평형에 도달하는 속도를 빠르게 한다.
ㄹ. 표면적을 최대화할 수 있는 다공성 물질 표면에 지지시켜 촉매 효능을 증가시킬 수 있다.

① ㄱ, ㄴ ② ㄷ, ㄹ ③ ㄱ, ㄴ, ㄹ ④ ㄴ, ㄷ, ㄹ

해설 **촉매**

ㄷ. 촉매는 평형상수, 평형의 이동과는 상관없다.
ㄹ. 다공성 → 비표면적↑ → 접촉 기회(면적)↑ → 촉매 효과↑

정답 ③

2017 지방직 9급 공업화학

02 화학 반응에서 촉매의 기능에 대한 설명으로 옳은 것만을 모두 고른 것은?

ㄱ. 촉매는 활성화 에너지를 변화시킨다.
ㄴ. 촉매는 반응속도에 영향을 미친다.
ㄷ. 촉매는 반응의 양론식을 변화시킨다.
ㄹ. 촉매는 화학 평형 자체를 변화시키지 못한다.

① ㄱ, ㄴ, ㄷ ② ㄱ, ㄴ, ㄹ
③ ㄱ, ㄷ, ㄹ ④ ㄴ, ㄷ, ㄹ

해설 **촉매 사용으로 변하는 것 :** 반응속도, 반응 경로, 활성화 에너지

정답 ②

2018 지방직 9급 공업화학

03 효소 반응에서 속도 상수와 온도와의 관계를 나타내는 식은?

① 이상 기체식
② Beer－Lambert식
③ Arrhenius식
④ Van der Waals식

해설 ① 이상 기체식 : 이상 기체의 압력과 온도, 몰수, 부피와의 관계식

② Beer－Lambert식 : 흡광도 공식 $\left(A = \log \frac{I_0}{I_t}\right)$

③ Arrhenius식 : 반응속도 상수(k)와 활성화 에너지, 절대온도의 관계를 설명한 식

$$k = Ae^{-E_a/RT}$$

k : 반응속도 상수
A : 상수(빈도인자)
E_a : 활성화 에너지
R : 이상 기체 상수(8.314J/mol·K)
T : 절대온도

④ Van der Waals식 : 실제 기체의 기체 방정식

정답 ③

2017 국가직 9급 공업화학

04 촉매 담체에 대한 설명으로 옳은 것만을 모두 고른 것은?

ㄱ. 고정화에 의해 승화하기 쉬운 성분의 휘산(volatilization)을 방지할 수 있다.
ㄴ. 담체를 사용하여 촉매를 원하는 형태로 만들어 기계적 강도를 높일 수 있다.
ㄷ. 비표면적이 큰 담체에 금속을 미립자상으로 고정, 분리시켜 소결을 억제할 수 있다.

① ㄱ
② ㄱ, ㄴ
③ ㄴ, ㄷ
④ ㄱ, ㄴ, ㄷ

해설 **담체(carrier, catalyst support)**

- 촉매의 지지체
- 비표면적이 큰 담체에 촉매를 고정시켜 촉매 기능을 향상, 촉진시키는 기능을 함

정리 **담체의 기능**

- 촉매를 원하는 형태로 만들어 기계적 강도 증가
- 촉매를 고정화시켜 승화하기 쉬운 성분의 휘산(volatilization) 방지

- 비표면적이 큰 담체에 금속을 미립자상으로 고정, 분리시켜 소결 억제
- 활성점 분산
- 반응열 제거 용이 → 국부 가열 방지

담체의 종류

알루미나, 실리카, 활성탄, 타이타니아

(용어) 소결 : 용융점 이하의 온도에서 원자의 이동 현상으로 분말 입자가 서로 결합하는 과정

정답 ④

2017 지방직 9급 추가채용 공업화학

05 효소에 대한 설명으로 옳지 않은 것은?

① 아미노산 간 펩타이드 결합으로 이루어진 단백질이 주성분이다.
② 특정 기질에만 결합하여 작용하는 기질 특이성이 있다.
③ 효소에 결합하여 활성을 나타내도록 하는 금속 이온을 조효소라고 한다.
④ 효소의 작용은 온도와 pH의 영향을 받는다.

해설 ③ 효소에 결합하여 활성을 나타내도록 하는 금속 이온을 보조인자라고 한다.

(정리) **효소(enzyme)**

(1) 정의

기질과 결합해서 효소-기질 복합체를 형성하여 화학 반응의 활성화 에너지를 낮춤으로써 물질대사의 속도를 증가시키는 생체 촉매

(2) 특징

- 촉매 활성점에 작용하여 생체 반응속도를 증가시킴
- 주성분 : 단백질, 리보자임(ribozyme, 촉매 기능을 가지는 RNA)
- 기질 특이성 : 특정 기질에만 결합하여 작용
- 효소의 활성은 온도와 pH 영향을 받음(적정 온도와 pH 범위가 존재)

(3) 관련 용어

- 보조인자 : 효소에 결합하여 활성을 나타내도록 하는 금속 이온
- 조효소 : 효소에 결합하여 활성을 나타내도록 하는 유기물(비타민 C 등)
- 활성제 : 효소의 활성을 증가시키는 분자
- 저해제 : 효소의 활성을 감소시키는 분자

정답 ③

2016 국가직 9급 공업화학

06 고정화 효소(immobilized enzyme)의 특성으로 옳지 않은 것은?

① 재사용이 가능하다.
② 연속 반응기에서 사용이 가능하다.
③ 반응 후 생성물과의 분리가 어렵다.
④ 기질의 확산 저항이 자유 효소에 비해 더 크다.

해설 ③ 반응 후 생성물과의 분리가 쉬움

정리 **고정화 효소**

정의	• 담체에 효소를 고정한 것
특징	• 효소를 담체에 고정 → 안정성 증가 • 효소의 용해도를 낮춤(운동성 감소) • 효소 촉매 효율 증가 • 반응 후 생성물과 분리 쉬움, 회수 정제 과정 생략 가능 • 재사용 가능 • 연속 반응 가능 • 담체에 고정되어 기질의 물질 전달 저항(확산 저항)이 큼

정답 ③

2018 국가직 9급 공업화학

07 효소를 불용성 담체에 고정하여 사용하는 이유로 옳지 않은 것은?

① 효소의 운동성을 높일 수 있다.
② 효소를 재사용할 수 있다.
③ 효소의 안정성이 증대되어 최적 온도 상승 효과를 낼 수 있다.
④ 반응 후 효소의 회수나 효소 반응 생성물의 정제 과정을 없앨 수 있다.

해설 ① 담체에 효소가 고정되어, 효소의 운동성은 감소된다.

정답 ①

2017 국가직 9급 공업화학

08 단순 기질과 단순 효소 반응에서 미하엘리스-멘텐(Michaelis-Menten)식에 대한 설명으로 옳은 것만을 모두 고른 것은?

ㄱ. 기질 농도(S)가 미하엘리스-멘텐 상수(K_m)보다 높을 때($S \gg K_m$) 반응속도가 일정해지고 기질 농도에 무관하다.
ㄴ. 기질 농도(S)가 미하엘리스-멘텐 상수(K_m)보다 낮을 때($S \ll K_m$) 반응속도는 기질 농도에 반비례한다.
ㄷ. 기질 농도(S)가 미하엘리스-멘텐 상수(K_m)와 같을 때($S = K_m$) 반응속도는 최대반응속도(V_{max})의 $\frac{1}{2}$이 된다.

① ㄱ, ㄴ　② ㄱ, ㄷ　③ ㄴ, ㄷ　④ ㄱ, ㄴ, ㄷ

해설 효소 촉매 반응속도
ㄴ. 기질 농도(S)가 미하엘리스-멘텐 상수(K_m)보다 낮을 때($S \ll K_m$) 반응속도는 기질 농도에 비례한다.

정답 ②

PART 5

무기정밀화학공업

Chapter 1 제올라이트

1 제올라이트 개요

1 제올라이트(zeolite)의 정의

① 내부에 있는 나노 크기의 구멍 속에 보통 물 분자들이 가득 채우고 있는 광석
② 이 광석을 가열하면 내포된 물 분자가 증발하여 수증기를 발생하여, 그리스어로 끓는다는 뜻의 zeo, 돌이라는 의미의 lite를 합쳐 제올라이트라 부름
③ 실제로는 알루미늄 산화물과 규소 산화물의 결합으로 생겨난 음이온을 알칼리 금속 및 알칼리 토금속이 결합되어 있는 광물을 총칭

2 제올라이트의 구조

① 조성식

$$M_{x/n}[(AlO_2)_x(SiO_2)_y]\cdot zH_2O$$

n : 금속 양이온의 전하
z : 수화된 물 분자의 수

② 견고한 3차원 구조를 지닌 결정질 알루미늄 규산염 광물(crystalline aluminosilicate)
③ 구조 기본 단위 : $[SiO_2]_4$와 $[AlO_4]_5^-$ 사면체
④ 다공성 구조
⑤ 제올라이트의 물리적 및 화학적 성질은 Al/Si비로 결정됨
⑥ 대체로, Si 성분이 클수록 구조가 단단해짐

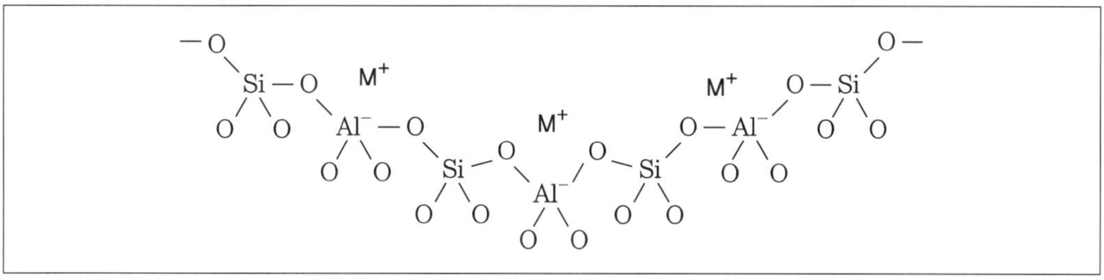

전형적인 제올라이트 골격의 구조

3 제올라이트의 특징

다공성	• **규칙적인 다공성 구조를 가짐**
분자체 기능 (분자체 효과)	• 규칙적인 미세 기공(세공)으로 분자체 효과가 있음 • **분자체 효과 : 세공경보다 작은 분자를 선택적으로 통과 흡착함** • 분자체 효과로 n-paraffin과 isoparaffin의 분리나 ortho, meta, para 이성질체 분리 가능
흡착성 강함	• 전하를 가진 제올라이트는 일반적으로 친수성이지만, 전하의 수에 따라 극성 물질이나 비극성 물질을 **선택적으로 흡착함** • 결정 구조 내에 있는 양이온의 작용에 의해 불포화 탄화수소나 극성 물질을 선택적으로 강하게 흡착
이온 교환성	• 제올라이트는 결정 구조 내에 교환 가능한 양이온을 함유하고 있기 때문에 쉽게 다른 **양이온과 자유롭게 교환이 가능**함(이온 교환 능력을 가짐) • 이온 교환 능력으로 **브뢴스테드-로우리 산, 루이스 산으로 작용**함
연성	• 결정체이므로 연성 작음
촉매	• 전이 금속을 도입하면, 촉매 활성점으로 작용함 • **외부 양이온이 H^+와 치환하여 브뢴스테드 로우리 산 촉매로 작용**
산점	• 외부 양이온이 H^+와 치환하여 브뢴스테드 로우리 산으로 작용 • **고온에서 가열하면 물이 제거되면서 루이스 산점이 생성** • **다시 소량의 물을 공급하면, 브뢴스테드 산점이 재생** • 같은 제올라이트에서 산성도 영향인자 – 이온 교환 $Na^+ < Ca^{2+} < H^+$ – Si/Al 비↑ → 산도↑ – 온도
향균성	• 제올라이트를 구성하고 있는 양이온의 일부를 음이온으로 치환한 것이 항균성을 갖기 때문에 식품의 품질 유지제 또는 선도 유지제로서 활용됨

4 제올라이트의 용도

탈취제, 탈수제, 건조제, 흡착제, 분자체, 세제, 연수화(경도 제거), 건축 자재, 이온 교환수지, 촉매, 촉매 담체, 식품 품질 유지제 등 용도가 다양함

2 제올라이트의 종류

1 제올라이트의 분류

규소와 알루미늄의 비로 분류

① 제올라이트 A : Si와 Al의 비가 1 : 1인 제올라이트

② 제올라이트 X : Si와 Al의 비가 1 : 1～1.5 : 1인 제올라이트

③ 제올라이트 Y : Si와 Al의 비가 1.5 : 1 이상인 제올라이트

2 제올라이트의 예

제올라이트 A	• sodalite 8개가 단순입방구조를 이루고, 6개의 window을 가짐 • 세공 크기 : 4.1Å
제올라이트 X, 제올라이트 Y	• FAU 구조 • sodalite가 정사면체 형태로 3차원적으로 연결된 구조
ZSM-5	• Al/Si비가 높음 • 10-산소 고리의 특이한 세공 구조 • 세공 크기 : 약 0.6nm • 내열성, 소수성, 활성 저하 감소 • 고체산 촉매 • 이용 : 메탄올에서 가솔린의 합성, 저급 올레핀의 제조, 방향족 화합물의 선택적인 이성질화, 알킬화 반응, 에틸벤젠 합성의 촉매 등

3 물리적 흡착과 화학적 흡착

구분	물리적 흡착	화학적 흡착
원리	흡착제-용질 간의 분자 인력이 용질-용매 간의 인력보다 클 때 흡착됨	흡착제-용질 사이의 화학 반응에 의해 흡착
구동력	분자 간의 인력(반데르발스 힘)	화학 반응
속도	큼	작음
활성화 에너지	활성화 에너지가 낮아 흡착 과정에서 포함되지 않음	활성화 에너지가 높아 흡착 과정에서 포함될 수 있음
반응	가역 반응	비가역 반응
탈착(재생)	가능	불가능
분자층	다분자층 흡착	단분자층 흡착
흡착열	작음(40kJ/mol 이하)	큼(80kJ/mol 이상)
온도 의존성	온도가 높을수록 흡착량 감소	온도 상승에 따라 흡착량이 증가하다가 감소
압력과의 관계	압력이 높을수록 흡착량 증가	압력이 높을수록 흡착량 감소
표면 흡착량	피흡착 물질의 함수	피흡착물, 흡착제 모두의 함수

보통 흡착 현상은 물리적 흡착과 화학적 흡착이 동시에 발생함

연습문제

1. 제올라이트

2016 지방직 9급 공업화학

01 제올라이트에 대한 설명으로 옳지 않은 것은?

① 촉매로 사용된다. ② 다공성이다.
③ 연성(ductility)이 크다. ④ 이온 교환 능력이 있다.

해설 ③ 연성(ductility)이 작다.

■ **제올라이트의 특징**

- 다공성
- 이온 교환성 : 양이온 교환
- 연성 작음
- 분자체 효과 : 작은 분자를 선택적으로 통과 흡착함
- 흡착성 강함 : 결정 구조 내에 있는 양이온의 작용에 의해 불포화 탄화수소나 극성 물질을 선택적으로 강하게 흡착

정답 ③

2018 지방직 9급 공업화학

02 흡착제, 촉매 및 세제 원료로 널리 사용되는 제올라이트(zeolite)인 ZSM-5에 포함되지 않는 원소는?

① 산소(O) ② 알루미늄(Al)
③ 규소(Si) ④ 황(S)

해설 제올라이트 구성 원소 : Si, Al, O

정리 **제올라이트**

- 결정질 알루미늄 규산염광물
- 구조 기본 단위 : $[SiO_2]_4$와 $[AlO_4]_5^-$ 사면체
- 용도 : 흡착제, 촉매, 세제, 건조제, 이온교환수지

(정리) ZSM-5

- Al/Si비가 높음
- 10-산소 고리의 특이한 세공 구조
- 세공의 크기가 약 0.6nm
- 내열성, 소수성, 활성 저하 감소
- 고체산 촉매
- 이용 : 메탄올에서 가솔린의 합성, 저급 올레핀의 제조, 방향족 화합물의 선택적인 이성질화, 알킬화 반응, 에틸벤젠 합성의 촉매 등

정답 ④

2017 국가직 9급 공업화학

03 다음에서 설명하는 특성을 모두 만족하는 물질은?

- 규칙적인 미세 기공으로 인한 분자체 작용이 있다.
- 이온 교환 능력에 의해 브뢴스테드-로우리(Brönsted-Lowry) 산성, 루이스(Lewis) 산성을 발현할 수 있다.
- 전이 금속을 도입하여 촉매 활성점으로 작용하는 것이 가능하다.

① 알루미나 ② 타이타니아
③ 제올라이트 ④ 산화마그네슘

해설 **제올라이트의 특징**

구분	내용
다공성	• 다공성 구조
이온 교환성	• 이온 교환 능력은 브뢴스테드-로우리 산, 루이스 산으로 발현 • 양이온 교환 가능
연성	• 연성 작음
분자체 효과	• 규칙적인 미세 기공으로 분자체 효과가 있음 • 분자체 효과 : 작은 분자를 선택적으로 통과 흡착함
흡착성 강함	• 결정 구조 내에 있는 양이온의 작용에 의해 불포화 탄화수소나 극성 물질을 선택적으로 강하게 흡착
촉매	• 전이 금속을 도입하여 촉매 활성점으로 작용함

정답 ③

2017 지방직 9급 공업화학

04 다음 흡착에 대한 설명으로 옳은 것만을 모두 고른 것은?

ㄱ. 흡착에는 분자 간 응집력에 의한 물리 흡착과 화학 결합에 의한 화학 흡착이 있다.
ㄴ. 물리 흡착은 단분자층, 화학 흡착은 다분자층 흡착이 가능하다.
ㄷ. 화학 흡착이 물리 흡착에 비해 활성화 에너지가 크다.
ㄹ. 상온에서 흡착 속도는 물리 흡착이 화학 흡착보다 느리다.

① ㄱ, ㄴ
② ㄱ, ㄷ
③ ㄱ, ㄴ, ㄷ
④ ㄴ, ㄷ, ㄹ

해설 ㄴ. 물리 흡착은 다분자층, 화학 흡착은 단분자층 흡착이 가능하다.
ㄹ. 상온에서 흡착 속도는 물리 흡착이 화학 흡착보다 빠르다.

정리 **물리적 흡착과 화학적 흡착**

구분	물리적 흡착	화학적 흡착
원리	흡착제-용질 간의 분자 인력이 용질-용매 간의 인력보다 클때 흡착됨	흡착제-용질 사이의 화학 반응에 의해 흡착
구동력	분자 간의 인력(반데르발스 힘)	화학 반응
속도	큼	작음
활성화 에너지	활성화 에너지가 낮아 흡착 과정에서 포함되지 않음	활성화 에너지가 높아 흡착 과정에서 포함될 수 있음
반응	가역 반응	비가역 반응
탈착(재생)	가능	불가능
분자층	다분자층 흡착	단분자층 흡착
흡착열	작음(40kJ/mol 이하)	큼(80kJ/mol 이상)
온도 의존성	온도가 높을수록 흡착량 감소	온도 상승에 따라 흡착량이 증가하다가 감소
압력과의 관계	압력이 높을수록 흡착량 증가	압력이 높을수록 흡착량 감소
표면 흡착량	피흡착 물질의 함수	피흡착물, 흡착제 모두의 함수

보통 흡착 현상은 물리적 흡착과 화학적 흡착이 동시에 발생함

정답 ②

Chapter 2 실리콘

1 실리콘

1 개요

① 실록산 결합(Si–O–Si)에 의해 연결되어 생긴 고분자 유기 화합물
② 천연에는 존재하지 않고 인공적으로 합성된 물질
③ 성상에 따라 살펴보면 오일, 레진 및 고무, 크게 3가지로 분류함

$$R-\underset{CH_3}{\overset{CH_3}{\underset{|}{\overset{|}{Si}}}}-O-\left[\underset{CH_3}{\overset{CH_3}{\underset{|}{\overset{|}{Si}}}}-O\right]_n-\underset{CH_3}{\overset{CH_3}{\underset{|}{\overset{|}{Si}}}}-R$$

실리콘 오일의 분자 구조

2 특징

무기적인 성질과 유기적인 성질을 동시에 가지고 있음
① 무기적 특성 : 내열성, 내한성, 내후성, 내마모성, 화학적 안정성, 전기절연성 등 우수
② 유기적 특성 : 반응성, 용해성, 작업성 등 우수

2 실리콘 오일

1 실리콘 오일의 구조

① 선형 사슬 모양 분자 구조
② 실록산 결합으로 개개의 분자가 독립해서 존재하여,
분자 사슬을 상호간 자유롭게 움직일 수 있으므로, 유동성을 가짐
③ 분자 사슬이 길어질수록 유동성이 낮아지고, 점도 증가

2 실리콘 오일의 특성

구분	특성
점도	• 실록산 결합으로 개개의 분자가 독립해서 존재하여, 분자 사슬을 상호간 자유롭게 움직일 수 있으므로, 유동성을 가짐 • 분자 사슬이 길어질수록(중합도가 클수록) 유동성이 낮아지고, 점도 증가 • 중합도를 조절하여 다양한 점도의 제품을 생산할 수 있음
안정	• 화학적 안정성 우수 • 내열성 • 내후성(산소, 오존, 자외선에 강함) • 전기절연성이 좋아 절연유로 사용됨
탄성	• 온도에 대한 부피 변화가 큼 • 압축률이 큼 • 전단 저항성이 큼
기타	• 소수성 • 발수성(물을 밀어내는 성질) • 표면장력 작음 • 증기압 높음 • 인화점 낮음 • 유동점 낮음 • 윤활성 좋음 • 용해성 • 광택성이 좋음 • 내약품성 • 내방사성

3 실리콘 고무

실리콘으로 이루어진 고무

1 실리콘 고무의 구조

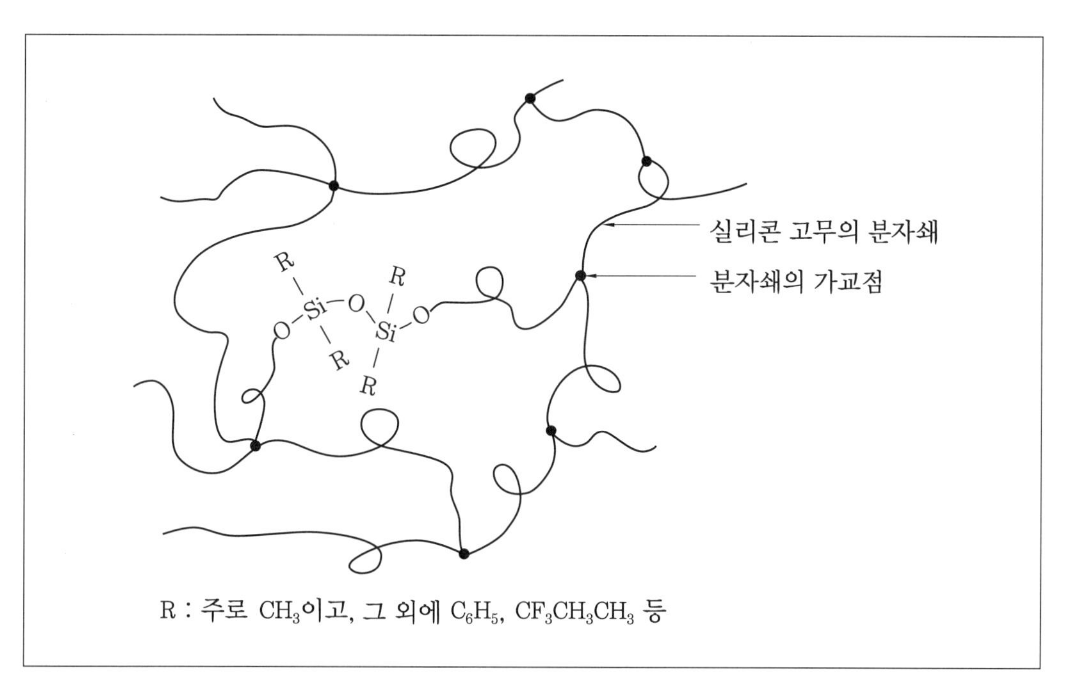

실리콘 고무의 분자 구조

① 폴리디메틸실록산

② 느슨한 망상 구조(나선형 구조)

③ -Si-O-Si 결합을 가짐

④ 실리콘 원자에 산소 원자가 끼어있어, 산소-규소 결합축을 중심으로 회전이 비교적 자유로움

⑤ 고무의 가교가 진행될수록, 점점 분자의 자유도 감소, 신축성(탄성) 감소, 소성이 증가하여 딱딱해짐

2 실리콘 고무의 특성

탄성	• 탄성 좋음 • 압축률 좋음
내열성 내한성	• -100~350℃로 사용 온도 범위가 넓음 • 저온 및 고온에서 강함 • 넓은 온도 범위에서 탄성 회복력이 크고, 단단하고, 화학적으로 안정함 • 일반 고무보다 단단하고, 수명이 길
내후성	• 공기 중 산소, 오존, 자외선에 강함
전기절연성	• 넓은 온도 범위에서 전기절연성이 뛰어남 • 난연성
안전	• 무독성 • 내방사성
기타	• 이형성, 용해성, 작업성 우수 • 발수성(액체 밀폐 우수) • 높은 가스 투과도 • 불활성

3 실리콘 고무의 용도

① 우주항공, 군수산업, 자동차, 정밀화학, 건축, 전기전자, 식품가공, 기계공업, 의료제약분야, 화장품, 가정용품, 종이필름산업, 태양전지, 반도체 등

② 석유화학제품을 대체해 모든 산업에 광범위하게 사용

예 식품용기, 내열용기, 실리콘 재질 주방용품, 절연용품, 패킹재료, 수영모자, 방진 및 방독 마스크, 전선 피복재, 와이어 등

4 실리콘 레진

3차원의 실록산 망상 구조의 고분자 수지

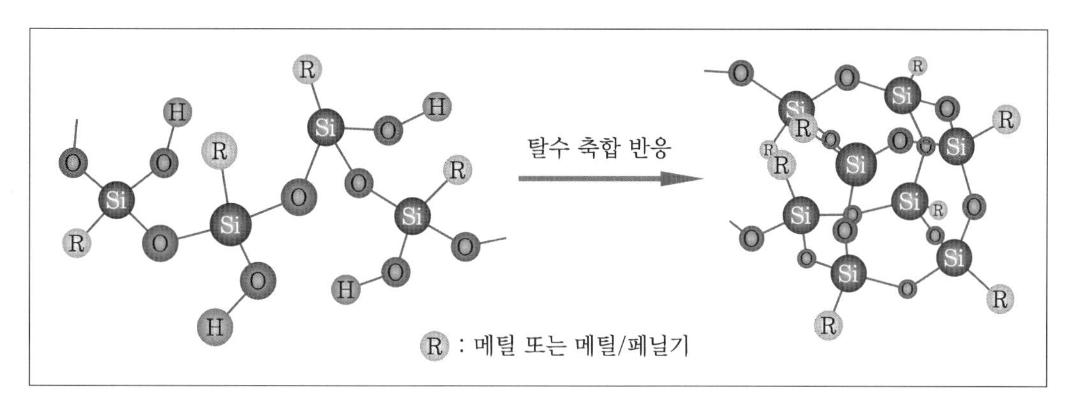

실리콘 레진 구조

1 실리콘 레진의 특징

① 경화하면 단단한 피막과 성형품을 형성
② 내열성
③ 내후성
④ 고경도
⑤ 전기절연성
⑥ 성형 가능
⑦ 방수성
⑧ 난연성

2 실리콘 레진의 용도

바니스, 도료, 성형용 레진 등

연습문제

2. 실리콘

2017 지방직 9급 공업화학

01 실리콘 오일(silicone oil)의 분자 구조로 옳은 것은?

① $R-Si(CH_3)_2-\left[Si(CH_3)_2\right]_n-Si(CH_3)_2-R$

② $R-Si(CH_3)_2-O-\left[Si(CH_3)_2-O\right]_n-Si(CH_3)_2-R$

③ $R-Si(CH_3)_2-CH_2-\left[Si(CH_3)_2-CH_2\right]_n-Si(CH_3)_2-R$

④ $R-Si(CH_3)_2-NH-\left[Si(CH_3)_2-NH\right]_n-Si(CH_3)_2-R$

정답 ②

Chapter 3

탄소 재료

1 탄소의 동소체

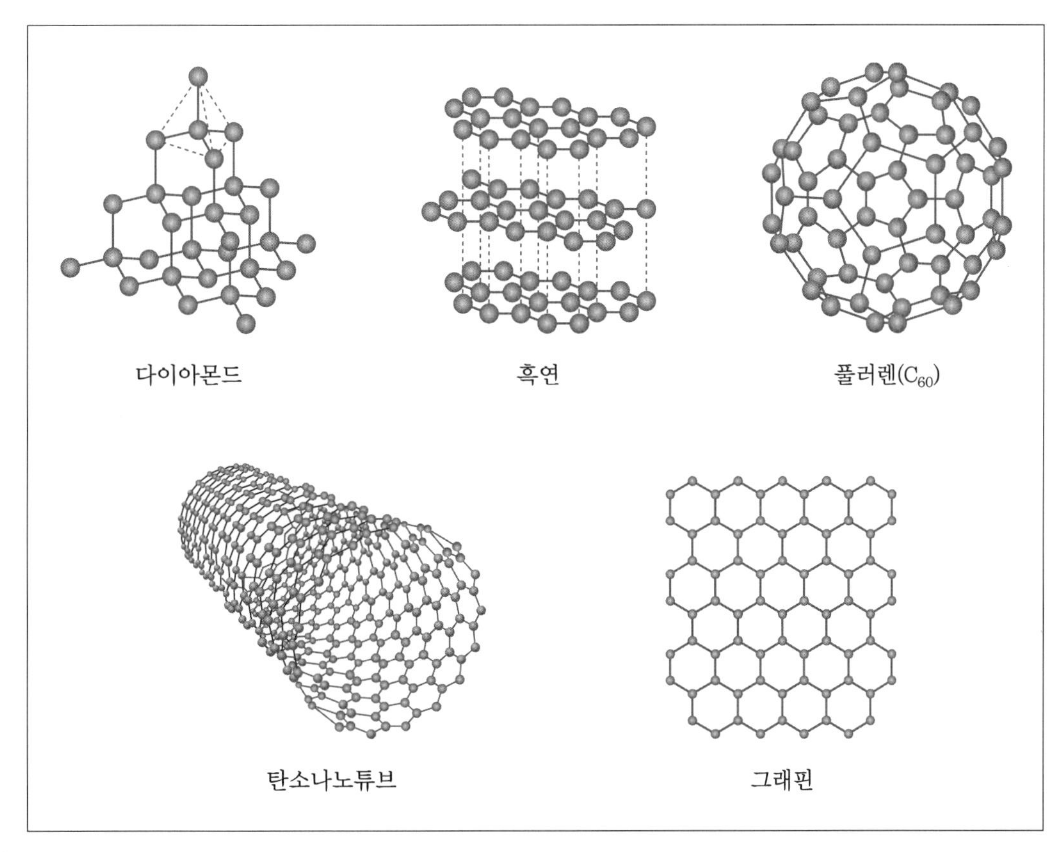

탄소의 동소체

탄소의 동소체	구조	탄소 1개와 결합한 탄소 수 (혼성오비탈)	전기 전도성	특징
다이아몬드	• 정사면체 구조, 그물 구조	4 (sp^3)	없음	• 끓는점이 매우 높음 • 경도가 매우 큼
흑연	• 판형 • 층상 구조	3 (sp^2)	있음	• 층상 구조로 잘 미끄러짐
풀러렌 (C_{60})	• 축구공 모양 • 60개의 탄소 원자로 이루어진 구조 – 육각형 고리 20개(120°) – 오각형 고리 12개(108°)	3 (sp^2)	있음	• C–C 결합 90개 • 분자 • 무극성
탄소나노튜브 (CNT)	• 흑연을 원기둥 모양으로 말아 놓은 관 모양의 구조 • 정육각형 평면 구조	3 (sp^2)	있음	• 강도 큼
그래핀	• 흑연에서 떼어낸 탄소 원자 한 층 • 연속적인 벌집 모양의 정육각형 평면 구조	3 (sp^2)	있음	• 강도 큼

2 탄소 재료의 종류

1 다이아몬드

구조	• 1개의 탄소 원자가 4개의 탄소 원자와 공유 결합 • 정사면체 구조, 그물 구조 • 다이아몬드 입방형 구조(FCC) • 단위세포당 입자 수 8개
특징	• 무색, 투명 • 단단한 결정 • 전기전도성 없음

2 흑연

구조	• 1개의 탄소 원자가 3개의 탄소 원자와 공유 결합 • 육각형 판상 결정
특징	• 검은색의 금속성 광택을 띰 • 약한 반데르발스 힘으로 연결됨 • 강도 약함(무름) • 층과 층이 잘 미끄러짐 • 전기전도성 있음

3 탄소나노튜브

구조	• 1개의 탄소 원자가 3개의 탄소 원자와 공유 결합 • 흑연을 원기둥 모양으로 말아놓은 관형
특징	• 흑연은 강도가 약하나, 탄소나노튜브는 튜브 형태라서 **강도 우수** • **전기전도성 우수** • 반도체로 이용됨

4 그래핀

(1) 그래핀

구조	• 1개의 탄소 원자가 3개의 탄소 원자와 공유 결합 • 정육각형 2차원 평면 구조(흑연 한층)
특징	• **두께가 매우 얇고 투명함** • **강도 우수** • 화학적 안정성 우수 • **전기전도성 우수**

(2) 그래핀 제조법

① 스카치테이프법(기계적 박리법) : 테이프로 먼지 뜯음

② 흑연의 산화-환원 반응을 이용한 합성법 : 흑연을 산화시켜 박리하고, 환원으로 그래핀의 전기적 특성을 향상시키는 방법

③ 화학기상증착(CVD) 성장법 : 탄소원(메테인)을 공급하고, 열을 가하여 금속 촉매 기판 위에 성장시키는 방법

5 풀러렌(C_{60})

구분	내용
구조	• 축구공 모양 • 60개의 탄소 원자로 이루어진 구조 – 육각형 고리 20개(120°) – 오각형 고리 12개(108°) • C–C 결합 90개
특징	• 탄소의 동소체(홑원소 물질)이면서 분자 • 무극성 • 유기 용매에 잘 녹음

6 활성탄

① 다양한 크기의 미세 기공들을 가져 단위무게당 표면적이 매우 넓은 탄소 재료

② 용도 : 흡착제, 건조제

연습문제

3. 탄소 재료

2016 국가직 9급 공업화학

01 다양한 크기의 미세 기공들을 가져 단위무게당 표면적이 매우 넓은 탄소 재료는?

① 풀러렌
② 활성탄
③ 제올라이트
④ 다이아몬드

해설 ③ 제올라이트 : 결정질 알루미늄 규산염광물, 흡착제

정답 ②

2017 지방직 9급 공업화학

02 그래핀(graphene)의 제조법으로 옳지 않은 것은?

① 스카치테이프법
② 흑연의 산화-환원 반응을 이용한 합성법
③ 화학기상증착(CVD) 성장법
④ 공비증류법

해설 **그래핀 제조법**

- 스카치테이프법(기계적 박리법)
- 흑연의 산화-환원 반응을 이용한 합성법 : 흑연을 산화시켜 박리하고, 환원으로 그래핀의 전기적 특성을 향상시키는 방법
- 화학기상증착(CVD) 성장법 : 탄소원(메테인)을 공급하고 열을 가하여 금속 촉매 기판 위에 성장시키는 방법

정답 ④

PART 6

환경 관련 공업

Chapter 1 지구 환경 문제

§ 1. 지구온난화
(온실 효과, Green House Effect)

1 원인

① 화석 연료의 사용량 증가, 산림의 무분별한 파괴 → 대기 중 온실가스(특히 이산화탄소) 증가
② 온실가스량 증가 → 온실 효과 증가, 지구 연평균 기온 점점 증가, 지구온난화 가속화

2 원인 물질

CO_2, H_2O, CH_4, N_2O, CFC, CCl_4, O_3, CH_3CCl_3 등

3 영향

① 엘리뇨, 라니냐 현상

구분	내용
엘리뇨	• 무역풍이 평년보다 약해져 적도 동태평양에서 나타나는 고수온 현상 • 홍수 피해, 어장 황폐화 • 남자 아이 또는 아기 예수의 의미
라니냐	• 무역풍이 평년보다 강해져 적도 동태평양에서 나타나는 저수온 현상 • 여자 아이의 의미

② 해수면 상승, 해빙, 사막화
③ 수온 상승 : 생물의 증식 활동을 억제시켜 해양 생태계에 영향을 끼침
④ 이상 기후 현상 : 어떤 지역은 폭풍·홍수, 다른 지역은 한파 증폭
⑤ 고온성 병원균에 의한 전염병 증가, 농작물 피해
⑥ 생활 환경 변화로 인해 산업 구조와 사회 문화에 변화

4 대책

① 화석 연료 사용 감소
② 대체 에너지 개발
③ 에너지 사용량 감소
④ 나무 심기
⑤ 탄소 배출권 거래제 시행

5 온실 효과 기여도와 온난화 지수

온실 효과 기여도	• 지구온난화에 영향을 미치는 정도 • CO_2의 기여도가 50%로, 가장 큼 $CO_2 > CFC > CH_4 > N_2O$
온난화 지수(GWP)	• 온실 효과를 일으키는 잠재력을 표현한 값 • CO_2가 기준임 $SF_6 > PFC > HFC > N_2O > CH_4 > CO_2$

§ 2. 오존층 파괴

2-1 오존의 분포

권역	지구 전체 비율	오존 농도(ppm)	특징	성질
성층권 (오존층)	90%	10	자외선 차단(흡수) 200~290nm	good
대류권	10%	0.04 이하	광화학 스모그	bad

2-2 오존층

1 특징

① 오존의 생성과 분해가 가장 활발하게 일어나는 층
② 오존 밀집지역 20~30km
③ 오존 최대 농도 10ppm(고도 25km)
④ 오존의 농도는 지역에 따라 다양
⑤ 북반구에서는 주로 겨울과 봄철에 낮아지고, 여름과 가을에는 높아짐
⑥ 오존층 두께 : 적도(200DU), 극지방(400DU)
⑦ 극지방에 오존홀(오존층 파괴 현상이 가장 심각한 곳) 발생

2 역할

① 대류권의 열평형을 유지
② 200nm~290nm(특히 237.5nm)의 자외선을 흡수하여 **강한 자외선으로부터 지표면과 생물체를 보호함**
③ 290nm 이하의 단파장인 UV-C는 대기 중의 산소와 오존 분자 등의 가스 성분에 의해 흡수되어 지표면에 거의 도달하지 않음

3 돕슨(Dobson, DU)

① **오존층의 두께를 표시하는 단위**
② 100DU = 1mm
③ 지방 400DU, 적도 200DU
④ 지구 전체의 평균 오존량은 약 300DU
⑤ 지리적, 계절적으로 평균치의 ±50% 정도까지 변화

4 원리 – 오존의 생성 및 분해

오존의 생성 반응	• 오존은 자외선을 흡수하면 광해리를 일으켜 산소 원자와 산소 분자로 분해 $O_2 \rightarrow O + O$ $2O_2 + 2O \rightarrow 2O_3$ $3O_2 \rightarrow 2O_3$
오존의 분해 반응	• 산소 분자가 자외선(240nm 이하)을 흡수하여 2개의 산소 원자로 해리(광분해) $O_3 + O \rightarrow 2O_2$ $2O_3 \rightarrow 3O_2$
오존 농도 일정	• 오존 생성속도=오존 분해속도(평형) • 생성속도와 분해속도가 같아 자연 상태에서 오존 농도는 일정함

2-3 오존층 파괴

1 원인

① 오존층 파괴물질이 오존 분해 반응의 촉매로 작용
② 오존층 파괴물질이 성층권에 도달하면, 오존 분해속도가 더 빨라져 오존 농도가 감소하게 되고 오존층이 파괴됨

2 영향

① 백내장, 피부암
② 광합성 작용 감소, 수분 이용의 효율 감소로 식물 생장 떨어짐,
농작물 생산량 감소
③ 해양 생태계 파괴, 광합성 플랑크톤에 피해를 주어 먹이사슬에 악영향을 줌

3 오존층 파괴물질

염화플루오린화탄소 (프레온가스, CFCs)	• C, F, Cl로 구성된 분자 • 성층권에서 염소(Cl)가 오존층을 파괴함 • 대류권에서는 안정 – 불활성, 대기 중 쉽게 분해되지 않음 • 체류시간 : 5~10년 • 7~12μm의 복사에너지 흡수 • 용도 : 스프레이류, 냉매제, 소화제, 발포제, 전자부품 세정제
질소산화물 (NO, N_2O)	• 성층권을 비행하는 초음속 여객기에서 배출됨
염화브로민화탄소 (Halons)	• C, F, Cl, Br으로 구성된 탄소화합물 • 브로민(Br)이 오존층을 파괴함 • CFC–11보다 오존층 파괴력이 10배 큼 • 용도 : 특수 용도 소화제

4 오존층 파괴지수(ODP)

① CFC–11을 기준으로, 상대적인 오존층 파괴 정도를 나타내는 지표
② CFC–11이 기준

할론1301 > 할론2402 > 할론1211 > 사염화탄소 > CFC11 > CFC12 > HCFC

5 CFC 명명법

구분	제품명	분자식
CFC	CFC11	$CFCl_3$
	CFC12	CF_2Cl_2
할론	할론 1301	CF_3Br
	할론 1402	CF_4Br_2

6 CFC 대체물질

CFCs 대체물질은 온실 효과를 일으킴

과플루오린화탄소 (PFC)	• C와 F로 구성된 분자 • CFC보다 결합력이 높아 안정된 물질 • 성층권(오존층)에서는 분해되지 않고 더 높은 고도에서 분해됨
수소플루오린화탄소 (HFC)	• C, F, H로 구성된 분자 • 염소 없음 • 대류권에서 쉽게 파괴되어 성층권까지 도달하지 않음
수소염화플루오린화탄소 (HCFC)	• C, F, Cl, H로 구성된 분자(수소가 첨가된 CFC) • 염소 있음 • 대류권에서 쉽게 파괴되어 성층권까지 도달하지 않음

연습문제

1. 지구 환경 문제

2016 서울시 9급 공업화학

01 다음 〈보기〉에서 지구 환경과 관련된 설명으로 옳은 것을 모두 고른 것은?

보기

ㄱ. 지구온난화에 대한 기여도가 큰 순서부터 온실가스를 나열하면 이산화탄소, 아산화질소, 메테인, CFCs 등의 순서이다.

ㄴ. 전체 오존량의 90%가 성층권에 밀집해 있으며, 이 구역을 오존층이라 부른다.

ㄷ. CFC 대체물질인 HCFC도 염소를 포함하기 때문에 장기적으로 보면 오존층을 파괴할 수 있다.

① ㄴ ② ㄴ, ㄷ

③ ㄱ, ㄷ ④ ㄱ, ㄴ, ㄷ

해설 ㄱ. 지구온난화에 대한 기여도 : $CO_2 > CFC > CH_4 > N_2O$

정리 **지구온난화**

온실 효과 기여도	• 지구온난화에 영향을 미치는 정도 • $CO_2 > CFC > CH_4 > N_2O$
온난화 지수(GWP)	• 온실 효과를 일으키는 잠재력을 표현한 값 • CO_2이 기준임 • $SF_6 > PFC > HFC > N_2O > CH_4 > CO_2$

오존의 분포

권역	지구 전체 비율	오존 농도(ppm)	특징	성질
성층권 (오존층)	90%	10	자외선 차단(흡수) 200~290nm	good
대류권	10%	0.04 이하	광화학 스모그	bad

정답 ②

Chapter 2 환경 정화 공정

§ 1. 환경 정화 공정의 기초

1-1 처리 방법별 비교

구분	물리화학적 처리	생물학적 처리
효율	효율 높음	효율 낮음
비용	비용 높음	비용 낮음
처리량	적은 양 고효율 처리	많은 양 처리
주목적	고도 처리	유기물 대량 처리
예	침전, 응집·침전, 여과, 소독, 산화·환원, pH 조절, 이온교환, 흡착 등	호기성 처리, 혐기성 처리 등

1-2 처리 순서별 비교

처리 순서	전처리 (1차 처리)	main 처리 (2차 처리)	고도 처리 (3차 처리)
효율	효율 낮음	효율 중간	효율 높음
비용	비용 낮음	비용 중간	비용 높음
목적	여별 처리	대량 처리	고효율 처리
주 처리 방법	물리적 처리 (침전 등)	생물학적 처리	물리화학적 처리 + 생물학적 처리
주 제거 대상	• 모래, 자갈 등 제거 • 일부 부유물질(SS) 제거	• 유기물 제거(BOD, 감소) • 부유물질(SS) 제거	• 질소 및 인 제거 • 유해물질 처리

1-3 처리 원리(방지 기술 원리)

1 분리

media	처리 원리	분리 대상	방지 기술
수질	고액 분리	물과 오염물	침전, 부상, 여과, 막 분리, 생물학적 처리 등
대기	기액 분리	공기와 오염물	집진, 흡수, 흡착 등

2 무해화

독성 물질 → 무독성 물질

3 고정

① 이동하지 않게, 흐르지 않게, 고정
② 고체화(침전, 앙금)

§ 2. 수질오염 정화 공정

2-1 생물학적 처리와 화학적 처리의 비교

구분	화학적 처리	생물학적 처리
반응	화학 반응	미생물의 분해
반응속도	빠름	느림
독성	대부분 영향 없음	영향 큼
운전	쉬움	어려움
비용	높음	낮음
슬러지 발생량	많음	적음

2-2 생물학적 처리의 분류

호기성 처리	부유 생물법	• 활성슬러지법 • 활성슬러지 변법 : 계단식 폭기법, 점강식 폭기법, 산화구법, 장기 포기법, 심층 포기법, 순산소 활성슬러지법 등
	부착 생물법 (생물막법)	• 살수여상법 • 회전원판법 • 호기성 여상법 • 호기성 산화법
혐기성 처리	혐기성 소화, 혐기성 접촉법, 혐기성 여상법, 상향류 혐기성 슬러지상(UASB), 임호프, 부패조 등	
산화지법	조류와 미생물의 공생을 이용하는 생물학적 처리	

2-3 호기성 분해와 혐기성 분해 비교

구분	호기성 분해	혐기성 분해
발생 환경	유리 산소(DO) 많을 때 호기성일 때 산화성 환경일 때	유리 산소(DO) 없을 때 혐기성일 때 환원성 환경일 때
미생물	호기성 미생물	혐기성 미생물
이용 산소	유리 산소(DO)	결합 산소(SO_4^{2-}, NO_3^- 등)
미생물 성장속도 (분해 속도)	빠름	느림
분해 시간	짧음	긺
최종 생성물	산화 형태 무기물 (CO_2 , H_2O, NO_3^-, SO_4^{2-}, PO_4^{3-})	환원 형태 무기물 (CO_2, CH_4, NH_3, H_2S)
메테인 생성	생성 안 됨	생성됨
악취	발생 안 함	발생(NH_3, H_2S)
독성	덜 민감	더 민감
pH 범위	6 ~ 8	6.8 ~ 7.4

2-4 pH 조정

1 목적

① 유입수의 pH가 후속 생물학적 처리에 영향을 미치는 경우의 중화
② 후속 화학적 처리를 위한 적정 pH의 조정

2 pH 조정제의 종류

① 산성 폐수를 중화시킬 때는 염기(산중화제)를 주입함
② 염기성(알칼리) 폐수를 중화시킬 때는 산(알칼리 중화제)을 주입함

구분	산 중화제(염기)	알칼리 중화제(산)
종류	가성소다(NaOH) 소다회(Na_2CO_3) 소석회($Ca(OH)_2$) 생석회(CaO) 석회석($CaCO_3$) 돌로마이트(Dolomite, $CaMg(CO_3)_2$)	황산(H_2SO_4) 염산(HCl) 탄산(H_2CO_3) 또는 탄산가스(CO_2) 질산(HNO_3)

2-5 질소 및 인 제거 공법의 분류

구분	처리 분류	공법
질소 제거	물리화학적 방법	• 암모니아 탈기법 • 파과점 염소 주입법 • 이온교환법
	생물학적 방법	• MLE(무산소-호기법) • 4단계 바덴포
인 제거	물리화학적 방법	• 금속염 첨가법 • 석회 첨가법(정석탈인법) • 포스트립(Phostrip) 공법
	생물학적 방법	• A/O, 포스트립(Phostrip) 공법
질소·인 동시 제거		• A_2/O, UCT, MUCT, VIP, SBR, 수정 포스트립, 5단계 바덴포

2-6 ∘ 질소 제거

1 물리화학적 질소 제거

(1) 암모니아 탈기법(ammonia stripping, air stripping)

폐수의 pH를 11 이상으로 높이고, 공기를 불어 넣어 수중의 암모니아(NH_4^+)를 NH_3 가스로 탈기하는 방법

(가) 반응식

$$NH_3(g) + H_2O(l) \rightarrow NH_4^+(aq) + OH^-(aq) \qquad k_b = \frac{[NH_4^+][OH^-]}{[NH_3]}$$

(나) 제거율(처리 효율)

$$\text{제거율} = \frac{[NH_3]}{[NH_3] + [NH_4^+]} = \frac{1}{1 + \frac{[NH_4^+]}{[NH_3]}}$$

$$= \frac{1}{1 + \frac{k_b}{[OH^-]}} = \frac{1}{1 + \frac{k_b[H^+]}{k_W}}$$

(다) 영향인자

pH	• pH 증가, $[H^+]$ 감소 → 처리 효율 증가
온도	• 온도 증가 → 탈기 증가 → 처리 효율 증가

(라) 특징

① 독성물질에 영향을 받지 않음

② 동절기에는 온도가 낮으므로 적용이 곤란함

③ 암모니아성 질소(NH_3–N)만 처리가 가능

④ 소음, 악취 발생

(2) 파과점 염소 주입법(breakpoint chlorination)

폐수에 파과점 이상으로 염소를 주입하여 암모니아성 질소를 질소가스로 변환시켜 질소를 제거하는 방법

(가) 반응식

$$2NH_4^+ + 3Cl_2 \leftrightarrow N_2\uparrow + 6HCl + 2H^+$$
$$2NH_3 + 3HOCl \leftrightarrow N_2\uparrow + 3HCl + 3H_2O$$

(나) 특징

① 반응속도 빠름
② 독성물질 영향 없음
③ 약품비가 비쌈
④ 수중 용존 물질(DS) 증가
⑤ pH, 온도, 용존 물질, 환원성 물질에 영향을 받음
⑥ 유출수 살균 효과 있음

(3) 이온교환법

정의	• 이온교환수지로 수중의 질소를 제거하는 방법
특징	• NH_4^+ 제거율 높음 • 기후 영향 적음 • NO_2^-, NO_3^-, 유기 질소 제거율 낮음 • 이온교환수지가 비쌈 • 전처리 필요

2 생물학적 질소 제거

(1) 원리

구분	1단계	2단계
반응	질산화 (NH_3–N → NO_2^-–N → NO_3^-–N)	탈질 (NO_3^-–N → NO_2^-–N → N_2)
미생물	질산화 미생물	탈질 미생물
	호기성 미생물	임의성(통성혐기성) 미생물
	독립영양 미생물	종속영양 미생물
환경	산화	환원
반응조	호기조	무산소조

(2) 생물학적 질소 제거 공법

무산소조 - 호기조 조합 + 내부순환 → 질소 제거

① MLE 공법(무호법)

② 4단계 바덴포(Bardenpho) 공법

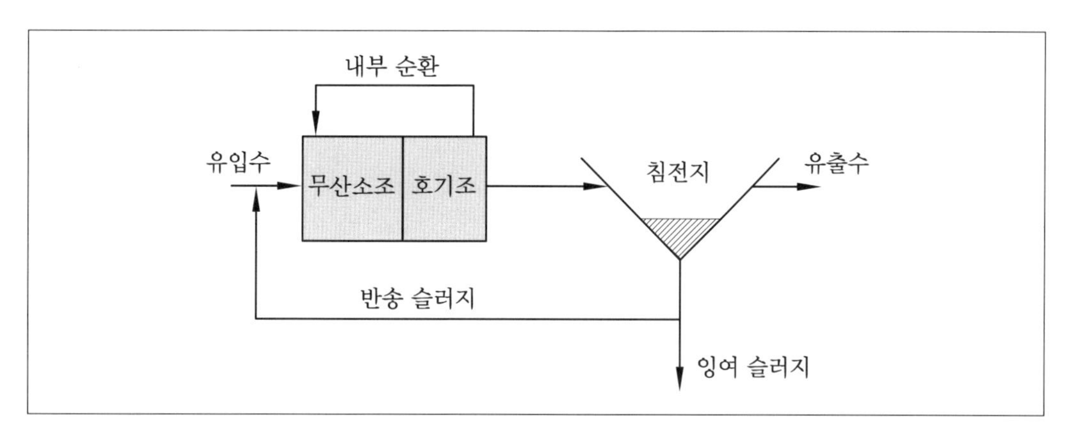

MLE 공법(무호법)의 공정도

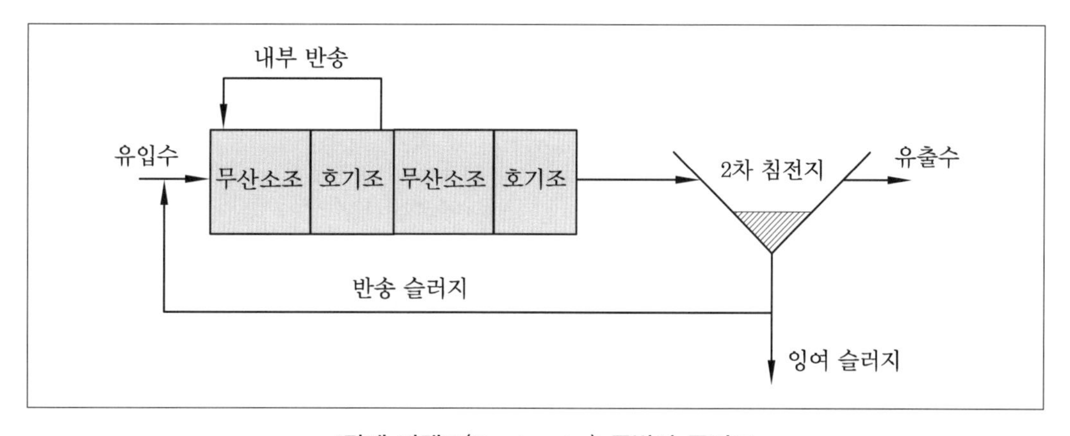

4단계 바덴포(Bardenpho) 공법의 공정도

2-7 인 제거

1 물리화학적 인 제거

(1) 개요

원리	• 반응조에 응집제를 넣어 인을 인산염(불용성 염) 형태로 만들고, 최종 침전지에서 침전 분리 제거하는 방법
장점	• 생물학적 인 제거 공법보다 인 제거율 높음 • 공정 단순 • 기존 처리장에 설치 용이
단점	• 약품비 비쌈 • 슬러지 발생량 큼 • 슬러지 처리비용 큼 • 슬러지 탈수율이 낮음

(2) 종류

종류	금속염 첨가법	석회 첨가법(정석탈인법)
응집제	• 알루미늄염 • 철염	• 석회(CaO)
특징	• 약품비 비쌈 • 석회 첨가법보다 인 제거율 높음	• 약품비 저렴 • 금속염 첨가법보다 슬러지 발생량 많음 • 슬러지 탈수성이 좋음

2 생물학적 인 제거

(1) 원리

혐기조, 호기조의 조합으로 인 제거 미생물의 인 흡수율(제거율)을 증가시킴

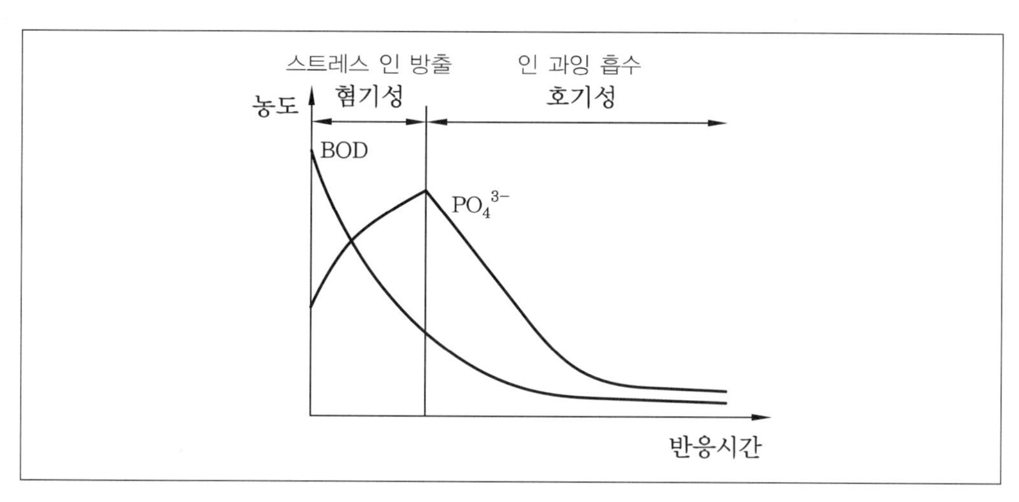

생물학적 인 제거 반응 – 인의 농도 변화

혐기조	• 혐기성 조건 → 스트레스 상태 → 인 방출, 유기물 흡수
호기조	• 호기성 조건 → 인 과잉 흡수(luxury intake)
2차 침전지	• 잉여슬러지를 폐기하면서, 잉여슬러지 중 인 제거

(2) 생물학적 인 제거 공법

혐기조–호기조 조합 → 생물학적 인 제거

① A/O 공법

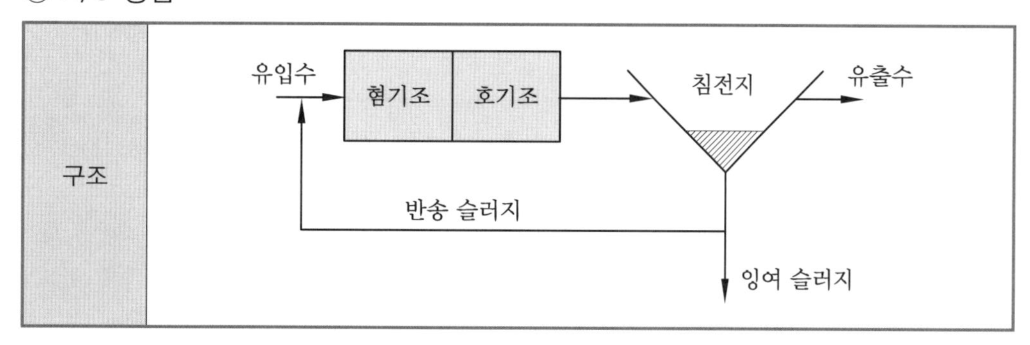

② Phostrip 공법

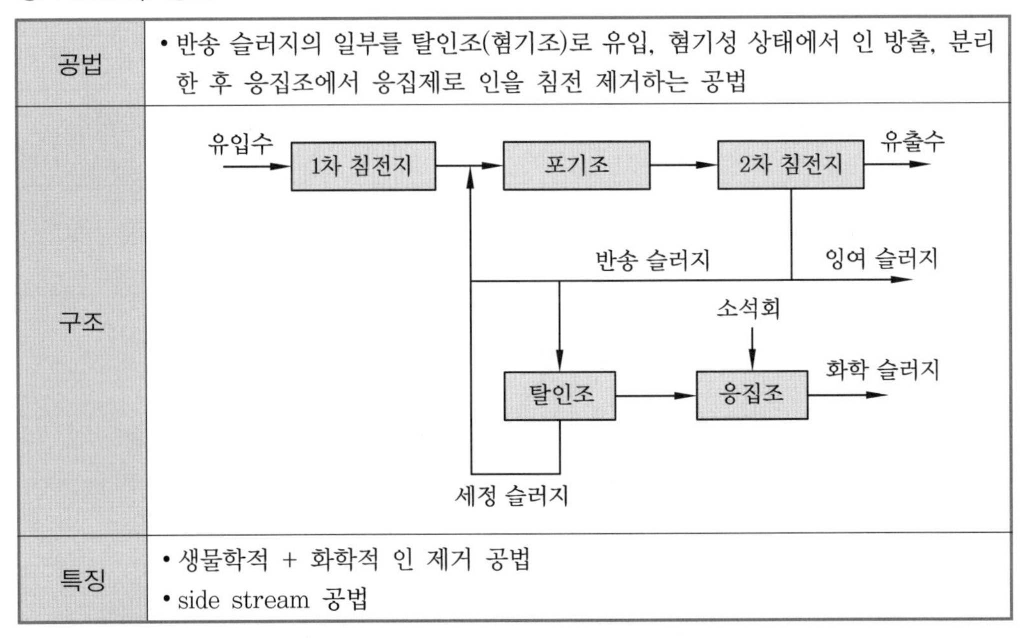

공법	• 반송 슬러지의 일부를 탈인조(혐기조)로 유입, 혐기성 상태에서 인 방출, 분리한 후 응집조에서 응집제로 인을 침전 제거하는 공법
구조	(도식)
특징	• 생물학적 + 화학적 인 제거 공법 • side stream 공법

2-8 생물학적 질소·인 제거 공법

1 A_2/O 공법

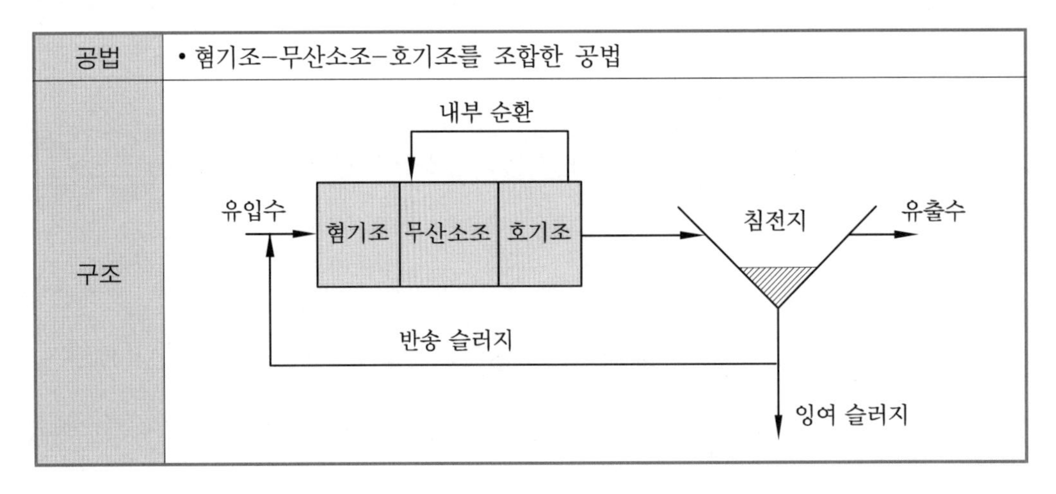

공법	• 혐기조-무산소조-호기조를 조합한 공법
구조	(도식)

2 UCT 공법

공법	• A_2/O 공법에서 반송 슬러지를 무산소조로 반송시켜, 혐기조의 인 방출률을 높여 인의 제거율을 향상시킨 공법
구조	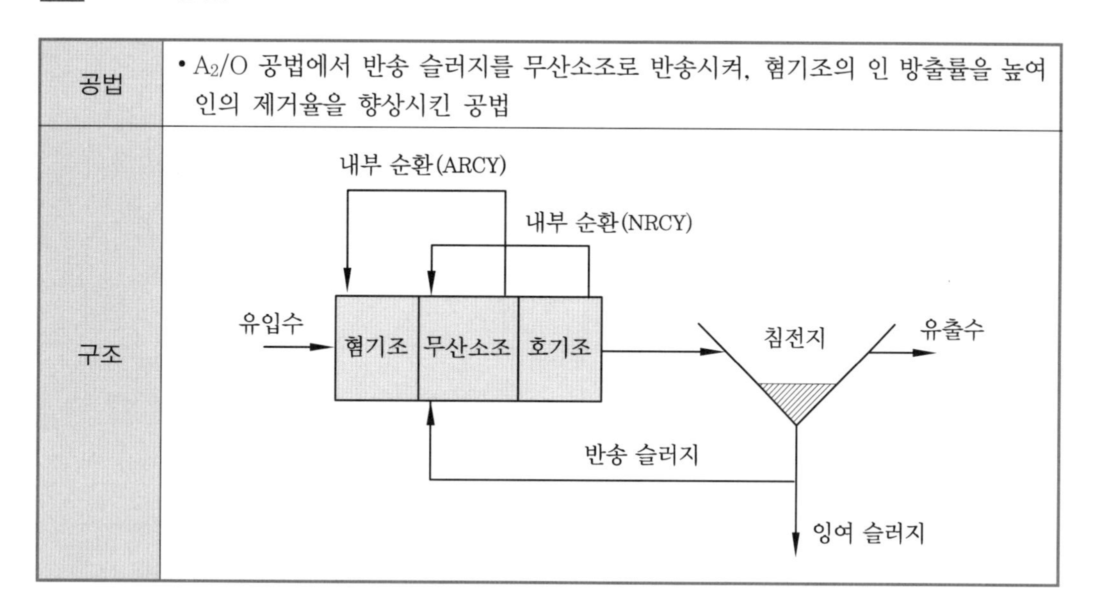

3 MUCT 공법 (수정 UCT 공법)

공법	• UCT 공법에서 무산소조를 2개로 분리한 공법
구조	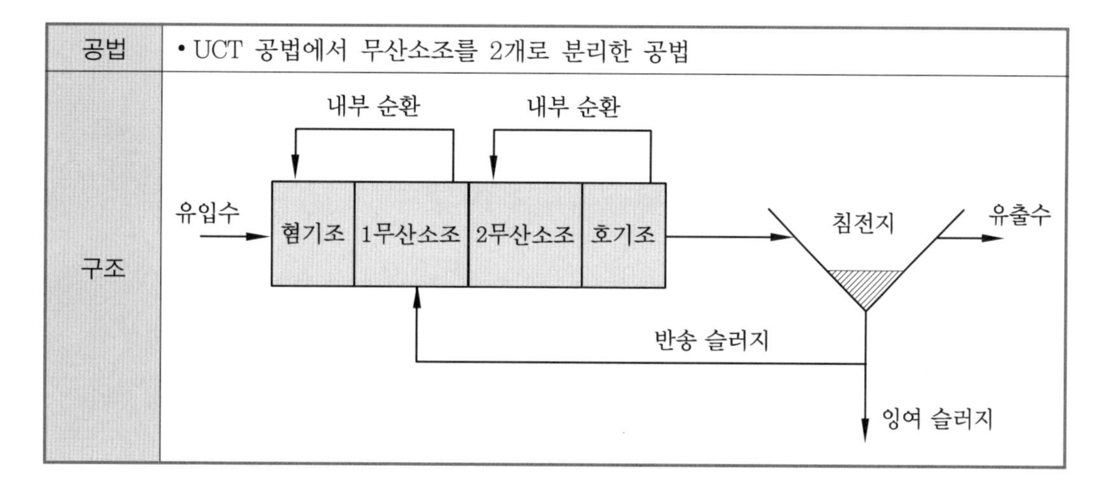

4 VIP 공법

공법	• UCT 공법에서 반응조를 각각 2개로 분리한 공법
구조	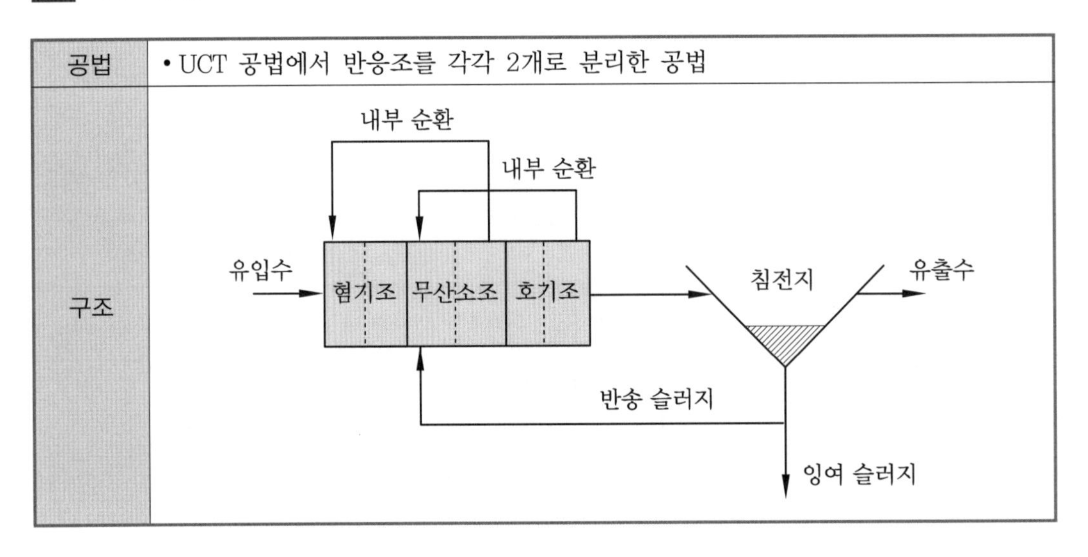

5 5단계 바덴포 공법(수정 Bardenpho, M-Bardenpho)

공법	• 바덴포 공법 맨 앞에 혐기조를 추가로 설치하여 질소와 인을 동시에 제거하는 공법
구조	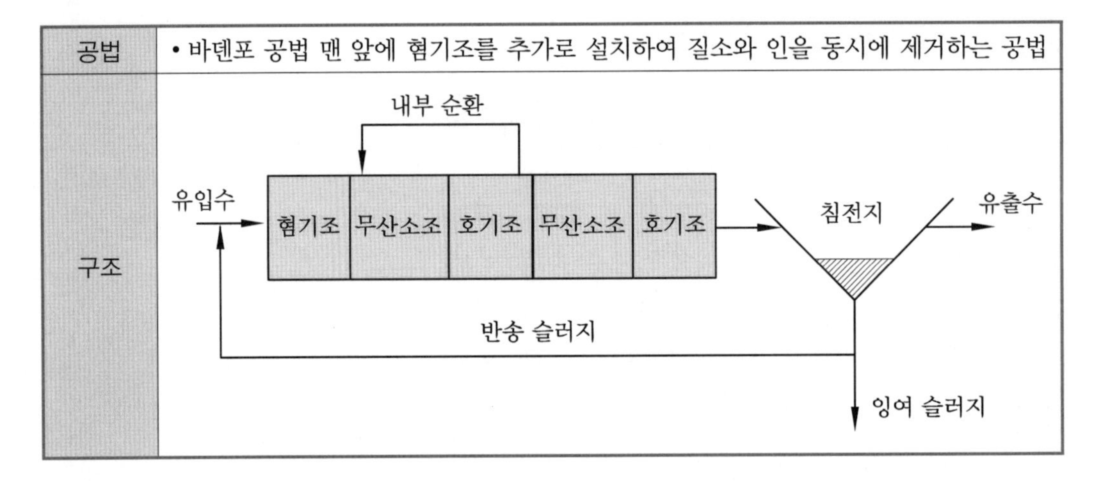

6 수정 포스트립(Phostrip) 공법

공법	• 포스트립 공법에 탈질조를 추가한 공법
특징	• 질소, 인 동시 제거 • 탈인조 앞에 탈질조(무산소조)를 설치하여 탈인조에서 질산성 질소에 의한 영향을 최소화함

2-9 유해 물질별 만성중독증

① 수은 : 미나마타병, 헌터루셀병
② 카드뮴 : 이따이이따이병
③ 구리 : 윌슨씨병
④ 비소 : 흑피증
⑤ 망간 : 파킨슨씨 유사병
⑥ PCB : 카네미유증
⑦ 플루오린(불소) : 반상치, 법랑반점

§ 3. 대기오염 정화 공정

3-1 대기오염 물질의 분류

입자상 물질과 가스상 물질로 분류

구분	입자상 물질	가스상 물질
정의	고체, 액체 형태의 오염물질	기체 형태의 오염물질
종류	• 미세먼지(PM10) • 초미세먼지((PM2.5) • 매연, 검댕, 훈연, 에어로졸, 중금속 등	• 황산화물(SOx) • 질소산화물(NOx) • 플루오린화합물 등
처리 방법	• 집진장치	• 흡수법 • 흡착법 • 산화(연소) 및 환원법

3-2 집진장치

입자상 물질을 제거하는 장치

구분	중력	관성력	원심력	세정	여과	전기
원리	중력	관성력	원심력	물로 먼지 세정 포집, 흡수	체거름	코로나 방전으로 먼지에 전하를 부여하여 집진
집진효율 (%)	40~60	50~70	85~95	80~95	90~99	90~99.9
가스 속도 (m/s)	1~2	1~5	• 접선 유입식 7~15 • 축류식 10	60~90	0.3~0.5	건식 1~2 습식 2~4
압력 손실 (mmH_2O)	10~15	30~70	50~150	300~800	100~200	10~20
처리 입경 (μm)	50 이상	10~100	3~100	0.1~100	0.1~20	0.05~20
특징	• 설치비 최소 • 구조 간단			• 동력비 최대	• 고온가스 • 처리 안 됨	• 유지비 작음 • 설치비 최대

3-3 황산화물(SOx) 처리 방법

분류	정의	공법 종류
전처리 (중유 탈황)	연료 중 황을 제거	• 접촉 수소화 탈황 – 가장 많이 사용하는 중유 탈황법 – 반응온도 350~420℃ • 금속산화물에 의한 흡착 탈황 • 미생물에 의한 생화학적 탈황 • 방사선 화학에 의한 탈황
후처리 (배연 탈황)	배기가스 중 SOx을 제거	• 흡수법 • 흡착법 • 산화법 • 전자선 조사법

3-4 질소산화물(NOx) 처리 방법

1 질소산화물(NOx)

(1) 특징

① NO, NO_2

② **연소 과정에서 발생 : NO(90%), NO_2(10%)**

③ 인위적인 배출량이 자연적인 배출량의 10%

④ 연료 중 함유 : 석탄 > 중유 > 경유 > 휘발유 > 천연가스

(2) 질소산화물 비교

NO	NO_2	N_2O
• 고온 연소 시 발생 • 무색무취 기체 • 물에 잘 안 녹음 • 헤모글로빈과 친화력 강함 (NO>CO>Fe)	• 적갈색 기체 • 자극성 부식성	• 마취가스 웃음 기체 • 오존층 파괴물질, 온실가스

2 연소 공정에서 발생하는 질소산화물(NOx)의 종류

fuel nox	• 연료 중 질소 성분의 연소로 발생하는 질소산화물
thermal nox	• 연소실의 공기 중 질소 성분이 고온 분위기에서 산화되어 발생하는 질소산화물 • 온도 높을수록, 산소가 많을수록 발생량 증가 • NOx 중 발생량 최대
prompt nox	• 불꽃 주변에서 연료와 공기 중 질소의 결합으로 발생하는 질소산화물 • 생성량이 아주 적음(무시해도 됨)

3 연소 조절에 의한 NOx 저감 방법

① 저온 연소 : NOx는 고온(250~300℃)에서 발생하므로, 예열온도 조절로 저온 연소를 하면 NOx 발생을 줄일 수 있음

② 저산소 연소

③ 2단 연소 : 버너 부분에서 이론공기량의 95%를 공급하고, 나머지 공기는 상부의 공기구멍에서 공기를 더 공급하는 방법
④ 배기가스 재순환 : 가장 실용적인 방법, 소요 공기량의 10~15%의 배기가스를 재순환시킴
⑤ 수증기 및 물 분사 방법
⑥ 버너 및 연소실의 구조 개선
⑦ 저질소 성분 연료 우선 연소

4 배기가스 중 NOx 처리 방법(탈질)

분류	건식법	습식법
공법	흡착법 촉매 환원법(접촉 환원법) 전자선 조사법	흡수법 수세법 산화 흡수법

5 접촉 환원법

선택적 촉매 환원법 (SCR)	• 촉매를 이용하여 배기가스 중 존재하는 O_2와는 무관하게 NOx를 선택적으로 N_2로 환원하는 방법 • 촉매 : TiO_2, V_2O_5 • 환원제 : NH_3, $(NH_2)_2CO$, H_2S 등 • 온도 : 275~450℃(최적 반응 350℃) • 제거 효율 : 90%
비선택적 촉매 환원법 (NCR)	• 촉매를 이용하여 배기가스 중 O_2를 환원제로 먼저 소비한 다음, NOx를 환원하는 방법 • 촉매 : Pt, Co, Ni, Cu, Cr, Mn • 환원제 : CH_4, H_2, H_2S, CO • 온도 : 200~450(350)℃
선택적 무촉매 환원법 (SNCR)	• 촉매를 사용하지 않고, 환원제로 배기가스 중 NOx를 환원하는 방법 • 온도 : 750~950℃(최적 800~900℃) • 환원제 : NH_3, $(NH_3)_2CO$ 등 • 제거 효율 : 약 40~70%

연습문제

2. 환경 정화 공정

2015 서울시 9급 공업화학

01 대기 중에 존재하는 기체상의 질소산화물 중 대류권에서 온실가스로 알려져 있고 일명 웃음 기체라고 하는 것의 분자식은?

① NO ② NO_2

③ NO_3 ④ N_2O

해설 질소산화물 비교

NO	NO_2	N_2O
• 고온 연소 시 발생 • 무색무취 기체 • 물에 잘 안 녹음 • 헤모글로빈과 친화력 강함 (NO>CO>Fe)	• 적갈색 기체 • 자극성 부식성	• 마취가스 웃음 기체 • 오존층 파괴물질, 온실가스

정답 ④

2015 국가직 9급 공업화학

02 초기에 영양물질을 충분히 채운 후 더 이상의 영양물질 공급이나 제거가 없는 회분식 배양에서, 미생물의 생장 형태 및 반응 과정에 대한 설명으로 옳지 않은 것은?

① 미생물은 지체기(lag phase), 지수기(exponential phase), 정지기(stationary phase), 사멸기(dead phase)의 생장곡선을 그린다.

② 지수기에는 개체 수가 일정 시간 간격 동안 두 배로 증가하며 이 시간 간격을 세대 시간이라 한다.

③ 정지기에는 유해물질의 축적이 없는 상태에서 개체 수가 일정하게 유지된다.

④ 사멸기에는 미생물의 죽는 속도가 번식 속도보다 빠르게 되어 개체 수가 감소하기 시작한다.

해설 ③ 정지기에는 증식 속도가 점점 감소하고, 생물 수가 최대가 된다.

정리 **미생물의 증식 단계**

- 적응기(지체기) : 미생물이 증식을 위해 환경에 적응하는 단계
- 증식기 : 서서히 미생물의 수가 증가
- 대수 성장 단계(지수기) : 미생물의 수가 대수적으로 급격히 증가함, 증식 속도 최대
- 감소 성장 단계(정지기) : 생물 수 최대
- 내생 성장 단계(사멸기) : 원형질의 전체 중량 감소

정답 ③

2015 국가직 9급 공업화학

03 고도 하수처리 방법 중 하나인 생물학적 질소 제거에 대한 설명으로 옳지 않은 것은?

① 질산화 반응에서 H^+ 생성으로 인하여 pH가 감소하게 된다.
② 질산화 반응이 일어나는 동안 pH를 조절하기 위하여 NaOH를 첨가할 수 있다.
③ NH_4^+ 이온의 질산화 반응에 산소가 참여한다.
④ NH_4^+ 이온은 1단계에서 NO_3^-로, 2단계에서 NO_2^-로 변화된다.

해설 ④ NH_4^+ 이온은 1단계에서 NO_2^-로, 2단계에서 NO_3^-로 변화된다.

정리 **질산화와 탈질 비교**

구분	질산화	탈질
과정	NH_3-N → NO_2^--N → NO_3^--N	NO_3^--N → NO_2^--N → N_2, N_2O
미생물	질산화 미생물 (호기성 독립 영양 미생물)	탈질 미생물 (통성 혐기성 종속 영양 미생물)
DO	1mg/L 이상	0
탄소원	무기탄소	유기탄소
pH 변화	감소	증가
Alk 변화	소비	증가
반응	산화, 호기	환원, 혐기
pH	7.5～8.6	7～8

정답 ④

2016 서울시 9급 공업화학

04 다음 중 질소산화물 제거 공정에 대한 설명으로 가장 옳지 않은 것은?

① 선택적 비촉매 환원법(SNCR)은 암모니아나 요소를 고온에서 NOx와 직접 반응시키는 방법이다.
② 선택적 촉매 환원법(SCR)은 암모니아를 환원제로 사용한다.
③ 선택적 촉매 환원법(SCR)은 V_2O_5/TiO_2를 촉매로 사용한다.
④ 중유나 석탄 등의 연료를 연소시킬 때 발생하는 질소산화물을 thermal NOx라 하고, 고온에서 공기산화에 의해 발생되는 NOx를 fuel NOx라 부른다.

해설 ④ 중유나 석탄 등의 연료를 연소시킬 때 발생하는 질소산화물을 fuel NOx라 하고, 고온에서 공기 산화에 의해 발생되는 thermal NOx라 부른다.

정리 연소 공정에서 발생하는 질소산화물(NOx)의 종류

구분	내용
fuel no_x	• 연료 중 질소 성분의 연소로 발생하는 질소산화물
thermal no_x	• 연소실의 공기 중 질소 성분이 고온 분위기에서 산화되어 발생하는 질소산화물 • 온도가 높을수록, 산소가 많을수록 발생량 증가 • NOx 중 발생량 최대
prompt no_x	• 불꽃 주변에서 연료와 공기 중 질소의 결합으로 발생하는 질소산화물 • 생성량이 아주 적음(무시해도 됨)

NO_x 제거 공정 – 접촉 환원법

구분	내용
선택적 촉매 환원법 (SCR)	• 촉매를 이용하여 배기가스 중 존재하는 O_2와는 무관하게 NO_x를 선택적으로 N_2로 환원하는 방법 • 촉매 : $TiO_2-V_2O_5$ • 환원제 : NH_3, $CO(NH_2)_2$, H_2S 등 • 온도 : 275~450℃(최적 반응 350℃) • 제거 효율 : 90%
선택적 무촉매 환원법 (SNCR)	• 촉매를 사용하지 않고, 환원제로 배기가스 중 NO_x를 환원하는 방법 • 온도 : 750~950℃(최적 800~900℃) • 환원제 : NH_3, $CO(NH_3)_2$ 등 • 제거 효율 : 약 40~70%
비선택적 촉매 환원법 (NCR)	• 촉매를 이용하여 배기가스 중 O_2를 환원제로 먼저 소비한 다음, NO_x를 환원하는 방법 • 촉매 : Pt, Co, Ni, Cu, Cr, Mn • 환원제 : CH_4, H_2, H_2S, CO • 온도 : 200~450(350)℃

정답 ④

화공직 공무원 수험서!
공업화학 단기완성

2025년 1월 10일 인쇄
2025년 1월 15일 발행

저자 : 고경미
펴낸이 : 이정일

펴낸곳 : 도서출판 **일진사**
www.iljinsa.com

(우) 04317 서울시 용산구 효창원로 64길 6
대표전화 : 704-1616, 팩스 : 715-3536
이메일 : webmaster@iljinsa.com

등록번호 : 제1979-000009호(1979.4.2)

값 28,000원

ISBN : 978-89-429-1971-0